高等职业教育“十二五”重点规划教材

中国科学院教材建设专家委员会“十二五”规划教材

数字媒体技术系列

Photoshop CS5 设计案例教程

赵　军　沈海洋　嵇可可　主编

科学出版社

北　京

内 容 简 介

本书以Adobe Photoshop CS5具体应用为主线，介绍了图形图像在应用中的全过程。全书共分13章，分别介绍了Photoshop CS5基础知识、图像文件的基本操作、创建和编辑选区、绘制图像、修饰与编辑图像、图层操作、文字处理、绘制图形及路径、图像色调与色彩调整、通道与蒙版的应用、应用滤镜、动作与任务自动化、图像的打印与输出等内容。

本书层次分明，语言流畅，图文并茂。全书用22个工作任务来介绍使用Photoshop CS5进行图像设计的基本方法和技巧，可以让读者在较短时间内掌握软件的功能，提高使用Photoshop CS5进行平面设计与制作的应用技能。

本书适合高等院校和职业院校设计类相关专业的教材，也可以作为平面设计爱好者掌握职业技能的实用参考书。

图书在版编目（CIP）数据

Photoshop CS5设计案例教程/赵军，沈海洋，嵇可可主编. —北京：科学出版社，2012

ISBN 978-7-03-033126-7

Ⅰ. ①P… Ⅱ. ①赵… ②沈… ③嵇… Ⅲ. ①图像处理软件，Photoshop CS5－教材 Ⅳ. ①TP391.41

中国版本图书馆CIP数据核字（2011）第272569号

责任编辑：赵丽欣 杨 阳 / 责任校对：马英菊
责任印制：吕春珉 / 封面设计：耕者设计工作室

科 学 出 版 社 出版

北京东黄城根北街16号
邮政编码：100717
http://www.sciencep.com

铭浩彩色印装有限公司 印刷

科学出版社发行 各地新华书店经销

*

2012年1月第 一 版 开本：787×1092 1/16
2012年1月第一次印刷 印张：20 1/4
字数：479 000

定价：35.00元

（如有印装质量问题，我社负责调换〈骏杰〉）

销售部电话 010-62134988 编辑部电话 010-62135763-8007（VF02）

高等职业教育“十二五”重点规划教材
中国科学院教材建设专家委员会“十二五”规划教材
“数字媒体技术系列”学术编审编委会

前　言

本书是根据目前高职课程建设和教材改革的新思路编写的。全书实例均来源于校企合作单位，编写体例采用“项目教学、任务驱动”的方式，充分体现了以培养职业能力为核心的宗旨。全书案例采用软件版本为 Adobe Photoshop CS5。

本书内容以工作任务为驱动，通过理论与实际相结合的方式，使读者在完成任务的同时，掌握相关理论知识与工具的使用技巧。每章后附有工作实训营、工作实践中常见问题解析和习题，以便使读者能较好地借鉴“前人”的经验，进一步掌握 Photoshop 的使用技巧，了解工作中平面设计师应该具备的技能。本书选取的案例，力求体现典型、实用、商业化的特点，同时也非常注重案例的效果体现，不但能提高读者对软件应用技术与艺术创作相结合的能力，还能提高其在实际工作中的应用技能。

本书分为 13 章，分别介绍了 Photoshop CS5 基础知识、图像文件的基本操作、创建和编辑选区、绘制图像、修饰与编辑图像、图层操作、文字处理、绘制图形及路径、图像色调与色彩调整、通道与蒙版的应用、应用滤镜、动作与任务自动化、图像的打印与输出等内容。

本书由赵军、沈海洋、嵇可可担任主编，李满、赵雪飞、于雪梅任副主编。赵军负责本书的策划、统稿和定稿工作。参与编写的人员还有于春玲、刘艳云、李佳、徐静、顾理琴、邵淑霞、周延飞、郑道东。

为了方便教学，本书配有免费电子课件，有需要的读者请到科学出版社网站 www.abook.cn 上下载。

由于时间仓促，加之水平有限，书中难免存在不妥之处，敬请读者与专家批评指正！

目　　录

第 1 章　Photoshop CS5 基础知识……1

1.1　图像处理的基本概念……2

1.1.1　像素和分辨率……2

1.1.2　位图和矢量图……2

1.1.3　图像文件格式……3

1.1.4　图像色彩模式……5

1.2　Photoshop CS5 工作界面与首选项设置……5

1.2.1　菜单栏……6

1.2.2　工具箱……6

1.2.3　工具属性栏……7

1.2.4　控制面板……7

1.2.5　屏幕模式……9

1.2.6　状态栏……9

1.2.7　首选项的设置……9

1.3　图像编辑辅助工具的使用……13

1.3.1　标尺工具……13

1.3.2　参考线……14

1.3.3　网格线……15

习题……15

第 2 章　图像文件的基本操作……16

2.1　图像的新建、打开和排列……17

2.1.1　新建图像……17

2.1.2　打开图像……17

2.1.3　排列图像……18

2.2　图像的存储、关闭和置入……20

2.2.1　存储图像……20

2.2.2　关闭图像……21

2.2.3　置入图像……21

2.3　使用文件浏览器管理图像……22

2.3.1　浏览图像……22

2.3.2　使用 Bridge 打开图像文件……24

2.3.3　对图像文件进行排序……24

2.3.4　标记和评级图像文件……24

2.4　缩放图像……24

2.4.1　放大显示图像……24

2.4.2 缩小显示图像……25
2.4.3 100%显示图像……25
2.5 设置图像和画布大小……26
2.5.1 查看和设置图像大小……26
2.5.2 设置画布大小……26
习题……27
第3章 创建和编辑选区……28
【案例一】图像合成……29
【案例二】绘制手机宣传画……29
基础知识……30
3.1 绘制规则形状选区……30
3.1.1 矩形选框工具……30
3.1.2 椭圆选框工具……30
3.1.3 单行/单列选框工具……31
3.2 绘制不规则形状选区……31
3.2.1 套索工具……31
3.2.2 多边形套索工具……32
3.2.3 磁性套索工具……33
3.2.4 魔棒工具……34
3.2.5 色彩范围命令……35
3.2.6 选区的运算……37
3.3 编辑选区……38
3.3.1 移动选区……38
3.3.2 反向选取、取消选区和重选选区……39
3.3.3 扩展和收缩选区……39
3.3.4 平滑选区和边界选区……40
3.3.5 扩大选取和选取相似……41
3.3.6 存储选区和载入选区……41
3.4 变换选区和变换选区图像……42
3.4.1 变换选区……42
3.4.2 变换选区图像……43
案例实施……44
工作实训营……46
习题……48
第4章 绘制图像……49
【案例一】绘制青苹果……50
【案例二】绘制卡通房屋画……50
基础知识……51

4.1　选择颜色……51
4.1.1　前景色与背景色……51
4.1.2　颜色面板组……51
4.1.3　【拾色器】对话框……53
4.1.4　吸管工具……53
4.2　绘制图像……54
4.2.1　画笔工具……54
4.2.2　查看与选择画笔样式……55
4.2.3　设置与应用画笔样式……56
4.2.4　铅笔工具……58
4.3　填充颜色……58
4.3.1　油漆桶工具……58
4.3.2　渐变工具……60
4.4　选区的描边与填充……64
4.4.1　选区的描边……64
4.4.2　选区的填充……65
案例实施……67
工作实训营……71
习题……72
第5章　修饰与编辑图像……73
【案例一】图像修复……74
【案例二】制作餐碟时钟盘面……74
基础知识……75
5.1　图像的局部修饰……75
5.1.1　模糊工具……75
5.1.2　锐化工具……75
5.1.3　涂抹工具……76
5.2　复制图像……77
5.2.1　仿制图章工具……77
5.2.2　图案图章工具……78
5.3　修复图像……79
5.3.1　污点修复画笔工具……79
5.3.2　修复画笔工具……80
5.3.3　修补工具……80
5.3.4　红眼工具……82
5.4　修饰图像……83
5.4.1　减淡和加深工具……83
5.4.2　海绵工具……83

5.5 擦除图像 ········ 84
5.5.1 橡皮擦工具 ········ 84
5.5.2 背景橡皮擦工具 ········ 86
5.5.3 魔术橡皮擦工具 ········ 87
5.6 编辑图像 ········ 88
5.6.1 移动与复制图像 ········ 88
5.6.2 裁剪图像 ········ 91
5.6.3 清除图像 ········ 92
5.7 撤销与重做操作 ········ 93
5.7.1 通过菜单命令操作 ········ 93
5.7.2 通过【历史记录】面板操作 ········ 93
案例实施 ········ 94
工作实训营 ········ 98
习题 ········ 99
第6章 图层 ········ 101
【案例一】合成风景照 ········ 102
【案例二】制作手机平面广告 ········ 102
基础知识 ········ 103
6.1 图层的基础知识 ········ 103
6.1.1 图层的概念及类型 ········ 103
6.1.2 认识【图层】面板 ········ 104
6.2 图层的基本操作 ········ 106
6.2.1 新建图层 ········ 106
6.2.2 复制图层 ········ 106
6.2.3 删除图层 ········ 106
6.2.4 调整图层排列顺序 ········ 106
6.2.5 图层之间的相互转换 ········ 107
6.2.6 链接图层 ········ 107
6.2.7 合并图层 ········ 107
6.2.8 删格化图层 ········ 108
6.2.9 锁定图层 ········ 108
6.2.10 对齐与分布图层 ········ 108
6.3 管理图层组 ········ 109
6.3.1 创建图层组 ········ 109
6.3.2 编辑图层组 ········ 109
6.4 调整图层和填充图层 ········ 111
6.4.1 创建调整图层 ········ 111
6.4.2 创建填充图层 ········ 112

6.5　图层样式和图层效果 112
6.5.1　【投影】和【内阴影】样式 115
6.5.2　【外发光】和【内发光】样式 116
6.5.3　【斜面和浮雕】样式 117
6.5.4　【光泽】样式 119
6.5.5　【颜色叠加】样式 120
6.5.6　【渐变叠加】样式 120
6.5.7　【图案叠加】样式 121
6.5.8　【描边】样式 121
6.5.9　图层【样式】面板 122
6.5.10　图层样式的应用与清除 123
6.5.11　将图层样式转换为图层 124
6.6　图层模式 124
6.6.1　设置图层的不透明度 124
6.6.2　调整图层模式 124
案例实施 128
工作实训营 140
习题 141
第7章　文字处理 143
【案例一】制作蝴蝶霓虹灯字 144
【案例二】制作字符霓虹灯字 144
基础知识 144
7.1　输入文字 144
7.2　设置文字属性 145
7.3　编辑文字 146
7.3.1　栅格化文字图层以及创建工作路径 147
7.3.2　把文字转换为形状 147
7.3.3　在路径上创建文本 148
7.3.4　使用图层样式制作文字效果 149
7.4　制作特效字 149
7.4.1　图案字 149
7.4.2　彩边字 150
7.4.3　带刺的“玫瑰”字 151
7.4.4　带洞眼的“天下”字 152
7.4.5　球形字 153
7.4.6　火焰字 154
案例实施 156
工作实训营 163

习题 ……164
第 8 章 绘制图形及路径 ……166
【案例一】绘制卡通小熊 ……167
【案例二】LOGO 设计 ……167
基础知识 ……167
8.1 路径与锚点 ……167
8.2 绘制形状图形 ……169
8.2.1 认识形状工具 ……169
8.2.2 创建和编辑形状 ……171
8.3 绘制和编辑路径图形 ……173
8.3.1 认识路径 ……173
8.3.2 路径面板 ……173
8.3.3 钢笔工具组 ……174
8.3.4 绘制路径 ……174
8.3.5 编辑路径 ……176
8.3.6 路径与选区的转换 ……178
8.3.7 填充和描边路径 ……178
8.4 路径的运算 ……179
案例实施 ……180
工作实训营 ……186
习题 ……187
第 9 章 图像色调与色彩调整 ……188
【案例一】美少女照片修复 ……189
【案例二】浪漫的夏夜壁纸制作 ……189
基础知识 ……190
9.1 图像的色彩模式 ……190
9.1.1 常用色彩模式 ……190
9.1.2 色彩模式间的相互转换 ……191
9.2 调整图像的色调 ……193
9.2.1 调整色阶 ……193
9.2.2 调整曲线 ……195
9.2.3 调整色彩平衡 ……197
9.2.4 调整亮度/对比度 ……198
9.3 调整图像的色彩 ……199
9.3.1 自动颜色 ……199
9.3.2 色相/饱和度 ……199
9.3.3 去色 ……203
9.3.4 黑白 ……203

9.3.5　匹配颜色……204
9.3.6　替换颜色……204
9.3.7　可选颜色……205
9.3.8　通道混合器……206
9.3.9　渐变映射……206
9.3.10　照片滤镜……207
9.3.11　阴影/高光……207
9.3.12　曝光度……208
9.4　特殊色调和色彩……208
9.4.1　反相……208
9.4.2　阈值……209
9.4.3　色调分离……209
9.4.4　变化……210
案例实施……211
工作实训营……219
习题……221
第 10 章　通道与蒙版的应用……222
【案例一】利用通道进行人物抠图……223
【案例二】将照片处理成手绘效果……223
基础知识……223
10.1　通道概述……223
10.1.1　通道的性质与功能……223
10.1.2　通道面板……224
10.2　通道的基本操作……225
10.2.1　选择单色通道……225
10.2.2　创建 Alpha 通道……225
10.2.3　创建专色通道……226
10.2.4　复制和删除通道……227
10.2.5　通道的分离与合并……227
10.2.6　通道的运算……228
10.3　蒙版概述……229
10.4　蒙版的基本操作……230
10.4.1　创建蒙版……230
10.4.2　编辑图层蒙版……232
10.4.3　快速蒙版……233
10.4.4　剪贴蒙版……234
10.4.5　矢量蒙版……236
案例实施……238

工作实训营……243
习题……244
第 11 章　应用滤镜……245
【案例一】照片做旧……246
【案例二】制作放大镜效果……246
基础知识……246
11.1　滤镜的相关知识……246
11.1.1　滤镜的使用方法……247
11.1.2　滤镜的使用技巧……247
11.2　智能滤镜……248
11.2.1　应用智能滤镜……248
11.2.2　修改智能滤镜……248
11.3　独立滤镜的设置与应用……249
11.3.1　液化滤镜……249
11.3.2　消失点滤镜……251
11.4　滤镜库……253
11.5　常用滤镜……254
11.5.1　风格化滤镜组……254
11.5.2　画笔描边滤镜组……256
11.5.3　模糊滤镜组……258
11.5.4　扭曲滤镜组……260
11.5.5　锐化滤镜组……264
11.5.6　素描滤镜组……266
11.5.7　纹理滤镜组……267
11.5.8　像素化滤镜组……267
11.5.9　渲染滤镜组……269
11.5.10　艺术效果滤镜组……269
11.6　外挂滤镜的应用……271
11.6.1　外挂滤镜的安装……271
11.6.2　外挂滤镜的使用……271
案例实施……272
工作实训营……276
习题……277
第 12 章　动作与任务自动化……278
【案例一】图像正片负冲效果处理……279
【案例二】“六一”宣传海报制作……279
基础知识……279
12.1　动作的使用……279

12.1.1　动作的概念……279
12.1.2　认识【动作】面板……280
12.1.3　录制新动作……281
12.1.4　执行动作……281
12.1.5　添加下载动作……282
12.2　自动处理图像……283
12.2.1　使用【批处理】命令……283
12.2.2　快捷批处理应用程序的使用方法……284
案例实施……285
工作实训营……289
习题……290
第13章　图像的打印与输出……291
【案例一】广告精美排版……292
【案例二】广告喷绘排版……292
基础知识……293
13.1　图像的打印输出……293
13.1.1　色彩校准……293
13.1.2　图像分辨率……294
13.1.3　打印设置……295
13.2　图像的印刷输出……299
13.2.1　印刷基本概念……299
13.2.2　印刷种类……300
13.2.3　颜色设置与分色……300
13.2.4　输出前应注意的问题……303
案例实施……303
工作实训营……307
习题……307
参考文献……308

第1章

Photoshop CS5 基础知识

本章要点 ☞

了解图像处理的基本概念。

熟悉 Photoshop CS5 的工作环境。

了解 Photoshop CS5 的系统设置。

掌握辅助编辑工具的使用。

技能目标 ☞

掌握 Photoshop CS5 系统的个性化设置方法。

掌握辅助编辑工具的使用方法和技巧。

引导问题

与图像有关的基础知识有哪些？

如何快速熟悉 Photoshop CS5 的工作界面？

Photoshop CS5 的工作界面中哪些面板是常用的？

Photoshop CS5 图像编辑过程中常用的辅助工具有哪些？

1.1 图像处理的基本概念

在学习使用 Photoshop CS5 图像处理前，必须先了解一些图像处理的基础知识，以便更加有效、合理地使用 Photoshop 应用软件对图像文件进行编辑处理操作。

1.1.1 像素和分辨率

1. 像素

像素（piexl）实际上是投影光学上的一个名词。一般来说，位图（也称为点阵图）是由多个点排列组成的，这些点就被称为像素，或者说能单独显示颜色的最小单位或点被称为像素点或像点，其实它就是屏幕上的一个光点。在计算机显示器和电视机的屏幕上都使用像素作为基本度量单位。图像的分辨率越高，像素就越小。

2. 分辨率

分辨率是指单位长度上像素点的多少，单位长度上的像素点越多，图像就越清晰。常见的分辨率有以下 3 种。

（1）图像分辨率

图像分辨率是指图像中的每个单位长度上像素点的多少，常以像素/英寸（ppi，1 英寸≈2.45 厘米）为单位来表示。例如，168ppi 表示图像中每英寸包含 168 个像素点。

（2）显示器分辨率

显示器分辨率是指计算机屏幕上显示的像素的大小。目前，个人计算机所支持的显示器最高分辨率一般为 1024×768 像素。而对于配置了较好的显卡和显示器的计算机，分辨率可达到 1600×1200 像素。

在计算机的显卡和显示器支持高分辨率的情况下，同样大小的显示器屏幕上就会显示更多的像素。这是因为显示器的恒定大小是不会改变的，所以每个像素都随着分辨率的增大而变小，整个图形也随之变小，但是在屏幕上显示的内容却大大增多了。

（3）打印分辨率

打印分辨率是指绘图仪或者激光打印机等输出设备，在输出图像时每英寸所产生的油墨点数。若使用与打印机输出分辨率成正比的图像分辨率，就能产生出较好的输出效果。

1.1.2 位图和矢量图

1. 位图

位图也称为点阵图或像素图，它是由像素或点的网格组成的，其文件大小和质量取决于图像中像素点的多少。与矢量图相比，由于点阵图在存储时需要记录每个点的位置和色彩信息，因此点阵图可以精确、细腻地表达出色彩丰富的图像。

在正常情况下是看不到位图的像素点的，只有通过软件将位图放大到一定程度时才能看到像素点。图 1.1 和图 1.2 所示为位图放大前后的对比效果。

图 1.1 位图放大前

图 1.2 位图放大后

2. 矢量图

矢量图又称为向量图或面向对象绘图。与位图构成（由像素构成）有所不同，它是由点、线、面（颜色区域）等元素构成的。

由于矢量图不是由像素构成，并且保存图像信息的方法也与分辨率无关，所以矢量图缩放后不会影响清晰度和光滑度，图像不会产生失真效果。图 1.3 和图 1.4 所示为矢量图放大前后的对比效果。

图 1.3 矢量图放大前

图 1.4 矢量图放大后

1.1.3 图像文件格式

由于处理图像的软件种类很多，每种软件又具有各自的文件格式，所以图像的文件格式繁多，而每种文件格式体现的优缺点又大相径庭，所以没有哪一种图像文件格式能够成为图像文件的标准。不同的文件格式可以用扩展名加以区分并适用于不同需求。Photoshop CS5 支持多种位图文件格式的图像处理和图像输出。下面介绍几种经常使用的图像文件格式。

1. PSD 格式

PSD 格式的文件扩展名为.psd。它是 Photoshop 软件专用的文件格式，其优点是可以保存图像的每一个细节部分，也是唯一可以存取所有 Photoshop 特有的文件信息和所有色彩模式的格式。

2. BMP 格式

BMP 格式的文件扩展名为.bmp。它是 Microsoft 公司为其 Windows 操作系统所创建的一种 Windows 标准的位图文件格式，其优点是色彩丰富，但文件体积相对较大。

3. JPEG（JPG）格式

JPEG 格式的文件扩展名为.jpeg 或者.jpg。它是一种高效的压缩图像文件格式，其优点是所占硬盘空间较小，但不适合放大观看。由于在保存文件的时候用肉眼无法分辨的图像像素被删除了，所以再次打开它时那些被删除的像素将无法被还原，这种类型的压缩文件称为有损压缩或失真压缩文件。

4. PICT 格式

PICT 格式的文件扩展名.pct 或者.pict。它和 JPEG 格式恰恰相反，它是通过无损压缩方式来减小文件的，所以该格式的文件色彩鲜艳且不会失真。

5. TIFF 格式

TIFF（通称为 TIF）格式文件是为不同操作平台和应用软件间交换图像数据而设计的。同时，它也可以使用无损压缩方式进行压缩，因此它的应用非常广泛。

6. GIF 格式

GIF 格式的文件扩展名为.gif。它是 CompuServe 公司制定的一种图形图像交换格式，由于它使用无损压缩的方式进行压缩而只能达到 256 色，在网络传输时比较经济和快速，所以这种格式被广泛应用于网页的制作，而且可以将多张图片连在一起来制作动画效果。

7. EPS 格式

EPS 格式的文件扩展名为.eps。它常用于绘图或者排版，其优点是在排版软件中以低分辨率预览进行排版、编辑等操作，并且可以在打印或者输出胶片时以高分辨率输出。

8. TGA 格式

TGA 格式的文件扩展名为.tga，它是由高级图形设备及软件制造商 Truevision 公司所开发的一种格式，是计算机生成图像向电视转换的一种首选格式。

9. PNG 格式

PNG 格式的文件扩展名为.png，它是 20 世纪 90 年代中期开始开发的图像文件存储格式。这种格式是为了替代 GIF 和 TIFF 文件格式而开发的，同时还增加了一些 GIF 文件格式所不具备的特性。

用 PNG 格式来存储灰度图像时，灰度图像的深度可达到 16 位；存储彩色图像时，彩色图像的深度可达到 48 位，并且还可存储达到 16 位的 Alpha 通道数据。PNG 格式使用的是从 LZ77 派生的无损数据压缩算法。

1.1.4 图像色彩模式

图像色彩模式决定现实和打印输出图像的色彩模型。所谓色彩模式，即用于表现色彩的一种数学算法，是指一幅图在计算机中显示或打印输出的方式。Photoshop 中常见的色彩模式有位图、灰度、双色调、RGB 颜色、CMYK 颜色、Lab 颜色、索引颜色、多通道及 8 位和 16 位通道模式等。图像色彩模式不同，对图像的描述和能显示的颜色数量也不同。此外图像色彩模式不同，图像的通道数和大小也不同。

1. RGB 颜色模式

RGB 颜色模式是测光的颜色模式，R 代表 Red（红色），G 代表 Green（绿色），B 代表 Blue（蓝色）。这 3 种色彩叠加形成其他颜色，因为这 3 种颜色每一种都有 256 个亮度水平级，所以彼此叠加就能形成 256×256×256（约为 1670 万）种颜色。因为 RGB 颜色模式是由红、绿、蓝相叠加而形成的其他颜色，因此该模式也称为加色模式。图像色彩均由 RGB 数值决定。当 RGB 数值均为 0 时，为黑色；当 RGB 数值均为 255 时，为白色。

2. CMYK 颜色模式

CMYK 颜色模式是印刷中必须使用的颜色模式。C 代表青色，M 代表洋红，Y 代表黄色，K 代表黑色。在实际应用中，青色、洋红和黄色很难形成真正的黑色，因此引入黑色用来强化暗部色彩。在 CMYK 颜色模式中，由于光线照到不同比例的 C、M、Y、K 油墨纸上，部分光谱被吸收，反射到人眼中产生颜色，所以该模式是一种减色模式。使用 CMYK 颜色模式产生颜色的方法称为色光减色法。

3. Lab 颜色模式

Lab 颜色模式是依据国际照明委员会（CIE）为颜色测量而定的原色标准得到的，它是一种与设备无关的颜色模式。在 Lab 模式中，L 表示亮度，其值在 0～100 之间，a 表示在红色到绿色范围内变化的颜色分量，b 表示在蓝色到黄色范围内变化的颜色分量，a、b 两个分量的变化范围为-120～120。当 a=b=0，L 从 0 变为 100 时，表示从黑到白的一系列灰色。Lab 颜色模式所包含的颜色范围最广，能够包含所有的 RGB 颜色模式和 CMYK 颜色模式中的颜色。

1.2 Photoshop CS5 工作界面与首选项设置

启动 Photoshop CS5 应用程序后，打开任意图像文件可显示工作区，所有图像处理工作都是在工作区中完成的，如图 1.5 所示。

图 1.5　Photoshop CS5 的工作界面

1.2.1　菜单栏

菜单栏是 Photoshop CS5 的重要组成部分，其中包括了 Photoshop 的大部分操作命令。Photoshop CS5 将所有的操作命令分类后，分别放置在 9 个菜单中，如图 1.6 所示。

文件(F)　编辑(E)　图像(I)　图层(L)　选择(S)　滤镜(T)　视图(V)　窗口(W)　帮助(H)

图 1.6　Photoshop CS5 的菜单栏

选择其中任一菜单，就会出现一个下拉菜单，如图 1.7 所示。在下拉菜单中，如果命令显示为浅灰色，则表示该命令目前状态为不可执行；命令右方的字母组合代表该命令的快捷键，按下该快捷键即可快速执行该命令，使用快捷键有助于提高工作效率；若命令后面带省略号，则表示执行该命令后，会打开对话框。

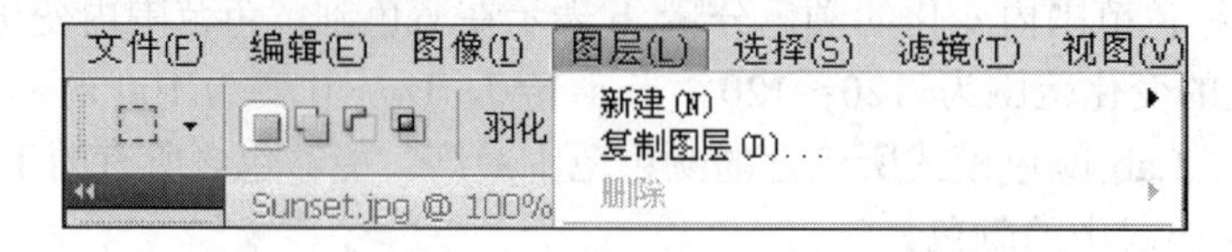

图 1.7　下拉菜单

1.2.2　工具箱

Photoshop CS5 的工具箱中包含了用于创建和编辑图像、页面元素等的工具和按钮。单击工具箱顶部的按钮，可以将工具箱切换为双排显示，如图 1.8 所示。

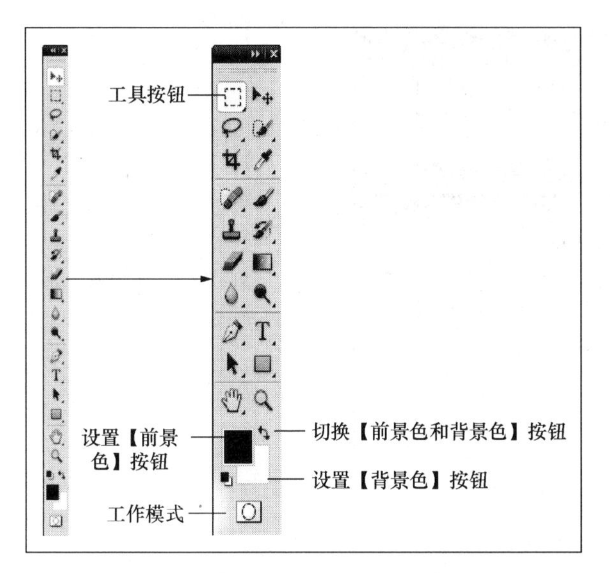

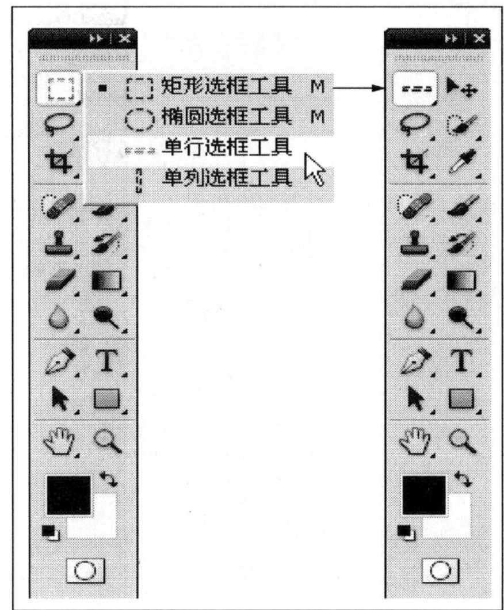

图 1.8　工具箱按钮

1.2.3　工具属性栏

工具属性栏在 Photoshop 的应用中具有非常关键的作用，默认情况下，它位于菜单栏的下方，当选中【工具】面板中的任意工具时，属性栏就会改变成相应工具的属性设置选项，用户可以很方便地利用它来设置工具的各种属性，它的外观也会随着选取工具的不同而改变，如图 1.9～图 1.11 所示。

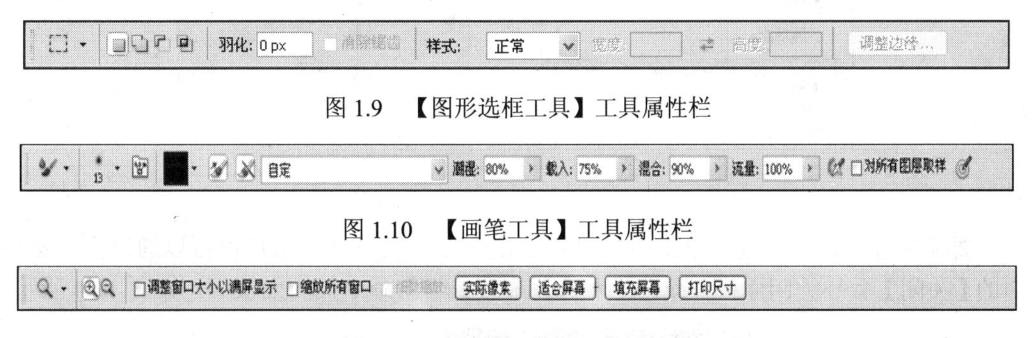

图 1.9　【图形选框工具】工具属性栏

图 1.10　【画笔工具】工具属性栏

图 1.11　【缩放工具】工具属性栏

1.2.4　控制面板

面板是 Photoshop CS5 工作区中非常重要的组成部分，通过面板可以完成图像处理时工具参数的设置，以及图层、路径编辑等操作。

在默认状态下，启动 Photoshop CS5 应用程序后，常用面板会放置在工作区的右侧面板组中。一些不常用面板，可以通过选择【窗口】菜单中的相应的命令使其显示在操作窗口内，如图 1.12 所示。

图 1.12　面板组

1. 面板的打开和关闭

通过选择【窗口】菜单中相应的面板名称，即可打开所需的面板，如图 1.13 所示。如果面板名称前面有“√”，则说明该面板已经打开。

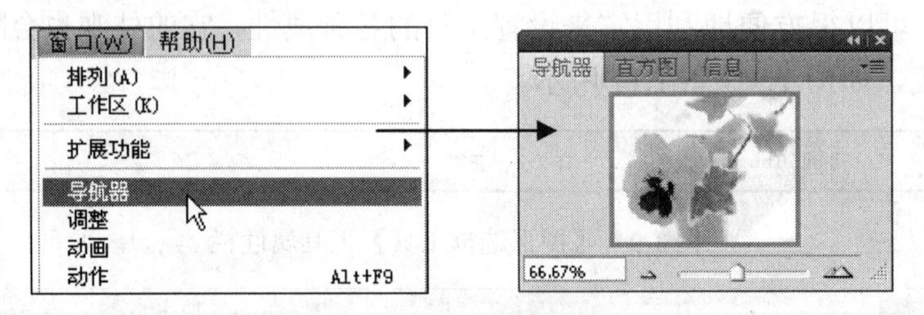

图 1.13　面板的打开

要关闭面板，可以直接单击面板组右上角的按钮 即可，用户也可以通过面板菜单中的【关闭】命令关闭面板，或选择【关闭选项卡组】命令关闭面板组，如图 1.14 所示。

图 1.14　面板的关闭

2. 拆分、合并面板

在默认设置下，每个面板组中都包含 2～3 个不同的面板，如果要同时使用同一面板组中的两个面板时，就需要来回切换面板显示。如要把两个面板分离并同时显示，只要在面板名称标签上按住鼠标左键并拖动，将其拖出面板组后，释放左键即可。

用户也可以将某些不常用的面板合并起来，只要按住鼠标左键拖动面板名称标签到要合并的面板上，释放鼠标左键即可实现面板的合并。

1.2.5 屏幕模式

在 Photoshop CS5 中提供了标准屏幕模式、带有菜单栏的全屏模式和全屏模式 3 种屏幕模式。可以选择【视图】|【屏幕模式】命令，或单击应用程序栏上的【屏幕模式】按钮，从下拉菜单中选择所需要的模式即可，如图 1.15 所示。

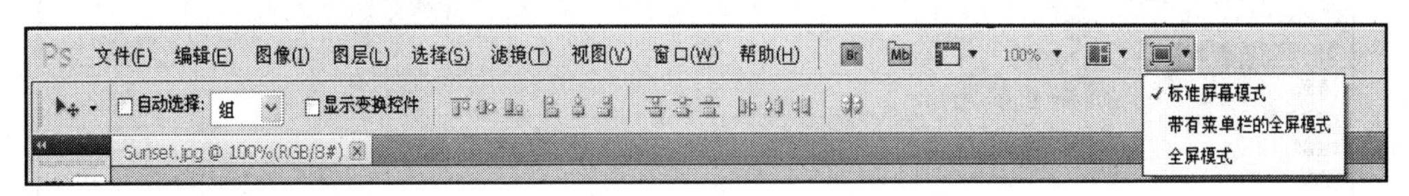

图 1.15 屏幕模式

1.2.6 状态栏

状态栏位于文档窗口的底部，用于显示诸如当前图像的缩放比例、文件大小以及有关使用当前工具的简要说明等信息。在最左端的数值框中输入数值，然后按 Enter 键，可以改变图像窗口显示比例。另外，单击状态栏上的按钮，可以弹出快捷菜单，通过快捷菜单中的命令决定状态栏中显示的内容，如图 1.16 所示。

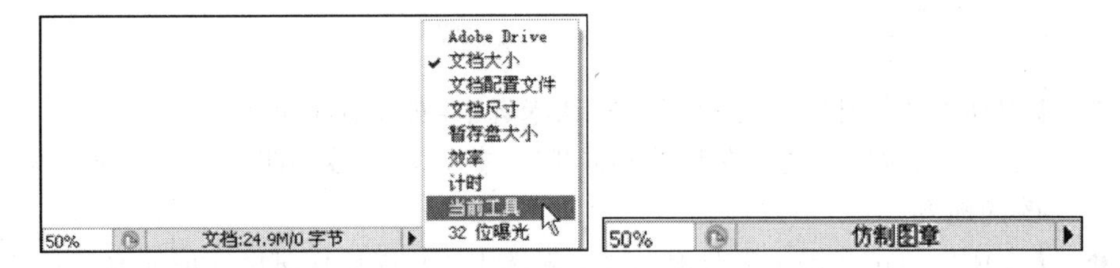

图 1.16 状态栏中显示的内容

1.2.7 首选项的设置

设置 Photoshop CS5 的首选项，可以有效地提高 Photoshop 的运行效率，使其更加符合用户的操作习惯。下面介绍几个常用的设置。

选择【编辑】|【首选项】命令，在子菜单中选择所需的首选项组，如图 1.17 所示，或打开【首选项】对话框，通过单击【下一个】按钮显示列表中的下一个首选项，单击【上一个】按钮显示上一个首选项。

1. 常规设置

选择【编辑】|【首选项】|【常规】命令，打开【首选项】对话框，如图 1.18 所示，其中包括以下几个选项。

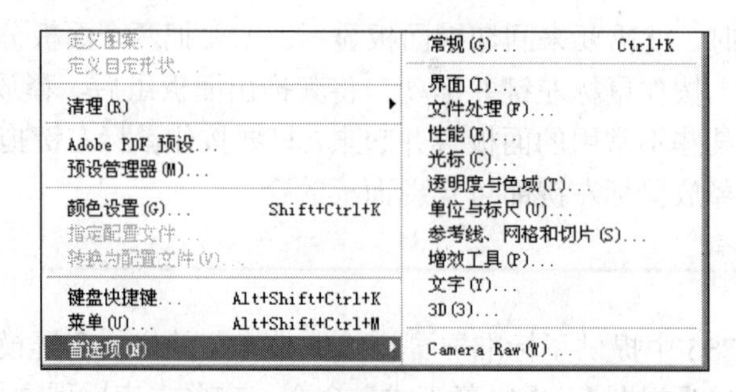

图 1.17 【首选项】命令子菜单

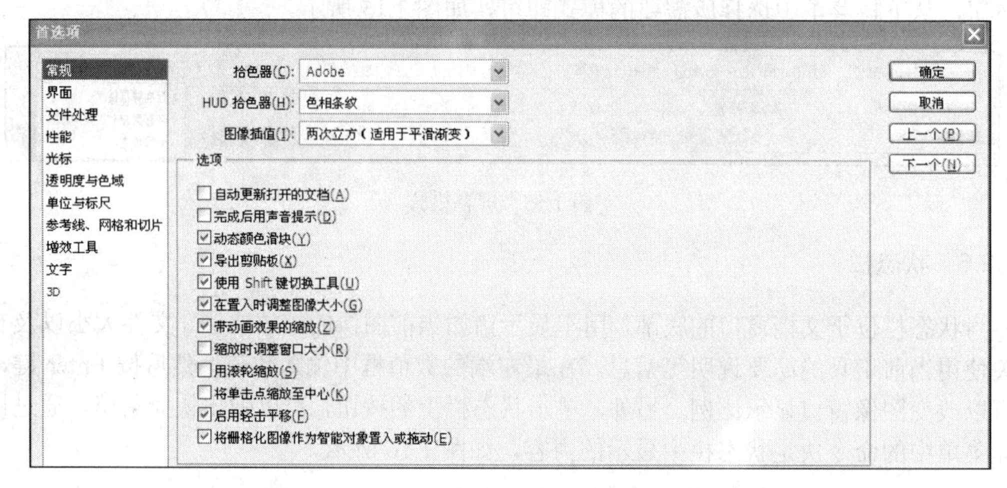

图 1.18 常规设置

- 【自动更新打开的文档】选项，默认未选中。如果在 Photoshop 外修改了图片（如两个人同时修改同一图片的不同地方时），后修改的图片就会要求更新最新修改的地方。
- 【完成后用声音提示】选项，默认未选中。功能操作进度完成后有提示音出现。
- 【动态颜色滑块】选项，默认选中。Photoshop 取色滑块提供色彩预见功能。
- 【导出剪切板】选项，默认选中。如果取消的话，Photoshop 只与 Windows 的剪切板做单向的内容共享，不能直接复制、粘贴前者的内容到后者，反之则可以。
- 【使用 Shift 键切换工具】选项，默认选中。用 Shift 键切换使用同一快捷键的工具，如不常用可以取消该选项。
- 【在置入时调整图像大小】选项，默认选中。Photoshop 会按照目标窗口的大小自动调整置入的图像大小。
- 【带动画效果的缩放】选项，默认选中。就是放大、缩小时候看到的动态效果，取消后不能使用“连续缩放”。
- 【缩放时调整窗口大小】选项，默认未选中。在文档以窗口显示的情况下，Photoshop 按照缩放的大小调节窗口，“实际像素”或“合适窗口显示”比较明显。
- 【用滚轮缩放】选项，默认未选中。如果打开图像，可以用鼠标滚轮进行图片缩放。

- 【将单击点缩放至中心】选项，默认未选中。这里的中心是指如用 Ctrl+T 组合键调整图片大小时，中间那个可移动的点。
- 【启用轻击平移】选项，默认选中。若不选中，则在全屏模式下按住空格键拖动图片时有“飘”起来的感觉。
- 【将栅格化图像作为智能对象置入或拖动】选项，默认选中。栅格化图像也是位图图像，可以直接编辑。智能对象是包含栅格图像或矢量图像（如 Photoshop 或 Illustrator 文件）中的图像数据的图层。智能对象将保留图像的源内容及其所有原始特性，从而能够对图层执行非破坏性编辑。

2. 界面设置

选择【首选项】对话框左侧窗格中的【界面】选项，打开如图 1.19 所示的界面，其中包括以下几个选项。

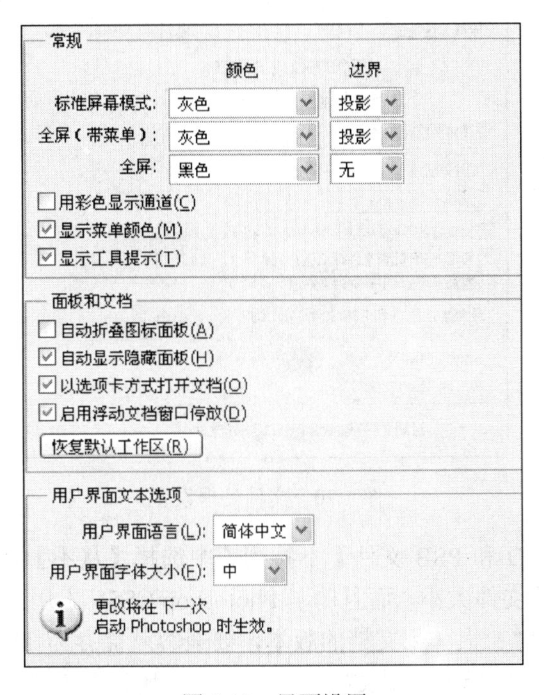

图 1.19 界面设置

- 【用彩色显示通道】选项，默认未选中。如果用通道的话，可以不选中此复选框，因为通道名本来就是颜色名。
- 【显示菜单颜色】选项，默认选中。只有在使用“CS5 的新功能”工作区的时候有用。
- 【显示工具提示】选项，默认选中。当鼠标置于工具面板的工具上时，会显示该工具的名称，不需要提示时可取消。
- 【自动折叠图标面板】选项，默认未选中。可以选中，但是这种情况只针对面板停靠吸附于边缘的时候起作用，可以试着将【图层】面板吸附边缘，打开【图层】面板，编辑图层里的内容，当松开鼠标左键时，【图层】面板会自动收缩。其目的是为了节省视图空间。

- 【自动显示隐藏面板】选项，默认选中。在全屏模式，或者隐藏了面板的情况下，可以通过鼠标移动到工具面板的位置将其显示出，但其实这不仅不“自动”，而且还不“智能”，容易造成误操作，建议不选。
- 【以选项卡的方式打开文档】选项，默认选中。这是新版本显示文档的新方式，如果想用多窗口显示文档，也可以通过其他方式来改变。
- 【启用浮动窗口停放】选项，默认选中。取消后在拖动文档窗口的时候就看不到蓝色高亮提示了，因为停放方式改变了。

3. 文件处理设置

选择【首选项】对话框左侧窗格中的【文件处理】选项，打开如图 1.20 所示的界面。

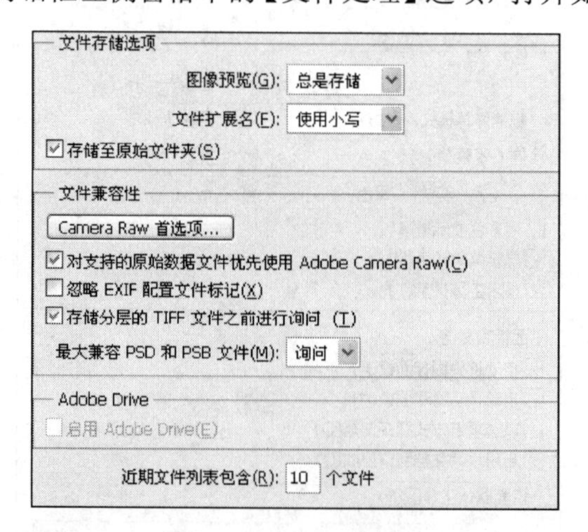

图 1.20 文件处理设置

在【最大兼容 PSD 和 PSB 文件】下拉列表中选择【从不】选项，这不仅可以减小储存为 PSD 格式时的文件大小，而且用了 Photoshop CS5，不用去兼容 Photoshop CS 之前那些不能处理大尺寸、大体积文档的版本，要兼容就储存为 TIFF（4G 以下的选择）或者 PSB（大于 4G 的选择）大型文档。

4. 性能设置

选择【首选项】对话框左侧窗格中的【性能】选项，打开如图 1.21 所示的界面，其中包括以下几个选项组。

- 【内存使用情况】选项组。Photoshop 会按照本机的内存大小推荐一个范围，按照此范围设置即可。
- 【暂存盘】选项组。用于设置 Photoshop 的虚拟内存，不要将其设置到系统盘（一般是 C:\），也不要设置到分配了虚拟内存的磁盘和正在处理的文档的所在磁盘，以上情况都会造成 Photoshop 与系统争抢资源而降低使用性能。

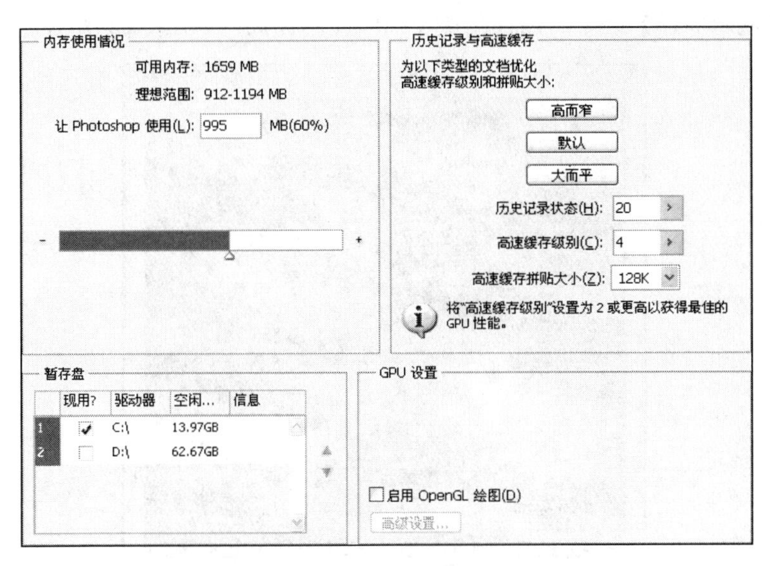

图 1.21　性能设置

- 【历史记录与高速缓存】选项组。【历史记录状态】显示它记录的次数，也就是按 Ctrl+Alt+Z 快捷键的有效次数，当然这也是建立在内存消耗上的。【高速缓存级别和拼贴大小】选项组在 Photoshop 中默认有 3 个选项可供选择：高而窄（图层多且尺寸小）、默认（尺寸和图层数皆适中），大而平（尺寸大且图层少），用户可以按照自己的需要进行相应设置。
- 【GPU 设置】选项组。显卡好的用户可以通过选中【启用 OpenGL 绘图】复选框。启用 Photoshop CS5 的 3D 功能绘图。

小提示：

最好分出一个大小足够的区、专门用于存放 Photoshop 的临时文件，而且经常对其进行碎片整理以获得更高的性能。

1.3　图像编辑辅助工具的使用

辅助工具的主要作用是辅助图像编辑处理操作。利用辅助工具可以提高操作的精确程度，提高工作效率。在 Photoshop CS5 中可以利用标尺、参考线和网格等工具来完成辅助操作。

1.3.1　标尺工具

标尺可以帮助用户准确地定位图像或元素的位置。选择【视图】|【标尺】命令或按 Ctrl+R 快捷键，可以在图像窗口的顶部和左侧分别显示水平标尺和垂直标尺。在 Photoshop CS5 中，还可以单击菜单栏后【查看额外内容】按钮。在打开的下拉菜

单中选择【显示标尺】命令，则在图像窗口中显示标尺，如图 1.22 所示。

图 1.22　显示标尺

1.3.2　参考线

参考线是显示在图像文件上方的一些不会被打印出来的线条，可以帮助用户定位图像，可以移动和删除参考线，也可以将其锁定。添加参考线有以下两种方法。

方法一：选择【视图】|【新建参考线】命令，在打开的【新建参考线】对话框中设置参考线的取向和位置后，单击【确定】按钮即可添加一条新的参考线，如图 1.23 所示。

方法二：在标尺打开的情况下，可将鼠标指针置于窗口顶端或左侧的标尺上，按下鼠标左键，当指针变成形状或形状时，拖动到合适的位置后释放左键，该参考线即可显示在图像窗口中，如图 1.24 所示。

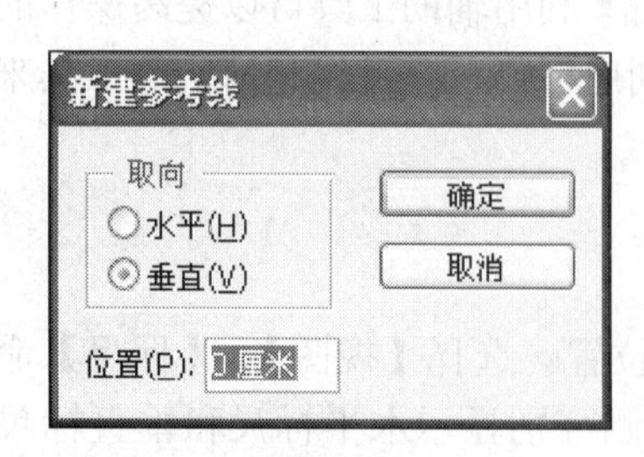

图 1.23　【新建参考线】对话框

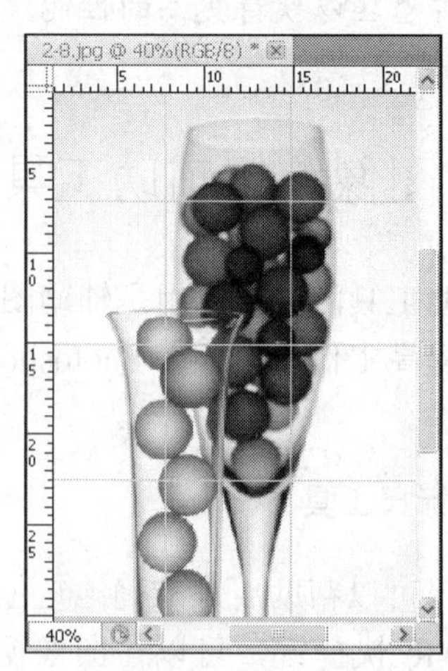

图 1.24　显示参考线

删除某条参考线时，只需将该参考线拖到图像窗口区域外即可。若想删除所有参考线，可通过选择【视图】|【清除参考线】命令来完成。

若将参考线在图像窗口中定位好之后，担心在编辑图像时会误操作参考线，可通过选择【视图】|【锁定参考线】命令将其锁定。若想对参考线进行移动，需要再次选择【视图】|【锁定参考线】命令将其解锁。

1.3.3　网格线

使用网格线可以使图像更加精确地对齐。选择【视图】|【显示】|【网格】命令或者按 Ctrl+'快捷键，网格即出现在图像中，如图 1.25 和图 1.26 所示。

图 1.25　未设置显示网格前

图 1.26　设置显示网格后

习　　题

1. 简述矢量图和位图的区别。
2. 简述几种常用的色彩模式及各自特点。
3. 简述位图的几种常用格式及其特点。
4. 简述 Photoshop CS5 中常用系统参数的设置内容。
5. 打开任意图片，设置其标尺、参考线、网格线。

第2章

图像文件的基本操作

本章要点 ☞

掌握图像的新建、打开和排列操作。

掌握图像的存储、关闭和置入操作。

了解使用文件浏览器管理图像。

掌握缩放图像与图像、画布大小的设置。

技能目标 ☞

掌握 Photoshop CS5 图像文件基本操作方法。

掌握操作过程中的快捷方式和技巧。

引导问题

如何在 Photoshop CS5 中新建、打开图像？

Bridge 工具有什么作用？

如何进行图像的缩放？

如何调整图像大小和画布大小？

2.1　图像的新建、打开和排列

在学习使用 Photoshop CS5 应用程序编辑和处理图像文件之前，必须先了解一些图像文件的基本操作，以便能够更好、更有效地绘制和处理图像文件。

2.1.1　新建图像

新建图像操作步骤如下。

1）选择【文件】|【新建】命令或者按 Ctrl+N 快捷键，如图 2.1 所示。

2）在打开的【新建】对话框中，设置文件名称、宽度、高度、分辨率、颜色模式、背景内容等，如图 2.2 所示。

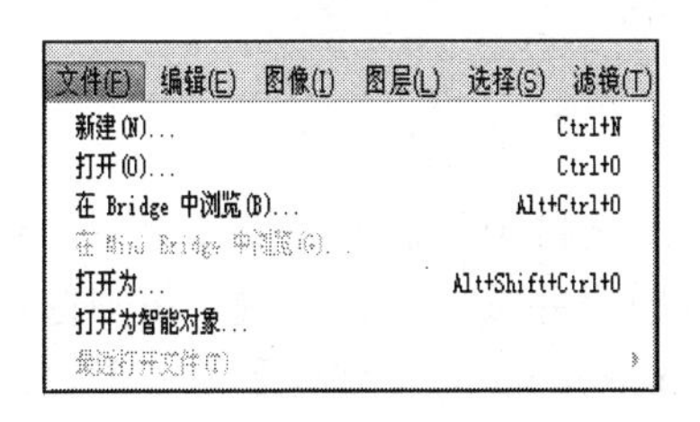

图 2.1　新建文件

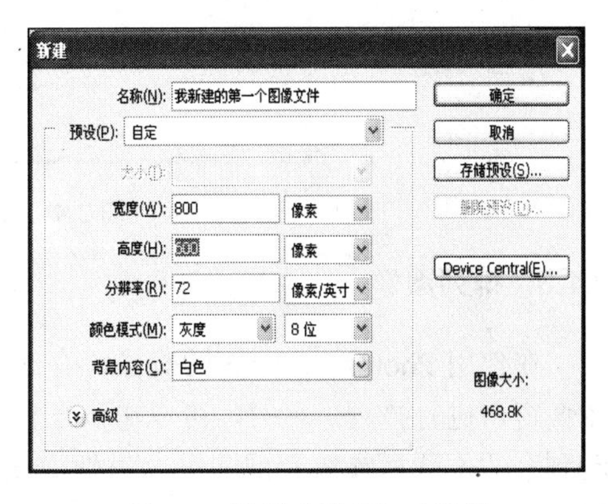

图 2.2　设置【新建】对话框

3）完成设置后单击【确定】按钮，这样就新建了一个空白图像文件。

2.1.2　打开图像

在处理图像文件时，经常需要打开保存的素材图像进行编辑。在 Photoshop CS5 中打开和导入不同格式的图像文件非常简单，具体操作步骤如下。

1）选择【文件】|【打开】命令或者按 Ctrl+O 快捷键，如图 2.3 所示。

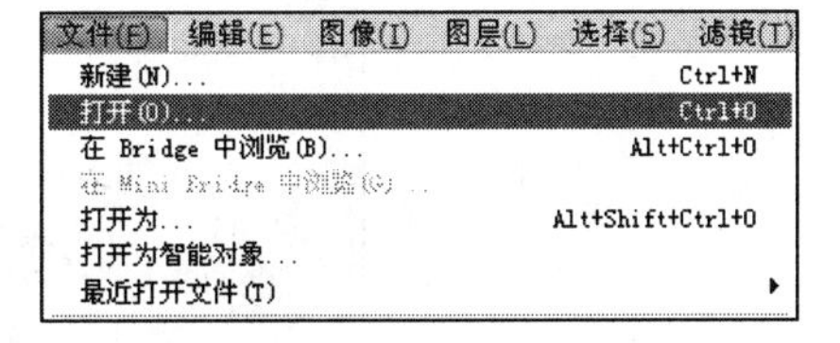

图 2.3　打开文件

2）在打开的【打开】对话框中，选择需要打开的本章素材，如图 2.4 所示。

3）单击【打开】按钮，即可将所选图片在 Photoshop CS5 中打开。

小提示：

未打开文件的情况下，在工作窗口区双击也可以打开如图 2.4 所示的打开对话框。

图 2.4 【打开】对话框

2.1.3 排列图像

在使用 Photoshop CS5 的时候，有时打开了许多素材图片，为了操作方便要对这些图像窗口进行排列。这时，可以单击图像窗口的标题栏并按下鼠标左键，将图像窗口拖动到合适位置后释放左键即可。另外，使用 Photoshop CS5 的【排列】命令可对图像窗口进行有序的排列。排列图像主要有以下几种方式。

1）层叠：选择【窗口】|【排列】|【层叠】命令，可以得到多个图像文件相叠的效果，如图 2.5 所示。

图 2.5 层叠效果

2）平铺：选择【窗口】|【排列】|【平铺】命令，可以得到多个图像水平平铺的效果，如图2.6所示。

图2.6　平铺效果

3）将所有内容合并到选项卡：选择【窗口】|【排列】|【将所有内容合并到选项卡】命令，可以得到如图2.7所示的效果。

图2.7　选项卡效果

4）在窗口中浮动：选择【窗口】|【排列】|【在窗口中浮动】命令，可以得到多个图像图标排列的效果，如图2.8所示。

图 2.8　浮动窗口效果

2.2　图像的存储、关闭和置入

2.2.1　存储图像

当完成了自己的作品后，需要将图像文件进行保存，具体操作步骤如下。

1）选择【文件】|【存储】命令或者按下 Ctrl+S 快捷键，如图 2.9 所示。

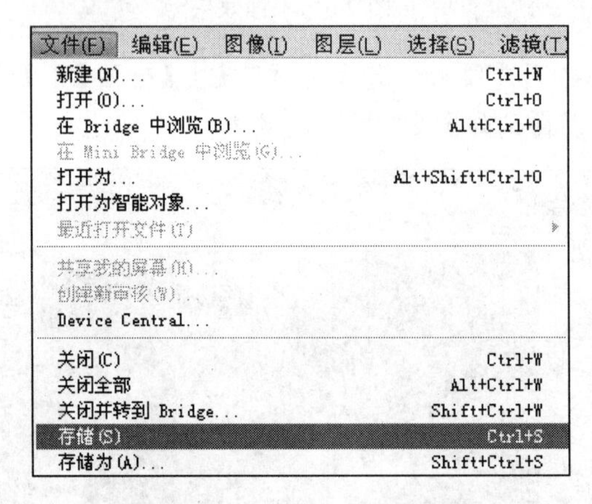

图 2.9　图像文件的存储

2）在打开的【存储为】对话框中设置保存后的文件名、文件格式等，如图 2.10 所示。在此对话框中还可以设置存储图像时保留和放弃的选项。

3）单击【保存】按钮即可将文件保存。

小提示：

上述保存方法主要适用于第一次文件的保存（通常也称原文件），如果既想保存原文件的样式又希望对新文件进行保存，则可以通过选择【文件】|【存储为】命令或者按 Shift+Ctrl+S 快捷键，将文件另存为一个新的文件，则原文件仍然存在，并且没有被覆盖。

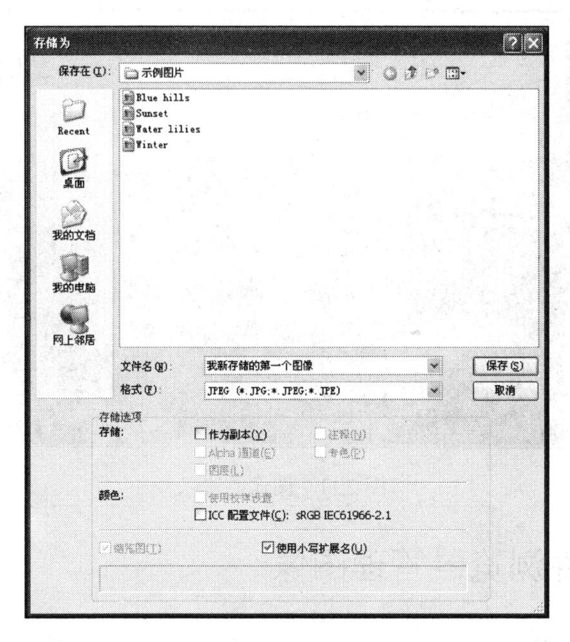

图 2.10　【存储为】对话框

Photoshop CS5 还提供了【存储为 Web 和设备所用格式】的保存方法，这种方法的好处是可以对现有文件进行分割，以便在网页中使用。

2.2.2　关闭图像

当图像文件创作完并保存之后，若不需要继续使用就可以将其关闭，关闭图像文件的方法也有很多种。

方法一：选择【文件】|【关闭】命令。

方法二：单击图像窗口标题栏中最右边的【关闭】按钮。

方法三：单击图像窗口最左侧的按钮，从弹出的菜单中选择【关闭】命令。

方法四：双击图像窗口最左侧的按钮。

方法五：使用 Ctrl+W 快捷键。

方法六：使用 Ctrl+F4 快捷键。

小提示：

同时打开多个图像文件并且保存好后，如果逐个地将它们关闭确实有点麻烦。此时，可以用一个省时、高效的方法将多个文件同时关闭，即使用 Alt+Ctrl+W 快捷键。

2.2.3　置入图像

选择【文件】|【置入】命令，在打开的【置入】对话框中，用户可以选择 AI、EPS、PDF、PDP 文件格式的图像文件。然后单击【置入】按钮确定，即可将选择的图像文件导入至 Photoshop CS5 的当前图像窗口中，如图 2.11 所示。

图 2.11　图像的置入

2.3　使用文件浏览器管理图像

Adobe Bridge 是随 Photoshop CS5 自动安装的图像浏览软件，它可以独立使用，也可以在 Photoshop 中使用。选择【文件】|【在 Bridge 中浏览】命令，或单击标题栏中的【启动 Bridge】按钮，可以打开 Bridge。

2.3.1　浏览图像

运行 Bridge 时，默认情况下显示的是【必要项】选项下的界面内容，通过选择【胶片】、【元数据】、【输出】、【关键字】、【预览】、【看片台】和【文件】选项切换界面内容，如图 2.12 和图 2.13 所示。

图 2.12　【必要项】选项的界面

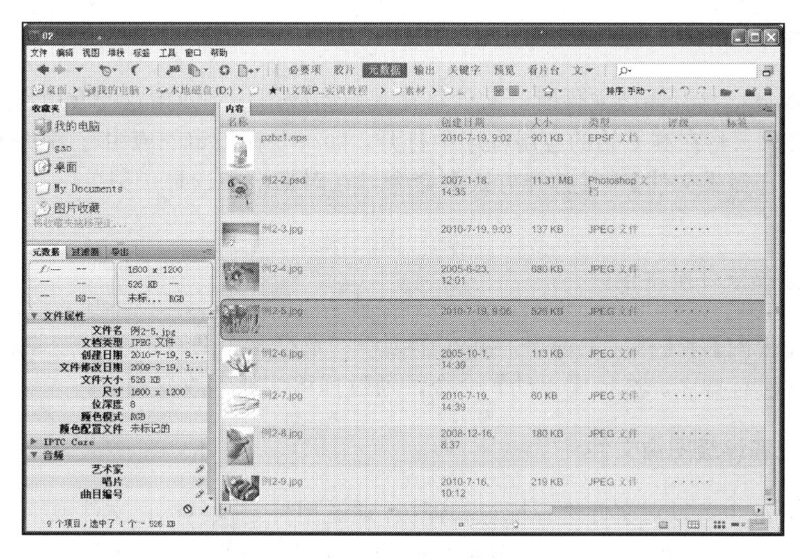

图 2.13　【元数据】选项的界面

按 Ctrl+B 组合键，可以切换至审阅模式，如图 2.14 所示。在该模式下，单击图像缩略图，可以查看选择的图像。

图 2.14　审阅模式

再次单击图像，则会弹出一个窗口，可以显示局部图像，拖动该窗口可以移动观察图像，单击窗口右下角的关闭按钮可以关闭窗口。按 Esc 键或单击审阅模式右下角的关闭按钮则可以退出审阅模式，如图 2.15 所示。

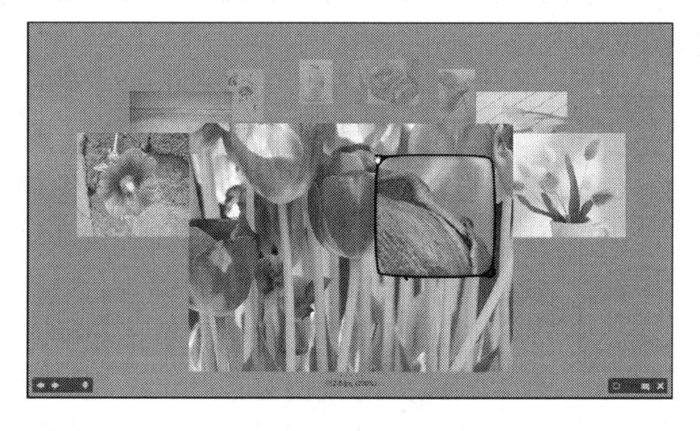

图 2.15　局部观察图像

2.3.2 使用 Bridge 打开图像文件

使用 Bridge 打开图像文件时，文件将在其原始应用程序或指定的应用程序中打开。双击图像文件，将在其原始的应用程序中打开。如果要在指定的应用程序中打开，在选中图像后，选择【文件】|【打开方式】命令，在对话框中选择子菜单中相应的应用程序类型即可。

2.3.3 对图像文件进行排序

选择【视图】|【排序】命令，并在子菜单中选择一个命令，可以按照选中的规则对所选文件进行排序。选择【手动】命令，通过拖移文件，改变顺序。

2.3.4 标记和评级图像文件

在 Bridge 中可以对文件进行标记和评级，通过用特定颜色标记文件或指定零到五星级的评级，可以快速地对文件进行分类，也可以按文件的颜色标签或评级对文件进行排序。在选中图像文件后，单击图像底部即可为图像设置评级。

选中图像文件后，右击，在弹出的快捷菜单中选择【标签】命令，在其子菜单中可以设置图像标签。

用户也可以通过菜单栏中的【标签】命令设置评级和标签，同时也可以利用命令后的快捷键快速设置评级和标签。

2.4 缩放图像

使用 Photoshop CS5 的过程中，为了使图像编辑更加精确和方便，需要对图像进行放大、缩小和 100%显示。

2.4.1 放大显示图像

当需要对某个图像进行精确编辑时，将原文件在 Photoshop CS5 中进行放大显示就可以方便操作了。放大显示图像有以下几种方法。

方法一：选择【视图】|【放大】命令或者使用 Ctrl++快捷键，如图 2.16 所示。

方法二：单击工具箱中的【缩放工具】按钮，当鼠标指针变成形状时，在图像窗口中单击，可将图像放大。

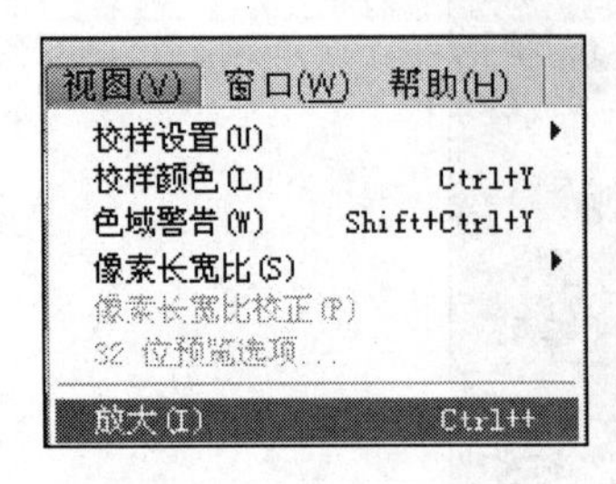

图 2.16 【放大】命令

方法三：单击工具箱中的【缩放工具】按钮，在图像窗口中用鼠标拖出一个矩形选定区域放大至整个窗口。

方法四：在图像窗口左下角的显示比例数值框中输入要放大的数值，然后按 Enter 键即可对图像进行放大，如图 2.17 所示。

方法五：在【导航器】面板中的显示比例数值框中输入需要放大的数值并按 Enter 键或者拖动下方的滑块向右边移动，即可让图像放大显示，如图 2.18 所示。

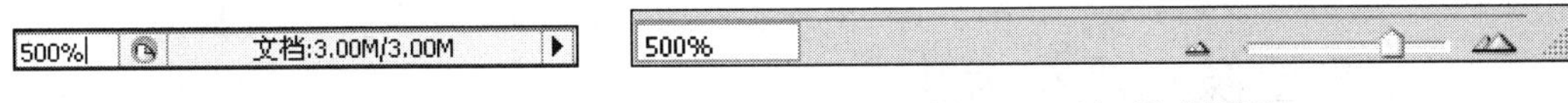

图 2.17　显示比例数值框　　　　图 2.18　显示比例滑块

2.4.2　缩小显示图像

放大显示图像后，如果想将图像恢复到原始大小，可以将其缩小。缩小显示图像有以下几种方法。

方法一：选择【视图】|【缩小】命令或者按 Ctrl+-快捷键，如图 2.19 所示。

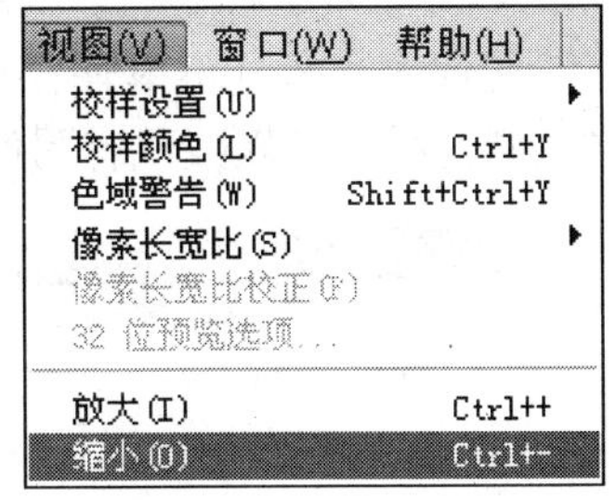

图 2.19　【缩小】命令

方法二：单击工具箱中的【缩放工具】按钮，按住 Alt 键，当鼠标指针变成形状时，在图像窗口中单击即可。

方法三：在图像窗口左下角中的显示比例数值框中输入要缩小的数值，然后按 Enter 键即可对图像进行缩小，如图 2.20 所示。

方法四：在【导航器】面板中的显示比例数值框中输入要缩小的数值并按 Enter 键或者拖动下方的滑块向左边移动，即可让图像缩小显示，如图 2.21 所示。

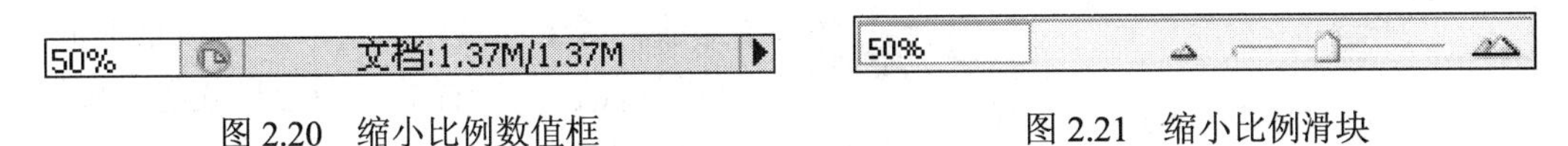

图 2.20　缩小比例数值框　　　　图 2.21　缩小比例滑块

小提示：

在 Photoshop CS5 中，放大比例的最大值为原文件的 3200%，缩小比例的最小值为原文件的 0.07%。

2.4.3　100%显示图像

100%显示图像是指以图片的实际大小显示在窗口中，在这种情况下，能最真实地反映图片效果，主要有以下几种方法。

方法一：选择【视图】|【实际像素】命令。

方法二：单击工具箱中的【缩放工具】按钮，然后在图像中右击，在弹出的快捷菜单中选择【实际像素】命令。

方法三：在图像窗口左下角的状态栏中的显示比例数值框中输入“100%”，然后按 Enter 键，如图 2.22 所示。

方法四：在【导航器】面板中的显示比例数值框中输入“100%”并按 Enter 键或者拖动下方的滑块至中间位置，如图 2.23 所示。

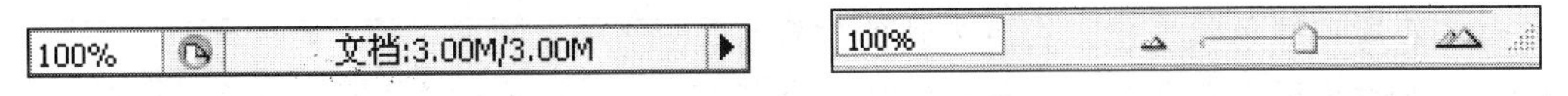

图 2.22　100%显示图像数值框　　　　图 2.23　100%显示图像滑块

2.5 设置图像和画布大小

图像文件的大小、画布尺寸和分辨率是一组互相关联的图像属性，在图像编辑过程中，经常需要设置调整它们。

2.5.1 查看和设置图像大小

图像大小和分辨率有着密切的关系。同样大小的图像文件，分辨率越高，图像文件越清晰。如果要修改现有图像文件的像素、分辨率和打印尺寸，可以选择【图像】|【图像大小】命令，打开【图像大小】对话框进行调整，如图 2.24 所示。

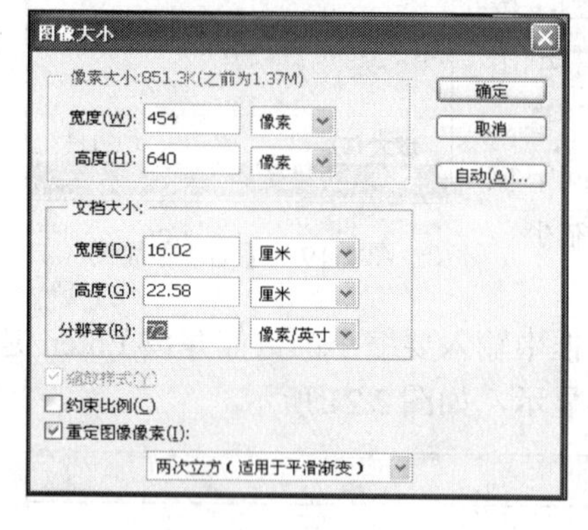

图 2.24 【图像大小】对话框

- 【像素大小】选项组。通过改变【宽度】和【高度】数值框的值，可以改变图像的尺寸大小。
- 【文档大小】选项组。通过改变【宽度】、【高度】和【分辨率】数值框的值，改变图像的实际尺寸。
- 【缩放样式】选项组。选中该选项复选框，可以使图像中的样式（图层样式等）按比例进行改变。
- 【约束比例】选项组。选中该选项复选框后，在【宽度】和【高度】后将出现链接标志，表示改变其中一项设置时，另一项也将按相同比例改变。
- 【重定图像像素】选项组。选中该选项复选框后，将激活【像素大小】选项组中的参数可以改变像素的大小，若不选中该选项复选框，像素大小将不发生变化。

2.5.2 设置画布大小

如果将使用Photoshop 绘图想象成日常生活中用笔在纸上绘图的话，那么画布就相当于绘图用的纸。在 Photoshop 中，“纸”（此处指画布）的大小是可以随意更改的，从而满足图像或编辑的需要，如图 2.25 所示。

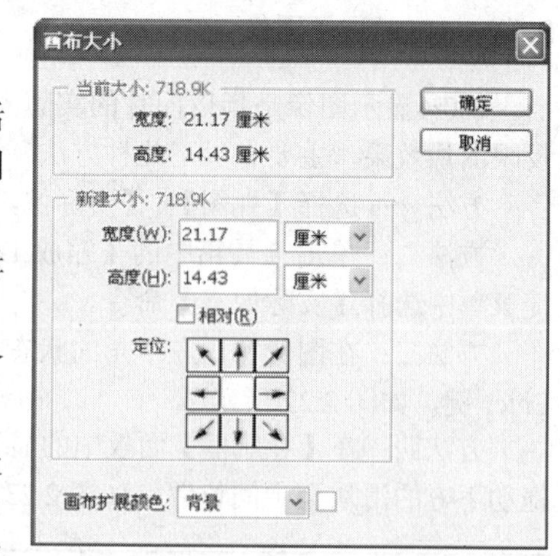

图 2.25 【画布大小】对话框

【画布大小】对话框中的【定位】选项的含义如下。

1）如果白色方块居中，则在对画布大小进行调整时，画布尺寸的增减将由中心向四周呈辐射状变化。白色方块的位置可通过鼠标在 9 个方格中单击实现改变。

2）如果白色方块居中右，则在对画布大小进行调整时，画布的左边将加大（增大画布）或者剪切（减小画布）。

3）如果白色方块居中上，则在对画布大小进行调整时，画布的下边将加大（增大画布）或者剪切（减小画布）。

习　　题

1．新建文件，在文件中添加一幅图像，并以 JPEG 格式保存。

2．打开前面保存的文件，沿图像边框向内缩 2 毫米加辅助线，并更改画布大小后以 TIFF 格式保存为另外一个文件。

第3章

创建和编辑选区

本章要点 ☞

熟悉 Photoshop CS5 选框工具的创建规则。

学习选区的增减、相交和羽化。

快速使用套索工具创建新选区。

熟悉使用魔棒工具创建新选区。

掌握移动、扩展、收缩及平滑选区的方法。

熟悉对选区进行变形、选区图像进行变形。

技能目标 ☞

掌握在 Photoshop CS5 中创建和编辑选区的方法。

熟练掌握创建图像选区的各种工具的使用方法。

案例导入

【案例一】图像合成。最终效果如图 3.1 所示。

要求：掌握创建选区、复制以及粘贴图像等基本操作方法和技巧。

图 3.1　效果（一）

【案例二】绘制手机宣传画。最终效果如图 3.2 所示。

要求：掌握创建、编辑选区，渐变填充等基本操作方法和技巧。

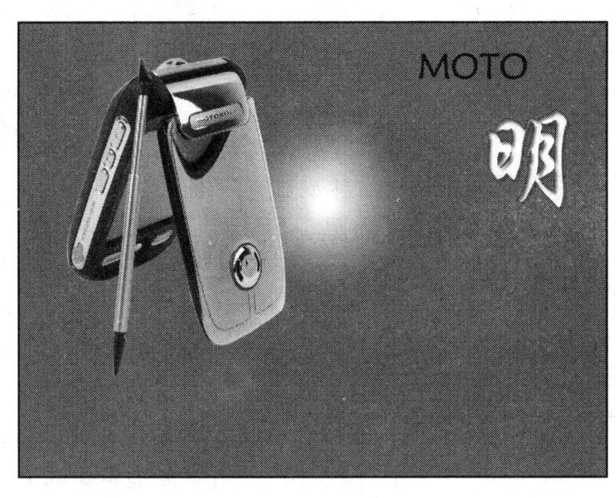

图 3.2　效果（二）

引导问题

1）什么是选区？为何说选区很重要？

2）有哪些方法能创建和编辑选区？

3）创建选区有哪些技巧？

基础知识

3.1 绘制规则形状选区

选区在 Photoshop 图像文件的编辑过程中有着非常重要的作用。选区显示时，表现为有浮动虚线组成的封闭区域。当图像文件窗口中存在选区时，用户进行的编辑或绘制操作都将只影响选区内的图像，而对选区外的图像无任何影响。

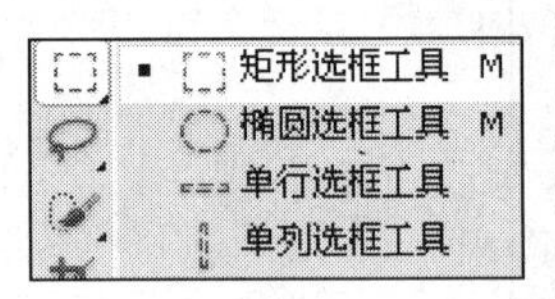

图 3.3 选框工具

在 Photoshop CS5 的工具箱中，提供了一组选框工具，包括【矩形选框工具】、【椭圆选框工具】、【单行选框工具】和【单列选框工具】。使用这些选框工具可以创建出具有规则形状的选取范围，如矩形、椭圆形、横线和竖线区域，选框工具如图 3.3 所示。

3.1.1 矩形选框工具

使用【矩形选框工具】创建选区，具体操作步骤如下。

1）启动 Photoshop CS5，打开本章素材 3.4，将指针移到工具箱中的【矩形选框工具】按钮上右击，选择【矩形选框工具】命令。

2）将鼠标指针移至图像窗口中时，鼠标指针变成形状。

3）在图像文件的画面中按住鼠标左键，在预选区域拖动鼠标，完成后释放鼠标左键即可创建一个矩形选区，如图 3.4 所示。

图 3.4 创建矩形选区

3.1.2 椭圆选框工具

利用【椭圆选框工具】可以在图像中创建椭圆选区，具体操作步骤如下。

图 3.5 创建椭圆选区

1）将鼠标指针移至工具箱中的【矩形选框工具】按钮上，右击，然后选择【椭圆选框工具】命令，此时【矩形选框工具】的名称会改变成“椭圆选框工具”，按钮图标也随之改变为形状。

2）将鼠标指针移至图像窗口中时，鼠标指针变成＋形状。

3）在图像文件的画面中按住鼠标左键，在预选区域拖动鼠标，完成后释放鼠标左键，即可创建一个椭圆选区，如图 3.5 所示。

小提示：

当需要创建正方形或者正圆形选区时，只需在选定工具后按住 Shift 键的同时拖动鼠标即可。

3.1.3 单行/单列选框工具

在选框工具的右键菜单中，选择【单行选框工具】命令或【单列选框工具】命令，可以在图像上建立一个只有 1 像素高度的水平选区或只有 1 像素宽度的垂直选区，如图 3.6 和图 3.7 所示。

图 3.6 单行选区

图 3.7 单列选区

【单行选框工具】工具属性栏如图 3.8 所示，在编辑和处理图像时很少用到。通常，这两个工具用于将图像中已有的选区水平或垂直分割成若干块。在【单行选框工具】的工具属性栏中除了【羽化】选项，其他选项均为灰色不可用状态。但实际上，【羽化】选项设置也是无法进行的。

图 3.8 【单行选框工具】工具属性栏

3.2 绘制不规则形状选区

使用套索工具可以绘制出不规则的选区。【套索工具】选项中包括【套索工具】、【多边形套索工具】和【磁性套索工具】3 种工具，如图 3.9 所示。

3.2.1 套索工具

使用【套索工具】新建一个不规则的选区的具体操作步骤如下。

1）启动 Photoshop CS5，打开素材 3.10，将鼠标指针移至工具箱中的【套索工具】按钮上，右击，然后选择【套索工具】命令。

2）将鼠标指针移至图像窗口中，这时鼠标指针将变成形状。

3）按住鼠标左键不放，在图像窗口中沿要选取的内容边缘拖动，如图 3.10 所示。

图 3.9 套索工具

4）按住鼠标左键不放进行拖动，当释放鼠标左键后，曲线所包围的区域即被选取（无论是拖出一条曲线还是闭合区域，释放鼠标左键后都可以创建一个闭合选区），如图 3.11 所示。

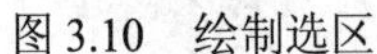

图 3.10　绘制选区

图 3.11　使用【套索工具】后的效果

在【套索工具】的工具属性栏中也有一个【羽化】选项，它和选框工具属性栏中的【羽化】选项的功能相同，也是用来创建选区的柔和边缘效果。下面就来使用【套索工具】的【羽化】选项的功能，操作步骤如下。

1）启动 Photoshop CS5，打开素材图片；在工具箱中右击【套索工具】按钮，选择【套索工具】命令。

2）在【套索工具】的工具属性栏中的【羽化】文本框中输入一个数值（如“10px”），如图 3.12 所示。

3）将鼠标指针移至图像窗口区域，在图中创建一个选区。

4）按 Delete 键，即可看见羽化效果，如图 3.13 所示。

羽化: 10 px　☑消除锯齿

图 3.12　【套索工具】工具属性栏

图 3.13　使用【羽化】选项功能后的效果

3.2.2　多边形套索工具

使用【多边形套索工具】可以选取比较精确的图形，该工具适用于边界多为直线或者边界曲折多变的复杂图形的选取，如三角形、五角形或者多边形等。

【多边形套索工具】的工具属性栏和【套索工具】的工具属性栏相似，各选项的功能也基本相同，只是作用于不同形状的选区而已，如图 3.14 所示。

图 3.14 【多边形套索工具】工具属性栏

使用【多边形套索工具】的具体操作步骤如下。

1）启动 Photoshop CS5，打开素材 3.10。将鼠标指针移到工具箱中的【套索工具】按钮上右击，然后选择【多边形套索工具】命令，刚才的鼠标指针图标将变为形状。

2）将鼠标指针移至图像窗口中，此时鼠标指针变成形状。

3）将鼠标指针移至要选取图像的边界位置上，按住鼠标左键，然后沿着需要选取的图像边缘移动鼠标，当遇到转折点时单击，如图 3.15（a）所示。

4）当鼠标指针移至起始点时，光标右下角将出现一个小圆圈，指针改变为形状，单击即可闭合选取区域完成对图像的精确抠取，如图 3.15（b）所示。

（a）绘制选区

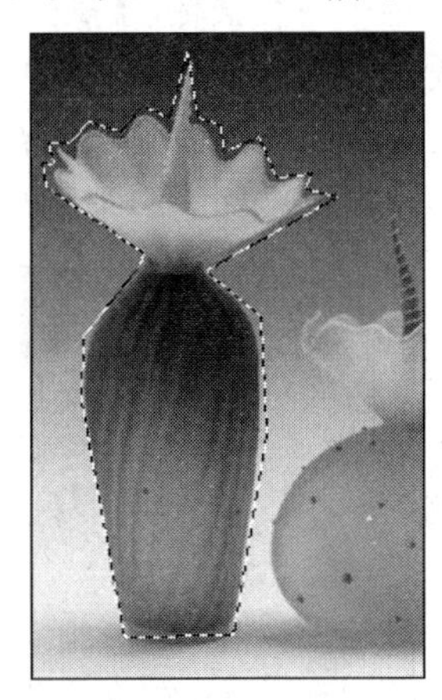

（b）闭合选区

图 3.15 【多边形套索工具】的使用示例

> **小提示：**
>
> 用【多边形套索工具】选取图像时，按住 Shift 键可以沿水平、垂直或者 45° 方向选取线段；按 Delete 键可以删除最近选取的一条线段。

3.2.3 磁性套索工具

使用【磁性套索工具】进行抠图时，可以自动捕捉图像中对比度较大的颜色边界区域，从而快速、精确地选取复杂图像的区域。【磁性套索工具】的工具属性栏与其他两个套索工具的工具属性栏有所不同，如图 3.16 所示。

图 3.16 【磁性套索工具】工具属性栏

- 【宽度】选项。此选项用于设置选取时能够检测到的边缘宽度，其取值范围为 0～40 像素。数值越小，所能检测到的范围越小，对于对比度较小的图像应设置较小的套索宽度。
- 【边对比度】选项。此选项用于设置选取时边缘的对比度，其取值范围为 1%～100%。数值越大，边缘的对比度就越大，选取的范围就越精确。
- 【频率】选项。此选项用于设置选取时的节点数，其取值范围为 0～100。数值越大，所产生的节点数越多。
- 按钮。此选项用来设置绘图板的笔刷压力。只有安装了绘图板和相关驱动才有效，单击此按钮，套索的宽度将变细。

使用【磁性套索工具】的具体操作步骤如下。

1）在 Photoshop CS5 中，打开素材 3.10；将鼠标指针移到工具箱中的【套索工具】按钮上右击，选择【磁性套索工具】命令。

2）当鼠标指针移至要选取图像的边界位置上时单击，然后沿着需要选取的图像区域边缘移动鼠标，【磁性套索工具】会在图像中对比度较大的两部分边界自动寻找并绘制落点，如图 3.17（a）所示。

3）当鼠标指针返回到起始点时，光标右下角将出现一个小圆圈，鼠标指针改变为形状，单击闭合选取区域，完成对图像的精确抠取，如图 3.17（b）所示。

（a）绘制选区

（b）闭合选区

图 3.17　【磁性套索工具】的使用示例

小提示：

在使用【磁性套索工具】时，当经过对比度不强的图像区域时，可自行添加落点，方法是：单击一次可以手动添加一个落点，然后继续跟踪边缘，并根据需要添加落点即可。

3.2.4　魔棒工具

【魔棒工具】是基于图像中相邻像素的颜色近似程度来进行选择的，或者说使用【魔棒工具】可以选取图像窗口中颜色相同或相近的图像区域。

单击工具箱中的【魔棒工具】按钮，其工具属性栏如图3.18所示。

图3.18　【魔棒工具】工具属性栏

- 【容差】选项。该选项用于设置选取的颜色范围，数值范围是0～255。容差值越小，【魔棒工具】所选的范围就越小；容差值越大，表示可允许的相邻像素间的近似程度越小，选择范围也就越大。如图3.19和图3.20所示，分别是设置【容差】为10和60后使用【魔棒工具】对图像进行的选择。

图3.19　容差值为10时的选择范围

图3.20　容差值为60时的选择范围

- 【消除锯齿】选项。选中该选项后，可以消除选区边缘的锯齿。
- 【连续】选项。选中该选项后，可以将图像中连续的像素选中，否则可将连续和不连续的像素一并选中。
- 【对所有图层取样】选项。选中该选项后，【魔棒工具】将跨越图层对所有可见图层起作用，若不选择该选项，【魔棒工具】只能对当前图层起作用。

小提示：

使用【魔棒工具】时，根据单击图像中的位置不同会得到不同的选取结果。另外，在原有选区的基础上，还可按住Shift键用【魔棒工具】多次在图像中单击来扩大选取范围。如果要取消当前的选取范围，可选择【选择】|【取消选择】命令，或者按Ctrl+D快捷键。

3.2.5　色彩范围命令

位于菜单栏【选择】菜单中的【色彩范围】命令，是一个利用图像中的颜色变化关系来选择特定颜色范围内图像的命令，并且可以运用颜色选取工具大面积、连续地选择区域。

使用【色彩范围】命令可以方便地选择图片并复制，它就像一个功能更加强大的魔棒工具。除了以颜色差别来确定选取范围外，【色彩范围】命令还综合了选择区域的相加、相减、相似命令，以及根据基准色选择等多项功能。其具体使用方法及操作步骤如下。

1）启动 Photoshop CS5，打开素材 3.21，如图 3.21 所示。

2）选择【选择】|【色彩范围】命令，打开【色彩范围】对话框，如图 3.22 所示。

图 3.21 原图

图 3.22 【色彩范围】对话框

- 【选择】选项。从该选项下拉列表中选择【取样颜色】选项后，鼠标指针变为【吸管工具】，单击图像进行取样，其他颜色选项分别表示选取图像中相应的色彩范围。
- 【颜色容差】选项。容差越小，能够选择的颜色范围越小。
- 【选择范围】、【图像】选项。单击【选择范围】单选按钮后，在预览窗口中将以黑白图像显示选择范围，白色表示被选择区域，黑色表示未被选择区域；当单击【图像】单选按钮时，在预览窗口中显示图像文件。
- 【选区预览】选项。此选项用于选择所需的预览方式。
- 【吸管工具】按钮、【添加到取样】按钮、【从取样中减去】按钮。单击【吸管工具】按钮则可单选一种颜色范围；单击【添加到取样】按钮则可增加颜色的选择范围；单击【从取样中减去】按钮则可减少颜色的选择范围。
- 在【色彩范围】对话框中，设置各种参数和选项后，单击【确定】按钮保存设置，在图像窗口中就会显示所选区域（除汽车图形外的区域），如图 3.23 所示。
- 双击【图层】面板中的【背景】图层，在打开的【新建图层】对话框中单击【确定】按钮，将【背景】图层转化为普通图层（有关图层内容请参考第 6 章），然后按 Delete 键删除所选区域中的图像。这样就完成了使用【色彩范围】命令对汽车图片进行抠取的所有步骤，最终效果如图 3.24 所示。

图 3.23 显示所选区域

图 3.24 效果图

3.2.6　选区的运算

在选取图像的过程中，经常需要在原有选区的基础上增加或减少选区。当选中某个选框工具后，在工具属性栏中分别单击如图 3.25 所示的选区在运算按钮上实现运算。

- 【新选区】按钮。清除原有的选择区域，直接新建选区，这是 Photoshop 默认的选择方式。
- 【添加到选区】按钮。在原有选区的基础上，增加新的选择区域，形成最终的选择范围。
- 【从选区中减去】按钮。在原有选区中，减去与新的选择区域相交的部分，形成最终的选择范围。
- 【与选区交叉】按钮。使原有选区和新建选区相交的部分成为最终的选择范围。

1. 增加选区

首先启动 Photoshop CS5，打开素材 3.4，在图中创建一个矩形选区；然后单击【矩形选框工具】工具属性栏上的【添加到选区】按钮；将鼠标指针移至图像窗口区域内，在图像窗口中再拖出一个选区，如图 3.26 所示。

图 3.25　4 个选区运算按钮

图 3.26　添加选区

小提示：

如果要取消原有选区并创建新的选区，可以单击【新选区】按钮再进行其他操作。

2. 删减选区

如果要在当前选区中减去一部分选区，可在原有选区的基础上，单击【从选区减去】按钮；然后将鼠标指针移至图像窗口区域内，再在原有选区上拖出一个选区，即可减去一部分选区范围，如图 3.27 和图 3.28 所示。

3. 选区的相交

如果只想选取两个选区中的交叉部分，可进行如下操作。

1）首先在图像中创建一个选区，如图 3.29 所示。

2）单击【与选区交叉】按钮，再在画面中拖出一个与原选区交叉的新选区，如图 3.30 所示。

图 3.27　完整的矩形选区

图 3.28　矩形选区被裁减掉部分区域

图 3.29　创建矩形选区

图 3.30　交叉选区

3）结果将只留下两个选区的交叉部分，如图 3.31 所示。

图 3.31　最终选区

3.3　编辑选区

3.3.1　移动选区

有时为了使选区位于所需的位置，需要移动选区，主要有以下几种方法。

1）直接用鼠标拖动选区，在此过程中按住 Shift 键可使选区沿水平、垂直或 45°斜线方向移动。

2）按方向键（↑、→、↓、←）可每次以 1 像素为单位移动选区。

3）按住 Shift 键的同时再按方向键，则每次以 10 像素为单位移动选区。

4）在使用【魔棒工具】时，将鼠标指针移至选区上，当鼠标指针变成形状后即可拖动。

如图 3.32 和图 3.33 所示的图像显示了移动选区前后的对比效果。

图 3.32 选区移动前

图 3.33 选区移动后

3.3.2 反向选取、取消选区和重选选区

所谓选区的反选，就是将当前图层中的选区和非选区进行互换，即原来未被选择的区域被选中。当不需要一个选区时，可以将其取消；使用【重新选择】命令则可以载入/恢复之前的选区。

1. 选区的反选

方法一：选择【选择】|【反向】命令。
方法二：使用 Shift+Ctrl+I 快捷键。
方法三：在图像选区上右击，在弹出的快捷菜单中选择【选择反选】命令。

2. 选区的取消

方法一：选择【选择】|【取消选择】命令。
方法二：使用 Ctrl+D 快捷键。
方法三：在创建【新选区】的状态下，在选区外任意位置单击。

3. 选区的重选

方法一：选择【选择】|【重新选择】命令。
方法二：使用 Shift+Ctrl+D 快捷键。

3.3.3 扩展和收缩选区

【扩展】命令可使选区的边缘向外扩大一定的范围。具体操作步骤如下。

1）使用【磁性套索工具】创建出汽车的轮廓选区，如图 3.34 所示。

2）选择【选择】|【修改】|【扩展】命令，打开【扩展选区】对话框。在【扩展量】数值框中输入 1～100 之间的整数，即可将选区扩大。例如，将选区的扩大量设置为 10 像素后单击【确定】按钮，如图 3.35 所示。这时原选区将向外扩大，效果如图 3.36 所示。

图 3.34 创建选区

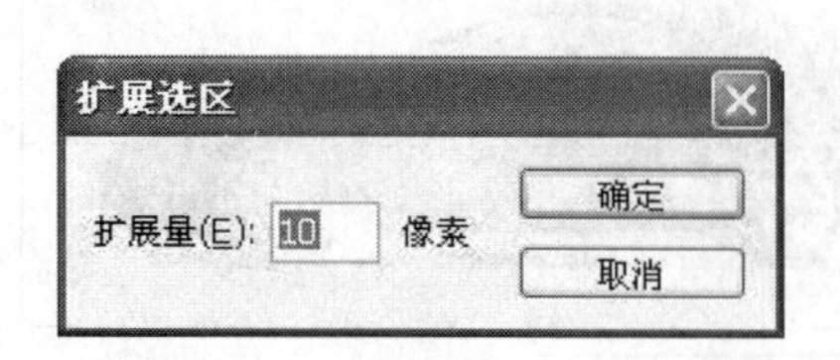

图 3.35 【扩展选区】对话框

图 3.36 扩展选区效果

【收缩】命令可将选区的范围向内缩小。选择【选择】|【修改】|【收缩】命令，打开【收缩选区】对话框。在【收缩量】数值框中可输入 1～100 之间的整数，这里设置收缩量为 10 像素，如图 3.37 所示，收缩效果如图 3.38 所示。

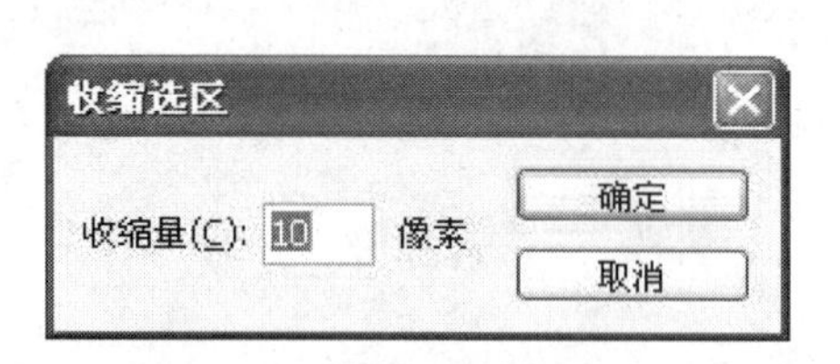

图 3.37 【收缩选区】对话框

图 3.38 收缩选区效果

3.3.4 平滑选区和边界选区

使用【平滑】命令可为选区的边缘消除锯齿，选择【选择】|【修改】|【平滑】命令，打开【平滑选区】对话框。在【取样半径】数值框中输入 1～100 之间的整数，可以使原选区范围变得连续而光滑。这里设置取样半径为 10 像素，如图 3.39 所示，平滑效果如图 3.40 所示。

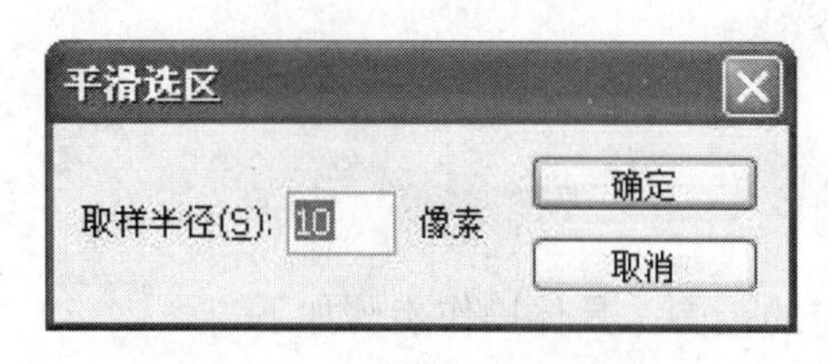

图 3.39 【平滑选区】对话框

图 3.40 平滑选区效果

边界选区是指将原选区的边缘扩张一定的宽度。一般用于描绘图像轮廓的宽度，其操作步骤如下。

1）使用【套索工具】创建出汽车的轮廓选区，如图 3.34 所示。

2）选择【选择】|【修改】|【边界】命令，打开【边界选区】对话框。在对话框的【宽度】数值框中输入 1～200 之间的整数。例如 10 像素，表示向外扩张 10 个像素，然后单击【确定】按钮，如图 3.41 所示。

3）此时选区的边框向外扩展了 10 像素的距离，如图 3.42 所示。

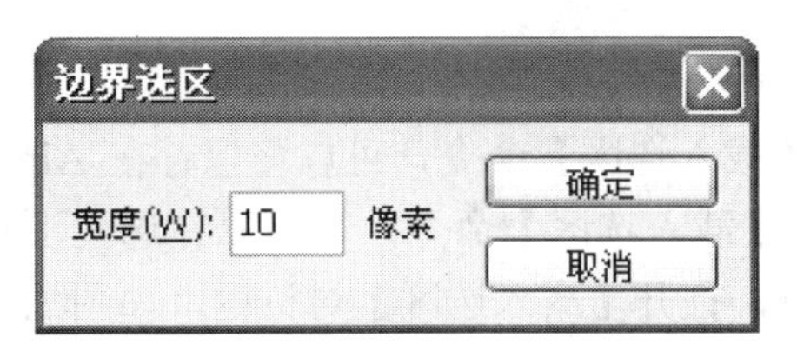

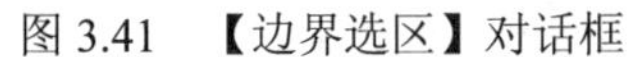
图 3.41 【边界选区】对话框

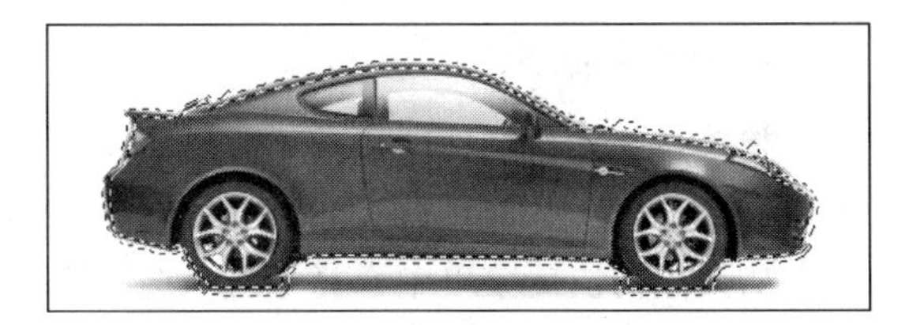

图 3.42 边界选区效果

小提示：

【扩展】命令与【边界】命令的不同之处是，【边界】命令是针对选区的边缘进行一个封闭的区域扩展；而【扩展】命令是将创建的整个选区向外扩展。

3.3.5 扩大选取和选取相似

在【选择】菜单中有两个命令，即【扩大选取】命令和【选取相似】命令，它们都是用来扩大选择范围的，并且和【魔棒工具】一样，都是根据像素的颜色近似程度来增加选择范围。此外，这两个命令的选择范围也是由【容差】选项来控制的，而且是在【魔棒工具】的工具属性栏中设定的。

这两个命令的不同之处在于：【扩大选取】命令只作用于相邻的像素；而【选取相似】命令针对图像中所有颜色相近的像素，这个命令在有大面积实色的情况下非常有用。

3.3.6 存储选区和载入选区

1. 存储选区

通过【存储选区】命令保存复杂的图像选区，以便在编辑过程中再次使用。存储选区时，会自动创建一个 Alpha 通道并将选区保存在该通道中。选择【选择】|【存储选区】命令，或在选区上右击，从弹出的快捷菜单中选择【存储选区】命令，打开【存储选区】对话框，如图 3.43 所示。Alpha 通道保存选区如图 3.44 所示。

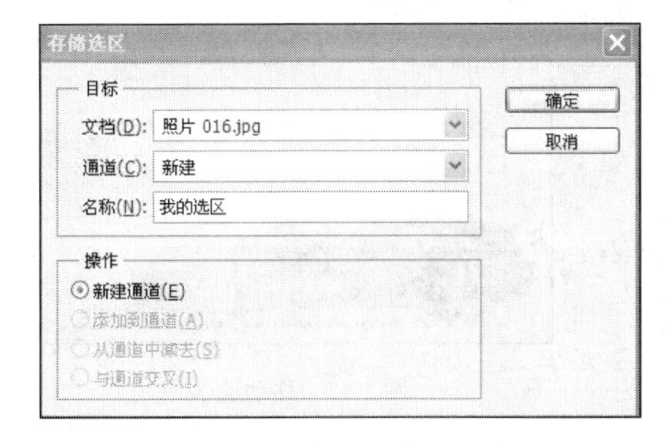

图 3.43 【存储选区】对话框

图 3.44 通道存储选区

2. 载入选区

载入选区和存储选区操作正好相反，通过【载入选区】命令，可以将保存在 Alpha 通道中的选区载入到图像窗口。选择【选择】|【载入选区】命令，也可以在选区上右击，从弹出的快捷菜单中选择【载入选区】命令，打开【载入选区】对话框，如图 3.45 所示。

【载入选区】对话框与【存储选区】对话框中的参数选项基本一致，只是多了【反相】复选框。如果选中此项，则会将 Alpha 通道中的选区反选并载入图像文件。

还有一种便捷的方法可以快速载入选区：按住 Ctrl 键的同时单击 Alpha 通道中【我的选区】通道。

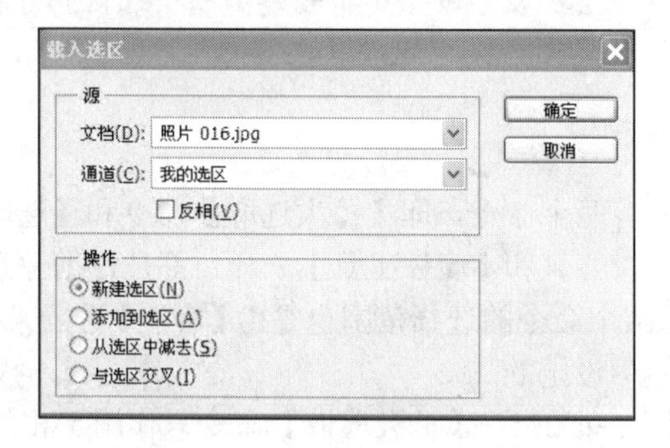

图 3.45 【载入选区】对话框

3.4 变换选区和变换选区图像

3.4.1 变换选区

变换选区是指对已创建的选区进行移动、调整大小和变形等操作。在图像上创建一个选区，如图 3.46 所示。

1）选择【选择】|【变换选区】命令，将鼠标指针移至变换框上按住左键拖动，只移动选区，如图 3.47 所示。

图 3.46 创建选区

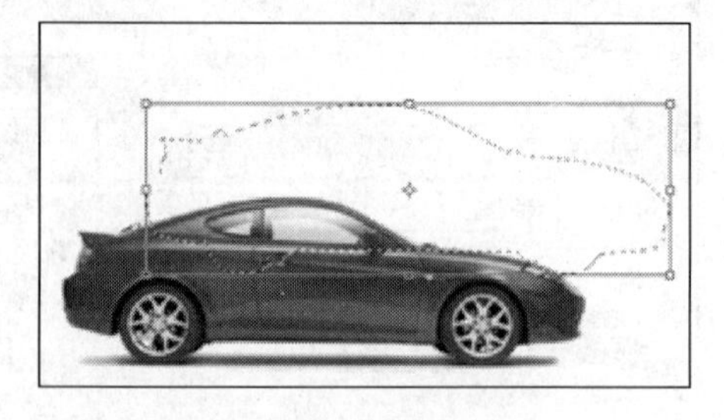

图 3.47 移动选区

2）在变换框上右击，在弹出的快捷菜单中选择不同的命令可以对选区进行相应的变换，如图 3.48 所示。

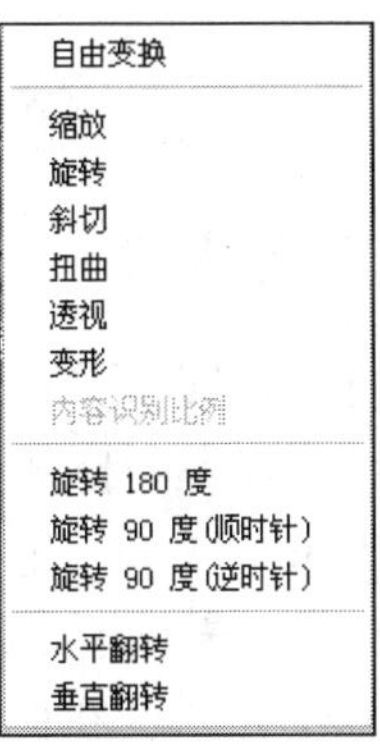

图 3.48 变换选区快捷菜单

- 【缩放】命令。选择此命令可以调整选区中的图像的大小，若按住 Shift 键的同时拖动鼠标，可以按固定比例缩放选区中图像的大小。
- 【旋转】命令。选择此命令可以对选区进行旋转变换。
- 【斜切】命令。选择此命令可以使选区倾斜变换。
- 【扭曲】命令。选择此命令可以任意拖动各节点对选区进行扭曲变换。
- 【透视】命令。选择此命令可以拖动变换框上的节点，将选区变换成等腰梯形或等腰三角形等形状。
- 【变形】命令。选择此命令只能对选区的一个顶角进行变形。

3.4.2 变换选区图像

变换选区图像是指对已创建的选区及选区内图像进行移动、调整大小和变形等操作。

1）选择【编辑】|【自由变换】命令，此时选区周围会出现一个变换框，将鼠标指针移至任意一角上，当鼠标指针变成⤡形状时，按住鼠标左键拖动即可等比例缩放选区，如图 3.49 所示。

2）将鼠标指针移至选区任意一角，当鼠标指针变成⤴形状时，拖动鼠标可以旋转图像选区，如图 3.50 所示。

图 3.49 创建自由变换图像选区

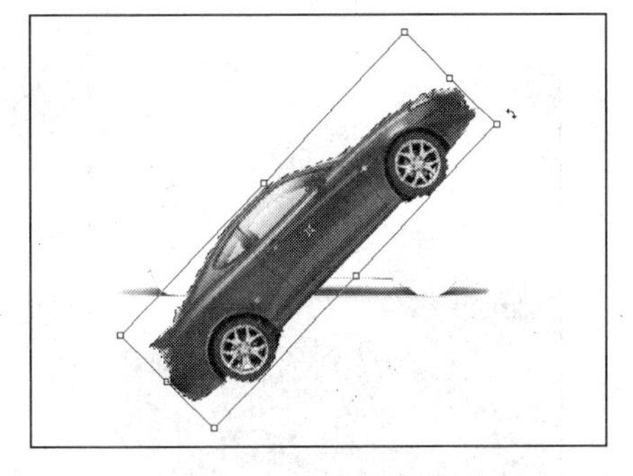

图 3.50 旋转图像选区

3）在变换框上右击，在弹出的快捷菜单中选择不同的命令可以对选区图像进行相应的变换，如图 3.48 所示。

案例实施

案例一 实施步骤

介绍了创建和编辑选区的相关知识后，下面利用所学知识完成案例一中的任务。

【步骤一】启动程序，打开素材。

启动 Photoshop CS5，打开素材 3.51 和素材 3.52，如图 3.51 所示。

【步骤二】选择所需选区，复制选区图像。

1）选中图 3.51 左图所在图层，选择【魔棒工具】，在图像的白色区域中单击选择白色选区，选择【选择】|【反向】命令，或右击选区，在弹出的快捷菜单中选择【选择反向】命令，得到图案选区，如图 3.52 所示。

图 3.51 打开素材

图 3.52 选择所需区域

2）按 Ctrl+C 快捷键，复制选区内的图像，选择另一幅图像文件，按 Ctrl+V 快捷键粘贴选取图像，如图 3.53 所示。

【步骤三】调整图像位置、大小、色彩。

1）按 Ctrl+T 快捷键，应用【自由变换】命令，调整贴入图像的大小、位置，如图 3.54 所示。

图 3.53 复制图像

图 3.54 调整图像

2）在【图层】面板中设置图层混合模式为【颜色加深】，最终效果如图 3.55 所示。

图 3.55 最终效果

案例二 实施步骤

案例一练习了创建和编辑选区的相关操作，下面利用所学知识完成案例二中的任务。

【步骤一】启动程序，绘制选区。

1）启动 Photoshop CS5，打开本章素材 3.56，将鼠标指针移到工具箱中的【套索工具】按钮上右击，选择【多边形套索工具】命令。

2）将鼠标指针移至要选取图像的边界位置上单击，沿着需要选取的图像边缘移动鼠标并在多边形的转折点处单击选取，如图 3.56 所示。

3）当鼠标指针返回到起始点时，单击闭合选取区域，如图 3.57 所示。

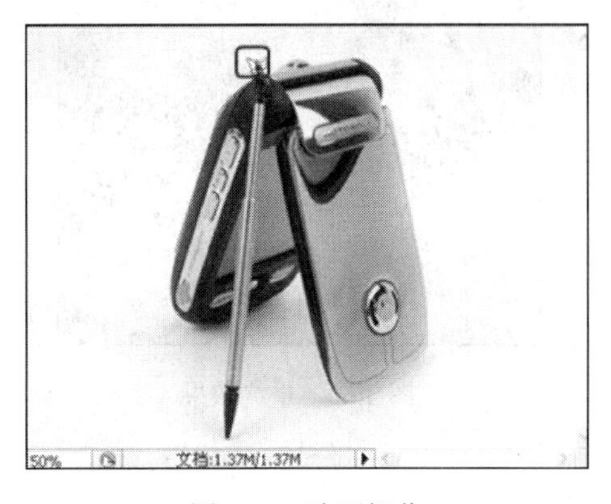

图 3.56 选区操作

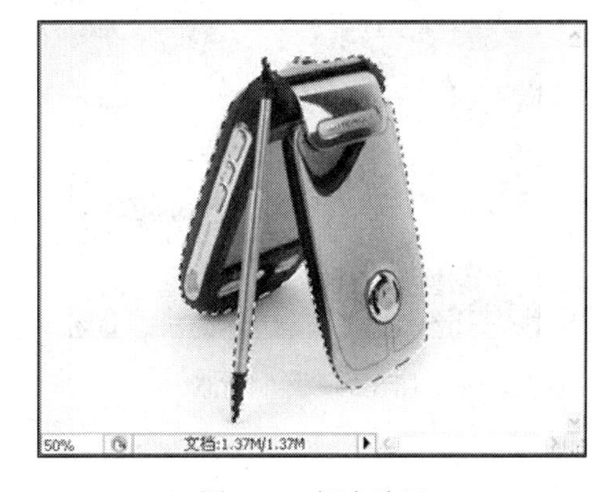

图 3.57 闭合选区

【步骤二】抠取手机素材。

1）双击【图层】面板中手机所在的“背景”图层，在打开的【新建图层】对话框中单击【确定】，将【背景】图层转化为普通图层。

2）按 Ctrl+Shift+I 快捷键反选选区，按 Delete 键删除选区内的图像，即可完成对手机图像的精确抠取，如图 3.58 所示。

【步骤三】制作背景，合成最终效果。

1）新建一个空白图像文件，取名为“海洋制作手机”。

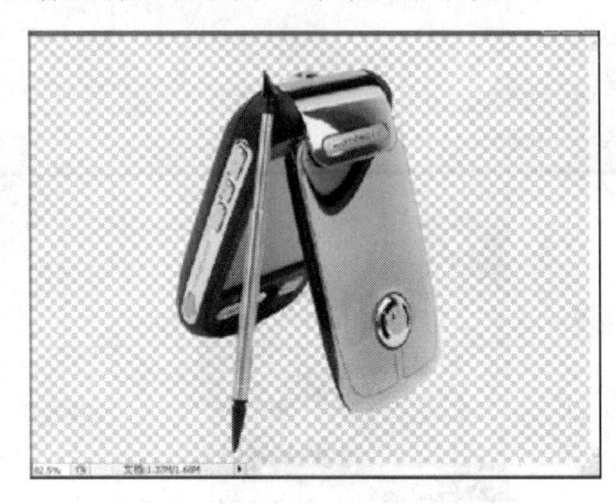

图 3.58 抠取素材

2）右击工具箱中的【渐变编辑器】按钮，选择【渐变工具】命令，在打开的【渐变工具】工具属性栏中，选择由白色到黑色的径向渐变，在【模式】下拉列表中选择【正常】选项，设置【不透明度】为 50%，选中【反向】复选框。在新建的图像文件上拖动鼠标以达到满意的渐变效果，如图 3.59 所示。

3）添加手机的品牌和宣传语，并将抠取好的手机图像拖放在背景文件中，调整手机的大小和位置，完成手机广告的制作，如图 3.60 所示。

图 3.59 绘制背景

图 3.60 最终效果

工作实训营

1. 训练内容

1）在 Photoshop CS5 中，打开本章素材 3.61，变换选区并调整图像。原图如图 3.61 所示，效果如图 3.62 所示。

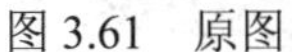

图 3.61 原图

图 3.62 效果

2）在 Photoshop CS5 中，打开本章素材 3.63，创建选区并调整选区边缘。原图如 3.63 所示，效果图如图 3.64 所示。

图 3.63 原图

图 3.64 效果

2. 训练要求

要求能对不同的图像，根据选取区域要求，使用不同的选区工具，并熟练掌握各种选区工具的用法。

工作实践中常见问题解析

【常见问题 1】什么是半选？

答：半选是指选择某些像素时，并没有完全选中它们，而是似选非选。选择【选择】|【修改】|【羽化】命令就是一个将完全的选择区转化为带有半选范围的选择区。

例如，使用【椭圆选框工具】，选中如图 3.65 所示画面中右侧的 3 个小孩，用【移动工具】将它移出来，可以看到它的边缘非常清晰，如图 3.65 右上角所示；而如果将这个选区羽化 30 像素，再将它移动出来的话，边缘就会比较模糊，如图 3.65 右下角所示。

图 3.65 效果对比

【常见问题 2】为什么有时无法移动选区？

答：如果所选图层目前为隐藏的，则无法移动选区，若此时移动选区则会出现错误提示“不能完成请求，因为目标图层被隐藏”。解决方法是显示该图层或选择其他处于显示的图层。

【常见问题 3】为什么有时无法清除选区中的内容？

答：如果所选图层目前为隐藏的，清除选区的操作是无效的。解决方法是显示该层。

习　　题

1. 打开素材文件，对其进行复制后粘贴至新建文件上，利用自由变换等工具改变图像的大小、形状和边缘。

2. 打开任意图像文件，练习使用【套索工具】抠取图像并调整图像效果。

第4章

绘制图像

本章要点 ☞

掌握颜色选择工具的使用。

学会使用画笔工具、铅笔工具绘制图像。

学会使用油漆桶、渐变工具填充颜色。

掌握填充、描边选区操作。

技能目标 ☞

掌握在 Photoshop CS5 中图像绘制的基本方法。

掌握图像绘制、颜色填充工具的使用方法和技巧。

案例导入

【案例一】绘制一个青苹果。

要求利用画笔、渐变等工具来绘制一个青苹果，如图 4.1 所示。

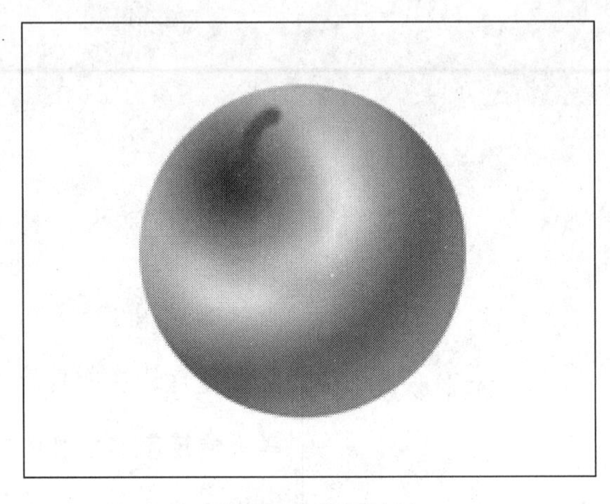

图 4.1　青苹果效果

【案例二】绘制一幅卡通房屋画。

要求利用铅笔工具、颜色填充等工具绘制卡通房屋，如图 4.2 所示。

图 4.2　卡通房屋效果

引导问题

1）如何在图像处理过程中选择颜色？
2）画笔工具有哪些用法？
3）使用渐变工具进行颜色填充时应注意哪些问题？
4）对选区进行描边和填充时应如何操作？

基础知识

4.1 选择颜色

前景色用于显示当前绘图工具的颜色，背景色用于显示图像的底色。在 Photoshop CS5 中，当前的前景色和背景色显示于工具箱中，如果需要重新设置前景色和背景色，可以通过【拾色器】对话框、【颜色】面板、【色板】面板和【吸管工具】等对图片进行前景色和背景色的设置。

4.1.1 前景色与背景色

前景色决定了使用绘画工具绘制图形，以及使用文字工具创建文字时的颜色；背景色决定了使用【橡皮擦工具】擦除【背景】图层上的图像时，擦除区域呈现的颜色（非【背景】图层擦除后的区域为透明的），以及增加【背景】图层上的画布大小时，新增画布的颜色（非【背景】图层新增画布为透明）。工具箱中的设置前景色或者背景色按钮，如图 4.3 所示。

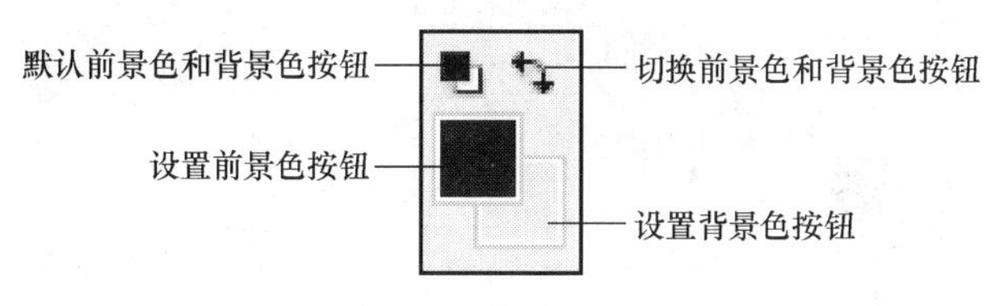

图 4.3 颜色工具

4.1.2 颜色面板组

1. 使用【颜色】面板设置颜色

【颜色】面板显示了当前前景色和背景色的颜色值。使用【颜色】面板中的滑块可以编辑前景色和背景色。用户也可以从显示在面板底部的四色曲线图中的色谱中选择前景色或背景色，如图 4.4 所示。

2. 使用【色板】面板设置颜色

使用【色板】面板设置颜色的具体操作步骤如下。

1）在 Photoshop CS5 窗口右侧的面板组中打开【色板】面板，如图 4.5 所示。

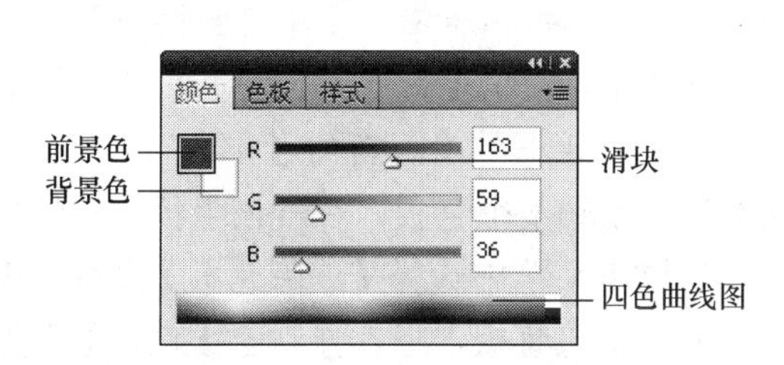

图 4.4 【颜色】面板

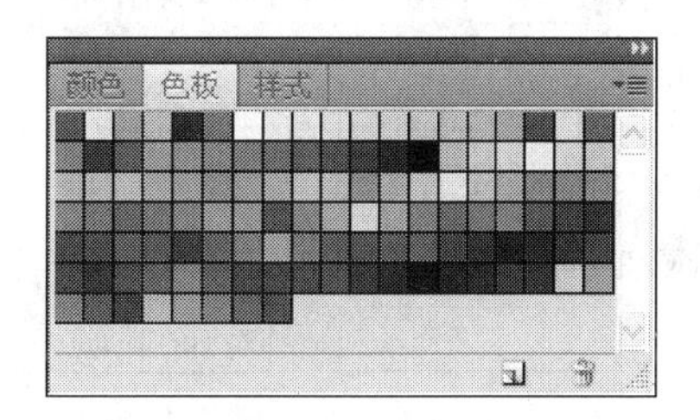

图 4.5 【色板】面板

2）将鼠标指针移至【色板】面板的颜色块（又称色板）区域时，这时鼠标指针变成形状，单击所需颜色块即可设置前景色和背景色。

3. 自定义色板

在【色板】面板中除了可以选取已有的颜色外，还可以自行添加或删除色板。具体操作步骤如下。

1）在工具箱中单击要设置的前景色或背景色按钮。

2）在【色板】面板中需要的颜色上单击，就可以将单击的颜色设置为前景色或背景色。

3）如果想将通过【颜色】面板或颜色编辑器设置好的前景色添加到【色板】面板中，可在【色板】面板中右击，在弹出的快捷菜单中选择【新建色板】命令，如图 4.6 所示。打开【色板名称】对话框，在【名称】文本框中输入“我新建的第一个色板”，单击【确定】按钮，如图 4.7 所示。

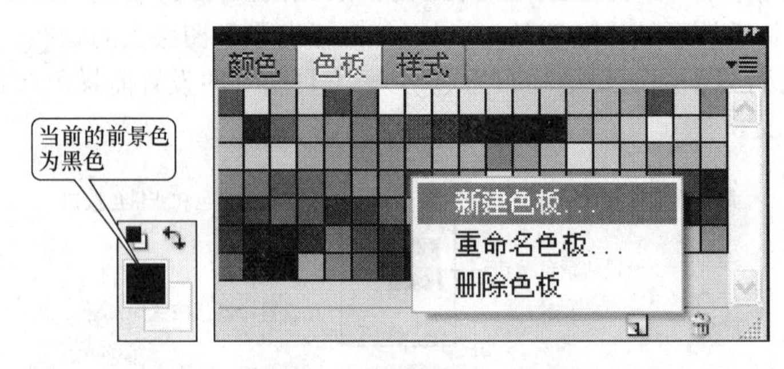

图 4.6 【新建色板】命令

图 4.7 【色板名称】对话框

4）当前前景色已添加到【色板】面板中。新建色板将自动排列到其他色板的最后面，如图 4.8 所示。

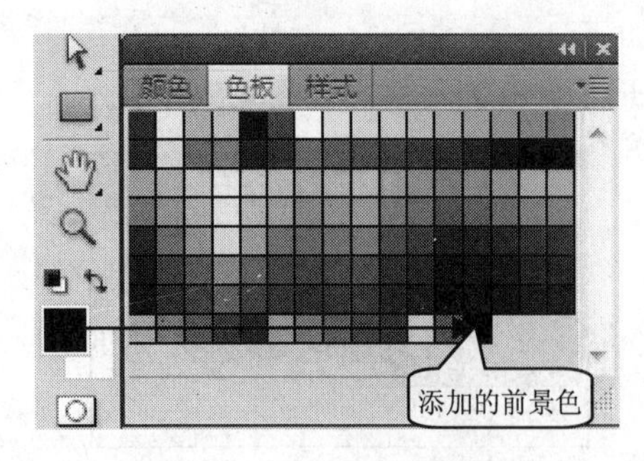

图 4.8 添加自定义颜色

5）将鼠标指针移至某个色板上时，会显示出该色板的名称。若想对该色板进行重命名，可右击该色板，在弹出的快捷菜单中选择【重命名】命令，在打开的【色板名称】对话框中输入新的名称即可。

6）若想删除某个色板，右击该色板，在弹出的快捷菜单中选择【删除色板】命令，或者单击该色板，将其拖动至【色板】面板底部的按钮之上即可。

小技巧：

除了使用上述方法新建色板外，还可以直接单击【色板】面板下方的【创建前景色的新色板】按钮进行创建。

4.1.3 【拾色器】对话框

利用【拾色器】对话框设置颜色的具体操作步骤如下。

1）单击工具箱中的设置前景色或者背景色按钮。

2）弹出前景色或背景色【拾色器】对话框，如图 4.9 所示。

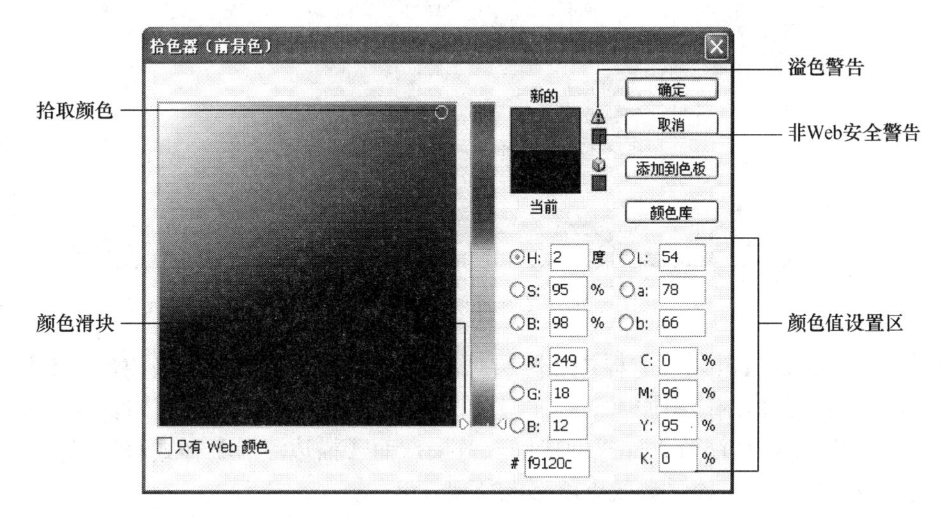

图 4.9 【拾色器】对话框

3）选取颜色。首先调节颜色滑杆上的滑块至某种颜色，左侧主颜色框将会显示与该颜色相近的颜色；然后将鼠标指针移至主颜色框中，在需要的颜色位置上单击，会在右侧【新的】颜色预览框中预览到新选取的颜色，可以和下面的【当前】颜色预览框中的颜色进行对比；选取完毕后单击【确定】按钮保存设置。

小技巧：

在【拾色器】对话框中，可直接在对话框底部的颜色数值框中输入颜色数值来精确地选取颜色。

4.1.4 吸管工具

使用工具箱中的【吸管工具】可吸取图像中的任意一种颜色，使其成为当前图像的前景色或者背景色。

吸取前景色时，用【吸管工具】在图像中的某个位置上单击，即可将该位置上的颜色设置为前景色。

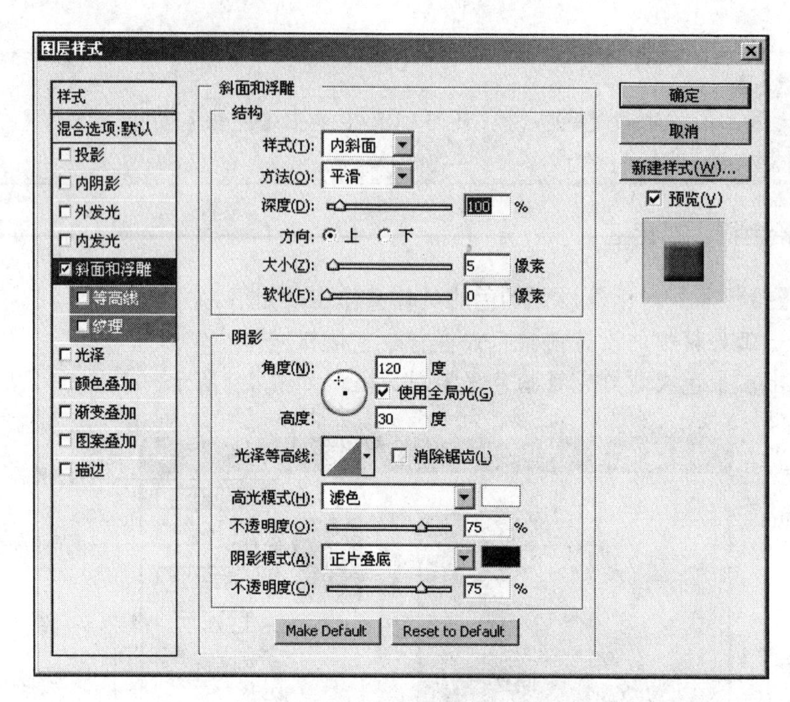

图 6.26 【斜面和浮雕】选项组

边浮雕】5 个选项。【外斜面】样式从图层对象的边缘向外创建斜面；【内斜面】样式从图层对象的边缘向内创建斜面，立体感最强；【浮雕效果】样式使图层对象相对于下层图层呈浮雕状；【枕状浮雕】样式创建嵌入效果，而【描边浮雕】样式只针对图层对象的描边，没有描边，这种浮雕效果就不能显现。

该选项组中的【方法】包括【平滑】,【雕刻清晰】和【雕刻柔和】3 个选项。【平滑】方法模糊边缘，可适用于所有类型的斜面效果，但不能保留较大斜面的边缘细节；【雕刻清晰】方法保留清晰的雕刻边缘，适合用于有清晰边缘的图像，如消除锯齿的文字等；【雕刻柔和】方法介于这两者之间，主要用于较大范围的对象边缘。【结构】中的【深度】、【方向】、【大小】和【软化】构成了浮雕的各种属性。

2. 【阴影】选项组

【阴影】选项组控制了组成样式的高光和暗调的组合，用于创造逼真的立体效果，可以控制斜面的投影角度和高度、光泽等样式、高光和暗调的混合模式、颜色及不透明度。这里的投影不同于【图层效果】中的【投影】效果，这种添加了高度的投影在表现图像时更加生动。可以用鼠标拖动的方法改变光源方向，也可以设置具体的【角度】和【高度数值】。这里的【光泽等高线】和别处的【等高线】略有不同，它的主要作用是创建类似金属表面的光泽外观，不但影响图层效果，也影响图层内容本身。

打开本章素材 6.27，如图 6.27 所示，添加【外斜面】效果如图 6.28 所示，添加【内斜面】效果如图 6.29 所示，添加【浮雕效果】效果如图 6.30 所示，添加【枕状浮雕】效果如图 6.31 所示，添加【描边浮雕】效果如图 6.32 所示。

图 6.27 原图

图 6.28 添加【外斜面】效果

图 6.29 添加【内斜面】效果

图 6.30 添加【浮雕效果】效果

图 6.31 添加【枕状浮雕】效果

图 6.32 添加【描边浮雕】效果

6.5.4 【光泽】样式

【光泽】样式的作用是根据图层的形状应用阴影，通过控制阴影的混合模式、颜色、角度、距离、大小等属性，在图层内容上形成各种光泽。其中，决定阴影形状的是等高线，因为这种光泽效果通常会很柔和，所以有时也被称为绸缎效果。适当的【光泽】样式配合【斜面和浮雕】样式会使图像呈现出奇妙的形态。【光泽】选项组如图 6.33 所示。

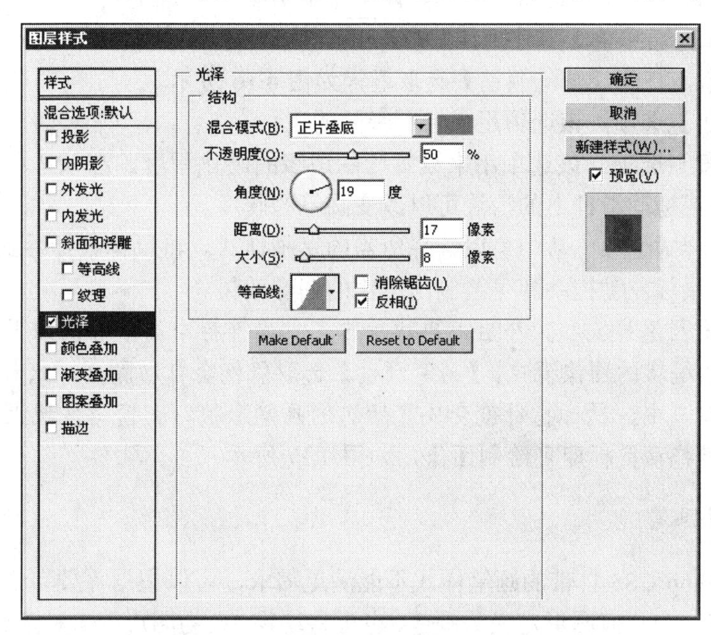

图 6.33 【光泽】选项组

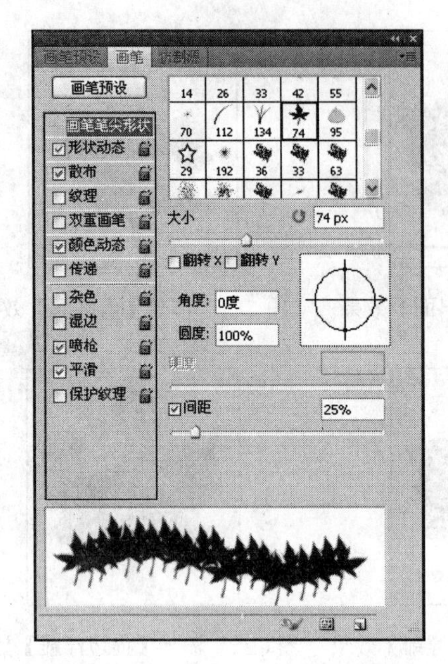

图 4.14 【画笔】面板的设置

图 4.15 枫叶效果

4.2.3 设置与应用画笔样式

1. 设置画笔样式和大小

Photoshop CS5 提供了多种画笔样式和大小，采用不同的样式可以快速绘制出不同效果的图像。设置画笔样式和大小的具体操作步骤如下。

1）单击工具箱中的【画笔工具】按钮，然后在其工具属性栏中单击【画笔预设】选取器，打开【画笔预设】选取器，如图 4.16 所示。

- 【大小】选项。该选项用来控制画笔的大小。
- 【硬度】选项。该选项用来设置绘图边缘的硬化程度。在该选项文本框中输入数字或拖动滑杆上的滑块可以改变画笔的硬度。
- 画笔样式选项。从中可以选择所需的笔画样式。将鼠标指针移到图像窗口中，按住鼠标左键拖动即可绘制出所需的图像效果。

2）设置好画笔样式和大小后，再次单击工具属性栏中画笔右侧的下拉按钮或直接单击要编辑的图像窗口，【画笔预设】选取器就会自动隐藏。此时，将鼠标移至图像窗口中，鼠标指针就变成了所选的画笔形状，在窗口区域上单击或按住鼠标左键拖动鼠标即可绘制图像，如图 4.17 所示。

2. 自定义画笔

若 Photoshop CS5 自带的画笔样式不能满足需求，可以根据需要自定义画笔。自定义画笔时可将一个几何图形定义为画笔，也可将动物、人物图形等多种形状定义为画笔。

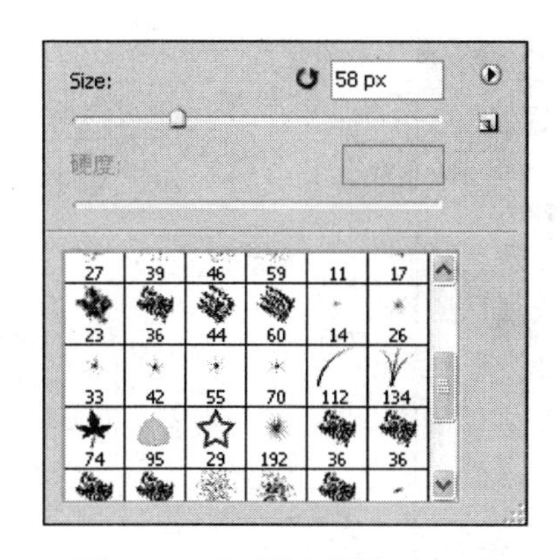

图 4.16 【画笔预设】选取器

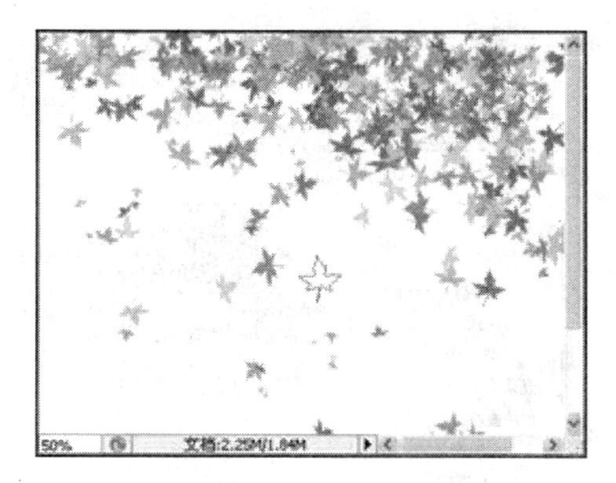

图 4.17 绘制效果

下面将把人物图形定义为画笔为例进行讲解，具体操作步骤如下。

1）启动 Photoshop CS5，打开素材 4.18。选择一个要定义为画笔的选区，如图 4.18 所示。

2）选择【编辑】|【定义画笔预设】命令，在打开的【画笔名称】对话框中输入画笔名称为“女孩”；单击【确定】按钮，即可自定义画笔，如图 4.19 所示。

图 4.18 选择画笔选区

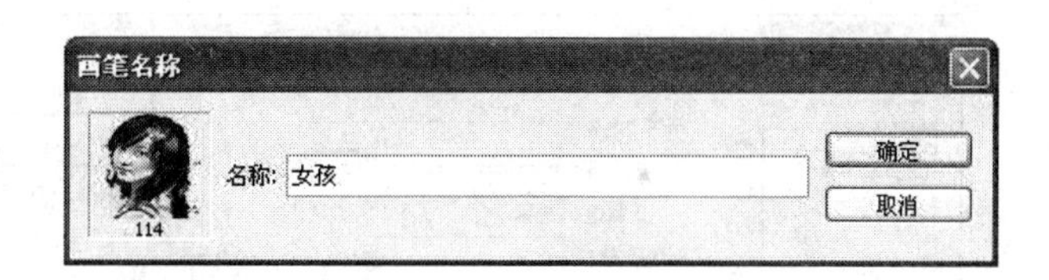

图 4.19 输入画笔名称

3）定义好画笔后，在【画笔】面板的画笔样式列表框中选择自定义的画笔样式（女孩）；修改画笔大小，如图 4.20 所示。

4）将鼠标移到图像窗口中，单击或按住鼠标左键拖动鼠标进行绘画即可。如图 4.21 所示。

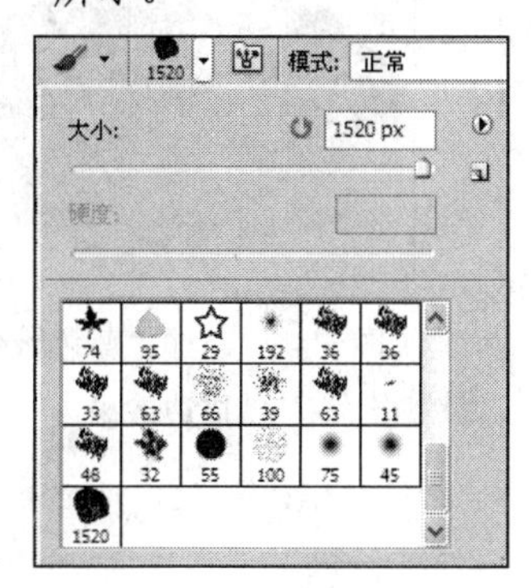

图 4.20 选择自定义画笔样式

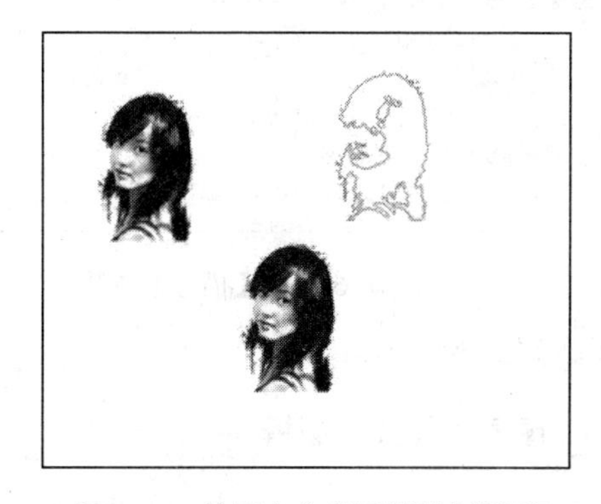

图 4.21 使用自定义画笔绘制图形

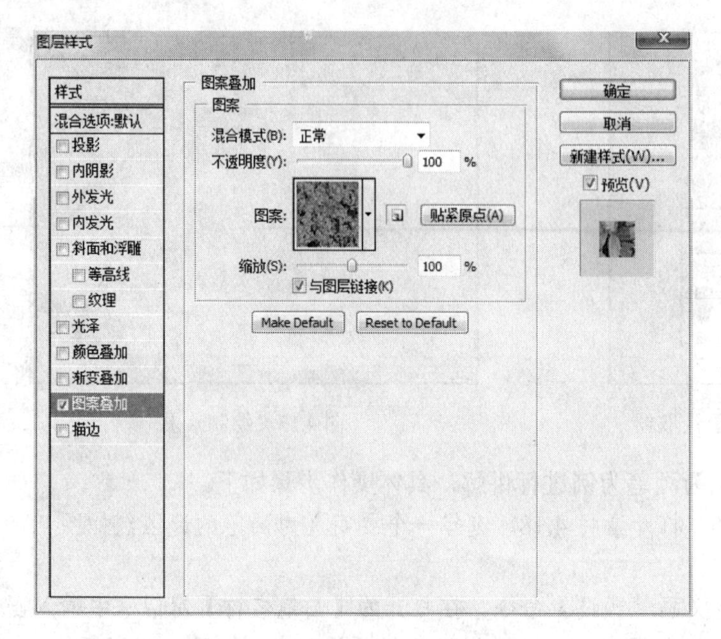

图 6.41 【图案叠加】选项组

图 6.42 添加“蓝色雏菊”图案叠加效果

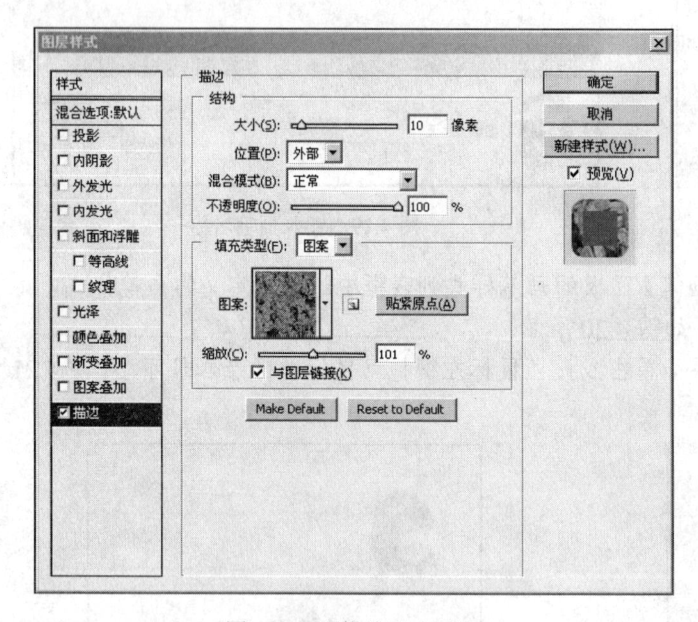

图 6.43 【描边】选项组

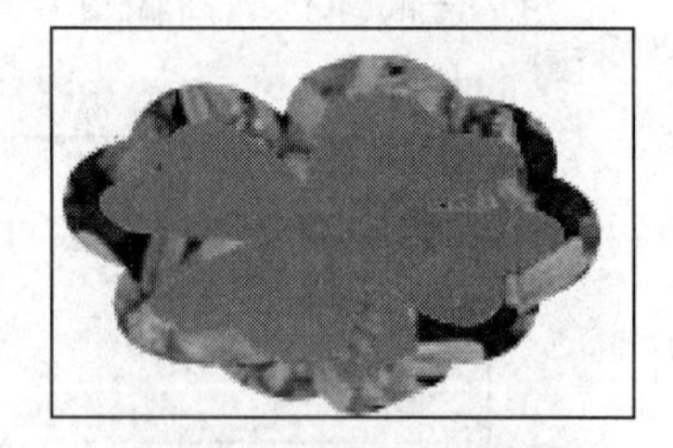

图 6.44 添加“蓝色雏菊”描边效果

6.5.9 图层【样式】面板

设置图层样式可以用直接使用图层【样式】面板中的样式，如对图层【样式】面板中的样式不满意，可以创建自己工作的样式，用面板上【新建样式】来保存自己创建的样式，用自己的样式来替换默认的图层【样式】。选择【样式】列表中的样式，右击，快捷菜单中选择“删除样式”可把当前列表中的某一样式删除，单击【样式】列表右上方的按钮，选择【存储样式…】，则以文件方式存储列表中的所有样式（.ASL），选择【载入样式…】，则加载文件中保存的样式。单击【图层样式】对话框左上方的【样式】选项，打开的【样式】库，如图 6.45 所示。

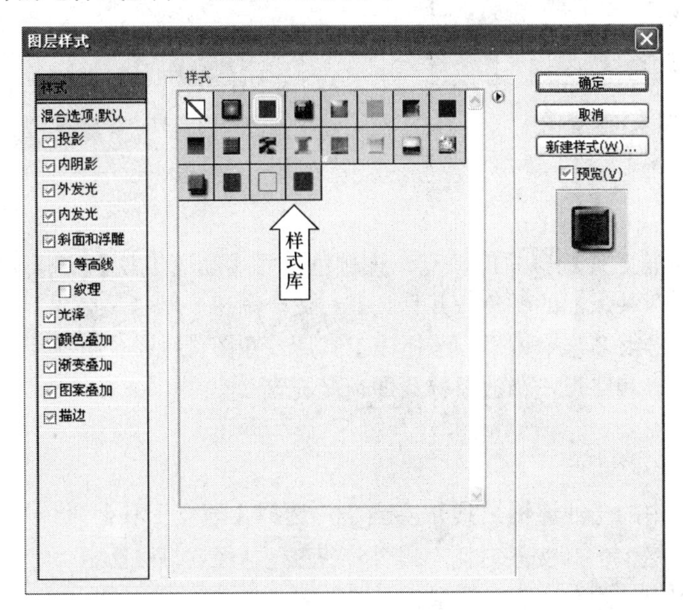

图 6.45 【样式】库

6.5.10 图层样式的应用与清除

1. 预设图层样式的应用

应用预设的图层样式，方法是在【图层】面板中选择要添加样式的图层，在样式面板中单击要添加的样式，样式即可被应用到目标图层中。选择另一个样式后，新的样式将替换现有图层的样式。

2. 图层样式的复制或移动

在同一个图像文件中，如果将一个图层的样式移动到另一个图层，可以单击【图层】面板中标有符号的小三角，展开所应用的所有图层效果，从中选择所需效果，拖动到目标图层，或是单击按钮 效果，拖动实现全部效果的移动。如果要复制图层样式，先选择目标样式层，右击，从弹出的快捷菜单中选择【拷贝图层样式】命令，再选择要应用样式的图层，右击，从弹出的快捷菜单中选择【粘贴图层样式】命令。

3. 图层样式的清除

选择预清除样式的图层，鼠标指针指向图层下方的效果，右击，选择【清除图层样式】命令，则清除该图层所有的所有样式，若只清除某一样式，则选择快捷菜单中，单

图 4.30 原图

图 4.31 填充图案后的效果

4.3.2 渐变工具

使用【油漆桶工具】只能填充一种颜色，而【渐变工具】可以在整个图像文档或选区内填充两种以上的颜色，并且具有过渡、渐进、融合等效果，使得着色更加丰富，而且可以做出很多艺术效果。选择该工具后，在图像中单击并拖动出一条直线，以标示渐变的起始点和终点，释放鼠标后即可填充渐变效果。

1. 渐变类型

右击工具箱中的【油漆桶工具】按钮，选择【渐变工具】命令。

在工具属性栏上的渐变条右侧有线性渐变、径向渐变、角度渐变、对称渐变、菱形渐变 5 种渐变类型。

图 4.32 线性渐变

渐变颜色填充的效果与鼠标拖动的范围和方向有很大的关系。下面显示了几种不同操作后的效果。

单击【线性渐变】按钮，在新建的图像中按住鼠标左键，从左向右拖动鼠标成一条直线。松开鼠标左键后，图像就填充了渐变色。如果渐变形式选择“前景色到背景色渐变”，则拖动的起点被填充为前景色，拖动的终点被填充为背景色，中间部分被填充为渐变色，如图 4.32 所示。

1）当在图像上半部分从上向下拖动时，图像的下半部分被完全填充背景色，如图 4.33 所示。

2）当在图像下半部分从上向下拖动时，图像的上半部分被完全填充前景色，如图 4.34 所示。

图 4.33 渐变效果（一）

图 4.34 渐变效果（二）

3）渐变颜色填充的效果与鼠标拖动的方向也有很大的关系。当从左上方向右下方沿45° 方向拖动时，效果如图 4.35 所示。

4）当从右上方向左下方沿 45° 方向拖动时，效果如图 4.36 所示。

图 4.35 渐变效果（三）

图 4.36 渐变效果（四）

采用不同的渐变类型也有不同的渐变效果，之前的几个渐变图像均为线形渐变效果。下面分别是使用径向渐变、角度渐变、对称渐变和菱形渐变的图像效果。

1）径向渐变，如图 4.37 所示。

2）角度渐变，如图 4.38 所示。

图 4.37 径向渐变

图 4.38 角度渐变

3）对称渐变，如图 4.39 所示。

4）菱形渐变，如图 4.40 所示。

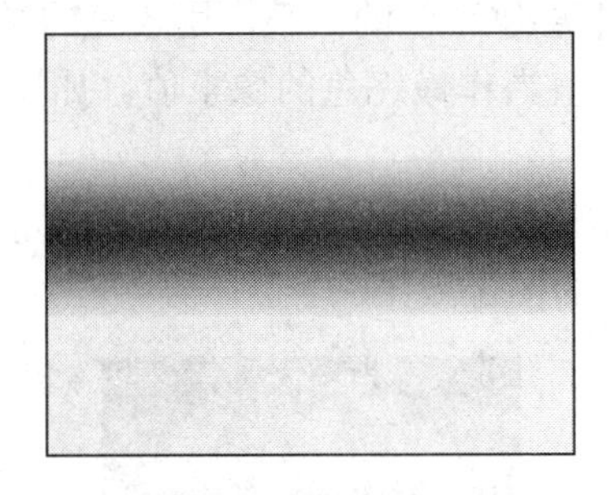

图 4.39 对称渐变

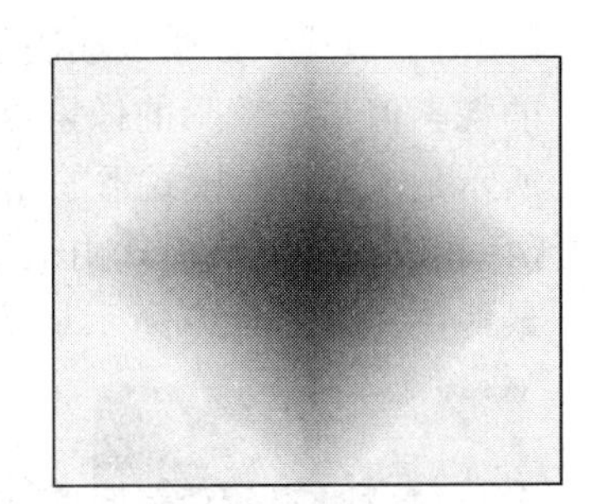

图 4.40 菱形渐变

2. 【渐变工具】工具属性栏

选择【渐变工具】后，不仅可以在如图 4.41 所示的工具属性栏中选择渐变类型，还可以设置渐变颜色的混合模式、不透明度等参数，从而创建出更丰富的渐变效果。

- 【柔光】、【强光】模式。该模式下图像将产生柔和光照和强烈光照效果。如图 6.54 所示是【柔光】模式下的图像效果，如图 6.55 所示是【强光】模式下的图像效果。

图 6.54 【柔光】模式下的图像效果

图 6.55 【强光】模式下的图像效果

- 【变亮】、【变暗】模式。【变暗】模式只影响图像中比前景色较浅的像素，较浅的像素被较深的像素取代，数值相同或更深的像素不受影响。相反，【变亮】模式只影响图像中比所选前景色更深的像素，较深的像素被较浅的像素取代。如图 6.56 所示是【变亮】模式下的图像效果，如图 6.57 所示是【变暗】模式下的图像效果。

图 6.56 【变亮】模式下的图像效果

图 6.57 【变暗】模式下的图像效果

- 【差值】模式。该模式取决于当前层和其下层像素值的大小，用较亮的像素点的像素值减去较暗的像素点的像素值，差值当作最终色的像素值。如图 6.58 所示是【差值】模式下的图像效果。
- 【色相】模式。该模式由上层颜色的色相和其下层颜色的亮度和饱和度来创建最终色。如图 6.59 所示是【色相】模式下的图像效果。

图 6.58 【差值】模式下的图像效果

图 6.59 【色相】模式下的图像效果

- 【饱和度】模式。该模式由上层颜色的饱和度和其下层颜色的色相和亮度来创建最终色。如图 6.60 所示是【饱和度】模式下的图像效果。
- 【颜色】模式。该模式保留上层图像的灰度细节，为黑白或不饱和的图像上色。如图 6.61 所示是【颜色】模式下的图像效果。

图 6.60 【饱和度】模式下的图像效果

图 6.61 【颜色】模式下的图像效果

- 【颜色加深】、【颜色减淡】模式。该模式通过增加对比度使基色变暗以反映混合色。和白色混合没有变化，是一个通过混合色来控制基色反差的混合模式，反之颜色减淡，和黑色混合没有变化。如图 6.62 所示是【颜色加深】模式下的图像效果，如图 6.63 所示是【颜色减淡】模式下的图像效果。

图 6.62 【颜色加深】模式下的图像效果

图 6.63 【颜色减淡】模式下的图像效果

- 【亮光】模式。该模式将图像的对比度夸张地增大，是叠加类模式组中对颜色饱和度影响最大的一个混合模式。如图 6.64 所示是【亮光】模式下的图像效果。
- 【线性光】模式。该模式将基色图像和混合色图像简单相加或相减，然后掐头去尾，得到一个大致保留了基色和混合色中间色调细节的图像，它通过降低或增加亮度来加深或减淡颜色，具体取决于混合色。如果混合色（光源）比 50%灰色亮，则通过增加亮度使图像变亮，如果混合色比 50%灰色暗，则通过降亮度使图像变暗。如图 6.65 所示是【线性光】模式下的图像效果。
- 【减去】、【划分】模式：Photoshop CS5 新增两个模式，【减去】模式是两个像素相减（取绝对值），而【划分】模式是两个像素绝对值相加的值。如图 6.66 所示是【减去】模式下的图像效果，如图 6.67 所示是【划分】模式下的图像效果。

5. 渐变库载入

【渐变编辑器】对话框提供了多组渐变样本。单击【预设】列表框右上角按钮，打开面板菜单，从中选择所需的样本组名称，然后在对话框中单击【确定】或【追加】按钮，即可将样本组载入【预设】列表框的预览选区中，如图 4.46 和图 4.47 所示。

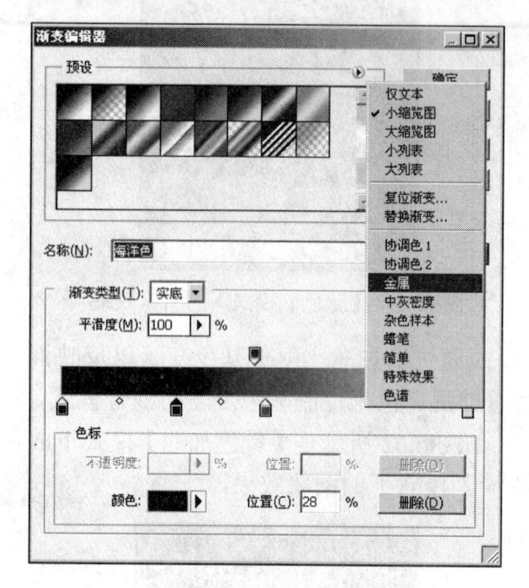

图 4.46 选择渐变样式

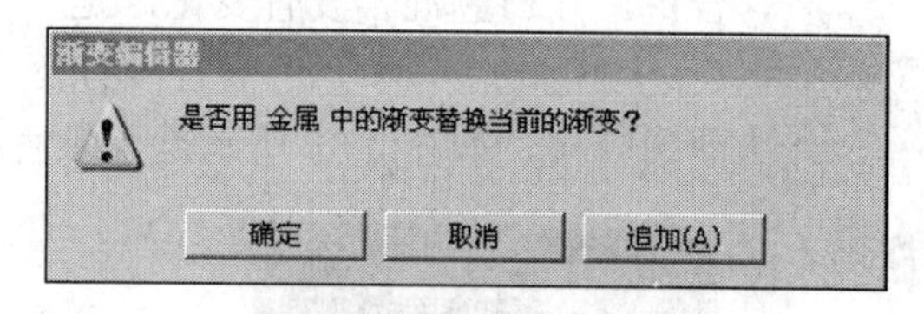

图 4.47 确定或追加渐变

4.4 选区的描边与填充

如果对创建的选区边缘或颜色不满意，可以对其进行编辑，包括选区的描边和填充。

4.4.1 选区的描边

选区的描边是指沿着创建的选区路径描绘边缘，即为选区边缘添加颜色和设置宽度。选择【编辑】|【描边】命令，打开【描边】对话框，如图 4.48 所示。
其中，各选项含义如下。

- 【宽度】选项。该选项用于控制描边的宽度，其取值在 1～250 像素之间。
- 【颜色】选项。单击该选项右侧的颜色方框，打开【选取描边颜色】对话框，可从中设置描边的颜色。
- 【位置】选项组。该选项组用于选择描边的位置，【内部】选项表示从选区边框以内进行描边；【居中】选项表示以选区边框为中心进行描边；【居外】选项表示从选区边框以外进行描边。
- 【混合】选项组。该选项组用于设置填充内容的不透明度和填充的混合模式。
- 【保留透明区域】选项。选中该选项，则描边后不影响原来图层中的透明区域。

实例具体操作如下。

1）打开素材 4.49，抠取汽车选区，如图 4.49 所示。

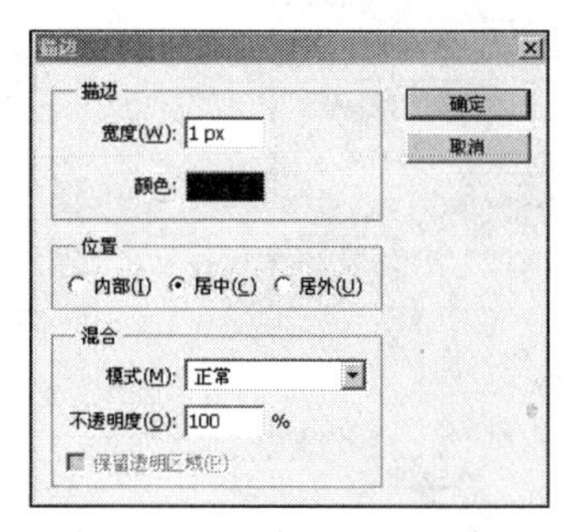

图 4.48 【描边】对话框

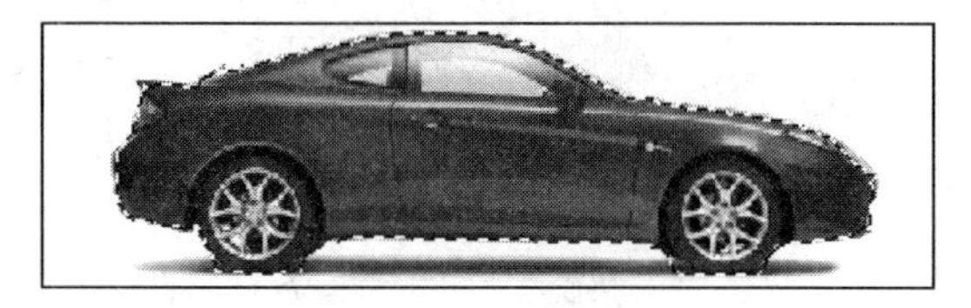

图 4.49 创建选区

2）选择【编辑】|【描边】命令，打开【描边】对话框，在【宽度】文本框中输入描边宽度，如设置宽度为 5px，在【颜色】颜色框中设置描边颜色为红色，在【位置】选项组中选择描边的位置，如图 4.50 所示。

3）设置完毕后单击【确定】按钮，汽车选区则有了一红色边缘，如图 4.51 所示。

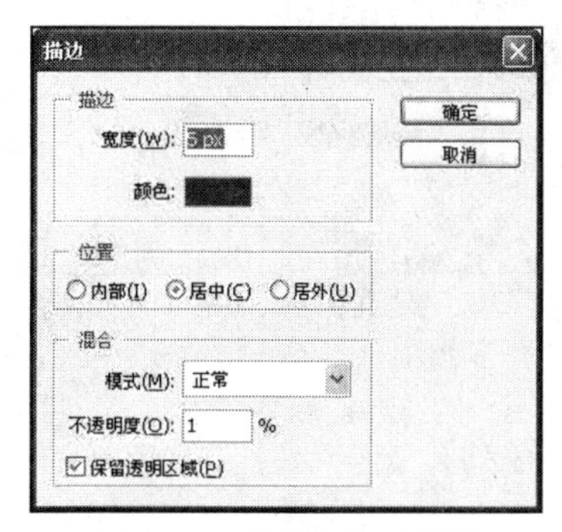

图 4.50 【描边】对话框

图 4.51 效果

4.4.2 选区的填充

1. 使用快捷键填充

在操作过程中，使用快捷键对图像选区进行填充可以较大地提高工作效率。设置好前景色后，按 Alt+Delete 快捷键可将选区填充为前景色；按 Ctrl+Delete 快捷键，可将选区填充为背景色。

实例具体操作步骤如下。

1）仍使用图 4.49 所示的选区。

2）若要以前景色对选区进行填充，可先在工具箱中设置好前景色，假设将前景色设置为红色，然后按 Alt+Delete 快捷键，选区即可被填充为红色，如图 4.52 所示。

3）若要以背景色对选区进行填充，可先在工具箱中设置好背景色，假设将背景色设置为蓝色，然后按 Ctrl+Delete 快捷键，选区即可被填充为蓝色，如图 4.53 所示。

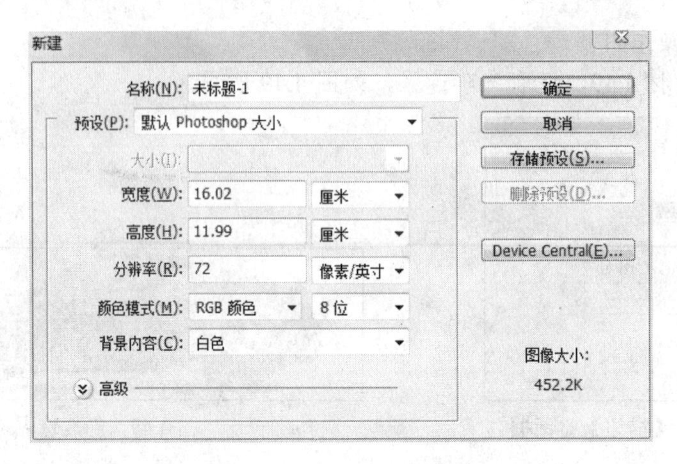

图 6.71 【新建】对话框

3）单击【设置前景色】按钮，在打开的对话框中，设置前景色，如图 6.72 所示。

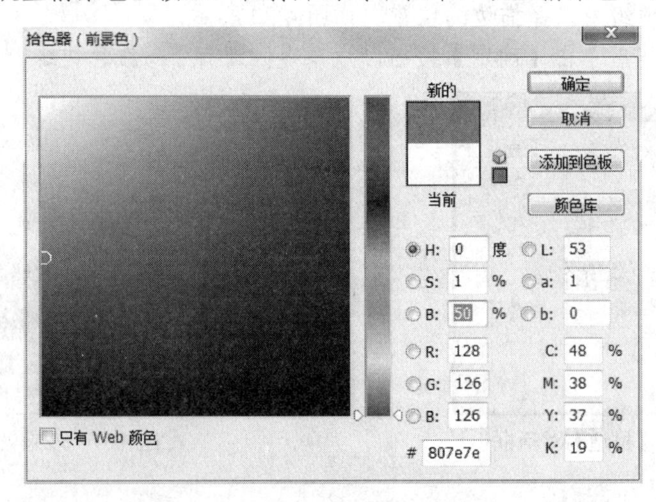

图 6.72 【拾色器（前景色）】对话框

4）单击工具箱中的【圆角矩形工具】按钮，并在其工具属性栏上设置其【半径】为 30px，【样式】为【默认样式（无）】，如图 6.73 所示。

5）拖动鼠标左键，在绘图区域绘制一个带圆角的矩形，如图 6.74 所示。

图 6.73 【圆角矩形工具】工具属性栏

图 6.74 过程（一）

6）为了给面板添加细微的明暗层次，使其变得有立体感，可添加图层样式，单击【图层】面板左下方的【添加图层样式】按钮，在打开的菜单中选择【渐变叠加】命令。

7）在打开的【图层样式】对话框中，设置【渐变叠加】选项为加亮显示。设置【混合模式】为【正片叠底】，【不透明度】为51%，【渐变】为从前景色到白色，【样式】为【线性】，如图6.75所示。

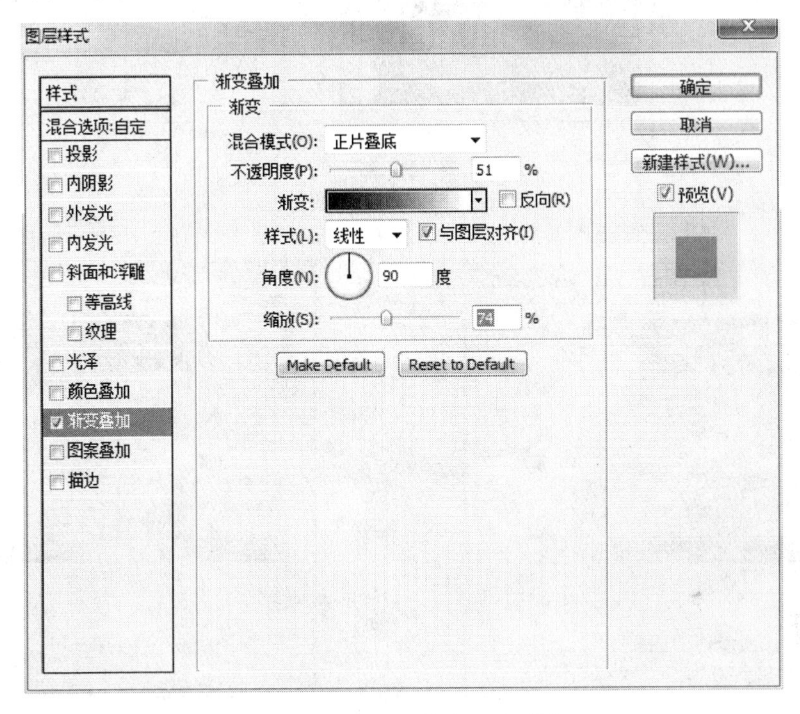

图6.75 【图层样式】对话框

8）此时，画面上的图形如图6.76所示。

9）制作外部金属边框。单击【图层】面板下方的【新建图层】按钮，新建一个图层，将新建的图层拖动到【背景】图层的上方，如图6.71所示。

图6.76 过程（二）

图6.77 新建图层

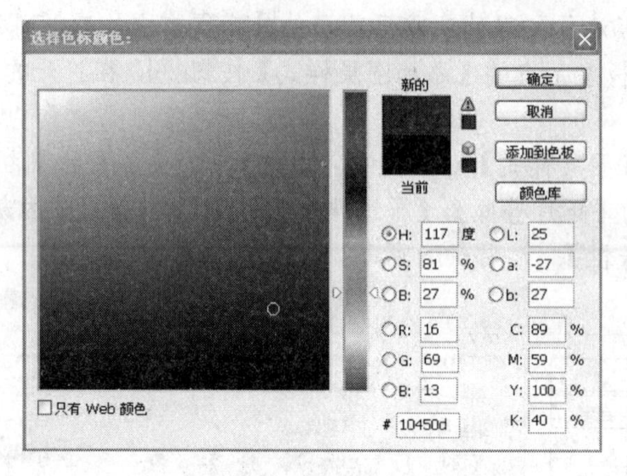

图 4.58 创建渐变色

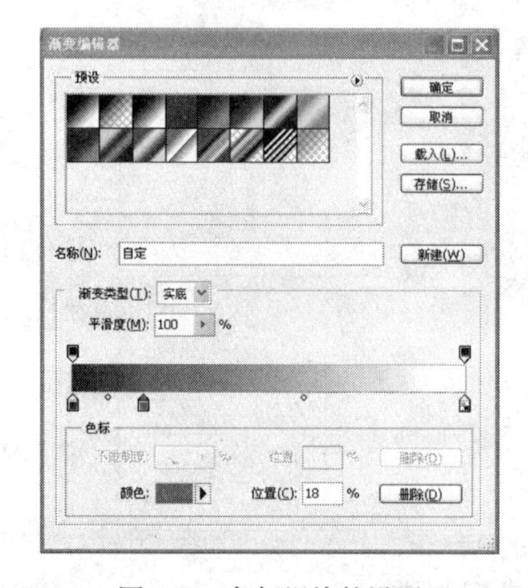

图 4.59 色标滑块的设置

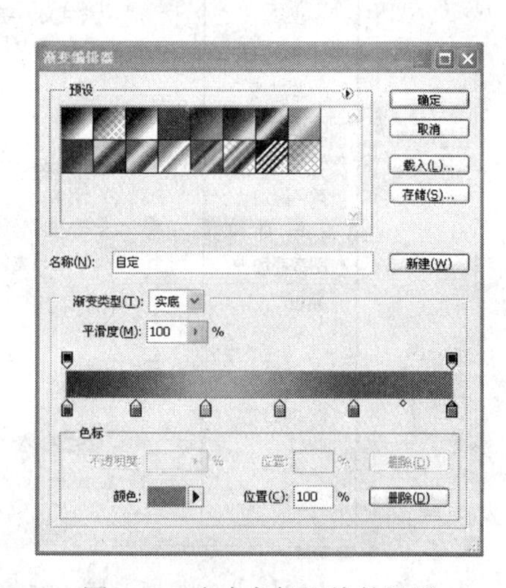

图 4.60 多个色标滑块的设置

6）设置好渐变色后，选择【渐变工具】，并在其工具属性栏中单击【径向渐变】按钮（即内向外渐变），然后按下鼠标左键不放并向选区右下方拖动，如图 4.61 所示。

7）松开鼠标左键，选区内即可填充渐变色，形成青苹果的雏形，如图 4.62 所示。

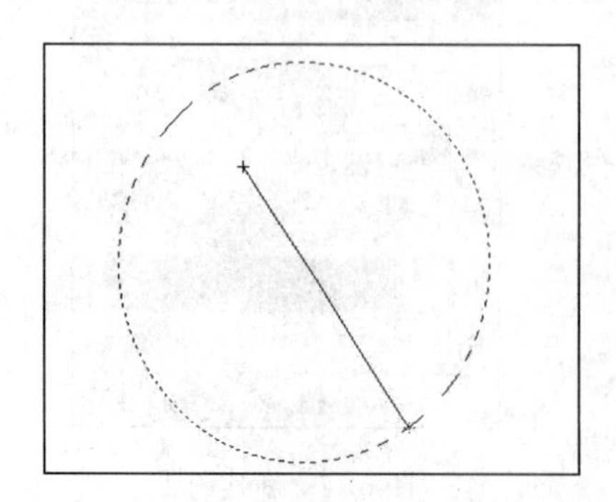

图 4.61 渐变填充选区

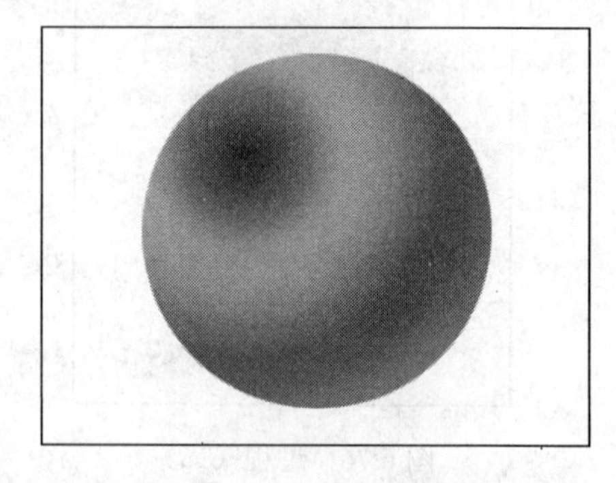

图 4.62 填充效果

【步骤三】绘制苹果柄，修饰图像。

1）绘制苹果柄。选择【画笔工具】，在【画笔工具】工具属性栏上单击【切换画笔面板】按钮，打开【画笔】面板。选择【平滑】、【喷枪】选项，设置【大小】为 12px，【硬度】为 18%，【不透明度】为 85%，并启动【喷枪】功能。将前景色设置为棕黑色(即 R、G、B 分别为 79、63、44)，绘制苹果柄，如图 4.63 所示。

2）给苹果添加光泽效果。选择【减淡工具】，设置画笔直径大小为 9px，在【范围】下拉列表中选择【高光】选项，设置【曝光度】为 16%。设置好后将鼠标移至苹果柄四周涂抹，绘制出光泽效果，这样一个诱人的青苹果就制作完成了，如图 4.64 所示。

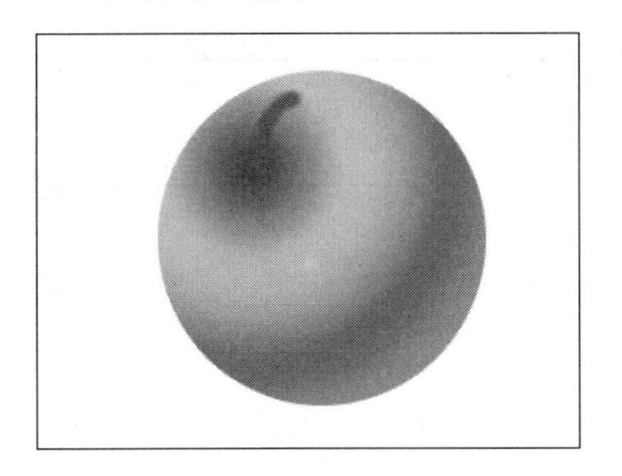

图 4.63 苹果柄绘制效果

图 4.64 效果

案例二 实施步骤

案例一练习了画笔工具、渐变工具等图像绘制工具的使用，下面利用所学知识完成案例二中的任务。

【步骤一】新建文件、设置画笔参数。

1）启动 Photoshop CS5 并且新建一个图像文件。

2）在工具箱中的绘图工具组中单击【铅笔工具】按钮，如图 4.65 所示，并将前景色设置为黑色。

3）单击工具属性栏右侧的【切换画笔面板】按钮，打开【画笔】面板；选中【画笔笔尖形状】选项，然后选择所需的画笔样式，如选中 1px 的铅笔样式；选中【间距】复选框并拖动下方的滑块，在其下方的预览框中可预览到其间距的变化。其他参数保持默认值，如图 4.66 所示。

【步骤二】绘制房屋轮廓及基本房屋构件。

1）将鼠标指针移至图像窗口中进行绘制。在绘制直线时配合使用 Shift 键可以绘制出垂直、水平以及 45° 方向的直线。如图 4.67 所示就是用【铅笔工具】绘制的房屋轮廓。

2）新建一个图层，用【铅笔工具】绘制房屋的瓦面、烟囱冒出的白烟、大门的把手以及门外的石板小路等，如图 4.68 所示。

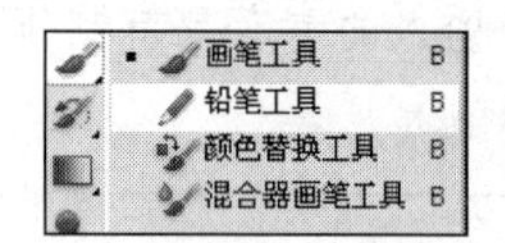

图 4.65 【画笔工具】菜单

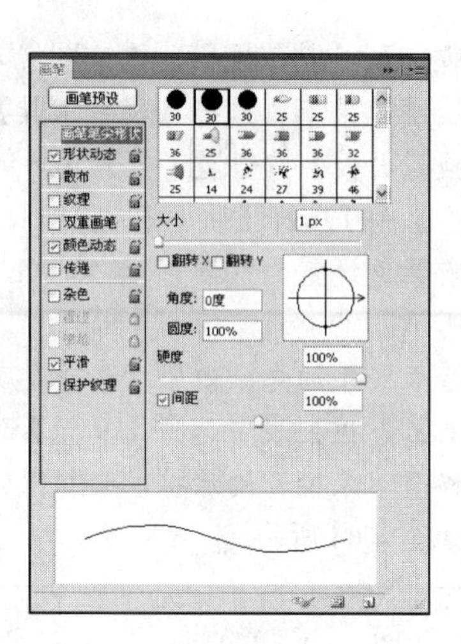

图 4.66 设置画笔

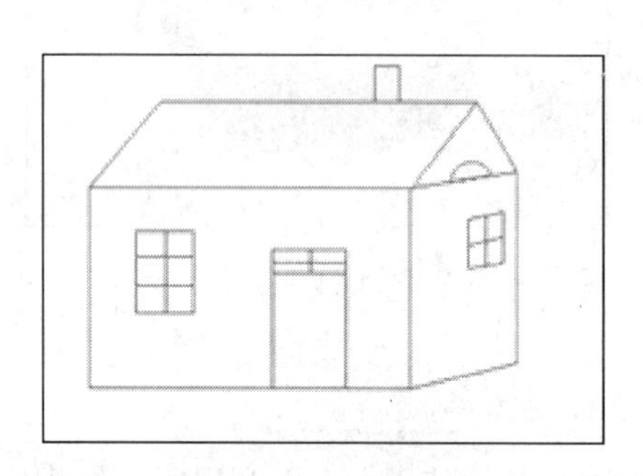

图 4.67 房屋轮廓

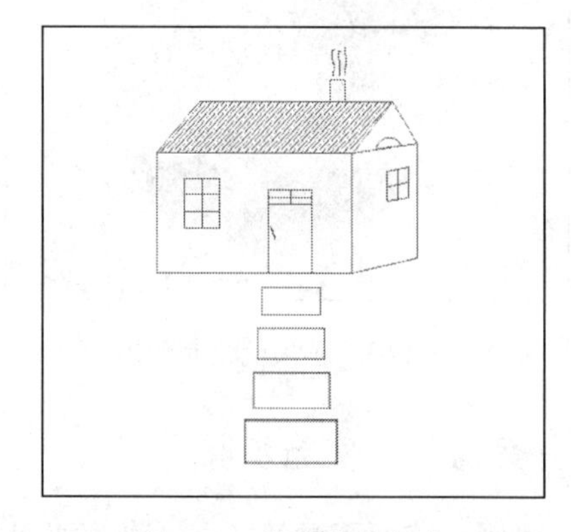

图 4.68 绘制其他部分

【步骤三】美化界面，完成工作任务。

使用【铅笔工具】继续绘制云朵、飞鸟、草地和背景，并给其上色，其最终效果如图 4.69 所示。

图 4.69 最终效果

工作实训营

1. 训练内容

1）使用【画笔工具】和【填充】命令，利用如图 4.70 所示的原图，制作出如图 4.71 所示的描边效果。

图 4.70 原图

图 4.71 效果

2）使用【填充】命令，填充扎染图案。原图如图 4.72 所示，效果如图 4.73 所示。

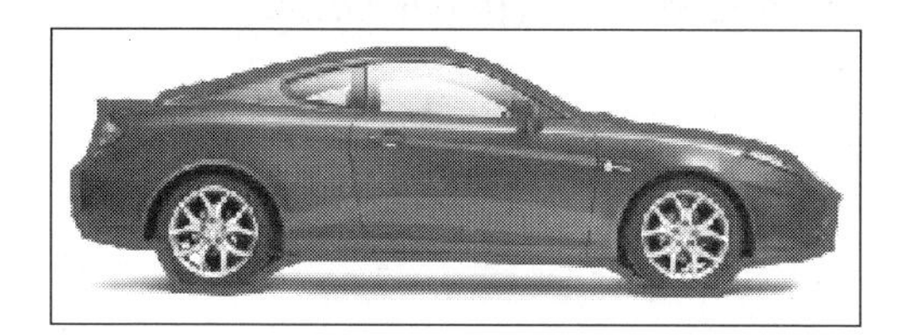

图 4.72 原图

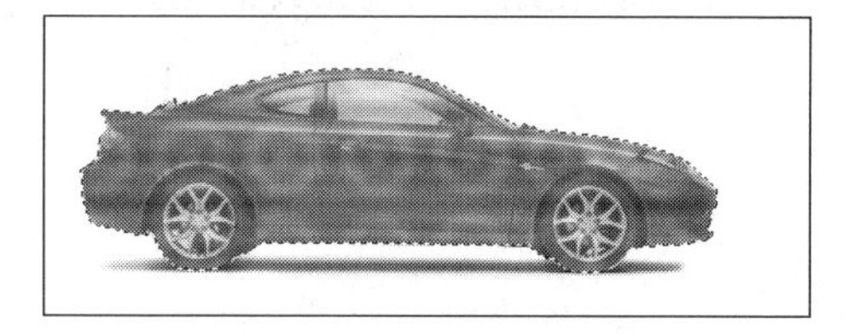

图 4.73 效果

2. 训练要求

能利用【画笔工具】、【铅笔工具】绘制图像，使用【油漆桶】、【渐变工具】填充颜色，能填充、描边选区。

工作实践中常见问题解析

【常见问题 1】除了单击工具箱中的【画笔工具】按钮，再单击其工具属性栏右上角的【切换画笔面板】按钮，打开【画笔】面板的方法外，是否还有其他方法可以打开【画笔】面板？

答：可以选择【窗口】|【画笔】命令或单击面板组左侧的【切换画笔面板】按钮将其打开或关闭。

【常见问题 2】【铅笔工具】和【画笔工具】的不同点是什么？

答：【铅笔工具】的【硬度】选项的百分比无论设置成多少，都不会在使用时改变【铅笔工具】的硬度，它的边缘不会发生改变。而【画笔工具】会改变。

习　题

1. 利用【画笔工具】，结合填充选区等操作，制作图片边框的效果，图片原图如图 4.74 所示，最终效果如图 4.75 所示。

图 4.74　图片原图

图 4.75　最终效果

2. 尝试使用【画笔工具】绘制一幅辽阔的草原上太阳初升的图案。

第5章

修饰与编辑图像

本章要点 ☞

掌握模糊、锐化和涂抹工具的使用。

掌握几种修复图像工具的使用。

掌握几种修饰图像工具的使用。

掌握橡皮擦工具组的使用。

了解图像的移动、复制方法。

技能目标 ☞

掌握 Photoshop CS5 中图像修饰与编辑的方法。

熟练掌握修饰与编辑图像的方法和技巧。

案例导入

【案例一】修复图像画面效果。

要求：掌握【修复工具】的使用和图像细节调整的操作技巧。素材原图如图 5.1 所示，最终效果如图 5.2 所示。

图 5.1　素材原图

图 5.2　最终效果

【案例二】制作餐碟时钟盘面。

要求：掌握渐变工具、涂抹工具、图像变形等工具的使用，了解文字、图层等基础知识，效果如图 5.3 所示。

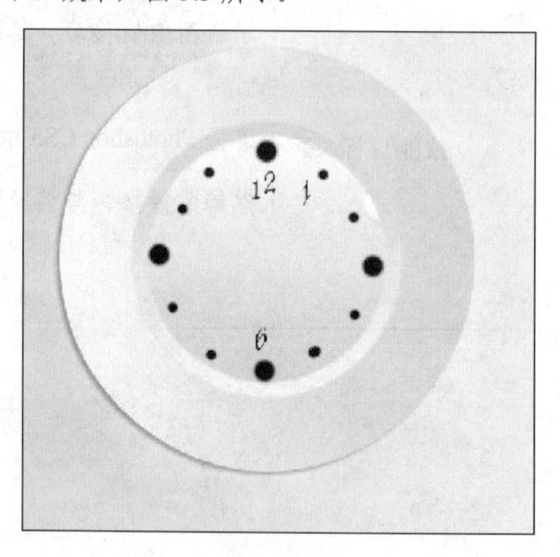

图 5.3　最终效果

引导问题

1）对一个图像的模糊和锐化完全是一个可逆转的过程吗？
2）几种橡皮擦工具的作用有什么不同？
3）每种图像修复工具分别用在哪些方面？
4）能否用多种方法来完成对一幅图像的修饰，从而达到同一种效果？

基础知识

5.1 图像的局部修饰

5.1.1 模糊工具

【模糊工具】的作用是降低图像画面中相邻像素之间的反差，使边缘区域变柔和，从而产生模糊效果。使用该工具可以把图像的硬边缘模糊化，还可以柔化模糊局部的图像，常用于模糊背景、人物和物体，起到突出主体的作用。

在工具箱中单击【模糊工具】按钮。在如图 5.4 所示的工具属性栏中，有以下几种选项。

图 5.4 【模糊工具】工具属性栏

- 【模式】选项。该选项用于设置画笔的模糊模式。
- 【强度】选项。该选项用于设置图像处理的模糊程度，该选项文本框中的数值越大，其模糊效果越明显。
- 【对所有图层取样】选项。选中该选项则模糊处理可对所有图层中的图像进行操作；取消该选项，则模糊处理只能针对当前图层中的图像进行操作。

打开本章素材 5.5，使用【模糊工具】，在需要模糊的区域涂抹，就能产生模糊效果，如图 5.5 所示，该图模糊了表盘突出了表外圈。

图 5.5 模糊效果

小提示：

【模糊工具】具有类似喷枪可持续作用的特性，也就是说鼠标在一个地方停留的时间越久，这个地方被模糊的程度就越大。

5.1.2 锐化工具

【锐化工具】刚好和【模糊工具】相反，它是一种锐化图像色彩的工具。使用该工具可以把柔边缘硬化，增大像素间的反差，增加对比度，以达到清晰边线或图像的效果。

在工具箱中单击【锐化工具】按钮。和【模糊工具】一样，在其工具属性栏中可以设置画笔的直径、硬度、绘图模式以及描边强度，如图 5.6 所示。

图 5.6　【锐化工具】工具属性栏

打开本章素材 5.5，使用【锐化工具】，在表盘区域涂抹，产生锐化的效果。和【模糊工具】一样，【锐化工具】也是涂抹的次数越多，效果越明显，被锐化了的表盘如图 5.7 所示。

图 5.7　锐化效果

5.1.3　涂抹工具

【涂抹工具】可拾取鼠标单击处的颜色，并沿鼠标拖移的方向展开颜色，模拟出类似与手指涂抹颜色的效果。选择【涂抹工具】后，在画面中涂抹。涂抹的效果与选择的画笔样式有关。可以产生用手指涂抹油画的效果，使涂抹的像素随意地融合在一起，很有艺术效果。

与上述两种工具一样，在如图 5.8 所示的【涂抹工具】按钮工具属性栏中可以设置画笔的直径、硬度、绘图模式以及描边强度。

图 5.8　【涂抹工具】工具属性栏

1）打开本章素材 5.9，如果选中了工具属性栏中的【手指绘画】选项，那么每次涂抹的起点将是以前景色进行涂抹，如图 5.9 所示。

2）如果取消【手指绘画】选项，那么每次涂抹的起点是以单击处的颜色进行涂抹，如图 5.10 所示。

图 5.9　手指涂抹

图 5.10　以单击处的颜色涂抹

小提示：

虽然锐化和模糊看起来是一对相反的操作，但是不能用它们互补。模糊过度或者锐化过度时，如果使用锐化或模糊工具进行弥补，只会越弄越糟。

5.2　复制图像

5.2.1　仿制图章工具

【仿制图章工具】可以从图像中复制信息，然后应用到其他区域或者其他图像中，该工具常用于复制对象或去除图像中的缺陷。

选择【仿制图章工具】后，在如图 5.11 所示的工具属性栏中设置参数，然后按住 Alt 键在图像中单击创建参考点，释放 Alt 键，按住鼠标在图像中拖动即可仿制图像。

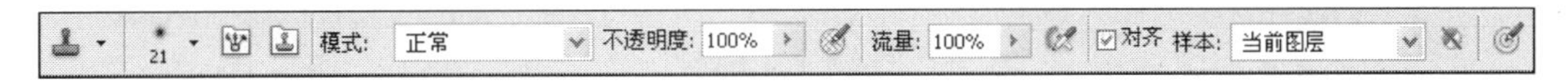

图 5.11　【仿制图章工具】工具属性栏

在【仿制图章工具】工具属性栏中，除了可以在其中设置笔刷、不透明度和流量外，还可以设置以下两个参数选项。

- 【对齐】选项。选中该选项，可以对图像连续取样，不会丢失当前设置的参考点位置，取消此选项，则会在每次停止并重新开始仿制时，使用最初设置的参考点位置。
- 【样本】选项。此选项用于选择从指定图层中进行数据取样。如果仅从当前层中取样，应选择【当前图层】选项；如果要从当前图层及其下方可见图层中取样，可选择【当前和下方图层】选项；如果要从所有可见图层中取样，可以选择【所有图层】。

【仿制图章工具】的使用方法，具体操作步骤如下。

1）打开本章素材 5.12。单击工具箱中的【仿制图章工具】按钮，将鼠标指针移到图像中要复制的位置上（最好是起始处），如图 5.12 所示，按住 Alt 键不放单击进行取样，释放 Alt 键即可完成取样操作。

2）取样完毕后，将鼠标指针移到要复制的位置，按下鼠标左键不放进行拖动，直至将小狗图像完全复制出来后释放鼠标左键，即可完成图像仿制的操作，如图 5.13 所示右下角多了一只小狗。

图 5.12　取样

图 5.13　效果

小提示：

1）采样点的位置并非是一成不变的，虽然之前定义的采样点位于小狗的鼻子上，但复制出来的小狗不仅有鼻子部分，还有其他部分，所以应该把采样点理解为复制的“起始点”而不是复制的“有效范围”。

2）【仿制图章工具】是通过笔刷应用的，因此使用不同直径的笔刷将影响绘制范围。而不同软硬度的笔刷将影响绘制区域的边缘。一般建议使用较软的笔刷，那样复制出来的区域周围与原图像可以较好地融合。当然，如果选择异型笔刷(枫叶、茅草等)，复制出来的区域也将是相应的形状。因此在使用前要注意笔刷的设定是否合适。

5.2.2 图案图章工具

使用【图案图章工具】可以将系统自带的或用户自定义的图案复制到图像中。【仿制图章工具】主要是复制现有的图像效果，而【图案图章工具】则主要是复制系统自带的图案或者用户自定义的图案。

选择该工具后，其工具属性栏如图 5.14 所示。

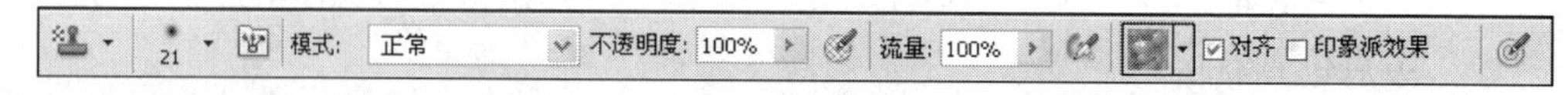

图 5.14 【图案图章工具】工具属性栏

属性工具栏中的参数含义如下。

- 【画笔】选项。该选项用于准确控制仿制区的大小。
- 【模式】选项。该选项用于指定混合模式。
- 【不透明度】和【流量】选项。这两个选项用于控制仿制区应用绘制的方式。
- 【图案】选项。该选项下拉列表中提供了系统默认和用户手动定义的图案。选择一种图案后，可以使用【图案图章工具】将图案复制到图像窗口中。
- 【对齐】选项。选中该选项复选框能保持图案与原始起点的连续性，即使释放鼠标并继续绘画也不例外；取消该选项复选框则可以在每次停止并开始绘制时重新启动图案。
- 【印象派效果】选项。选中该选项，绘制的图像效果类似于印象派艺术画效果。

图 5.15 素材

【图案图章工具】的使用方法，具体操作步骤如下。

1）打开本章素材 5.15，如图 5.15 所示。

2）在工具箱中的图章工具组中单击【图案图章工具】按钮，然后在其工具属性栏中单击图案按钮，在打开的图案列表框中选择一种图案，如图 5.16 所示。

3）在工具属性栏中根据需要设置画笔大小和不透明度，此处将不透明度设置为 50%。

4）将鼠标指针移到图像窗口中间，拖动鼠标，即可将定义的图案复制到图像中，如图 5.17 所示。

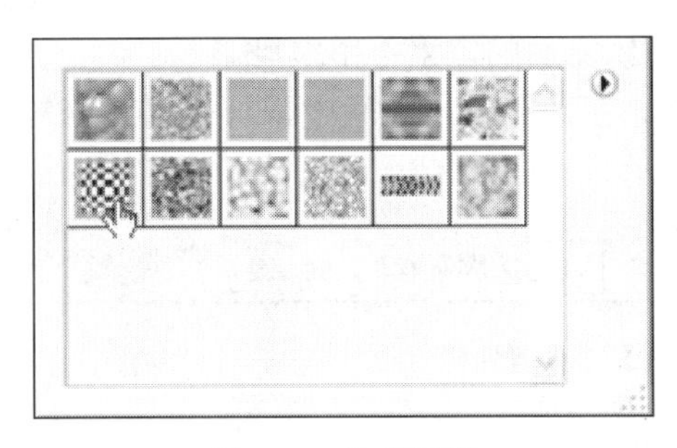

图 5.16　选择图样

图 5.17　效果

5.3　修复图像

5.3.1　污点修复画笔工具

【污点修复画笔工具】是用来修复、去除图片上污点的工具，只要确定好修复图像的位置，就会在确定的修复位置边缘自动寻找相似的区域进行自动匹配，即只要在需要修复的位置画上一笔就可以轻松修复图片中的污点。

在工具箱中右击【修复画笔工具】按钮，选择【污点修复画笔工具】命令；在如图 5.18 所示的工具属性栏中可以对画笔的直径、硬度、模式、类型等进行设置。

图 5.18　【污点修复画笔工具】工具属性栏

在【类型】选项组中，若单击【近似匹配】单选按钮，则自动选择适合修复的像素进行修复；若单击【创建纹理】单选按钮，则利用所选像素形成纹理进行修复。

以小女孩的图像为例说明。打开本章素材 5.19，首先在【类型】选项组中单击【近似匹配】单选按钮，然后在瑕疵处单击即可，如图 5.19 和图 5.20 所示。

图 5.19　修复前

图 5.20　修复后

5.3.2 修复画笔工具

使用【修复画笔工具】可以去除图像中的瑕疵，并将样本像素的纹理、光照、透明度和阴影与所修复的像素进行匹配，从而使修复后的像素不留痕迹。

在工具箱中单击【修复画笔工具】按钮。在其工具属性栏中，可以对【修复画笔工具】的各个参数进行设置，如图 5.21 所示。

图 5.21 【修复画笔工具】工具属性栏

【修复画笔工具】工具属性栏中的【源】选项组有两个选项：若单击【取样】单选按钮，则可通过取样对目标区域进行修复；若单击【图案】单选按钮，则可用图案对目标区域进行修复。

以清除小女孩面部痘痘为例。

1）单击工具属性栏中画笔右侧的下拉按钮，打开【画笔预设板】，对画笔的直径大小、硬度、间距等进行设置，如图 5.22 所示。

2）获得取样点。按下 Alt 键的同时，在人物脸上没有斑点并且与斑点部皮肤颜色最接近的皮肤处单击，以获得取样点，此时的鼠标指针变为形，如图 5.23 所示。

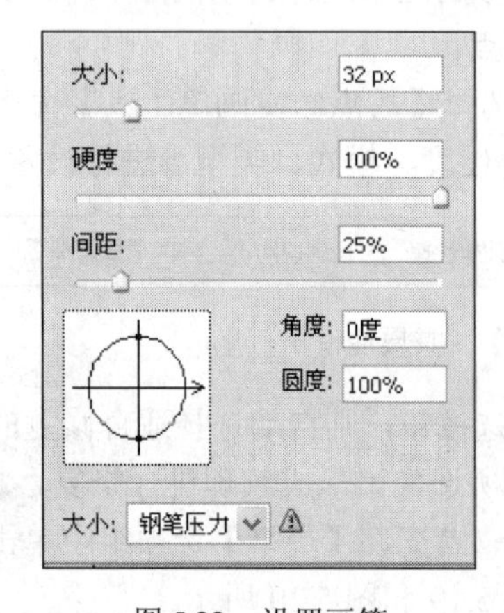

图 5.22 设置画笔

图 5.23 获得取样点

3）取样后释放 Alt 键，使用【修复画笔工具】在目标位置上单击，用取样点的图像覆盖瑕疵，如图 5.24 所示。

4）此时小女孩脸上的痘痘不见了，而且看不出修改的痕迹，效果如图 5.25 所示。

5.3.3 修补工具

【修补工具】可以用其他区域或图案中的像素来修复选中的区域。【修补工具】会将样本像素的纹理、光照和阴影与源像素进行匹配。使用该工具时，用户既可以直接使用已经制作好的选区，也可以利用该工具制作选区。

图 5.24 修复面部

图 5.25 效果

在工具箱中右击【修复画笔工具】按钮，从打开的菜单中选择【修补工具】命令。在其工具属性栏中，可以对选取方法、修补方法进行设置，如图 5.26 所示。

图 5.26 【修补工具】工具属性栏

工具属性栏的【修补】选项中包括【源】和【目标】两个选项：单击【源】单选按钮时，将选区拖至要修补的区域，释放鼠标后，该区域的图像会修补原来的选区；如果单击【目标】单选按钮，将选区拖至其他区域时，可以将原区域内的图像复制到该区域。

下面以修复额头皱纹为例进行介绍。

1）打开本章素材 5.27，如图 5.27 所示。在工具箱中右击【修复画笔工具】按钮，在打开的菜单中选择【修补工具】命令。

2）在【修补】选项组中单击【源】单选按钮，并使用【修补工具】选择皱纹区域为选区，如图 5.28 所示。在使用【修补工具】进行修补之前，必须先用【修补工具】绘制一个选区，或者使用其他选区工具创建一个选区。

图 5.27 素材

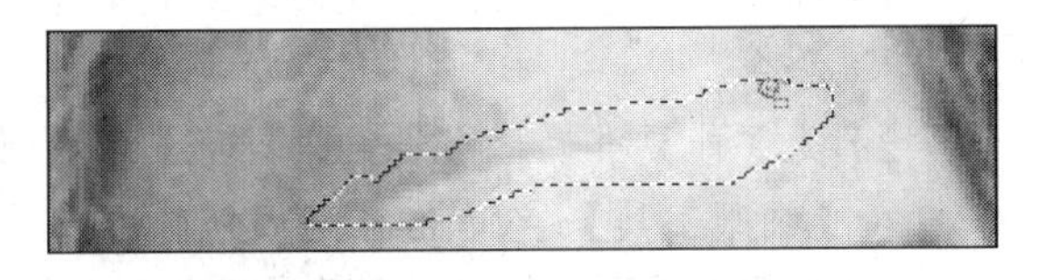
图 5.28 创建选区

3）将选区拖至上方平滑的皮肤区域，则之前所选中的皱纹区域就被拖动到的目标位置图像替换了，如图 5.29 所示。

4）使用同样的方法去除额头上其他细小的皱纹，最终效果如图 5.30 所示。

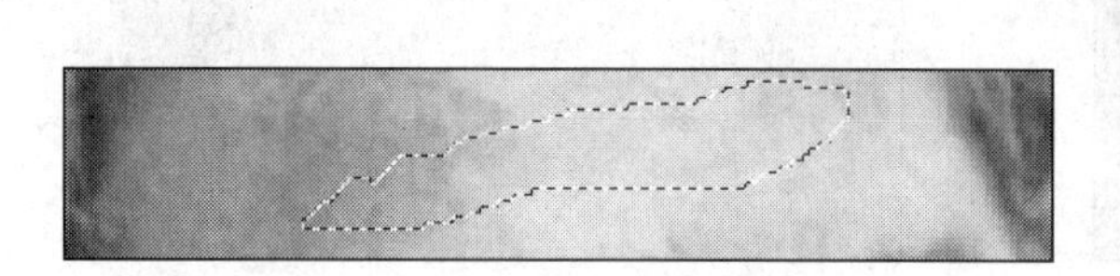

图 5.29　修复皱纹

图 5.30　效果

5.3.4　红眼工具

【红眼工具】是针对数码相片中经常出现的红眼问题进行处理的工具。在工具箱中右击【修复画笔工具】按钮，在打开的菜单中选择【红眼工具】命令。其工具属性栏如图 5.31 所示。【红眼工具】主要涉及两个参数：瞳孔大小和变暗量。

- 【瞳孔大小】选项。此选项用于增加或减少红眼工具所改变区域的大小。
- 【变暗量】选项。此选项用于设置修改后的变暗程度。

实例操作：打开本章素材 5.32，使用【红眼工具】修复如图 5.32 所示的图片。

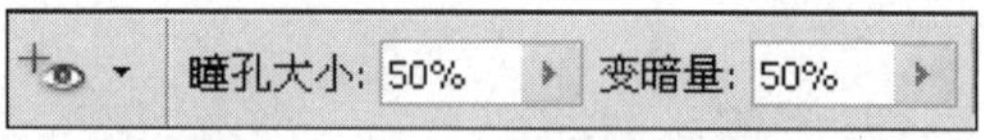

瞳孔大小: 50%　变暗量: 50%

图 5.31　【红眼工具】工具属性栏

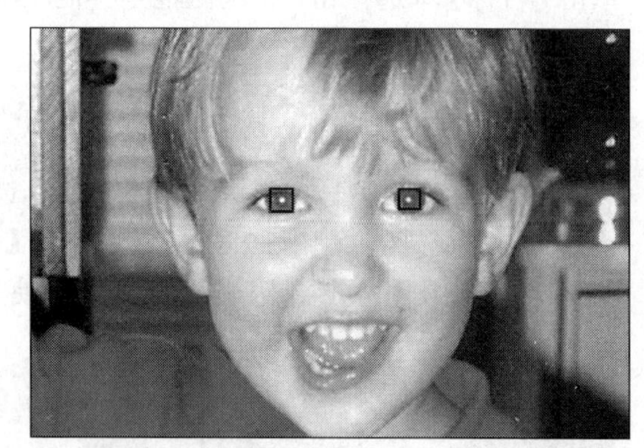

图 5.32　原图

1）在工具箱中右击【修复画笔工具】按钮，在打开的菜单中选择【红眼工具】命令。

2）为了能更准确地修复红眼，可先使用【缩放工具】将眼部放大，然后再使用【红眼工具】单击红眼部分就可以了，如图 5.33 所示。

3）如果效果不理想可以调整【瞳孔大小】和【变暗量】两个参数。最终效果如图 5.34 所示。

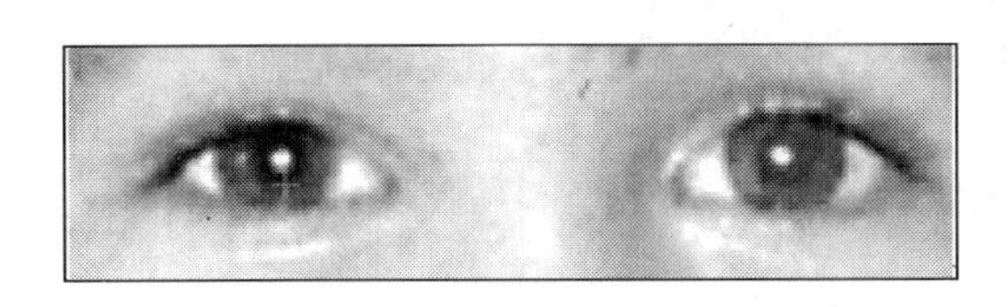

图 5.33 修复红眼

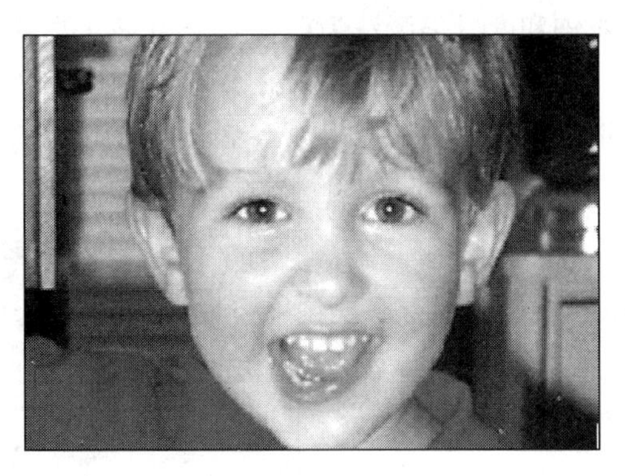

图 5.34 最终效果

5.4 修饰图像

5.4.1 减淡和加深工具

【减淡工具】可以使部分区域变亮，正如摄影师采用遮挡光线的方法使图像部分区域变亮一样。而【加深工具】恰恰相反，它的作用是使部分区域变暗。

在工具箱中，单击【减淡工具】按钮或者【加深工具】按钮，打开如图 5.35 所示的【减淡工具】工具属性栏。在工具属性栏中可以设置画笔的直径大小、硬度、范围以及曝光度。

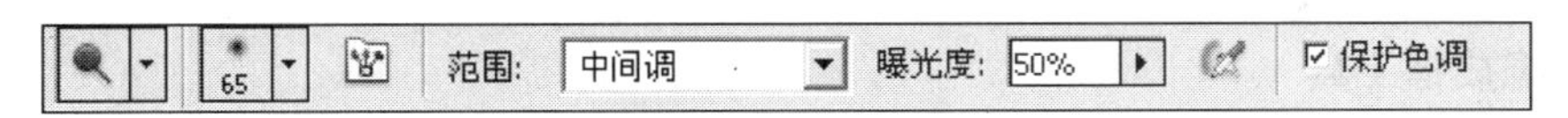

图 5.35 【减淡工具】工具属性栏

【范围】下拉列表中包含【中间调】、【高光】和【阴影】3 个选项，分别是指对中间区域、亮区和暗区进行亮度调整。

5.4.2 海绵工具

【海绵工具】可以精确地改变目标区域的色彩饱和度，它通过提高或降低色彩的饱和度，从而达到修正图像色彩偏差的效果。

在工具箱中右击【减淡工具】按钮，在打开的菜单中选择【海绵工具】命令。看到如图 5.36 所示的工具属性栏。

图 5.36 【海绵工具】工具属性栏

在【海绵工具】的工具属性栏中，【模式】下拉列表中包含【降低饱和度】和【饱和】两种选项，分别用来降低和提高色彩饱和度，但是要注意，【降低饱和度】和【饱和】模式是可以互补使用的，过度去除色彩饱和度后，可以切换到【饱和】模式增加色彩饱和度，但无法为已经完全为灰度的像素加色。

例如，打开本章素材 5.37，如图 5.37 所示，在使用【海绵工具】进行降低饱和度和增加饱和度后的效果见本章提供的电子效果图。

图 5.37 原图

5.5 擦除图像

像使用橡皮擦擦去纸上的笔迹一样，Photoshop CS5 也提供了类似的功能，而且可以根据不同的要求选择使用【橡皮擦工具】、【背景橡皮擦工具】和【魔术橡皮擦工具】等工具，从而产生不同的效果。

5.5.1 橡皮擦工具

下面通过实例介绍【橡皮擦工具】的使用方法。

1）打开本章素材 5.38，文件中只有一个被锁定的图层，如图 5.38 和图 5.39 所示。

2）假设背景色为白色，单击工具箱中的【橡皮擦工具】按钮，然后在锁定的【背景】图层中进行擦除，可见被擦除的部分显示为当前背景色，如图 5.40 所示。

图 5.38 原图

图 5.39 图层

3）按住 Alt 键的同时双击【图层】面板中被锁定的【背景】图层，将其转换为普通图层，这时再使用【橡皮擦工具】进行擦除，会发现被擦除的部分以透明效果显示，如图 5.41 所示。

图 5.40 擦除效果（一） 图 5.41 擦除效果（二）

4）除了默认的橡皮大小和样式外，还可以在工具属性栏中设置橡皮擦的大小和样式，其设置方法与画笔相同。如果将橡皮擦的硬度设置得小一些，擦除部分的边缘会显得柔和一些，如图 5.42 所示。

下面列出了【橡皮擦工具】的工具属性栏中某些参数的意义及进行设置后用橡皮擦擦除的效果，如图 5.43 所示。

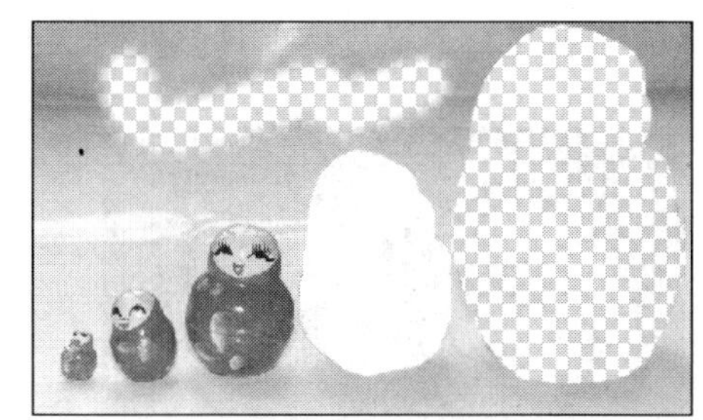

图 5.42 擦除效果（三）

- 【模式】选项。该选项下拉列表中包括【画笔】、【铅笔】和【块】3 个选项。【画笔】模式具有边缘柔和和带有羽化效果；【铅笔】模式则是硬边直线效果；【块】模式是使用一个固定的方块来擦除，不能改变【不透明度】和【流量】选项的值。如图 5.44 所示从左到右依次为【画笔】模式、【铅笔】模式和【块】模式的擦除效果。

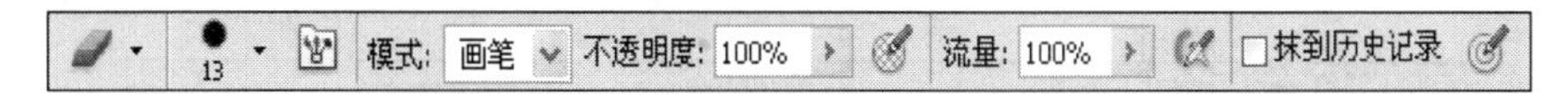

图 5.43 【橡皮擦工具】工具栏属性

- 【不透明度】、【流量】、【喷枪模式】选项。当【不透明度】、【流量】参数的值减小或者启用【喷枪】时，涂抹后为半透明的效果。如图 5.45 所示，左边为【不透明度】、【流量】值较小且启用【喷枪】时的效果；右边为【不透明度】、【流量】参数值均为 100%且不启用【喷枪】时的效果。
- 【抹到历史记录】选项。若是想恢复到以前的状态，只需在工具属性栏中选中【抹到历史记录】复选框即可。对如图 5.44 所示的图执行【抹到历史记录】操作后，效果如图 5.46 所示。

图 5.44 不同模式的擦除效果

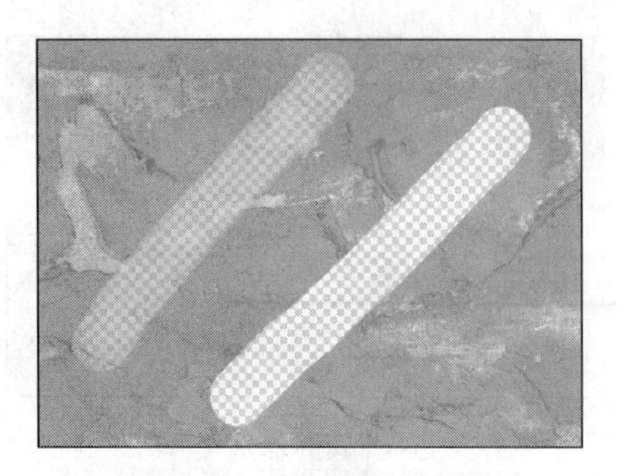

图 5.45　不透明度擦除效果

图 5.46　执行【抹到历史记录】操作

5.5.2　背景橡皮擦工具

提到【背景橡皮擦工具】时，也许大家会自然地想到它的作用也是擦除，但是它还有另外一个功能，即从背景中抠取图像。

图 5.47　素材

下面就使用它来抠取图像，具体操作步骤如下。

1）打开本章素材 5.47，如图 5.47 所示。

2）右击工具箱中的【橡皮擦工具】按钮，在打开的菜单中选择【背景橡皮擦工具】命令。

3）设置一个比较重要的参数，即【容差】。如图 5.48 所示图片中，小狗皮毛的颜色和背景的颜色相差不是很大，因此可将【背景橡皮擦工具】的【容差】值设置得小一些，本例中设置【容差】为 30%，如图 5.48 所示。

图 5.48　【容差】参数的设置

4）取样也很重要。在本例中，由于背景的颜色是有所变化的，所以应该将工具属性栏中的【限制】选项设置为【连续】，这样每次放开鼠标时都会重新选取样点，以便擦除小狗周围不同的背景色。

5）在工具属性栏中选中【保护前景色】选项，即可保护前景色不被擦除。为了使小狗的边缘不被擦除，可将效果边缘的颜色设置为前景色。在选择了【背景橡皮擦工具】的基础上，将鼠标移至小狗边缘的毛色上，然后按住 Alt 键不放，这时鼠标指针变成吸管形状。单击吸取颜色，即可将小狗边缘的毛色设置为前景色。

6）设置【背景橡皮擦工具】的大小和硬度（硬度要适当，如 30%）。

7）所有设置完成之后，将鼠标指针移到小狗边缘的绿色背景上，按下鼠标左键不放并沿小狗边缘拖动鼠标，此时利用【背景橡皮擦工具】可擦除与开始按下鼠标时的位置上颜色相近的颜色，如图 5.49 所示。

8）按上述方法先将小狗边缘的背景擦除，再将剩余背景擦除，最终的擦除效果如图 5.50 所示。

图 5.49　擦除操作

图 5.50　擦除背景后的效果

5.5.3　魔术橡皮擦工具

【魔术橡皮擦工具】可以理解为【魔棒工具】与【橡皮擦工具】的结合，它采用区域型（即一次单击就可选取一片区域）的操作方式，可以将相近的所有像素擦除以得到透明区域。具体操作方法如下。

1）使用上例的图片素材，右击工具箱中的【橡皮擦工具】按钮，在打开的菜单中选择【魔术橡皮擦工具】命令。

2）在工具属性栏中，对【容差】、【消除锯齿】、【连续】和【对所有图层取样】选项进行设置，这与【魔棒工具】的设置基本相同，如图 5.51 所示。

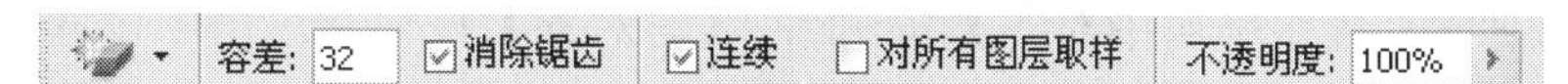

图 5.51　【魔术橡皮擦工具】工具属性栏

- 【消除锯齿】选项。可以使选择区域的边缘更平滑。
- 【容差】选项。设置的数值较大，擦除的面积就较大，否则相反。
- 【连续】选项。选中该选项后只擦除邻近的像素，否则将抹除所有相似的像素。
- 【对所有图层取样】选项。该选项用于将擦除所有图层上与取样相似的像素。这里使用的都是单图层的图片，故是否选中该复选框选项，对效果没有影响。
- 【不透明度】选项。该选项用于设置擦除的强度。

3）单击图像中要擦除的区域，如左上方，那么与取样像素相似的像素将被擦除，效果如图 5.52 所示。

图 5.52　擦除效果

小提示：

在【背景】图层中使用【背景橡皮擦工具】或者【魔术橡皮擦工具】时，像素可以被擦除为透明，同时【背景】图层将自动被转换为普通图层。

5.6 编辑图像

5.6.1 移动与复制图像

1. 移动图像

移动图像的方法是用【移动工具】实现的。使用【移动工具】可以将选区内的图像或整个窗口中的图像移动到该图像窗口中的其他位置或其他图像窗口中。

在使用【移动工具】时还可以对工具属性进行设置，如图 5.53 所示。

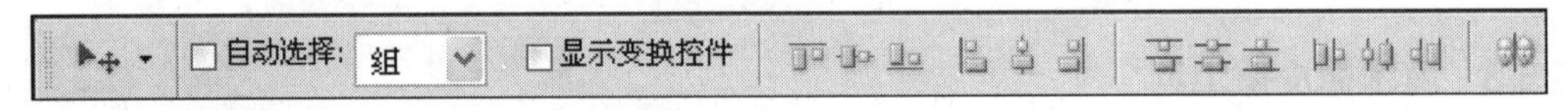

图 5.53 【移动工具】工具属性栏

- 【自动选择】选项。选中该选项，可将【移动工具】指针所指的第一个图层作为选择的对象，而不是当前选中的图层。
- 【显示变换控件】选项。该选项用于设置当前图层中的图像与其相链接图层中图像的对齐方式。从左到右按钮分别表示顶对齐、垂直居中对齐、底对齐、左对齐、水平居中对齐和右对齐。
- 【顶对齐】按钮、【垂直居中对齐】按钮、【底对齐】按钮、【左对齐】按钮、【水平居中对齐】按钮、【右对齐】按钮。用于设置当前图层中的图像与其相链接图层中图像的分布方式（3 个链接图层以上才有效），分别表示按顶端、垂直居中、底端、左端、水平居中和右端对齐。
- 【自动对齐】按钮。该选项用于自动排列图层分布。

要移动图像首先必须选取要移动的图像区域，然后用鼠标指针将选区拖动到其他位置即可，具体操作如下。

1）打开本章素材 5.54，并创建一个小人选区，如图 5.54 所示。

2）单击工具箱中的【移动工具】按钮，并将鼠标指针移到选区图像上。

3）当鼠标指针变成形状时，按住鼠标左键不放进行拖动，即可移动当前图层中的选区图像，当将其移到适当位置后释放鼠标左键即可，如图 5.55 所示。

将图像移到另一个图像窗口中，与在图像窗口内部移动不同的是，将图像移到其他图像窗口中后，原来的图像仍然保持不变，整个操作相当于复制图像的操作。

具体操作步骤如下。

1）打开本章素材 5.54，创建小人选区。

2）单击工具箱中的【移动工具】按钮，将鼠标指针移到选区图像上，此时指针将变成形状。

图 5.54　创建选区

图 5.55　移动选区图像

3）打开本章素材 5.56，然后将两个图像窗口并排于工作界面中，如图 5.56 所示。

4）使用【移动工具】并按住鼠标左键将小人选区向向日葵图像所在的窗口中拖动，此时鼠标指针变为形状，如图 5.57 所示。

图 5.56　并排显示

图 5.57　移动选区图像

5）移到向日葵图像所在的窗口中的适当位置后，释放鼠标左键，即可将前一个图像中选区内的小人复制到该图像窗口中，如图 5.58 所示。

2. 复制图像

其实将图像移到其他图像窗口中也属于复制图像的一种方法。除此之外，还有其他两种复制方法：一种是使用【复制】与【粘贴】命令来复制选区内的图像；另一种是通过【图层】面板复制图像所在的图层。下面就来介绍这两种方法。

通过复制图像，可以快速创建多个相同的图像作为备用或制作特殊效果。复制选区内图像的方法如下。

1）打开本章素材 5.59，并且创建一个“鸭子”选区，如图 5.59 所示。

2）选择【编辑】|【拷贝】命令或按 Ctrl+C 快捷键，可以将所选取的图像区域复制到剪贴板中，如图 5.60 所示。

3）打开本章素材 5.61，选择【编辑】|【粘贴】命令或按 Ctrl+V 快捷键粘贴图像，鸭子图像即被粘贴到该“风景”图像窗口中，如图 5.61 所示。

图 5.58　移动选区后的效果

图 5.59　创建图像选区

编辑(E)　图像(I)　图层(L)　选择(S)

还原扩大选取(O)　Ctrl+Z

前进一步(W)　Shift+Ctrl+Z

后退一步(K)　Alt+Ctrl+Z

渐隐(D)...　Shift+Ctrl+F

剪切(T)　Ctrl+X

拷贝(C)　Ctrl+C

合并拷贝(Y)　Shift+Ctrl+C

粘贴(P)　Ctrl+V

图 5.60　复制选区图像

图 5.61　粘贴图像

小提示：

复制图像后，【图层】面板中将自动产生相应的新图层。如果是在本图像窗口中复制图像，复制后的图像将与原来的图像重合在一起，这时，可以使用【移动工具】调整其位置。

除了可以使用菜单命令复制图像外，还可以通过【图层】面板复制图像。具体操作方法如下。

1）继续上面的操作。在【图层】面板中选中需要复制的图层，如图 5.62 所示的【图层 1】图层；然后按住鼠标左键将其拖动到【图层】面板下方的【创建新图层】按钮上。

2）这时就复制了一个新的图层，图层名为“图层 1 副本”，如图 5.63 所示。

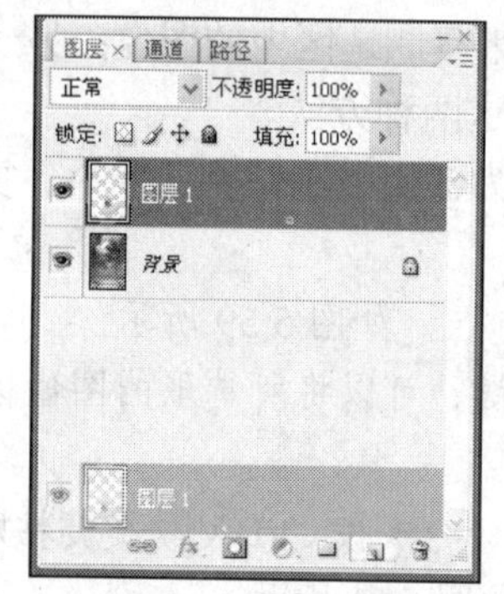

图 5.62　创建新图层

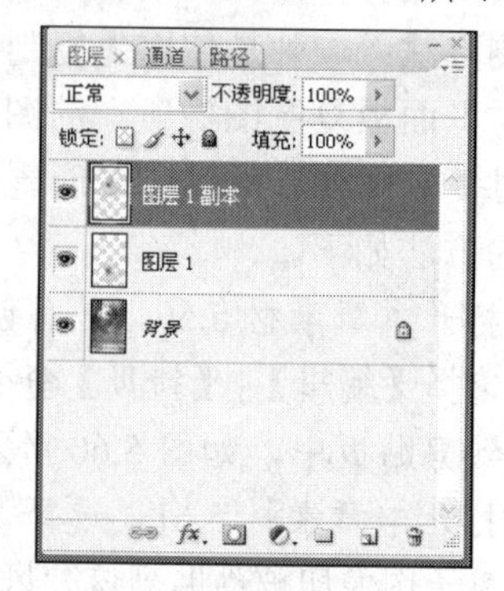

图 5.63　创建【图层 1 副本】

3）复制的新图层与被复制的图层是重叠的，所以看上去还是以前的图像，如图 5.64 所示。

4）要显示出两个图层的图像，可选中【图层 1】或【图层 1 副本】，然后用【移动工具】将其上的图像移动位置，就可同时看到两个图层的图像了，如图 5.65 所示。

图 5.64　被复制的图像

图 5.65　移动显示出图像

5.6.2　裁剪图像

使用【裁剪工具】可以将图像中的某部分图像裁切，用户可以通过它方便、快捷地获得想要的图像并改变其尺寸。单击工具箱中的【裁剪工具】按钮，如图 5.66 所示的工具属性栏及其各参数的含义如下。

宽度:　高度:　分辨率:　像素/...　前面的图像　清除

图 5.66　【裁切工具】工具属性栏

- 【宽度】、【高度】选项。这两个选项分别用于设置裁剪区域的宽度和高度。
- 【分辨率】选项。该选项用于设置图像的分辨率，在其右侧的下拉列表中可以设置单位。
- 【前面的图像】选项。单击该选项按钮可以在前面的数值框中显示当前图像的大小和分辨率，如果想把一大批照片全裁成和某张图片一样大小的话，可以先打开这张图片，单击属性栏上的“前面的图像”按钮，这张图片的图像大小信息会被自动填在前面的数值框，以后再裁剪别的图片时，大小将和第一张相同。
- 【清除】选项。单击该选项按钮可清除工具属性栏上各选项的参数设置，把裁剪工具恢复到默认状态。

图 5.67　素材

要想获得某图像的部分区域，只需用【裁剪工具】选择需要的图像区域后按 Enter 键，即可裁剪掉除选取部分外的所有区域，具体操作如下。

1）打开本章素材 5.67，如图 5.67 所示。

2）单击工具箱中的【裁剪工具】按钮，将鼠标指针移到目标图像窗口，其形状改变为⊡。

3）移动鼠标指针至图像窗口，在要裁剪的区域上按住鼠标左键拖动创建一个矩形框后释放鼠标，效果如图 5.68 所示。

4）矩形裁剪区域内的光亮显示部分为保留部分，矩形裁剪区域外的黑色部分将为被裁剪部分。此时若对裁剪区域不满意，还可像调整图像大小那样调整裁剪区域。若确定要保留的范围，则单击工具属性栏右侧的【提交当前裁剪操作】按钮✓或直接按 Enter 键或在裁剪区域单击应用裁切即可。

5）调整图像画布和窗口大小使其与图像匹配，最终效果如图 5.69 所示。

图 5.68　创建矩形裁剪区域

图 5.69　裁剪效果

5.6.3　清除图像

通过删除操作可以快速删除图像中不需要的部分，从而减小文件大小，提高工作效率。图像的删除包括以下两种情况。

方法一：选择需要删除的图像，然后选择【编辑】|【剪切】命令，可以将图像删除并且存入剪贴板中。

方法二：选择需要删除的图像，再选择【编辑】|【清除】命令或者按 Delete 键，可清除选区中的图像，清除后按 Ctrl+D 快捷键即可取消选区。

打开本章素材 5.70 进行清除图像操作，图 5.70 和图 5.71 为删除图像前后的对比效果。

图 5.70　清除图像前

图 5.71　清除图像后

5.7　撤销与重做操作

在对图像进行编辑处理的过程中，难免会执行一些错误操作，如果某一步操作不当，可以通过快捷键、菜单命令或者【历史记录】面板进行还原和重做操作。

5.7.1　通过菜单命令操作

若想撤销单步或多步操作从而使图像回到之前的编辑状态，可利用【编辑】菜单来完成，主要有以下四种方法。

方法一：选择【编辑】|【后退一步】命令，可取消前一步的操作，如图 5.72 所示。

方法二：还原后还可以通过选择【编辑】|【前进一步】命令恢复到还原前的操作，如图 5.73 所示。

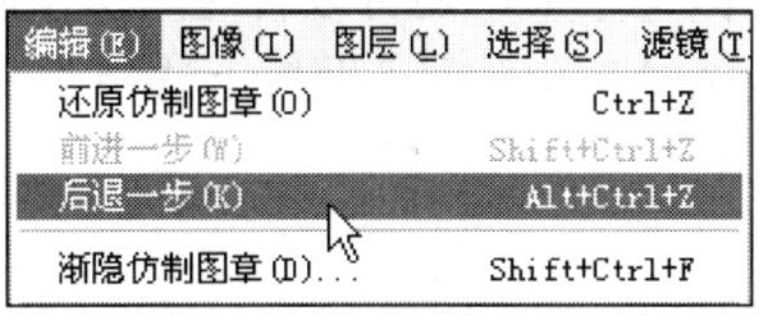

图 5.72　【后退一步】命令

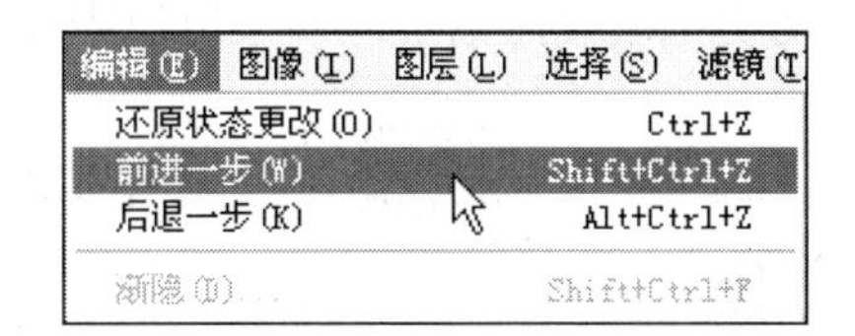

图 5.73　【前进一步】命令

方法三：选择【编辑】|【重做状态更改】命令可以恢复到图片的原始打开状态，如图 5.74 所示。

方法四：选择【编辑】|【还原状态更改】命令可以恢复到对图片进行修改前的状态，如图 5.75 所示。

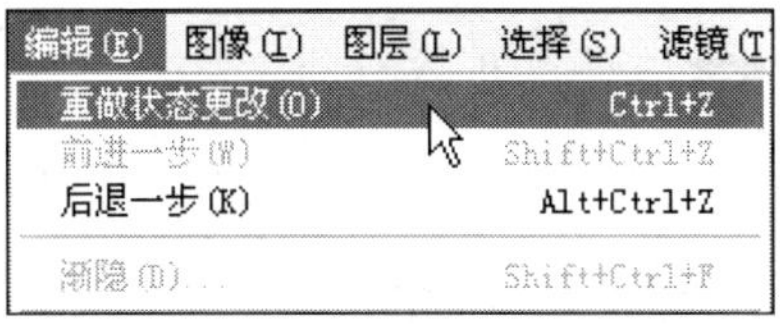

图 5.74　【重做状态更改】命令

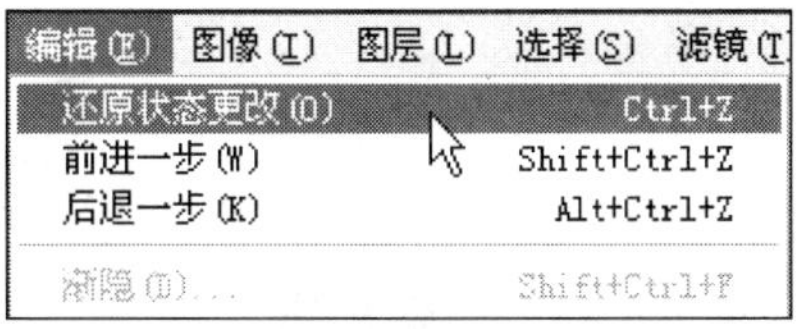

图 5.75　【还原状态更改】命令

5.7.2　通过【历史记录】面板操作

在进行图像处理的过程中，通过命令撤销对图像的操作仅限制于几步操作之内或固定的某个状态下。如果要精确地恢复到指定的某一步操作，就需要使用【历史记录】面板来实现。

选择【窗口】|【历史记录】命令，打开【历史记录】面板。当用户打开一个文件并对该文件进行编辑后，【历史记录】面板会自动将用户的每步操作记录下来，如图 5.76 所示。

图 5.76　【历史记录】面板

【历史记录】面板下方各按钮的含义如下。

- 【从当前状态创建新文档】按钮。单击该按钮，可以就当前操作的图像状态创建一幅新的图像文件（原图像的副本）。
- 【创建新快照】按钮。单击该按钮，可以创建一个新快照。
- 【删除当前状态】按钮。选择任意一步的历史记录，再单击该按钮，在打开的提示对话框中单击【是】按钮，可以删除该历史记录。

1. 撤销操作

要撤销用户具体某一步的操作，只需在【历史记录】面板上选择该操作，图像的效果即可恢复到该步骤操作的状态。

2. 恢复操作

历史记录被撤销后，如果用户需要查看前面的图像效果，还可以将这些操作恢复。恢复历史记录时只需在【历史记录】面板上选择要恢复的操作步骤即可。

3. 清除历史记录

单击【历史记录】面板右上角的按钮，在打开的下拉菜单中选择【清除历史记录】命令，除了当前选中的历史记录外，其余的所有历史记录都将被清除，如图 5.77 所示。

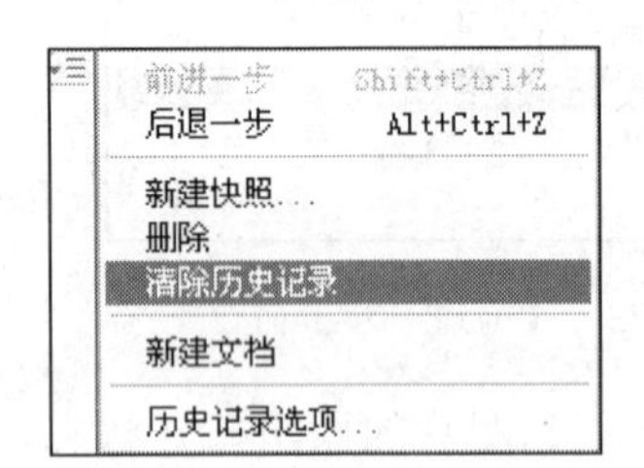

图 5.77 【清除历史记录】菜单

案例实施

案例一 实施步骤

前面介绍了画笔工具、渐变工具等图像绘制工具的基础知识和基本操作，下面利用所学知识完成案例一中的任务。

【步骤一】启动 Photoshop CS5，调入本章素材 5.78，如图 5.78 所示。

【步骤二】放大图像，便于处理。

在工具箱中，选择【缩放工具】，在图像中需要修复的地方按住鼠标左键并拖动，框选需要放大的区域，然后释放鼠标，放大图像，如图 5.79 所示。

【步骤三】修复图像，整体效果处理。

1）在工具箱中，选择【污点修复画笔】工具，在工具属性栏中选择一个合适的画笔，并单击【内容识别】单选按钮，使用【污点修复画笔】工具在修复区涂抹，污点即被抹除，如图 5.80 和图 5.81 所示。

图 5.78　调入素材

图 5.79　放大素材

图 5.80　涂抹图像（一）

图 5.81　涂抹图像（二）

2）选择【加深工具】，在图像中涂抹，加深图像画面效果，如图 5.82 所示。

图 5.82　效果

案例二　实施步骤

案例一练习了修复工具和图像绘制工具的基本操作，下面利用所学知识完成案例二中的任务。

【步骤一】制作餐碟。

1）启动 Photoshop CS5 创建一个新的图像文件，然后使用【渐变工具】再制作一个由颜色#c2c2c2 到颜色#f0f0f0 的线性渐变效果背景，如图 5.83 所示。

2）新建一个图层，使用【椭圆选框工具】创建一个圆形选区（先按住 Shift+Alt 快捷键再创建选区），然后选择适当的颜色（例如#f2f2f2 和#c9c9c9），并使用【渐变工具】在选区内填充线性渐变效果，如图 5.84 所示。

图 5.83 制作背景

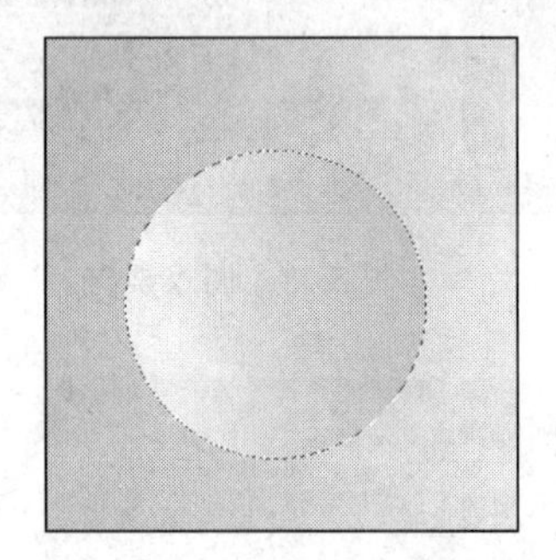

图 5.84 填充渐变选区

3）选择【选择】|【修改】|【羽化】命令或按 Shift+F6 快捷键，设置【羽化半径】为 1 像素，接着选择【选择】|【修改】|【收缩】命令，设置【收缩量】值为 3 像素，然后按 Ctrl+Shift+I 快捷键进行反选。使用【减淡工具】（【曝光度】为 15%）涂抹背景较亮处的圆形边缘。使用【加深工具】（【曝光度】为 15%）涂抹背景较暗处的圆形边缘，如图 5.85 所示。

4）按 Ctrl+D 快捷键取消选择，然后使用【椭圆选框工具】再创建一个同心圆选区，如图 5.86 所示。

5）选择【选择】|【修改】|【羽化】命令，设置【羽化半径】约为 1 像素，然后再次使用【加深工具】涂抹圆形的上半部分，使用【减淡工具】涂抹圆形的下半部分，如图 5.87 所示。

6）选择【选择】|【修改】|【收缩】命令，设置【收缩量】为 15 像素，并再次使用【减淡工具】涂抹选区的上半部分，使用【加深工具】涂抹下半部分，效果如图 5.88 所示。

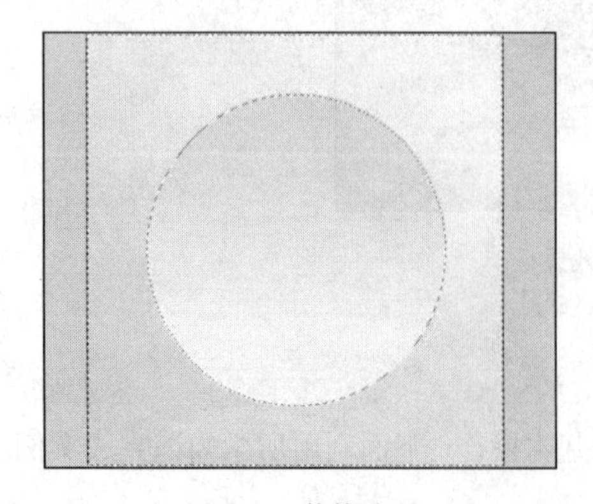

图 5.85 修饰选区

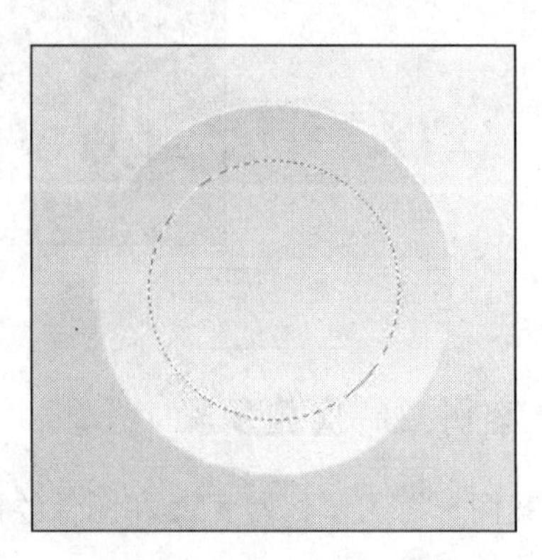

图 5.86 再创建一个同心圆选区

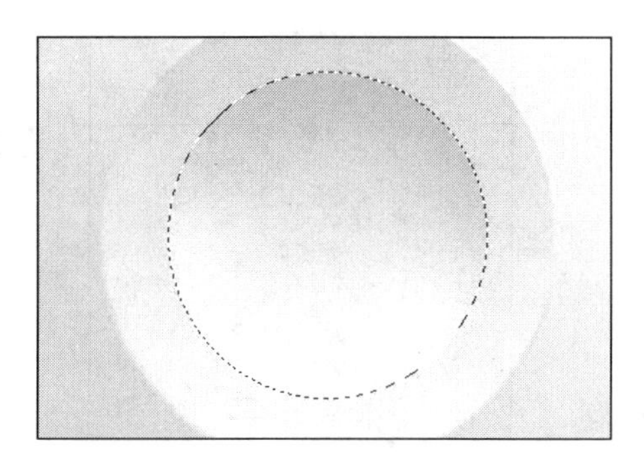

图 5.87　修饰新选区

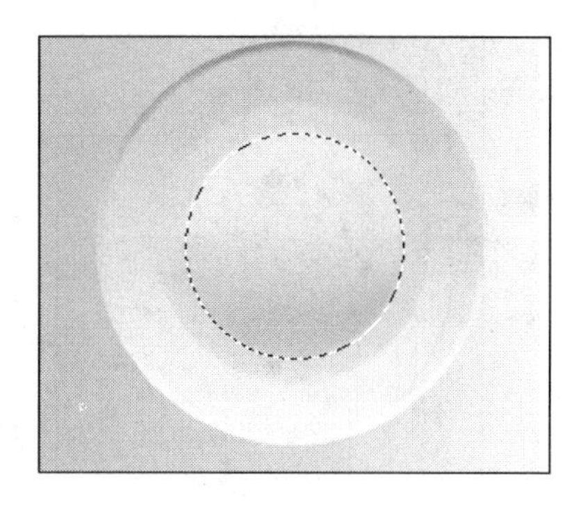

图 5.88　修饰碟底

7）餐碟完成，最后为它添加一个投影图层样式。选择【图层】|【图层样式】|【投影】命令，打开【图层样式】对话框并设置参数如图 5.89 所示。

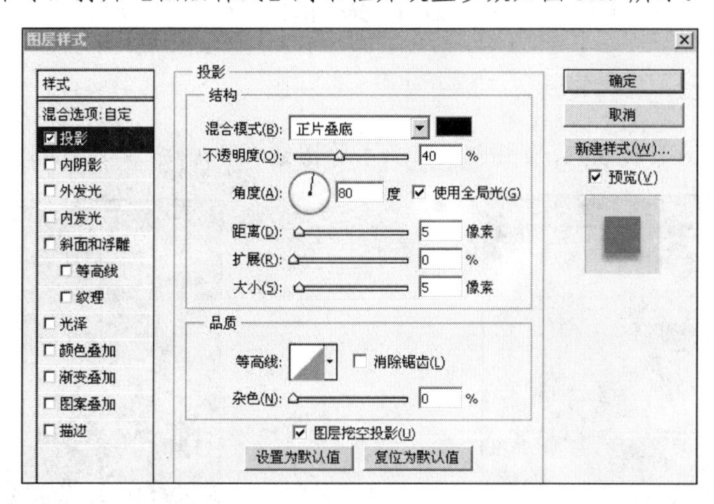

图 5.89　【图层样式】对话框

8）选择【图层】|【图层样式】|【创建图层】命令，把投影图层样式与图层分离，这时会得到一个【“图层 1” 的投影】图层。然后使用【涂抹工具】（设置笔刷【大小】为 500px，【硬度】为 70%）向下涂抹投影图层，效果如图 5.90 所示。

图 5.90　餐碟投影

【步骤二】制作时钟盘面。

1）创建一个新图层，使用大小为 10 像素的黑色画笔工具，在碟子内部的上下左右 4 个方向添加 4 个圆点，使用 5 像素的黑色画笔工具，在 4 个圆点间添加 8 个小圆点，如图 5.91 所示。

2）使用文字工具输入数字，学生在此可以进一步完善时间数字，时钟盘面的效果如图 5.92 所示。

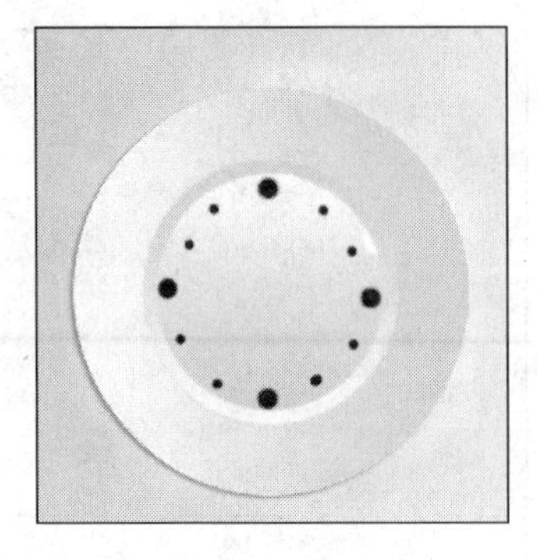

图 5.91　制作钟点

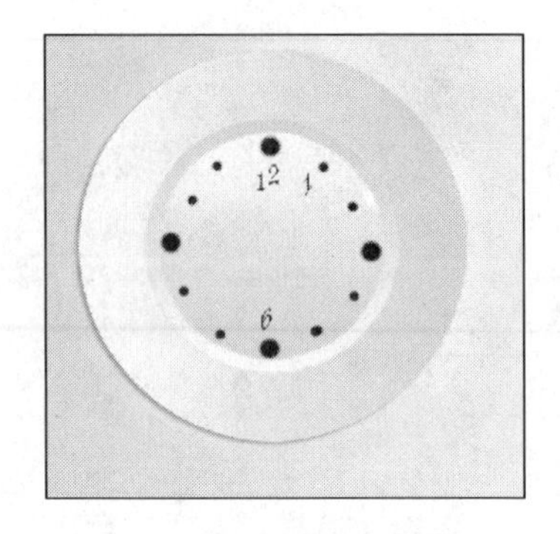

图 5.92　时钟盘面效果

工作实训营

1. 训练内容

1）打开本章素材 5.93，使用修复工具去除图像中的污点，如图 5.93 和图 5.94 所示。

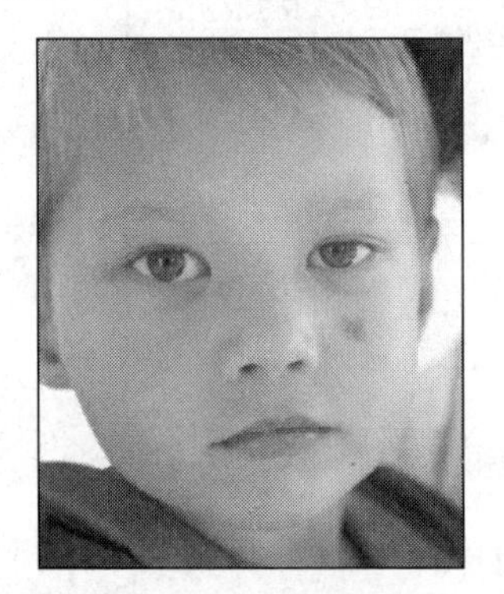

图 5.93　原图

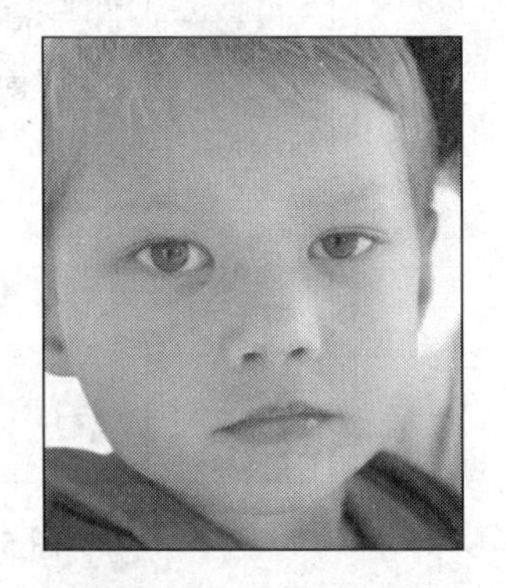

图 5.94　效果

2）打开本章素材 5.95，使用【减淡工具】对图像进行处理，并分别选择不同范围，比较它们的视觉效果，如图 5.95～图 5.98 所示。

图 5.95　原图

图 5.96　【中间调】减淡效果

图 5.97 【高光】减淡效果

图 5.98 【阴影】减淡效果

2. 训练要求

掌握 Photoshop CS5 中图像修饰与编辑的方法。熟练应用修饰与编辑的方法和技巧来进行有关图像的处理。

工作实践中常见问题解析

【常见问题 1】【背景橡皮擦工具】的工具属性栏中的【容差】选项有什么意义?

答: 对于【背景橡皮擦工具】,【容差】值越大,【背景橡皮擦工具】对颜色相似程度的要求就越低,擦除的颜色范围越宽,抠像的精度就越低;而【容差】值越小,【背景橡皮擦工具】对颜色相似程度的要求就越高,擦除的范围就窄一些,抠像的精度就高一些。要根据实际情况设置【容差】值的大小。

【常见问题 2】如何防止使用【裁剪工具】时选框吸附在图片边框上?

答: 在拖动【裁剪工具】选框上的控制点时按住 Ctrl 键即可。

【常见问题 3】【修复画笔工具】与【仿制图章工具】不同点是什么?

答: 使用【修复画笔工具】与【仿制图章工具】均可以对图像进行修复,原理就是将取样点的图像复制到目标位置。但【仿制图章工具】是无损仿制,取样的图像是什么样的仿制到目标位置时就是什么样。而【修复画笔工具】有运算的过程,在涂抹过程中会将取样处的图像与目标位置的背景相融合,自动适应周围环境。

习 题

1. 打开本章素材 5.99、素材 5.100,使用选区工具,图像修饰工具、移动工具等完成图片的合成,如图 5.99～图 5.101 所示。

图 5.99　原图（一）

图 5.100　原图（二）

图 5.101　效果

2. 移花接木，试着给自己的照片换个明星脸或者换个模特身材。

第6章

图　层

本章要点 ☞

掌握图像的新建、打开和排列。

认识图层及【图层】面板。

掌握图层的各种操作方法(新建、复制、删除、隐藏与显示、选择、调整、链接、对齐、合并)。

掌握图层组的创建与管理。

学会改变图层的不透明度。

学会使用投影样式与内阴影样式。

学会使用斜面和浮雕样式。

学会使用发光样式与光泽样式。

掌握图层模式的调整和应用。

技能目标 ☞

熟悉【图层】面板，了解图层的类型、特点以及它们的创建方法。

熟练掌握删除与复制图层、隐藏与显示图层等图层的基本操作，并可以应用图层的设置。

掌握应用典型图层样式设置图层效果。

掌握图层样式的设置和清除。

案例导入

【案例一】用 Photoshop CS5 合成风景照。

将本章素材 6.1 和素材 6.2 两张风景照（如图 6.1 和图 6.2 所示）合为一张，最终效果如图 6.3 所示。

图 6.1　素材图片（一）

图 6.2　素材图片（二）

图 6.3　合成风景照效果

【案例二】制作一幅手机平面广告。

运用图层样式、图层混合模式等设置，制作出具有立体感的手机金属边框、按钮以及液晶屏、文字商标等内容，构成一幅手机平面广告。最终效果如图 6.4 所示。

图 6.4 手机平面广告效果

引导问题

1）什么是图层？图层的类型和特点是什么？如何创建图层？
2）如何复制、删除、隐藏与显示图层？如何链接、合并图层？
3）如何利用图层样式设置图层效果？
4）如何利用调整图层和填充图层设置效果？
5）什么是图层模式？如何设置？

基础知识

6.1 图层的基础知识

6.1.1 图层的概念及类型

1. 图层的概念

图层即在同一图像中设置多个绘制层面，这些层面是透明的，如同若干张透明的纸叠放在一起，可以看见所有内容的综合效果，但各相关的效果或图像在不同层面绘制、修改，不会影响其他层面的内容。

在 Photoshop CS5 中，通过使用图层，用户可以非常方便、快捷地处理图像，从而制作各种各样的图像特效。图层的大部分操作都是在【图层】面板中实现的。

2. 图层的分类

在 Photoshop CS5 中有几种常用的图层类型，如图像图层、背景图层、调整图层、文本图层和填充图层，它们各有其特点，相互之间可以转换。

（1）图像图层

图像图层是使用最为普遍的图层，是用于绘制、编辑图像的一般图层，在图像图层中可以添加和编辑图像，可以将不同的图像放在不同的图像图层上进行独立操作而对其他图层没有影响。默认情况下，图层中以灰白相间的方格表示该区域没有像素，即该区域是透明的。

（2）背景图层

背景图层是一种特殊的图层，创建新图像时，【图层】面板中最下方的图像为背景。打开原有图像时，原有图像的信息包含在背景图层中。背景图层不能直接编辑，无法更改背景的堆叠顺序、混合模式或不透明度。但同时背景图层可以作为相对稳定的图层，不会因误操作而破坏图层的图像效果，需要时可以将背景转换为常规图层进行编辑。背景图层位于图像的最底层，一个图像文件中只能有一个背景图层。

（3）调整图层

调整图层用于图像的色彩调整，它可以调整位于其下方的所有可见图层中的像素色彩及色调，而不必对每一个图层都进行色彩调整，同时又不破坏图像的色彩。特别是存储后的图像不能恢复为以前的色彩，而调整图层可以解决这一问题。

（4）文本图层

文本图层是使用文字工具输入文字时自动生成的一种图层。文本图层具有矢量图形的特点，可以任意放大或缩小。与图像图层不同，它受到很多编辑限制，不能在文字图层中使用图像修复、擦除等工具，编辑图形填充效果时，要转换为普通图层（栅格化）。

（5）填充图层

填充图层采用可填充的图层创制出特殊效果，填充图层有 3 种形式：单色填充图层、渐变填充图层和图案填充图层。由形状工具创建的形状图层也是一种填充图层。

6.1.2 认识【图层】面板

Photoshop CS5 的成像，是通过一层一层类似“透明纸”的图层叠放而显现的。下面来认识一下管理这些“透明纸”的工具——【图层】面板，如图 6.5 所示。

【图层】面板集成了所有图层、图层组、图层效果的信息，并且可以对图层进行新建、添加图层效果、隐藏等操作。

单击【图层】面板右上方的功能菜单选项按钮，在打开的菜单中选择【面板选项】命令，打开【图层面板选项】对话框，从中可以对【图层】面板进行设置，如图 6.5 所示，在对话框中可以设置缩览图的大小，缩览图内容等。并不是缩览图越大越好，缩览图太大，占据的空间也大，因此一般设置为最小模式。

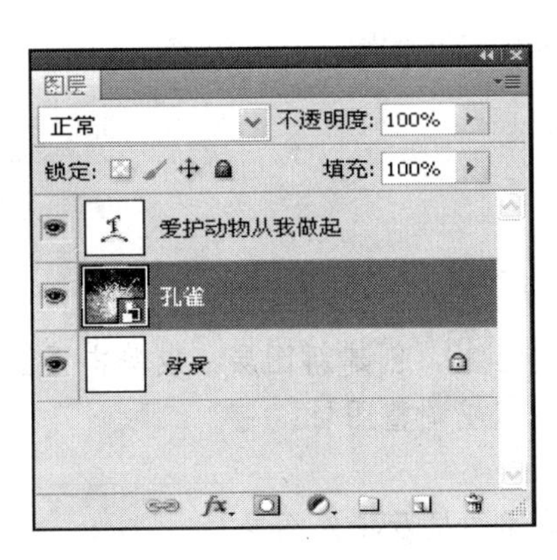

图 6.5 【图层】面板

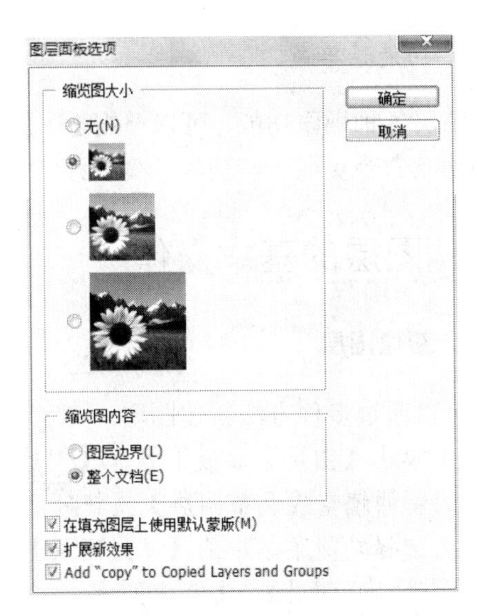

图 6.6 【图层面板选项】对话框

在【图层】面板中每个图层项均有图层缩略图标、图层标签（图层名）和状态标示符号组成，可以表示各图层的内容、排列次序及当前状态。调整图层的顺序可直接拖动该图层到指定位置。

1. 图层锁定方式

单击【锁定】选项组相应图标可实现相应锁定功能。【图层】面板的【锁定】选项组图标依次为【锁定透明像素】图标、【锁定图像像素】图标、【锁定位置】图标、【锁定全部】图标。选择【锁定全部】时在图层标签后显示图标，若选择其他锁定选项将显示部分锁定图标（6.2.9 节有锁定的详细介绍）。

2. 图层显示或隐藏

图层缩略图标前出现眼睛图标，表示该图层可见，否则表示图层隐藏，可通过单击切换。

3. 图层编辑状态

选择图层，标签呈深蓝色，表示该图层为活动图层，可对该图层进行编辑和修改。

在非当前图层的图层状态标示框中出现【链接图层】图标，表示该图层中的图像可以和当前操作图层一起移动和编辑，可通过单击设置或取消链接。

4. 图层样式

在【图层】面板的下方单击【添加图层样式】按钮，或选择【图层】|【图层样式】命令，从打开的图层样式列表框中选择图层样式。应用了图层样式的图层，在其图层标签后将显示图层效果名称（详细内容见 6.5 节）。

5. 功能菜单

图层各种操作功能，可以单击【图层】面板右上方的功能菜单选项按钮，选择相应的功能命令实现一些功能。

6.2 图层的基本操作

6.2.1 新建图层

可以通过多种方法新建图层。

1）单击【图层】面板下方的【创建新图层】按钮，创建新图层，或单击【创建新的填空或调整图层】按钮，创建新的填充或调整图层。

2）选择功能菜单中的【新建图层】命令。

3）选择【图层】|【新建】|命令，可以创建普通图层及特殊图层。

4）使用文字工具、形状工具时自动生成相应图层。

5）当使用【粘贴】命令时，系统会在当前图层的上方自动生成一个图层来放置粘贴的图像。

6.2.2 复制图层

复制图层可以产生一个与原图层完全一致的图层副本。

选择要复制的图层后，可以通过多种方法实现图层的复制。

1）按 Ctrl+J 快捷键，可以快速复制当前图层。

2）拖动图层至【创建新图层】按钮，可得到当前选择图层的复制图层。

3）选择【图层】|【复制图层】命令，在【复制图层】对话框中设置图层名称、目标文档等，可将图层复制到任何设定的文件中。在【图层】面板功能菜单中选择【复制图层】命令，同样也会打开【复制图层】对话框。

4）如果是在不同的图像间复制，要首先同时显示两个图像窗口。拖动源图像的图层至目标图像文件中，实现不同图像间图层的复制。

6.2.3 删除图层

选择要删除的图层后，执行以下操作之一即可删除图层。

1）单击【删除图层】按钮。

2）拖动图层至按钮上。

3）选择【图层】|【删除】|【图层】命令。

4）在【图层】面板功能菜单中选择【删除图层】命令。

6.2.4 调整图层排列顺序

调整图层的排列顺序，可以通过鼠标拖动图层到插入点，并在显示双线时释放鼠标

即完成移动；或通过选择【图层】|【排列】子菜单项中的命令来调整图层排列顺序。

6.2.5 图层之间的相互转换

1. 背景图层转换成普通图层

在【图层】面板中双击【背景】图层，或选择【图层】|【新建】|【背景图层】命令，在打开的【新建图层】对话框中设置图层参数，单击【确定】实现转换。

2. 普通图层转换成背景图层

选择普通图层，选择【图层】|【新建】|【背景图层】命令，可以将当前图层转换为【背景】图层。该图层被置于最下层，且透明处由背景色填充。

3. 文本图层、填充图层转换为普通图层

因为文本图层和填充图层所含内容是矢量图形信息，Photoshop CS5 中的很多命令都不能在此使用，所以有时需要将文本图层或填充图层转换为普通图层。

在【图层】面板中选择需要转换的图层，选择【图层】|【栅格化】|【图层】命令，即可将原图层转化为普通图层。图层的内容一经栅格化，图层中的矢量图形就变成了像素图形，能用图片工具对图像进行处理了。

6.2.6 链接图层

当需要同时对几个不同图层的图像进行编辑（如移动图像等）时，可在相关图层之间建立链接关系，把两个或多个图层链接起来。选择多个要链接的图层，单击【图层】面板下方的【链接图层】按钮，建立链接，或选择【图层】|【链接图层】命令，在图层的状态框中即可出现链接标志图标，表示该层与当前层之间建立链接关系。被链接的图层可以进行拼合、移动、变形和对齐等操作。若要取消链接，则选择多个已链接的图层，单击【图层】面板下方的按钮，取消链接。

6.2.7 合并图层

合并图层可以减少文件所占用的磁盘空间，同时可以提高操作速度。合并图层可以选择【图层】|【向下合并】命令或【图层】|【合并可见图层】或【图层】|【拼合图像】命令，也可以使用【图层】面板功能菜单选项按钮，选择【向下合并】（快捷键：Ctrl+E）或【合并可见图层】（快捷键：Shift+Ctrl+E）或【拼合图像】命令。其作用分别如下。

【向下合并】：先选择图层顺序在上方的图层，使其与位于下方的图层合并，进行合并的图层都必须处于显示状态，合并以后的图层名称和颜色标记沿用位于下方的图层名称和颜色标记。

【合并可见图层】：作用是将目前所有处于显示状态的图层合并，处于隐藏状态的图层则保持不变。

【拼合图像】：将所有的图层合并为背景层，如果有隐藏的图层，拼合时会出现提示框，如果选择确定，处于隐藏状态的图层都将被丢弃。

6.2.8 删格化图层

建立的文字图层、形状图层、矢量蒙版和填充图层之类的图层，不能在它们的图层上再使用绘画工具或滤镜进行处理。如果需要在这些图层上继续操作，就需要使用栅格化图层，将这些图层的内容转换为平面的光栅图像。在【图层】面板中，选择需要栅格化的图层，右击，在弹出的快捷菜单中选择【删格化图层】命令，或选择【图层】|【删格化】子菜单中的命令，将当前图层删格化。

6.2.9 锁定图层

锁定图层是为了防止误操作，Photoshop CS5 提供了 4 种锁定方式：锁定透明像素、锁定图像像素、锁定位置、锁定全部。

锁定透明像素：单击【图层】面板上的锁定透明像素按钮，作用是在选定的图层的透明区域内无法使用绘图工具绘图，即使经过透明区域也不会留下笔迹。

锁定图像像素：单击【图层】面板上的锁定图像像素按钮，作用是防止对选定图层中图像的错误绘制或者修改。

锁定位置：单击【图层】面板上的锁定位置按钮，被选定的图层即无法移动。

锁定全部：如果【图层】面板上的锁定全部，则被选定的图层既无法绘制也无法移动，会被完全锁住。

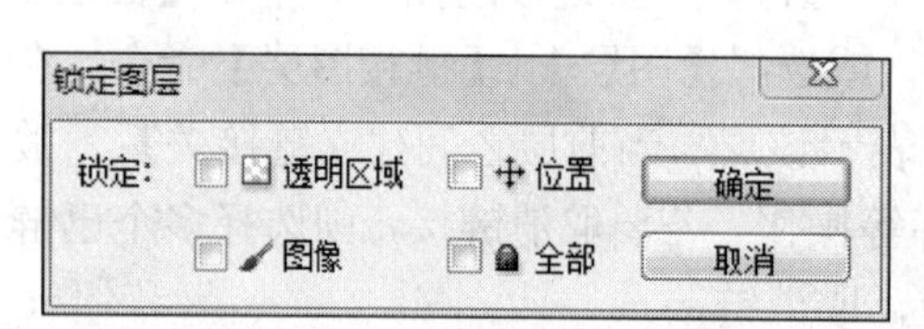

图 6.7 【锁定图层】对话框

【背景】图层自带一个锁定的图标，自动具有锁定功能。如果锁定所有设有链接的图层，则先选择链接图层，再选择【图层】|【锁定图层】命令，将打开如图 6.7 所示的【锁定图层】对话框，在对话框中可以集中设定锁定方式。取消锁定设置可以采用相反的方式操作。

6.2.10 对齐与分布图层

如果图层上的图像需要对齐，除了借助参考线手动对齐之外，也可选择【图层】|【对齐】或【图层】|【分布】子菜单中的命令来设定图层排列方式，实现自动对齐。

1）在【图层】面板中对相关的图层设置链接，选择【图层】|【对齐】命令，或【图层】|【分布】命令，在其子菜单中选择不同的对齐或分布命令。

2）利用【移动工具】属性栏上的相关按钮实现，在【图层】面板中对相关的图层设置链接，单击【移动工具】工具属性栏上的对齐或分布命令按钮即可。

6.3 管理图层组

设计过程中有时会用到很多图层，尤其在设计网页时，超过100层也不少见。这会导致即使关闭缩览图，【图层】面板也会很长，使查找图层等操作很不方便。前面学过使用恰当的文字来命名图层，但实际使用时为每个图层输入名字很麻烦；可使用色彩来标识图层，但在图层众多的情况下作用也十分有限，为此，Photoshop CS5 提供了图层组功能。将图层归组可提高【图层】面板的使用效率。

图层组是组织和管理图层的工具。当要将图层从图层组中取出时，可将相应图层拖出图层组。图层组也可以像图层一样被查看、选择、复制、移动和改变图层排列次序，其内部的图层将随同图层组操作。

小提示：

默认情况下，图层组的混合模式是【穿透】，表示该组没有自己的混合属性。为图层组选择其他混合模式时，可以有效地更改图像各个组成部分的合成顺序。

6.3.1 创建图层组

创建新的图层组可以使用下列方法之一。

1）选择【图层】|【新建】|【组】命令

2）在【图层】面板的功能菜单中，选择【新建组】命令。

3）单击【图层】面板下方的按钮。

注意

新组的位置在所选择图层之上。

与图层样式类似，展开或是折叠可以单击 组1 图标左边的三角箭头。箭头向下为展开，向右为折叠。新组默认处于展开状态。

新组创建后，可在【图层】面板中将现有的图层拖到组中。注意，如果是空组，拖动的目的地应该是组名称处；如果组中已经有图层存在，需要拖动图层到组中的任意图层间即可，这样同时也可以决定拖动的图层在组中的层次；如果都拖动到组名称上，则先拖动的图层层次较高，后拖动的图层层次在前者之下。当然，也可以任意改变组中图层的层次，方法和改变非图层组中图层层次相同。

6.3.2 编辑图层组

1. 图层组重命名

和普通图层相同，双击图层组的名称即可修改组名。

2. 图层组修改属性

双击图层组图标，打开【组属性】对话框，如图 6.8 所示。可以修改图层组名称和组颜色。如果更改了组颜色，那么组中所有图层的颜色标志都将统一更改。

【通道】选项相当于显示组中图层的红绿蓝色彩通道，全选代表正常显示。如果图像是 CMYK 颜色模式的，则此处显示 CMYK 的 4 个选项。

3. 图层组的操作

对图层组进行移动、变换、删除、复制，组中的各图层即使没有链接关系，也可以被一起移动、变换、删除、复制。前提是必须选择图层组，单独选择组中的图层是无效的。

图层组也具有【不透明度】选项，具有混合模式，除了使用【图层】|【复制组…】或【图层】面板的功能菜单复制图层组外，也可以将图层组拖动到【图层】面板下方的【创建新图层】按钮上。单击图标层组的眼睛标志将隐藏或显示图层组，并且图层组的隐藏和显示不会影响组中图层本身的隐藏显示状态。

删除图层组的方法是拖动图层组到【删除图层】按钮上。如果先选择一个图层组，单击【图层】面板底部的【删除图层】按钮，将打开如图 6.9 所示的提示框。

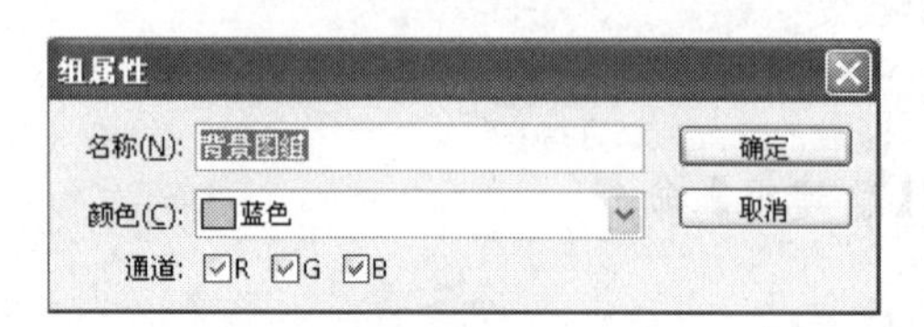

图 6.8 【组属性】对话框

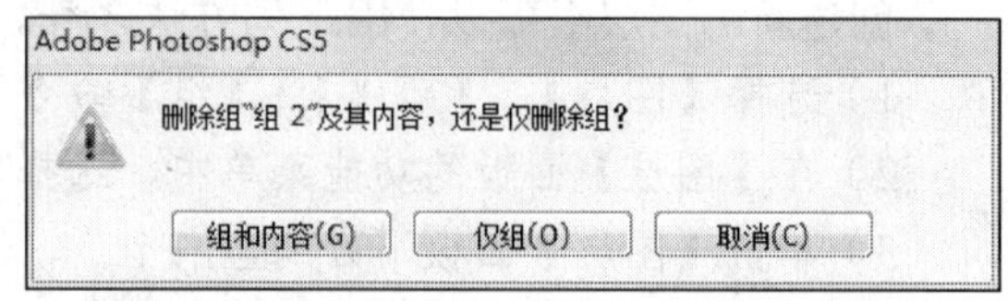

图 6.9 删除图层组时的提示框

小提示：

选择图层组后，选择【图层】|【删除】|【组】命令，同样可打开如图 6.9 所示的提示框。

4. 图层组多级嵌套

图层组可以多级嵌套，在一个图层组中还可以建立新的图层组，通俗地说就是组中组。方法是将现有的图层组拖动到【图层】面板下方的【创建新组】按钮上。这样原组将成为新组的下级组，如图 6.10 所示。

如果在展开的组中选择任意图层，然后单击创建组按钮，将会建立一个新的下级组，如图 6.10 所示。如果选择图层组单击【创建新组】按钮则会建立一个平级的新组，如图 6.10 所示。因此在单击【创建新组】按钮前，要考虑清楚是建立下级组还是平级组。

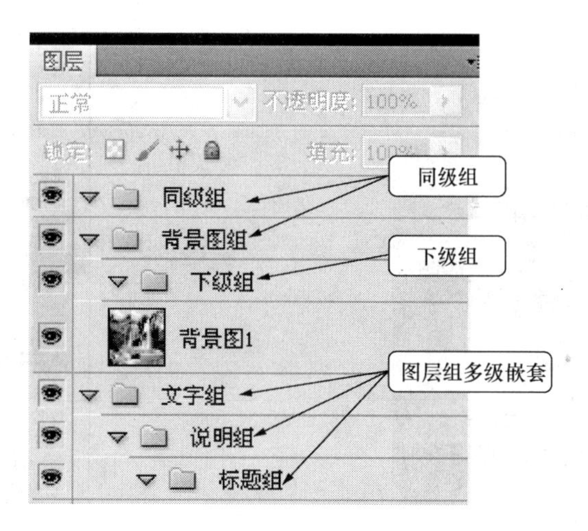

图 6.10 图层组多级嵌套或下级组或平级组图示

可以将图层组中的所有层合并为一个普通层，方法是选择图层组后，单击【图层】面板右上方的功能菜单选项按钮，选择【合并组】命令，或使用快捷键 Ctrl+E 实现。

图层组内部之间各图层仍保留通常的层次关系。图层组与图层组之间另外有着整体的层次关系。对齐功能也对图层组有效。

小提示：

合并图层组将会丢弃原图层组中隐藏的层。

合理的图层组织说明操作者有清晰明朗的制作思路，是一个富有经验的设计师。

6.4 调整图层和填充图层

6.4.1 创建调整图层

调整图层是一个独立存在的图层，通过使用调整图层，可以对图像的色相、饱和度、亮度等进行修改，并且这种修改不是对原图像的直接修改，而是通过调整图层实现，如果要取消这些修改，只要删除调整图层即可。使用色彩调整图层既可产生色彩调整的效果，又不会破坏原始图像，并且多个色彩调整图层可以产生综合的调整效果，彼此之间可以独立修改。

新建一个文件，打开本章素材 6.11 的图片，如图 6.11 所示，把图片拖动到这个文件中，选择【图层】|【新建调整图层】子菜单中的命令，或单击【图层】面板上的按钮，打开如图 6.12 所示的菜单，选择【色相/饱和度】命令，打开【色相/饱和度】对话框，调整【色相】的数值，在图片图层上方会建立一个新调整图层，一幅春天的风景马上变为秋天的风景，效果见本章素材 6.11。

图 6.11 春天风景

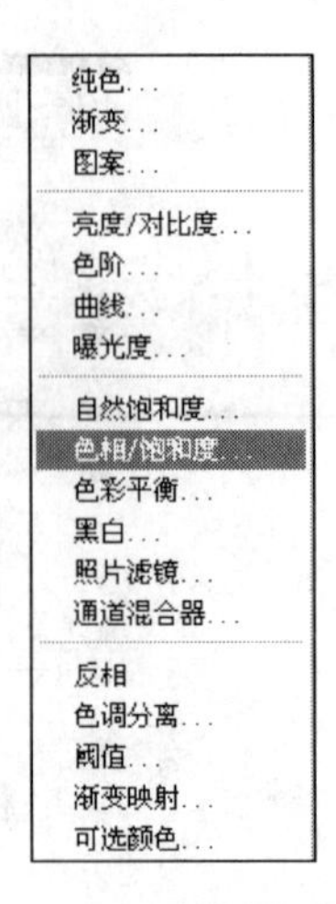

图 6.12 【新建调整图层】菜单

调整图层只能对其下方的图层产生作用，调整图层以下所有的图层中的图像都将受其影响。如果在建立调整图层之前建立了选区，调整图层只对选区以内的、调整图层以下所有的图层中的图像起作用。

6.4.2 创建填充图层

选择【图层】|【新建填充图层】子菜单中的命令，或单击【图层】面板上的按钮，创建新的填充或调整图层，选择其中的【纯色】命令，打开【拾取实色】对话框，选择一种颜色，在图片（图 6.11 基础上）图层上方会建立一个【颜色填充】图层，被选择的颜色遮住整个图片，选择工具栏中的【椭圆选框工具】，在颜色图层上画椭圆形选区，在工具面板中选择【画笔工具】，设置前景色为黑色，在椭圆形选区中涂抹，再选择【编辑】|【描边】命令，打开【描边】对话框，设置宽度为 4px，选择稍浅一点的颜色，这样可以产生半透明的描边效果，如果更换图片或移动图片位置，将得到“万花筒”的效果。最后完成效果如图 6.13 所示。

图 6.13 【新建填充图层】的【纯色】效果

6.5 图层样式和图层效果

图层样式和图层效果的出现是 Photoshop 一个划时代的进步。在 Photoshop CS5 中，用图层样式和图层效果创造特殊图像效果，其方便程度甚至比特效本身更令人惊讶。

1. 图层样式和图层效果的使用范围

图层样式和图层效果只能应用于普通图层。对于不能直接应图层用效果和图层样式的背景和锁定图层，可以采取转换为普通图层、解锁的方法。虽然不能直接对图层组使用图层效果，但可以对图层组中的图层单独使用。

2. 图层效果

图层效果作用于图层中的不透明像素，图层效果与图层内容链接。这样的好处是如果图层内容发生改变，则图层效果也同步发生变化。

3. 图层样式调用方法

图层样式的调用方法有以下几种。

1）选择【图层】|【图层样式】命令，然后在【图层样式】子菜单中选择具体的样式。

2）单击【图层】面板下方的按钮fx。

3）双击要添加样式的图层，这种方法最简便。

4. 【图层样式】对话框

【图层样式】对话框的左侧是不同种类的图层效果，包括投影、发光、斜面、叠加和描边等几个大类。对话框的左窗格是各种效果的不同选项，右边小窗格中看到的是所设定效果的预览。如果选中了【预览】复选框，则在效果改变后，即使还没有应用于图像，在图像窗口也可以看到效果变化对图像的影响，如图 6.14 所示。可将一种或几种效果的集合保存为一种新样式，应用于其他图像。

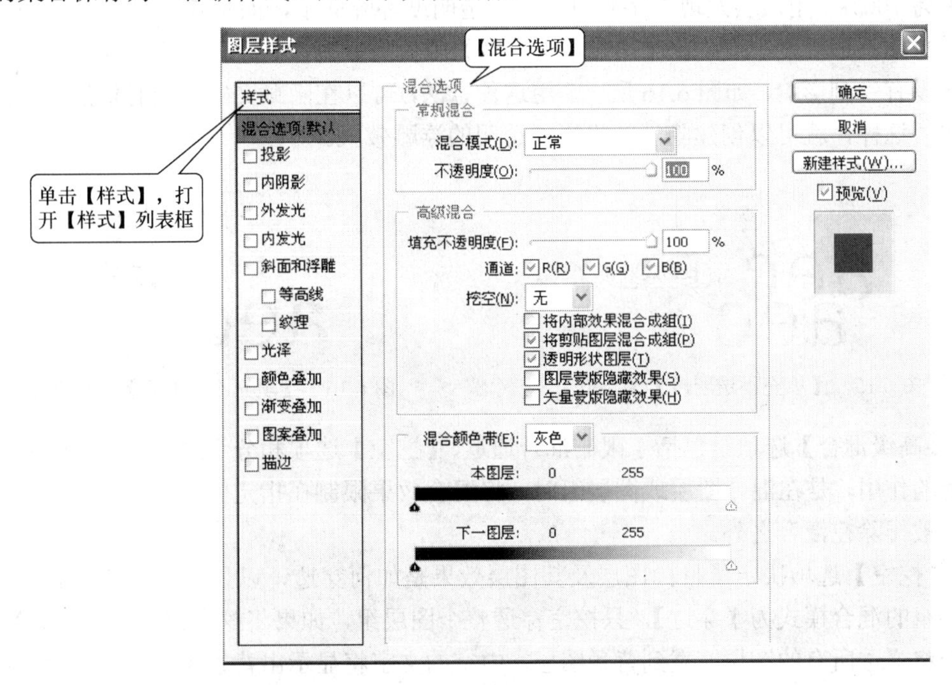

图 6.14 【图层样式】对话框

除了10种默认的图层效果之外，【图层样式】对话框中还有两种选项。

- 【样式】列表。【样式】列表显示了所有被储存在【样式】面板中的样式。所谓样式，就是一种或更多的图层效果或图层混合选项的组合。如图6.14所示，单击【样式】选项，打开【样式】列表框，单击【样式】列表右上方的 图标，打开的下拉菜单中出现【载入样式】、【替换样式】等命令，用户可以在此改变样式缩览图的大小。在选中某种样式后，可以对它进行重命名和删除操作。在创建并保存了自己的样式后，它们会同时出现在【样式】选项和【样式】面板中。
- 【混合选项】选项组。它分为【常规混合】、【高级混合】和【混合颜色带】3个部分。其中，【常规混合】选项组包括了【混合模式】和【不透明度】两项，这两项是调节图层最常用到的，是最基本的图层选项。它们和【图层】面板中的混合模式和不透明度是一样的。在没有更复杂的图层调整时，通常在【图层】面板中进行调节，无论在哪里改变图层混合模式和图层的不透明度，【常规混合】选项组中和【图层】面板中这两项都会同步改变。

在【高级混合】选项组中，可以对图层进行更多的控制。【填充不透明度】影响图层中绘制的像素或形状，对图层样式和混合模式却不起作用。而对混合模式、图层样式不透明度和图层内容不透明度同时起作用的是图层总体不透明度。这两种不同的不透明度选项使得图层内容的不透明度和其图层效果的不透明度可以分开处理。对文字层添加简单的投影效果后，仅降低【常规混合】选项组中的图层不透明度，保持【填充不透明度】为100%，用户会发现文字和投影的不透明度都降低了，如图6.15所示；而保持图层的总体不透明度不变，将【填充不透明度】降低为0时，文字变得不可见，而投影效果却没有受到影响，如图6.16所示。用这种方法，可以在隐藏文字的同时依然显示图层效果，这样，就可以创建隐形的投影或透明的浮雕效果。

图6.15 【填充不透明度】为100%

图6.16 【填充不透明度】降低为0

【高级混合】选项组包括了限制混合通道、【挖空】选项和分组混合效果。限制混合通道的作用，是在混合图层或图层组时，将混合效果限制在指定的通道内，未被选择的通道被排除在混合之外。

【挖空】选项决定了目标图层及其图层效果是如何穿透，以显示下方图层的。如果图层组的混合模式为【穿过】，只挖空穿透整个图层组，如果将挖空模式设为【深】，则挖空将穿透所有的图层，直到背景图层，中空的文字将显示出背景图像。如果没有背景图层，那么挖空则一直到透明区域。

小提示：

如果希望创建挖空效果，则需要降低图层的【填充不透明度】，或是改变混合模式，否则图层的挖空效果不可见。

6.5.1 【投影】和【内阴影】样式

投影是最常用到的图层效果之一，为图层的内容添加一个阴影效果，可以增加被设置对象的层次感。选择【图层样式】对话框中的【投影】选项，打开【投影】选项组，如图 6.17 所示，其参数含义如下。

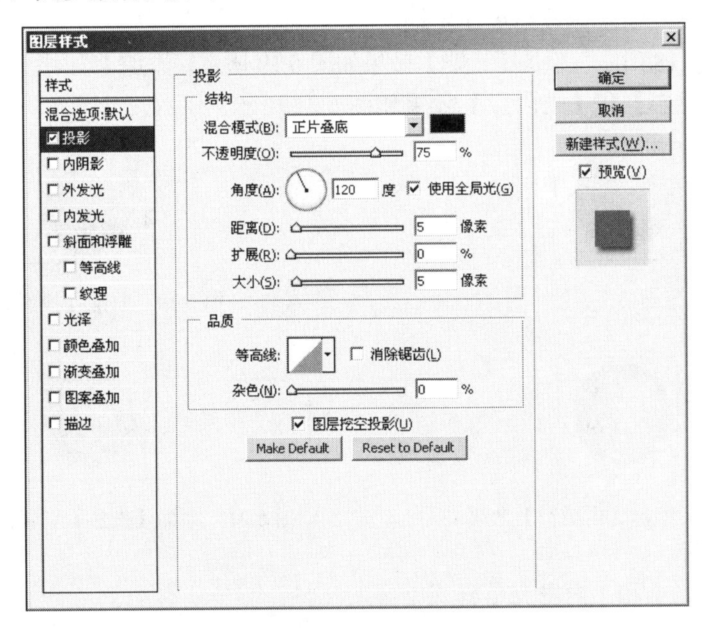

图 6.17 【投影】选项组

- 【混合模式】选项。该选项用于选定投影的混合模式，其右侧有一个颜色框，用于设置投影颜色。
- 【不透明度】选项。该选项用于设置阴影的不透明度，数值越大，投影颜色越深。
- 【角度】选项。这里指光照的角度，该选项用来设定亮部和阴影的方向，阴影的方向会随角度的变化而变化。
- 【使用全局光】选项。该选项所产生的光源作用于同一张图像中的所有图层。
- 【距离】选项。该选项控制阴影离开图层的距离，数值越大，距离越远。
- 【扩展】选项。该选项可设置光线的强度，数值越大，阴影效果越强烈。
- 【大小】选项。对阴影产生柔化效果。调节数字由小到大，将会使阴影产生一种从实到虚的效果。
- 【等高线】选项。该选项可以选择已有的阴影轮廓应用于投影。

- 【杂色】选项。该选项可调节数字大小，可以使投影逐渐增加斑点效果
- 【图层挖空投影】选项。默认情况下，该复选框是被选中的，得到的投影图像实际上是不完整的，它相当于在投影图像中剪去了投影对象的形状，看到的只是对象周围的阴影。如果选中该选项复选项，则投影将包含对象的形状。该选项只有在降低图层的【填充不透明度】时才有意义，否则对象会遮住在它下面的投影。

【内阴影】效果和【投影】效果基本相同，不过【投影】模式是从对象边缘向外，而【内阴影】模式是从边缘向内。【投影】效果中的【扩展】选项在这里变为了【阻塞】选项，它们的原理相同，不过【扩展】选项起扩大作用而【阻塞】选项起收缩作用。【内阴影】效果没有图层【挖空】选项。【内阴影】主要用来创作简单的立体效果，如果配合【投影】效果，则立体效果更加生动。

原图如图 6.18 所示，添加【投影】效果如图 6.19 所示，添加【内阴影】效果如图 6.20 所示，添加【投影】和【内阴影】效果如图 6.21 所示。

图 6.18 原图

图 6.19 添加【投影】效果

图 6.20 添加【内阴影】效果

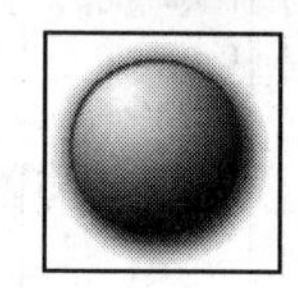

图 6.21 添加【投影】和【内阴影】效果

6.5.2 【外发光】和【内发光】样式

这两种效果分别从图层内容的外边缘和内边缘添加发光效果，以【外发光】样式来说，其选项主要包括了【结构】、【图素】和【品质】3 部分。【外发光】选项如图 6.22 所示。

1)【结构】选项组。该选项组控制了发光图层的【混合模式】、【不透明度】、【杂色和【颜色】。用户可以用单色或是渐变色，默认的渐变色是从选择的单色到透明。用户可以自己编辑渐变色，或是使用预设的渐变。
2)【图素】选项组。该选项组可确定发光方法，【柔和】的方法会创建柔和的发光边缘，但在发光值较大的时候不能很好的保留对象边缘细节；【精确】较【柔和】的方法更贴合对象边缘，在一些需要精确边缘的对象（如文字）时，【精确】方法比较合适。
3)【品质】选项组。该选项组中的【范围】选项用于确定等高线作用范围，范围越大，等高线处理的区域就越大。【抖动】相当于对渐变光添加杂色。

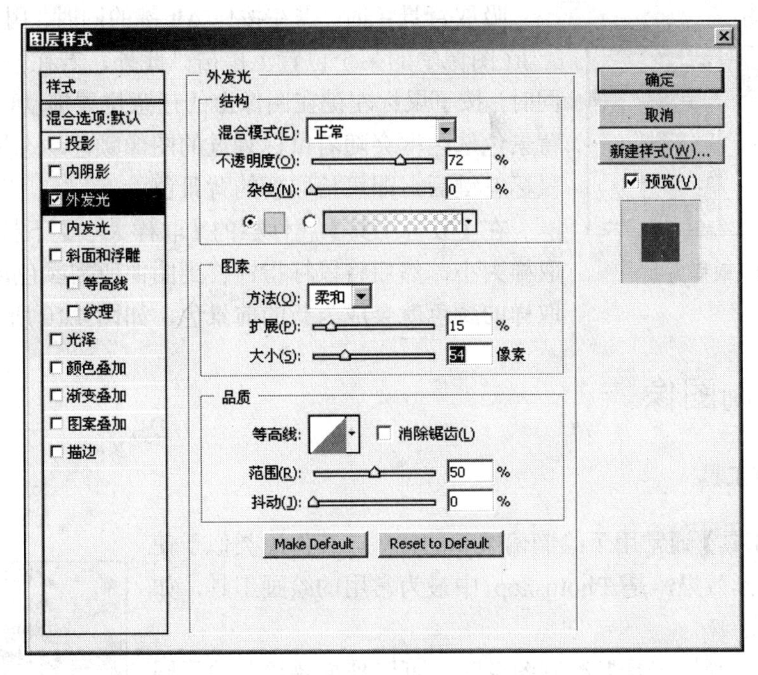

图 6.22 【外发光】选项组

【内发光】效果和【外发光】效果的选项基本相同，除了将【扩展】选项变为【阻塞】选项外，只是在【图素】部分多了对光源位置的选择。如果选择【居中】选项，那么发光就从图层内容的中心开始，直到距离对象边缘设定的数值为止；如果选择【边缘】选项，沿对象边缘向内。

原图如图 6.23 所示，添加【外发光】效果图如图 6.24 所示，添加【内发光】效果图如 6.25 所示。

图 6.23 原图

图 6.24 添加【外发光】效果

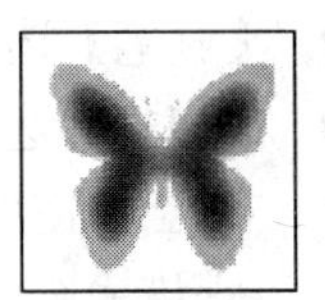

6.25 添加【内发光】效果

6.5.3 【斜面和浮雕】样式

在众多的图层样式中，【斜面和浮雕】样式是使用频率最高的一项，【斜面和浮雕】样式指在图层的边缘添加一些高光和暗调带，对图层内容添加立体效果。

【斜面和浮雕】效果的选项共分为【结构】和【阴影】两个部分。【斜面和浮雕】选项组如图 6.26 所示。

1. 【结构】选项组

该选项组中的【样式】包括【外斜面】、【内斜面】、【浮雕效果】、【枕状浮雕】和【描吸取背景色时，需在按住 Alt 键的同时，用【吸管工具】在图像中的某个位置上单击。此外，若在按住 Alt 键的同时，按下鼠标左键在图像上的任意位置拖动，工具箱中的背景色选区框会随着鼠标划过的图像颜色动态地变化；释放鼠标左键后，即可拾取新的背景色。

在【吸管工具】属性栏的【取样大小】下拉列表中选择取样大小，然后将鼠标指针移到图像所需颜色周围后单击，取样的颜色就会成为新的前景色，如图 4.10 所示。

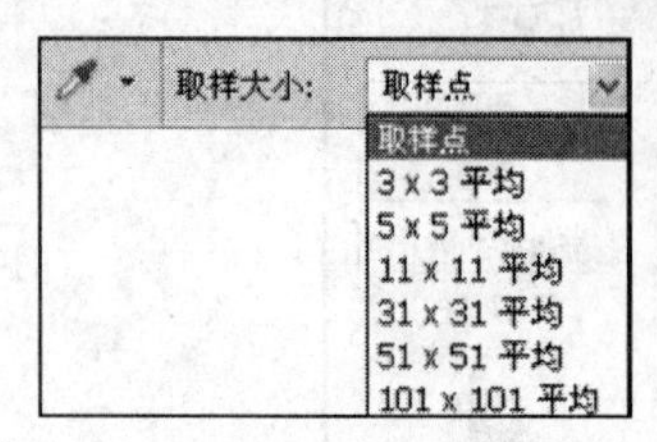

图 4.10　取样方式

4.2　绘制图像

4.2.1　画笔工具

【画笔工具】通常用于绘制偏柔和的线条，其作用类似于使用毛笔的绘画效果，是 Photoshop 中最为常用的绘画工具，如图 4.11 所示。

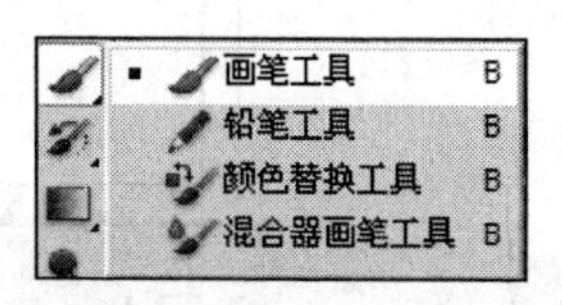

图 4.11　画笔工具

在使用【画笔工具】绘制图像时，可以根据要绘制的不同效果来更改画笔，如画笔样式、大小、模式、不透明度、流量等，而这些操作可以在【画笔工具】的工具属性栏中完成。如图 4.12 所示。

图 4.12　【画笔工具】工具属性栏

- 【画笔】选项。此选项用于选择画笔样式和设置画笔大小。
- 【模式】选项。此选项用于设置【画笔工具】对当前图像中像素的作用形式，即当前使用的绘图颜色如何与图像原有的底色进行混合，绘图模式与图层的混合模式选项相同。
- 【不透明度】选项。此选项用于设置画笔颜色的不透明度。可以在文本框中直接输入数值，也可以单击按钮，在弹出的滑杆中拖动滑块进行调节。不透明度数值越大，不透明度越高。
- 【流量】选项。此选项用于设置图像颜色的压力程度。流量数值越大，画笔笔触越浓。
- 【启用喷枪模式】选项。单击该按钮，启用喷枪进行绘图工作。
- 【切换画笔面板】选项。单击该按钮，可打开【画笔】面板。在该面板中左侧有多种选项供用户选择，在其右侧的选项组中可以选择和预览画笔的样式，以及设置画笔的大小、笔尖的形状、硬度和间距等参数。

4.2.2 查看与选择画笔样式

【画笔】面板的使用方法与【画笔预设】选取器相似，只是【画笔】面板中的画笔更多，而且可以对画笔进行更细致的设置。

单击属性栏右侧的【切换画笔面板】按钮，或者选择【窗口】|【画笔】命令，打开【画笔】面板，如图 4.13 所示。

- 【大小】选项。该选项用来控制画笔的大小，在该选项文本框中输入数值或拖动滑杆来改变画笔的大小。
- 【角度】选项。该选项用来设置画笔长轴的倾斜角度，即偏离水平线的距离。在该选项文本框中输入数值或拖动右侧预览图中的水平轴来改变倾斜的角度。
- 【圆度】选项。该选项用来设置椭圆短轴和长轴的比例关系。在其后的文本框中输入百分比数值或者拖动右侧预览图中的两个黑点来改变画笔圆度。当圆度为 100%时为正圆。
- 【间距】选项。该选项用来设置连续运用画笔绘制时，前一个产生的画笔和后一个产生的画笔之间的距离。它是用相对于画笔直径的百分数来表示的。间距默认值为 25%，只有选中【间距】选项时才能对画笔的间距进行调整，调整范围为 0～1000%，数值越大，画笔与画笔的间隔越远。

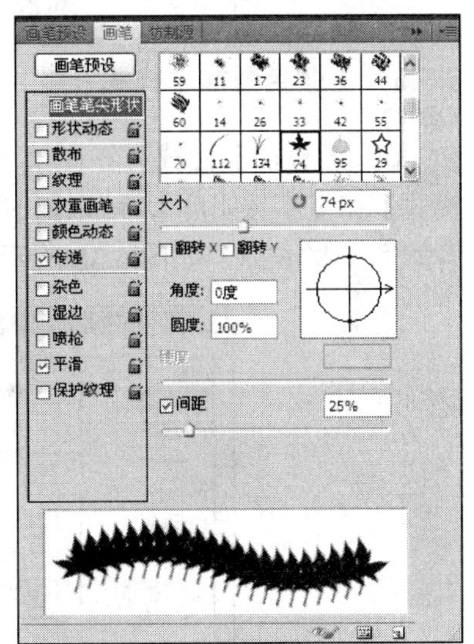

图 4.13 【画笔】面板

下面就通过实际操作来介绍【画笔】面板的使用方法。例如，绘制一幅枫叶落满大地的效果图，要求画笔直径大小为 29px，角度为 0 度，圆度为 100%，画笔间距为 124%，其具体操作如下。

1）启动 Photoshop CS5，新建一个图像文件，将前景色设置为粉红色。

2）单击工具箱中的【画笔工具】按钮，再单击【切换画笔面板】按钮，打开【画笔】面板。

3）选中左侧栏中的【画笔笔尖形状】选项，然后在右侧画笔样式列表框中单击“散布枫叶”画笔样式；将【间距】调整为 40%；再在左侧栏的【画笔笔尖形状】列表中选择【形状动态】、【散布】、【颜色动态】、【喷枪】和【平滑】选项，如图 4.14 所示。

4）完成上述设置后单击【画笔】面板右上角的按钮或再次单击【画笔工具】工具属性栏的按钮，将【画笔】面板关闭。

5）在【画笔工具】工具属性栏中将【流量】设置为 50%。

6）全部设置好后，移动鼠标指针至图像窗口中反复单击，即可绘制出如图 4.15 所示的效果。

打开本章素材 6.34，如图 6.34 所示，添加【光泽】样式如图 6.35 所示，添加【光泽】、【斜面和浮雕】样式如图 6.36 所示。

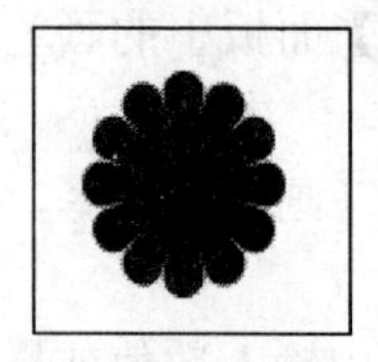

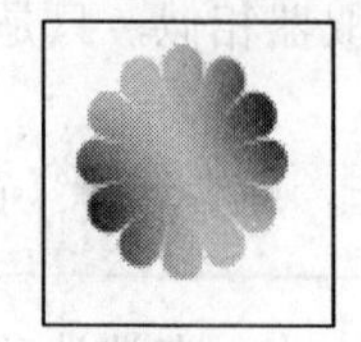

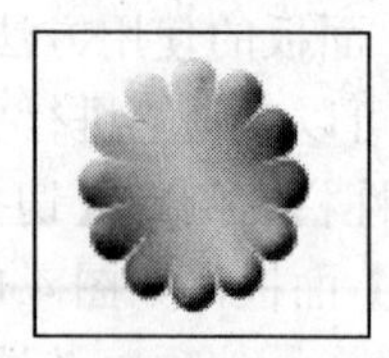

图 6.34 原图　　图 6.35 添加【光泽】样式　　图 6.36 添加【光泽】、【斜面和浮雕】效果

6.5.5 【颜色叠加】样式

【颜色叠加】样式可在图层上叠加颜色，在颜色叠加的同时，控制填充色的【混合模式】和【不透明度】，可以随时改变填充颜色。【颜色叠加】选项组如图 6.37 所示，打开本章素材 6.38，如图 6.38 所示，添加绿色叠加效果后如图 6.39 所示。

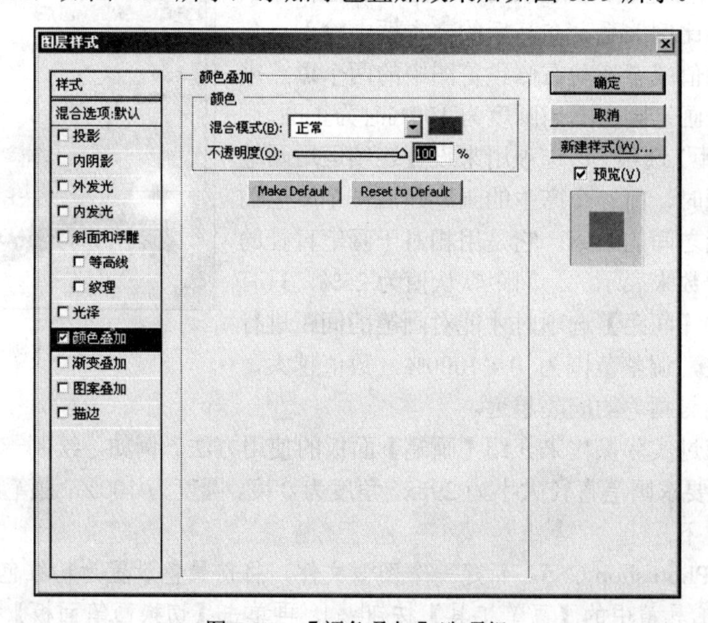

图 6.37 【颜色叠加】选项组

图 6.38 原图

图 6.39 添加绿色叠加效果

6.5.6 【渐变叠加】样式

【渐变叠加】样式是在图层上叠加渐变效果，【渐变叠加】选项组如图 6.40 所示，它

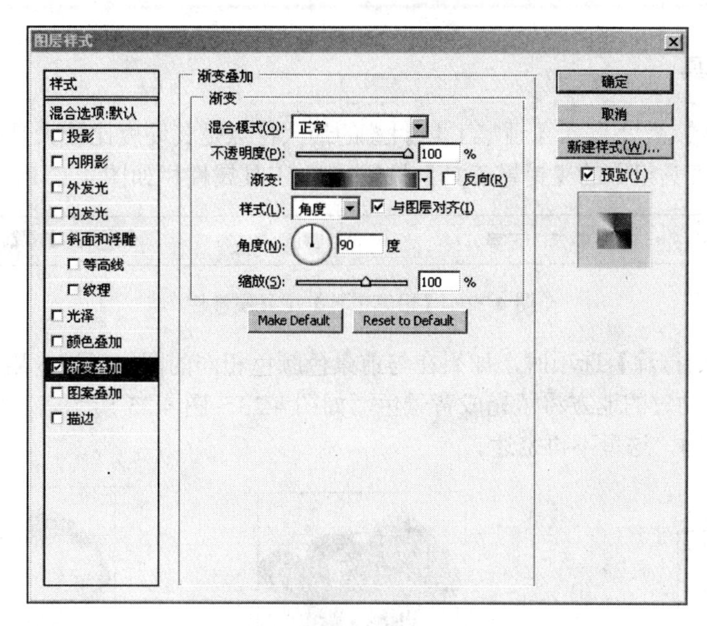

图 6.40 【渐变叠加】选项组

和【渐变工具】差不多，不过在角度上更容易掌握。此外，它还添加了【与图层对齐】选项，用于对齐渐变和图层，以及控制渐变大小的【缩放】选项。很多时候，直接使用【渐变工具】不太容易达到图像的效果，需要重复试验，可以使用【渐变叠加】样式来慢慢调整渐变对图层的影响，这样要比一遍遍重复渐变容易得多。注意，当【渐变叠加】和【颜色叠加】效果同时存在时，要将【颜色叠加】的【不透明度】降低，否则会遮挡住渐变叠加效果。在如图 6.38 所示的图上，添加“色谱”(【渐变编辑器】面板中，选择【预设】，第二排第五个)，渐变后效果如图 6.41 所示。

6.5.7 【图案叠加】样式

【图案叠加】样式与【斜面和浮雕】样式中的【纹理】选项的效果大致相同，不过【图案叠加】是以图案填充图层内容而非仅采用图案的亮度，所以，比起【纹理】选项来，【图案叠加】选项组中多了【混合模式】和【不透明度】选项，却少了【深度】和【反相】选项。【图案叠加】选项组如图 6.41 所示，在如图 6.38 所示的图上，添加“蓝色雏菊”图案叠加效果后如图 6.42 所示。

6.5.8 【描边】样式

【描边】选项组的功能如同【编辑】菜单中的【描边】命令，不过功能比它更丰富。除了描边的【大小】、【位置】、【混合模式】、【不透明度】这些共有的选项外，还可以设置【填充类型】选项组。描边的类型不同，各相关选项也不同。如果采用的是渐变描边或图案描边，则可以通过拖动的方法改变渐变或图案的位置。【描边】选项组如图 6.43 所示，在图 6.38 所示的图上，添加“蓝色雏菊”(单击【图案】列表框右上方的▸按钮，选择“自热图案”(“自热图案”是列表框中的第一个图案))描边样式后如图 6.44 所示。

4.2.4 铅笔工具

【铅笔工具】不同于【画笔工具】的最大特点是其硬度比较大且不可变。单击工具箱中绘图工具组中的【铅笔工具】按钮，工具属性栏如图 4.22 所示。

图 4.22 【铅笔工具】工具属性栏

选中【自动抹除】选项时，如果在与前景色颜色相同的图像区域内用【铅笔工具】绘图时，拖动过的地方将填充成背景色，如图 4.23～图 4.25 所示。其他选项同【画笔工具】相同，这里不再赘述。

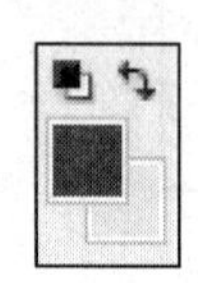

图 4.23 前景色/背景色

图 4.24 铅笔绘制图案

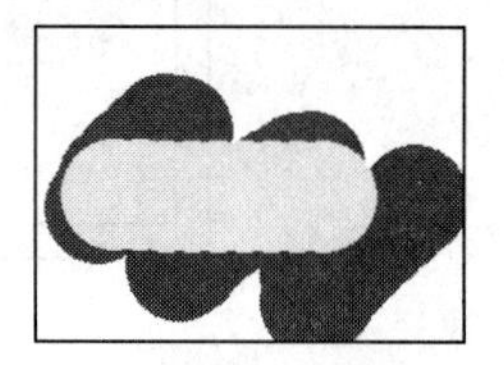

图 4.25 绘制填充色为背景色

【铅笔工具】经常被用来绘制直线和曲线等笔触效果，其使用方法分别如下。

1）绘制直线：单击工具箱中的【铅笔工具】按钮，将鼠标指针移到图像窗口中，按住 Shift 键拖动鼠标即可。如果继续在图像窗口中的其他位置单击，可以绘制出连续的折线。

2）绘制曲线：单击工具箱中的【铅笔工具】按钮，将鼠标指针移到图像窗口中，根据需要拖动鼠标即可。

4.3 填充颜色

4.3.1 油漆桶工具

使用【油漆桶工具】可以在选区或指定区域填充前景色或者图案。配合吸管等工具，使用【油漆桶工具】可以方便地给图像尤其是手绘画着色。

在工具箱中单击【油漆桶工具】按钮。在工具属性栏中可以设置填充前景色或图案、填充模式、不透明度、填充色容差等参数，如图 4.26 所示。

图 4.26 【油漆桶工具】工具属性栏

- 填充内容选项。单击【设置填充区域的源】选项右侧的下拉按钮，选择填充内容为前景色或图案。
- 【容差】选项。该选项用来定义填充像素颜色的相似程度。低容差会填充颜色值范围与单击点像素相似的像素，高容差则填充更大范围内的像素。

- 【消除锯齿】选项。该选项可用来平滑填充选区边缘。
- 【连续的】选项。选中该选项只填充与鼠标单击点相邻的像素；不选中该选项可填充图像中所有相似的像素。

1. 填充前景色

在工具箱中选取一种前景色，然后在要填充的区域内单击即可。这个区域可以是使用选取工具选取的，也可以是绘画的轮廓线。填充效果如图 4.27 和图 4.28 所示。

图 4.27　填充前

图 4.28　填充后

2. 填充图案

除了可以将前景色作为填充源外，还可以设置图案为填充源，方法是在工具属性栏中的【设置填充区域的源】下拉列表中选择【图案】选项，然后再单击选项右侧的下拉按钮选择图案样式，如图 4.29 所示。

将【油漆桶工具】移到星星处单击，可填充星星图案。下面两幅图分别为原图（如图 4.30 所示）和填充图案后的效果图（如图 4.31 所示）。

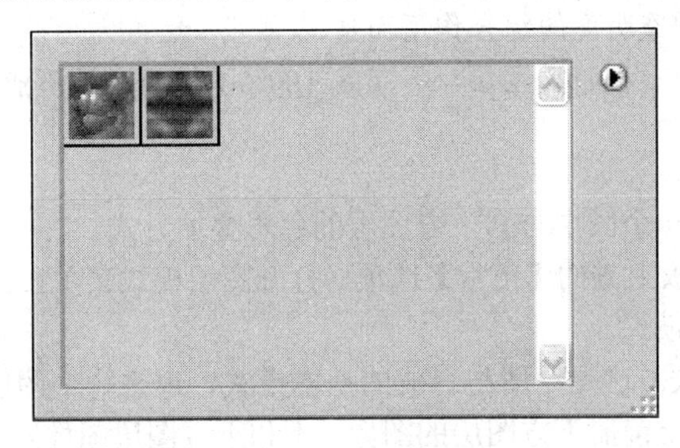

图 4.29　填充选项

击该打✓的样式，在弹出的【图层样式】对话框中去掉该样式。

6.5.11 将图层样式转换为图层

在一些较为复杂的图像中，图层样式也许需要从图层中分离出来，成为独立的图层，这样就需要再次编辑所形成的图层。右击图层效果，从弹出的快捷菜单中选择【创建图层】命令，这个命令会将目标图层的所有图层效果都转换为独立的图层，不再和刚才的目标图层有任何联系。在将图层样式转换为图层的过程中，某些图层效果可能不能被复制，Photoshop CS5 会出现警告信息，如图 6.46～图 6.48 所示。转换后的图层名称非常具体的描述了作为图层效果的作用，其【混合模式】和【不透明度】依然在图层效果中。有些图层效果转换为图层后，成为剪切图层。有时转换后图层顺序会有所变化，再加上混合模式的作用，所以图像会有少许改变。

图 6.46　已添加样式的图层

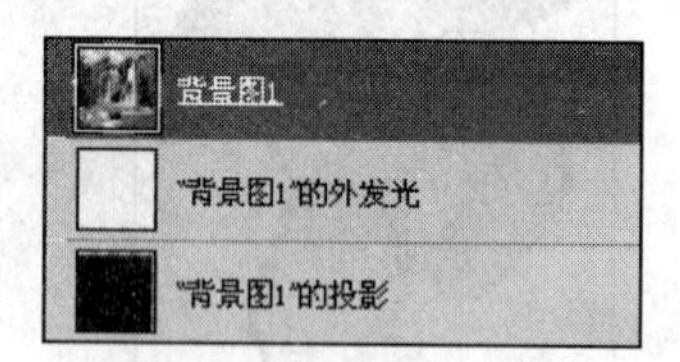

图 6.47　样式转换为图层

图 6.48　图层效果不被复制的警告信息

6.6 图层模式

6.6.1 设置图层的不透明度

图层的不透明度用于确定其遮蔽或显示下方图层的程度。不透明度为 1%的图层几乎是透明的，而不透明度为 100%的图层则显得完全不透明。

1）各个图层不透明度互相独立，各自调整。

2）图层的不透明度为 100%并不能保证图像就是完全不透明的。图像半透明效果可能是由多种不透明度的综合作用而造成。

3）背景图层作为一种特殊图层，一定是 100%不透明，且不能调整不能移动。

6.6.2 调整图层模式

图层模式就是指一个图层与其下方图层的色彩叠加方式。

单击【图层】面板上方的【正常】选项，打开图层模式菜单，如图 6.49 所示，下面介绍几种主要的图层模式。

- 【正常】模式。这是绘图与合成的基本模式，也是一个图层的标准模式，该模式的图层完全覆盖下方图层的图像，不和下方图层图像发生任何混合。【正常】模式下的图像效果如图 6.50 所示（本章素材 6.50 和 6.51）。

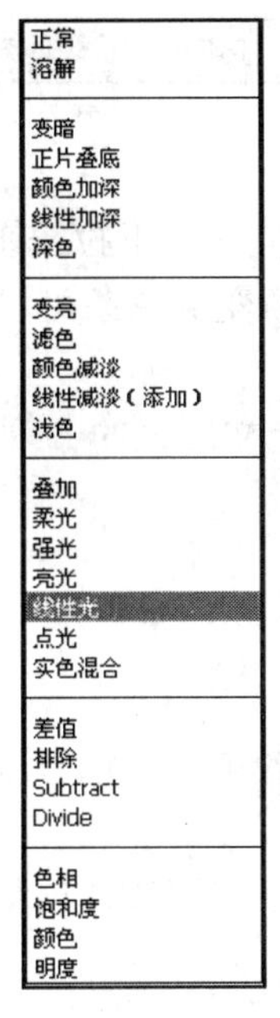

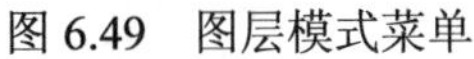
图 6.49 图层模式菜单

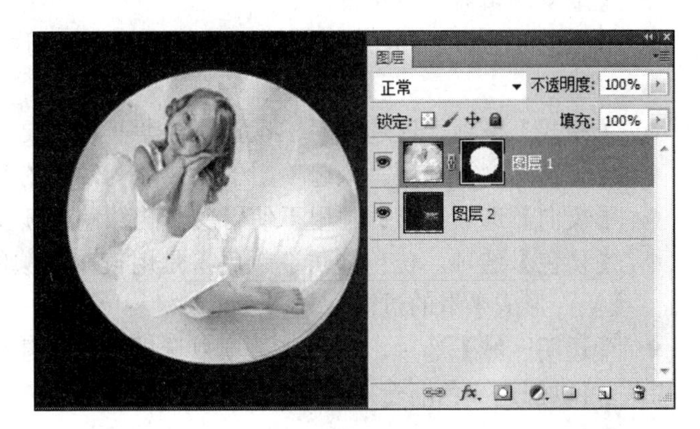

图 6.50 【正常】模式下的图像效果

- 【溶解】模式。【溶解】模式产生的效果来源于上下两图层的混合颜色的色彩叠加，只是在不透明度或填充不透明度不为 100%时，根据像素的不透明度随机替换基色和混合色。该模式对羽化过的边缘作用明显，【溶解】模式下的图像效果如图 6.51 所示。
- 【正片叠底】模式。该模式提供了一个精确选择图像中间色调的方法，形成一种较暗的效果，将两个图层颜色的像素相乘，得到的结果除以 255，得到的结果是最终的像素值。【正片叠底】模式下的图像效果如图 6.52 所示。
- 【叠加】模式。该模式下图像的颜色被叠加到底色上，保留底色的高光和阴影区域，下层的图像颜色没有被取代，而是当前图层产生变亮或变暗的效果。【叠加】模式下的图像效果如图 6.53 所示。

图 6.51 【溶解】模式下的图像效果

图 6.52 【正片叠底】模式下的图像效果

图 6.53 【叠加】模式下的图像效果

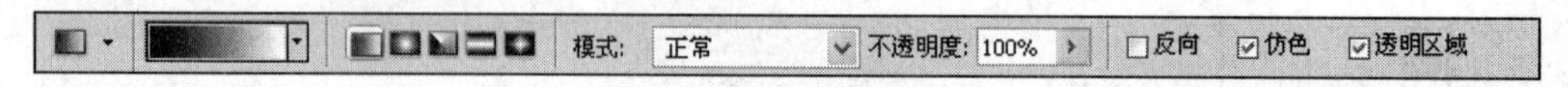

图 4.41 【渐变工具】工具属性栏

- 渐变颜色条选项。该选项用于显示当前的渐变颜色，单击其右侧下拉按钮，打开下拉面板，在面板中选择预设的渐变颜色。直接单击渐变颜色条可以打开【渐变编辑器】对话框。
- 渐变类型选项。在选项栏中通过单击相应按钮可以选择上文所说的 5 种渐变类型。
- 【模式】选项。该选项用于设置应用渐变时的混合模式。
- 【不透明度】选项。该选项用于设置渐变效果的不透明度。
- 【反向】选项。该选项用于使用反转的颜色来渐变填充。
- 【仿色】选项。仿色即仿造颜色，是用较少的颜色来表达较丰富的色彩过渡，从而形成平滑的过渡效果。
- 【透明区域】选项。选中该选项复选框可以创建透明渐变；取消该选项复选框可以创建实色渐变。

3. 渐变编辑器

单击【渐变工具】工具属性栏中的渐变颜色条可以打开如图 4.42 和图 4.43 所示的【渐变编辑器】对话框。

对话框中各选项功能如下。

- 【预设】选项。该选项列表框中提供软件自带的渐变样式缩览图。单击可选择渐变样式，并且对话框下部显示出不同渐变样式的参数和选项的设置。

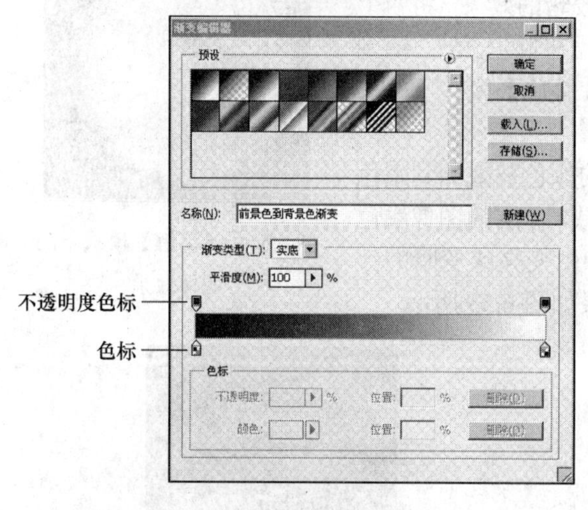

图 4.42 【渐变编辑器】对话框（一）

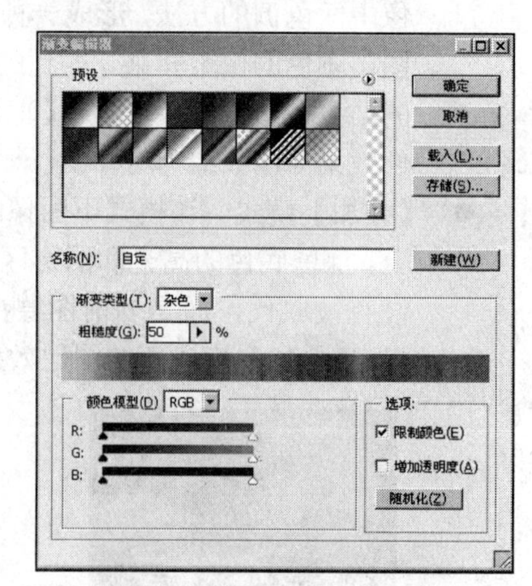

图 4.43 【渐变编辑器】对话框（二）

- 【名称】选项。选中该选项文本框则显示当前所选渐变样式名称或设置新样式的名称。

- 【新建】选项。单击该选项按钮，根据当前的渐变设置创建一个新的渐变样式，并添加到【预设】窗口的末端位置。
- 【渐变类型】选项。该选项下拉列表包括【实底】和【杂色】。当选择【实底】选项时，可以对均匀渐变的过渡色进行设置；当选择【杂色】选项时，可以对粗糙的渐变过渡色进行设置。
- 【平滑度】选项。该选项用于调节渐变的光滑程度。
- 色标滑块。该滑块用于控制颜色在渐变中的位置。如果在色标滑块上单击并拖动鼠标，可调整该颜色在渐变中的位置。要在渐变中添加新颜色，在渐变颜色编辑条下方单击，可以创建一个新色标滑块，然后双击该色标滑块，在打开的【选择色标颜色】对话框中设置所需的色标颜色。
- 颜色中点滑块。单击色标滑块时，会显示其与相邻色标滑块之间的颜色过渡中点。拖动中点，可以调节渐变颜色之间的颜色过渡范围。
- 不透明度色标滑块。该滑块用于设置渐变颜色的不透明度。单击该滑块后，通过【不透明度】文本框设置其位置颜色的不透明度。再单击不透明度色标滑块时，会显示与其相邻不透明度色标之间的不透明度过渡中点。拖动中点，可以调整渐变颜色之间的不透明度的过渡范围。
- 【位置】选项。该选项用于设置色标滑块或不透明度色标滑块的位置。
- 【删除】选项。单击该选项按钮可以用于删除所选的色标或不透明度色标。

4. 存储渐变

在【渐变编辑器】对话框中设置好渐变后，在【名称】文本框中输入渐变的名称“海洋色”，单击【新建】按钮，可以将其保存到【预设】列表框中，如图 4.44 和图 4.45 所示。

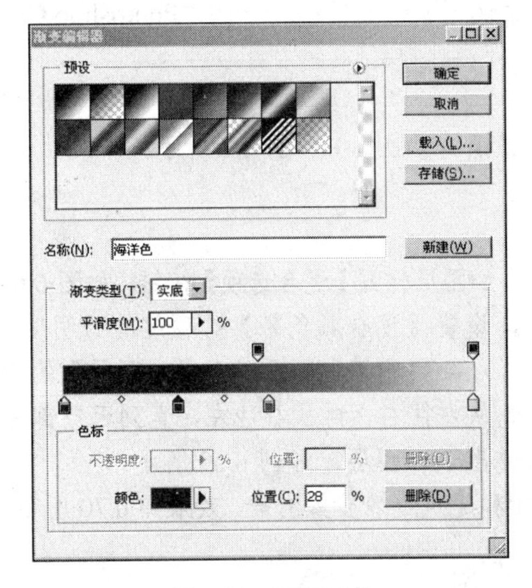

图 4.44 新建渐变

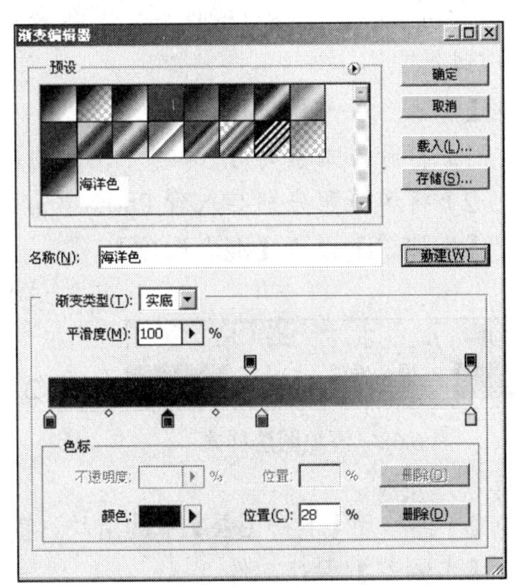

图 4.45 存储渐变

图 6.64 【亮光】模式下的图像效果

图 6.65 【线性光】模式下的图像效果

图 6.66 【减去】模式下的图像效果

图 6.67 【划分】模式下的图像效果

案例实施

案例一 实施步骤

学习了图层的各种操作后，下面来完成【案例一】中的任务——用“Photoshop CS5 合成风景照”。

【步骤一】准备工作。

1）打开本章素材 6.1 和素材 6.2 的两幅风景照，如图 6.1 和图 6.2 所示。

2）将风景照分别导入到 Photoshop CS5 中。

【步骤二】设置【混合选项】。

图 6.68 添加图层样式

1）单击添加图层样式【混合选项】按钮，如图 6.68 所示，设置【混合颜色带】选项组的透明度。

2）移动【混合颜色带】选项组中【本图层】的滑块，先从左往右，再从右往左，直到天空部分即将透出下一图层，如图 6.69 所示。

3）再移动【下一图层】中的滑块，直到树叶和建筑边缘显露出来，效果如 6.70 所示。

【步骤三】保存文件。

将生成的图以.psd 和.jpg 的文件格式各保存一份。

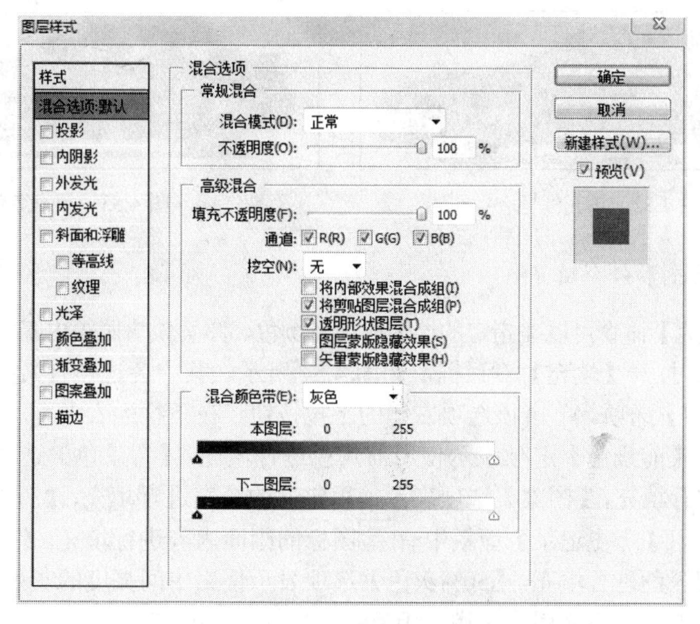

图 6.69 设置【混合颜色带】选项组

图 6.70 效果

案例二 实施步骤

案例一是通过设置图层【混合选项】来快速合成图片的，下面来完成【案例二】中的工作任务——“制作一幅手机平面广告”。

【步骤一】制作手机的基本轮廓。

1）打开 Photoshop CS5。

2）选择【文件】|【新建】命令，新建一个文件。在打开【新建】的对话框中设置参数，如图 6.71 所示。

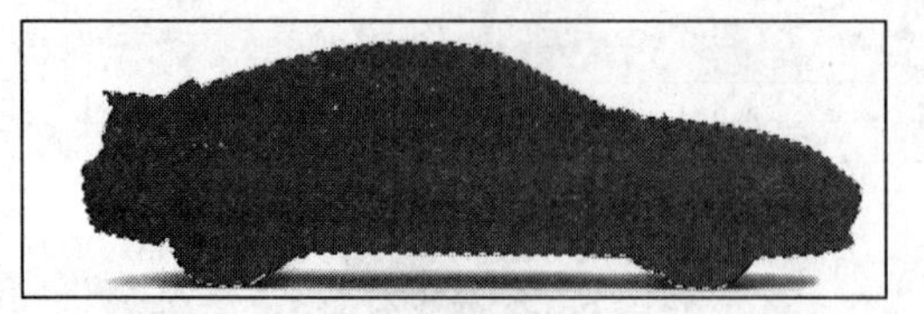

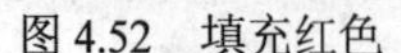

图 4.52 填充红色

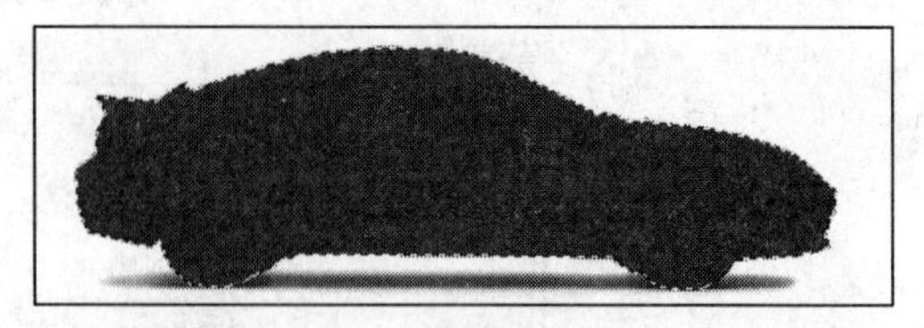

图 4.53 填充蓝色

2. 用【填充】命令填充

使用【填充】命令可以在指定的选区内填充颜色、图案或快照等内容。选择【编辑】|【填充】命令，打开【填充】对话框，如图 4.54 所示。其中各选项含义如下。

- 【使用】选项。单击该选项右侧的下拉按钮，在下拉列表中可以选择填充对象。其中【前景色】选项表示使用前景色进行填充，【背景色】选项表示使用背景色进行填充，【图案】选项表示使用定义的图案进行填充，【历史记录】选项表示使用【历史记录】面板中有图标的画面内容进行填充，【黑色】选项表示使用黑色进行填充，【50%灰色】选项表示使用中间亮度的灰色进行填充，【白色】选项表示使用白色进行填充。
- 【自定图案】选项。在【使用】下拉列表中选择【图案】选项后，该选项才能被激活，在该下拉列表中可以选择所需的图案样式。
- 【模式】选项。其作用与【描边】对话框中相应的选项相同。
- 【保留透明区域】选项。当图像中含有透明区域时，选中该选项复选框进行填充，将不影响原来图层中的透明区域。

实例具体操作如下。

1）仍使用图 4.49 所示的选区。

2）选择【编辑】|【填充】命令，打开【填充】对话框，设置填充的内容、混合模式和不透明度。例如，在【使用】下拉列表中选择【前景色】选项，其他保持默认值，再单击【确定】按钮，填充效果如图 4.55 所示。

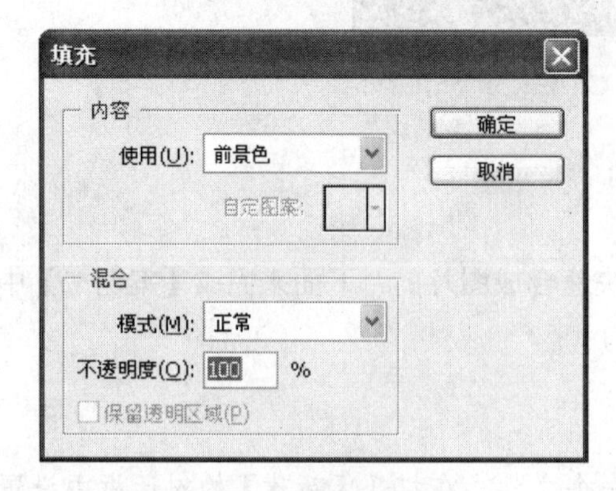

图 4.54 【填充】对话框

图 4.55 填充效果

案例实施

案例一 实施步骤

前面介绍了画笔工具、渐变工具等图像绘制工具的基础知识和基本操作，下面利用所学知识完成案例一中的任务。

【步骤一】新建文件、绘制选区。

1）新建一个文件，设置宽为600像素，高为450像素，颜色模式为RGB颜色，其他为默认设置。

2）使用【椭圆选框工具】，在中间位置按住Shift键的同时单击并拖动鼠标建立一个正圆形选区，如图4.56所示。

【步骤二】绘制青苹果主体部分。

1）选择工具箱中的【渐变工具】，单击【渐变工具】工具属性栏中的渐变条，打开【渐变编辑器】对话框，如图4.57所示。

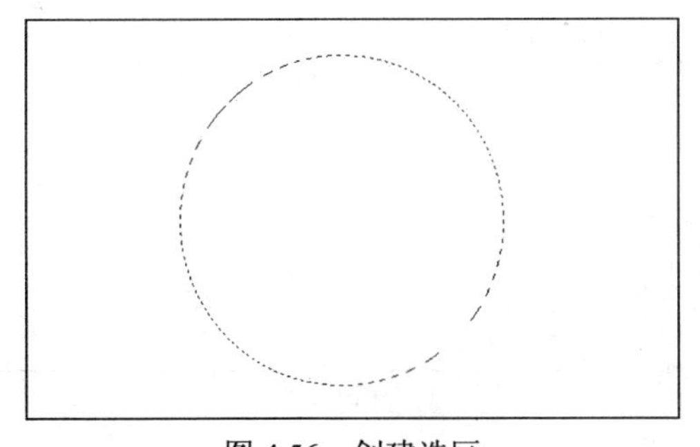

图4.56 创建选区

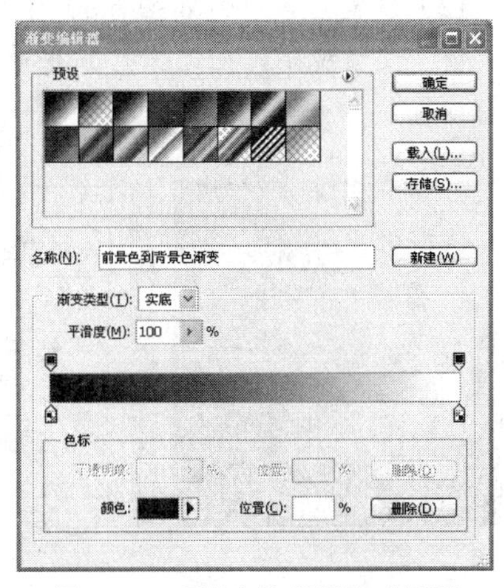

图4.57 【渐变编辑器】对话框

2）单击最左端的色标滑块，如图4.57所示，然后单击其下的【颜色】颜色框。

3）打开【选择色标颜色】对话框，如图4.58所示。设置R、G、B的颜色值分别为16、69、13（墨绿色）后单击【确定】按钮，返回【渐变编辑器】对话框。

4）在渐变颜色编辑条的下方单击，就可以增加一个色标滑块，如图4.59所示。然后在下面的【色标】选项组中将【位置】设置为18%；参照步骤3）的方法设置R、G、B颜色分别为89、128、42（浅绿色）。

5）按照步骤4）的方法依次增加并设置其他4个色标滑块，位置分别为36%、55%、74%和100%，并分别设置它们相应的R、G、B颜色值分别为137、214、76（草绿色），131、185、49（浅绿色），82、118、8（深绿色）和108、154、38（浅绿色）等，如图4.60所示。

10）单击【矩形选框工具】按钮，按 Ctrl 键的同时单击【形状 1】图层的图层缩览图，即可得到了【形状 1】的选区，如图 6.78 所示。

11）选择【选择】|【修改】|【扩展】命令，在打开的对话框中的【扩展量】文本框中输入“4”，这样得到了比原选区较大的选区，如图 6.79 所示。

图 6.78　过程（三）

图 6.79　过程（四）

12）设置前景色为如图 6.80 所示的灰色，按住 Alt + Delete 快捷键填充选区。为了便于观察，在此将背景色设置为黄色，如图 6.81 所示。

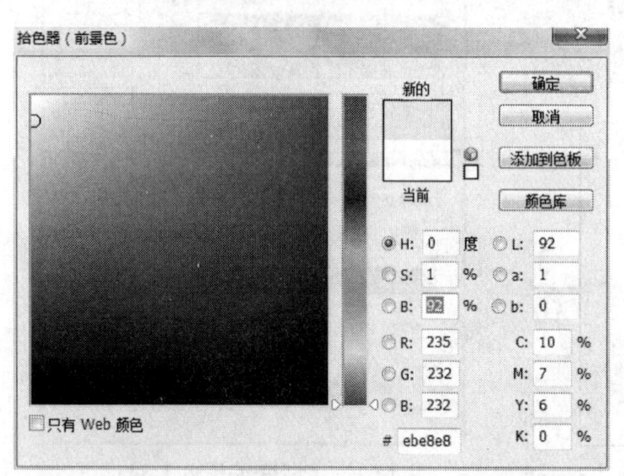

图 6.80　【拾色器（前景色）】对话框

6.81　设背景为黄色

图 6.82　过程（五）

13）按下 Ctrl 键的同时单击【形状 1】图层上的图层缩览图，然后按 Delete 键清除内部的颜色，按快捷键 Ctrl + D 取消选择，这样就得到了环状的边框，如图 6.82 所示。

14）设置边框的立体效果。单击【图层】面板左下方的【添加图层样式】按钮，在打开的菜单中选择【投影】命令，在打开的对话框右中的【投影】选项组中设置参数，如图 6.83 所示。

15）选中【内阴影】复选框，并单击该选项，设置其中的参数，如图6.84所示。

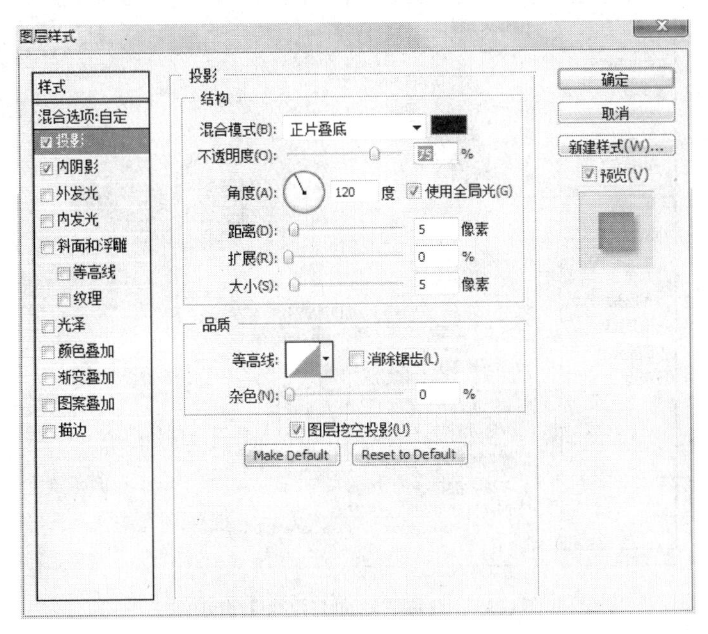

图6.83 设置【投影】选项组

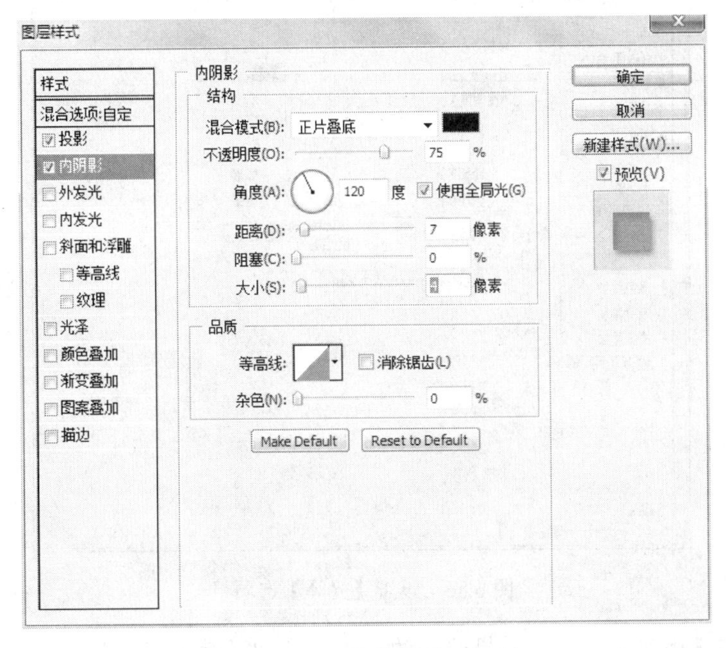

图6.84 设置【内阴影】选项组

16）选中【斜面和浮雕】复选框，取消【使用全局光】复选框，设置其余参数，如图6.85所示。

17）选中【光泽】复选框，并选中【消除锯齿】复选框，设置其余参数，如图6.86所示。

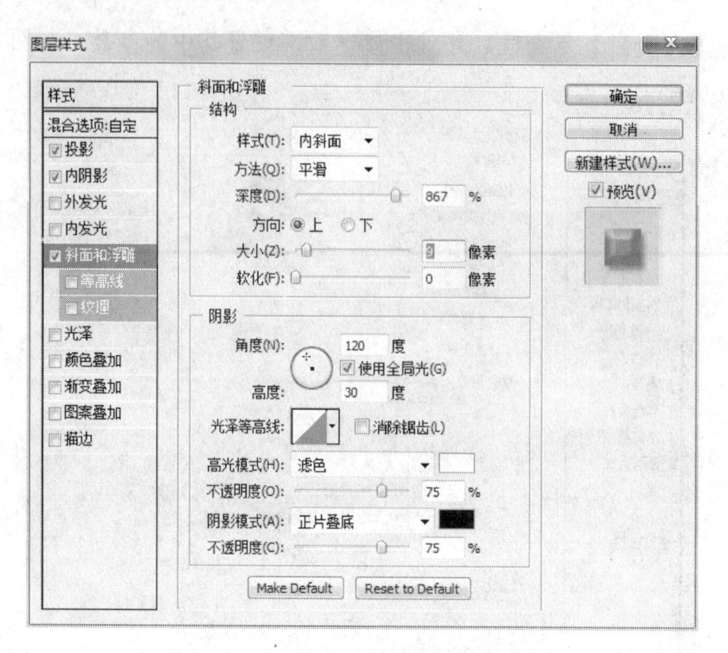

图 6.85　设置【斜面与浮雕】选项组

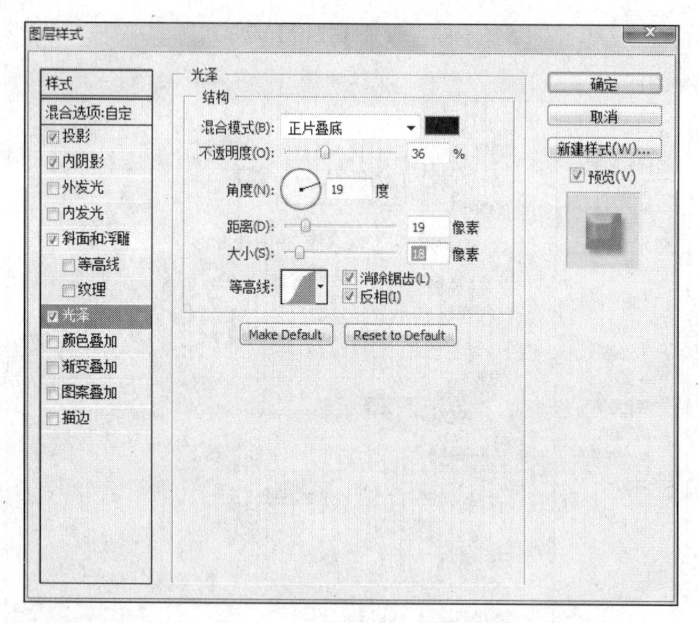

图 6.86　设置【光泽】选项组

18）单击【确定】按钮。手机边框的立体效果即可就完成，如图 6.87 所示。

【步骤二】制作液晶屏。

1）液晶屏的制作也主要是通过调整图层样式实现的，液晶屏制作效果如图 6.88 所示。

2）使用工具箱中的【移动工具】，将其拖动到制作好的手机画板中，并调整其大小、位置，如图 6.89 所示。

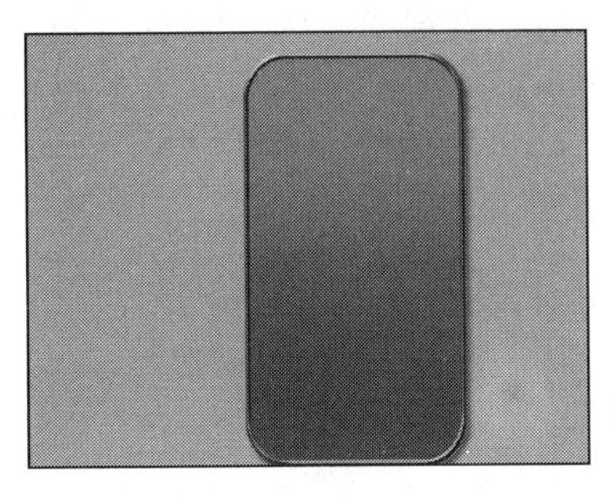

图 6.87　过程（六）

图 6.88　液晶屏

【步骤三】制作按钮。

1）单击工具箱中的【椭圆选框工具】按钮，按在 Shift 键的同时拖动鼠标，在画板上绘制一个正圆作为手机按钮的轮廓，同时得到一个新图层【形状 2】，如图 6.90 所示。

图 6.89　过程（七）

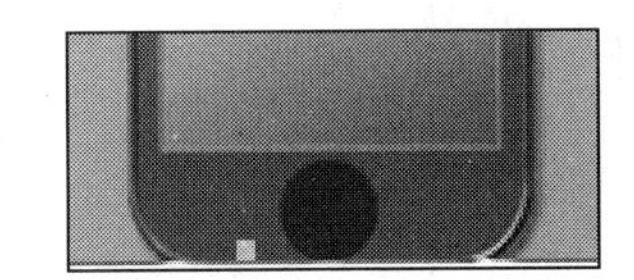

图 6.90　过程（八）

2）单击【图层】面板左下方的【添加图层样式】按钮，在打开的菜单中选择【外发光】命令。在打开的对话框中设置参数，如图 6.91 所示。

3）选中【渐变叠加】复选框，将【混合模式】设置为【正片叠底】，如图 6.92 所示。

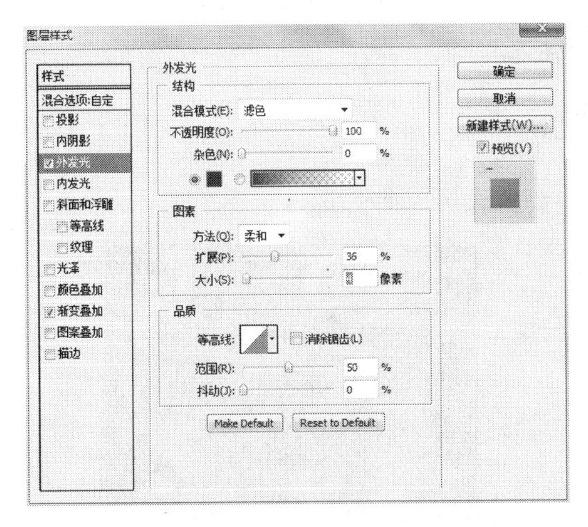

图 6.91　设置【外发光】选项组

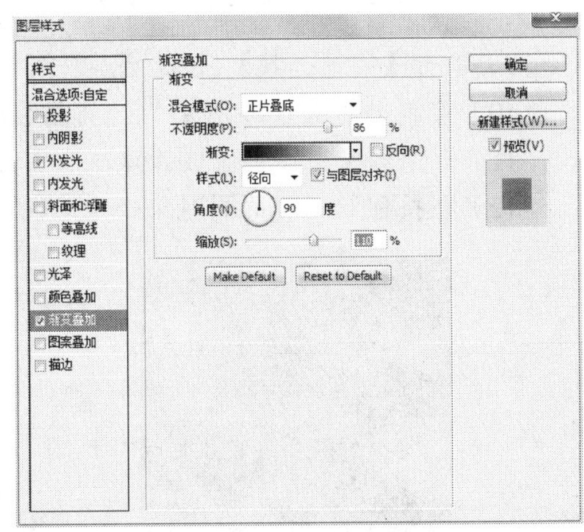

图 6.92　设置【渐变叠加】选项组

4）单击【确定】按钮，关闭【图层样式】对话框，得到的效果如图 6.93 所示。

5）单击【矩形选框工具】按钮，在【形状 2】图层选取一个正方形选区，如图 6.94 所示。

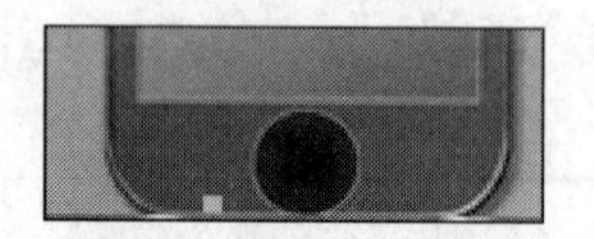

图 6.93　过程（九）

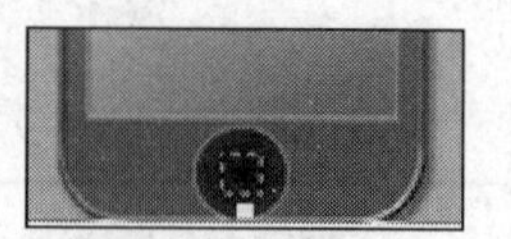

图 6.94　过程（十）

6）按快捷键 Ctrl+J 复制一层，得到新图层。

7）单击【图层】面板左下方的【添加图层样式】按钮，在打开的菜单中选择【外发光】命令。在打开的对话框中设置发光颜色，其他参数如图 6.95 所示。

8）单击【确定】按钮，其效果如图 6.96 所示。

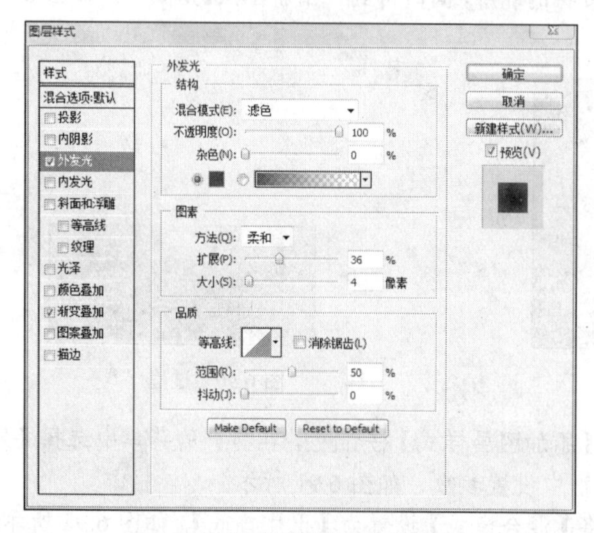

图 6.95　设置【外发光】选项组

图 6.96　过程（十一）

9）单击【钢笔工具】按钮，或按 P 键，新建一个路径。

10）绘制出如图 6.97 所示的一个电话路径，命名为“路径 1”。

11）返回到【图层】面板新建一个图层，命名为“图层 7”。

12）在按住 Ctrl 键的同时单击【路径 1】载入选区，如图 6.98 所示。

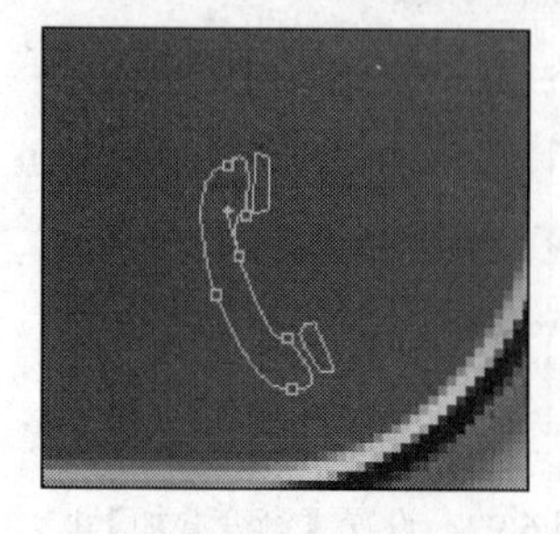

图 6.97　电话路径

图 6.98　载入电话选区

13）将前景色设置为红色，按 Alt+Delete 快捷键填充颜色，取消选区，效果如图 6.99 所示。

14）设置图层【混合模式】为【线性减淡（添加）】效果。

15）按 Ctrl+T 快捷键对【图层 7】进行变形调整，调整好大小及位置，如图 6.100 所示。

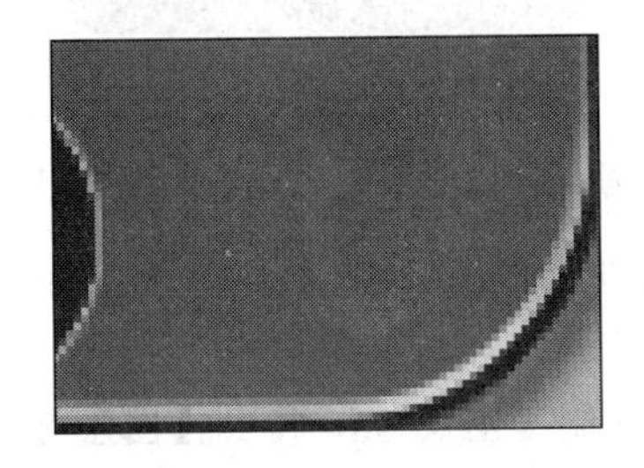

图 6.99 过程（十二）

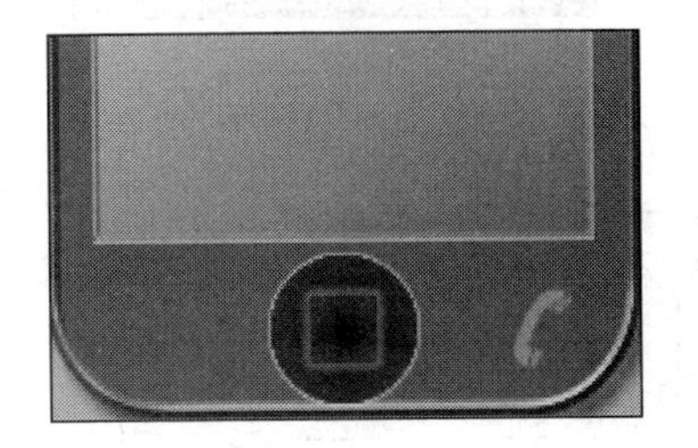

图 6.100 过程（十三）

16）按 Ctrl+J 快捷键对【图层 7】复制出其副本。

17）按 Ctrl+T 快捷键调整【图层 7 副本】的大小及位置，得到的效果如图 6.101 所示。

18）将【图层 7】的图层【混合模式】调整为【减去】。

19）设置后效果如图 6.102 所示。

图 6.101 过程（十四）

图 6.102 过程（十五）

20）在工具栏中单击【自定形状工具】按钮，在其属性栏中单击【形状】下拉按钮。

21）单击形状面板右上方按钮，在扩展菜单中选择【全部】，会打开如图 6.103 所示的提示框。单击【确定】按钮，出现如图 6.104 所示形状面板。

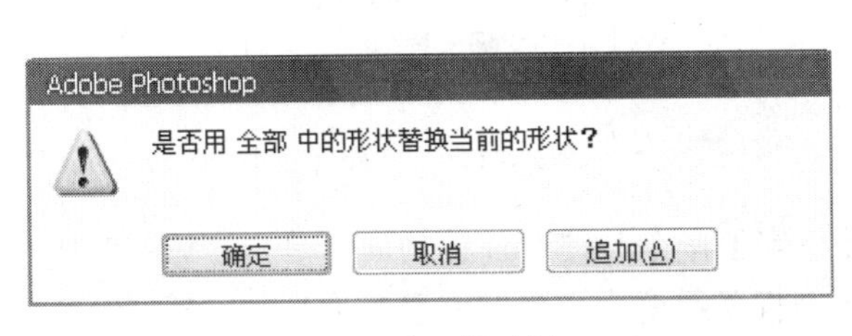

图 6.103 提示框

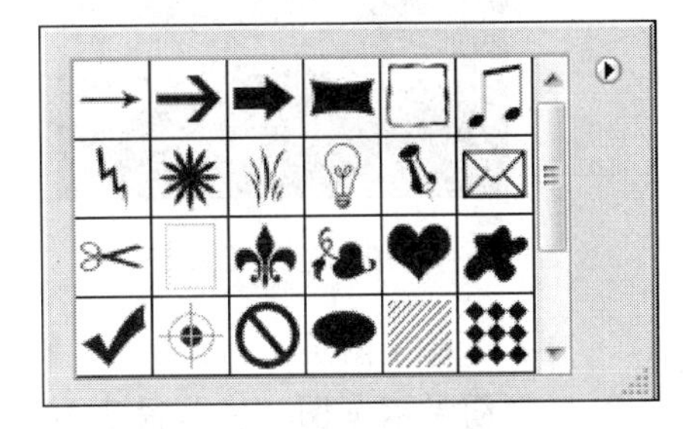

图 6.104 形状面板

22）在形状面板中选择信封标志，将背景色设为白色，在图中画出一个图形，如图 6.105 所示。

23）此时会自动新建一个图层【形状 3】，右击，从弹出的快捷菜单中选择【栅格化图层】命令，将形状图层转化为普通图形。

24）依照以上步骤分别画出几个图形，进行大小位置的排列，如图 6.106 所示。

图 6.105 过程（十六）

图 6.106 过程（十七）

图 6.107 过程（十八）

25）调整设置完以后的效果如图 6.107 所示。

26）制作听筒，利用【圆角矩形工具】按钮▢画出如图 6.108 所示的图形。

27）按 Ctrl+J 快捷键复制【图层 8】，得到【图层 8 副本】，并载入选区填充黑色并向下移动少许，合并这两个图层。效果如图 6.109 所示。

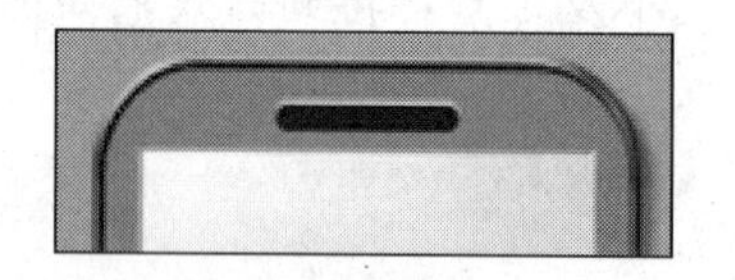

图 6.108 过程（十九）

图 6.109 过程（二十）

28）添加商标。选择【文件】|【打开】命令，打开本章提供的"NOKIA"素材图片 6.110，将其中的图标拖至手机面板的下方，如图 6.110 所示。

29）使用【渐变工具】将商标原来的绿色更改为灰白渐变的金属效果，如图 6.110 所示。

30）添加型号。单击【横排文字工具】按钮，单击手机面板右上角，输入文字"WP7"，字体为 Arial，字体样式为 Black，字号为 18 点，如图 6.111 所示。

图 6.110 过程（二十一）

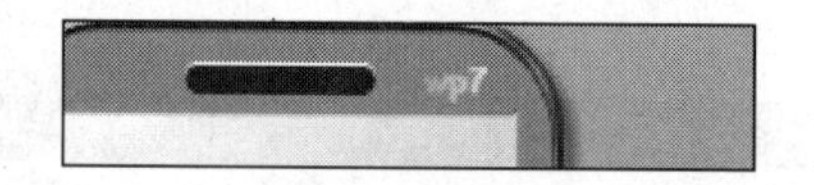

图 6.111 过程（二十二）

31）选择【图层】|【栅格化】|【文字】命令，按 Ctrl 键的同时单击"WP7"所在图层缩览图，将路径变为选区。将路径变为选区。调整其大小和位置，使用渐变工具填充灰白渐变。

32）在【图层】面板中，选中【背景】图层，单击其前面的【隐藏/显示图层】按钮👁，隐藏【背景】图层，选择【图层】|【合并可见图层】命令，将除【背景】图层外的图层合并。

至此，一个完整的手机立体效果图就完成了。

【步骤四】处理背景的特殊效果。

1）选择【文件】|【打开】命令，打开本章素材 6.112 图片，如图 6.112 所示。

2）将前面合并的手机整体图层拖动至背景文件中，在背景文件中将生产一个新的图层，调整其大小和位置。

3）复制图层，将图层副本垂直翻转并调整其大小位置，如图 6.113 所示。

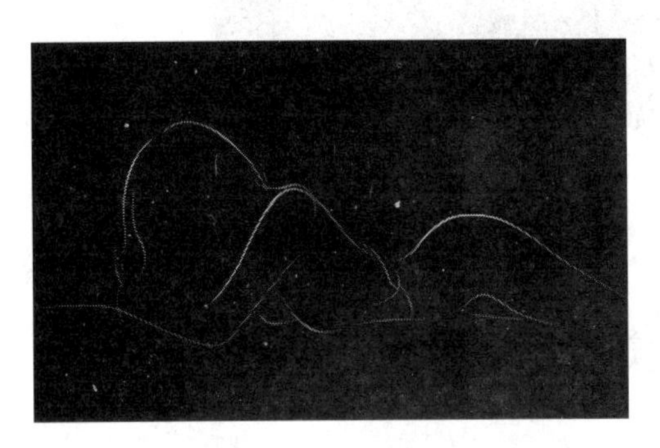

图 6.112 素材图片

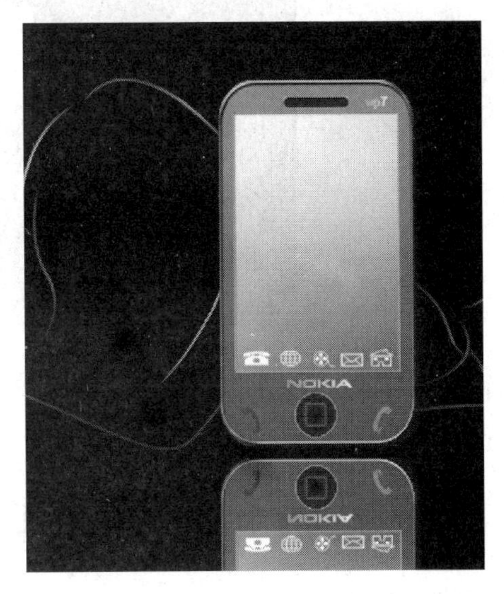

图 6.113 过程（二十三）

4）按照上面的步骤再制作一个类似的平放手机和其倒影，降低倒影所在图层的透明度为 40%，如图 6.114 所示。

5）打开本章素材 6.110，导入“NOKIA”商标文件，如图 6.115 所示。

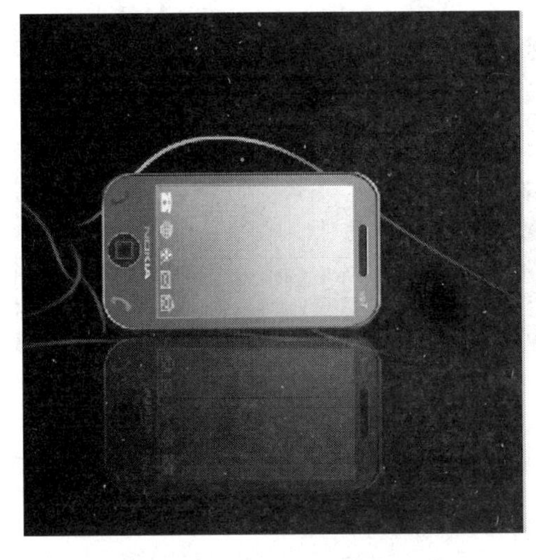

图 6.114 过程（二十四）

图 6.115 过程（二十五）

6）新建图层，绘制几个小星星作点缀，至此，一幅完整的手机平面广告已设计好。最后的效果如图 6.116 所示。

图 6.116　效果

工作实训营

1. 训练内容

1）巧修曝光问题照片。

人们在拍摄中会碰到一些曝光有问题的照片，请用 Photoshop 处理本章素材 6.117 和素材 6.118 所示的两张问题照片，如图 6.117 和图 6.118 所示。

图 6.117　曝光不足

图 6.118　曝光过度

2）合成两张照片，一张是个人照片，一张是大海的背景，合成一个人站在大海上的照片。

2. 训练要求

注意光度的控制，图层效果的合理应用。

工作实践中常见问题解析

【常见问题 1】用 Photoshop CS5 修复旧照片，最常用到的工具有哪些？

答：修复旧照片，最常用到的工具有【污点修复画笔工具】、【修复画笔工具】、【修补工具】、【仿制图章工具】。这 4 个工具虽然各有各的用处，但基本上工作原理相似。除了利用这些工具外，还可通过调整图像，结合添加图层样式来实现特殊的效果。

【常见问题 2】图层蒙版的颜色代表什么？

答：图层蒙版中的黑色代表不要的部分，白色代表需要的部分，不同程度的灰色代表不同的透明度，这和 Alpha 通道的原理相同。

【常见问题 3】如何在形状图层上创建形状？

答：图形工具包括【矩形工具】、【圆角矩形工具】、【椭圆工具】、【多边形工具】、【直线工具】和【自定义形状工具】。这些工具主要用于在图像中绘制规则或不规则的图形，其实质是建立了一个剪切路径。

习 题

1. 用 Photoshop CS5 给本章素材 6.119 的“天鹅”图片制作镜框，并作出玻璃蒙上灰尘效果，如图 6.119 所示。

图 6.119 镜框效果

2. 新建一个文件，白色背景，打开本章素材 6.119“天鹅”和 6.120“向日葵”图片制作立体盒子的效果，如图 6.120 所示。

3. 新建一个文件，白色背景，制作五环相套的效果，如图 6.121 所示。

图 6.120　立体盒子效果

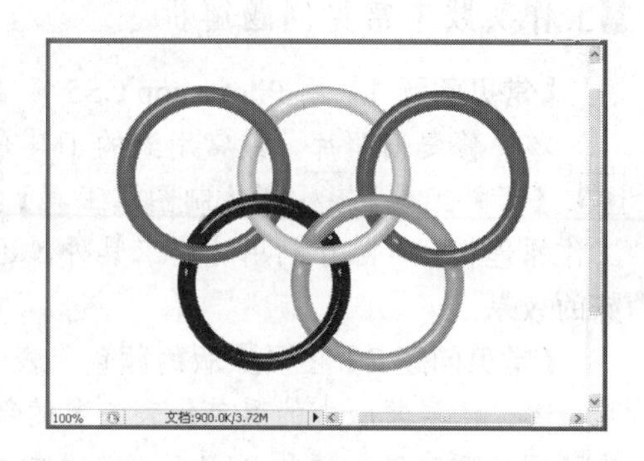

图 6.121　五环相套效果

4. 用 Photoshop CS5 处理数码照片，将本章素材如图 6.122 所示的照片处理成如图 6.123 所示的效果。

图 6.122　原图

图 6.123　效果

第7章

文字处理

本章要点 ☞

掌握输入普通文字和段落文字的方法。

学会如何编辑文字、设置字符格式、设置段落格式。

学会如何创建变形文字。

掌握栅格化文字图层的方法。

学会将文字转换为路径或形状。

灵活运用文字工具制作特效字。

技能目标 ☞

掌握文字的输入方法。

学会编辑文字、格式化文本。

学会如何创建变形文字、栅格化文字图层，以及将文字转换为路径或形状，创建渐变文字。

掌握图案字、彩边字、象形字、球形字、火焰字、霓虹灯等特效文字的制作技巧。

案例导入

【案例一】制作“蝴蝶”霓虹灯效果文字。
文字效果如图 7.1 所示。
【案例二】制作字符霓虹灯效果文字。
文字效果如图 7.2 所示。

图 7.1 “蝴蝶”霓虹灯文字效果

图 7.2 字符霓虹灯文字效果

引导问题

1）普通文字和段落文字怎么输入？
2）如何对文字设置字符格式和设置段落格式？
3）如何将文字变形为自己想要的形状？
4）如何将文字转换为路径？
5）如何实现特效文字？

基础知识

7.1 输入文字

Photoshop CS5 提供了功能强大的文字功能，可以简便地在图像中输入文字。输入文字分为输入普通文字和输入段落文字两种。

1. 认识文字工具

常用的文字工具包括【横排文字工具】T、【直排文字工具】↓T、【横排文字蒙版工具】、【直排文字蒙版工具】。

小提示：

文字工具的快捷键为 T 键，可按 Shift+T 键在 4 种文字工具之间进行切换。

2. 输入文字

输入文字可采用以下两种方法。

方法一：普通文字的输入。在工具箱中单击【横排文字工具】按钮，在图像文件上单击，【图层】面板上自动生成一个新图层，并且把文字光标定位在这一层中。也可以选择【直排文字工具】。输入结束后，单击文字工具属性栏上的确定按钮。输入的文字独立成行，但不能自动换行若换行则需按 Enter 键。

方法二：段落文字的输入。在工具箱中单击【横排文字工具】按钮，在图像文件上拖动鼠标，创建一个文本框，作为文字输入范围，【图层】面板上也会自动生成一个新图层，从光标位置处输入文字，在文本框内自动换行。当文本框无法容纳所有文字时，文本框的右下角会显示“+”标记。输入结束后，单击文字工具属性栏上的确定按钮。

7.2 设置文字属性

输入文字后，屏幕上出现的文本颜色是当前的前景色，文字颜色也可通过文字工具属性栏中的颜色来设置。设置文字的字体、大小、对齐方式等格式，需要选中这些文字。

1）通过【创建文字变形】按钮，可以制作出特殊文字效果，如图 7.3 所示。

2）可以使用【切换字符和段落面板】按钮，或选择菜单【窗口】|【字符】命令，对文本格式进行控制。在面板中改变设置时不必选定文本。打开【字符】面板，如图 7.4 所示。

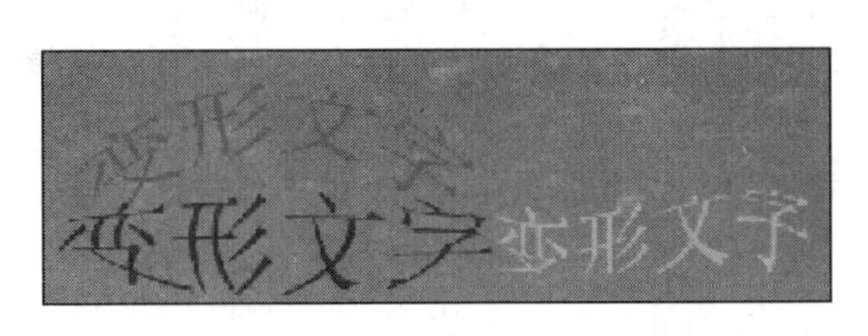

图 7.3 创建变形文字

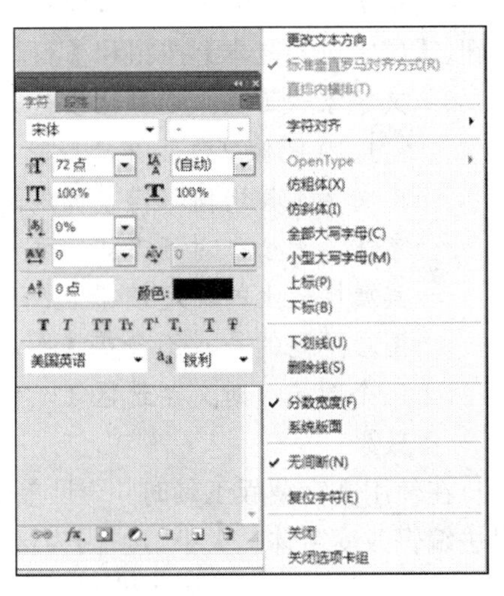

图 7.4 【字符】面板

通过【字符】面板，可以改变文本的水平缩放和垂直缩放大小，可以改变字符间距大小和行距。

单击【字符】面板右上角的按钮，弹出菜单为文本设定了更多的风格，主要包括以下几种选项。

① 【仿粗体】、【仿斜体】选项。这两个选项能够使不具有这种风格的文本加粗或变成斜体。

② 【分数宽度】选项。该选项可以对字符间的距离进行调整以产生最好的印刷排版效果。如果用于 Web 或多媒体，文字尺寸大小就要取消此选项，因为小文字之间的距离会更小，不易于阅读。

③ 【无间断】选项。该选项可以使一行最后的单词不断开。为了避免一个单词或一组单词断行，可以选中文字，然后选择【不间断】选项。

【段落】面板可以对整段文字进行格式设置，打开【段落】面板可以通过单击【切换字符和段落】面板按钮，或选择菜单【窗口】|【段落】命令，如图 7.5 所示。

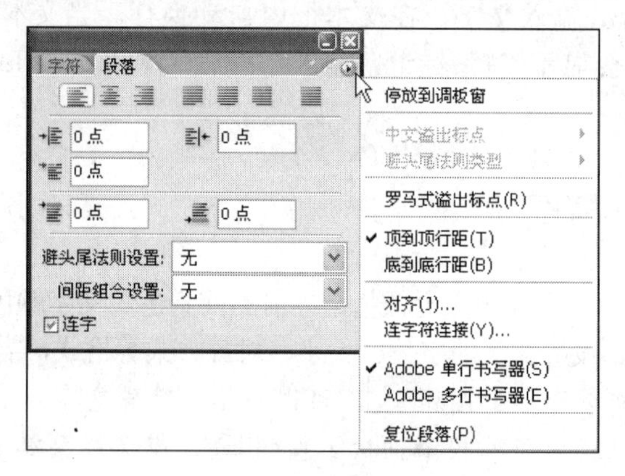

图 7.5 【段落】面板

【段落】面板上的按钮用来控制段落的对齐方式。前 3 个按钮分别是【左对齐文本】按钮、【居中对齐文本】按钮和【右对齐文本】按钮。后 4 个按钮用来调整文字的位置。

3）文字蒙版工具。选择【横排文字蒙版工具】，或选择【直排文字蒙版工具】，在图像文件上单击或拖动鼠标，将产生一个红色重叠的蒙版区域。在未退出文字工具之前，与前面所述相同，在选中文字的前提下，仍可以修改文字的字体、大小、对齐方式、变形文字、字符和段落等，输入结束后，单击文字工具属性栏上的确定按钮。这时在图像文件上出现一个文字选区，与前面文本图层不同的是，不会在【图层】面板上自动生成一个文本图层，而是需要新建一个图层，对文字选区（其他选区相同）进行修改或填充颜色，也可添加滤镜效果。

在使用文字蒙版工具时，一旦单击确定按钮变为文字选区后，就不能使用文字工具去编辑改变字体、大小等，因为这时文字选区只具备选区特性而不具备文字特性。

7.3 编辑文字

可以使用【移动工具】对文字进行移动，选择菜单【编辑】|【变换】命令，可以改变文字的角度和大小。

7.3.1 栅格化文字图层以及创建工作路径

使用文字工具输入文字时，在【图层】面板上自动生成一个文字图层。要对文字图层使用滤镜效果或进行其他操作，如文字形状改变后重新填充颜色等，必须对文字进行栅格化操作。

例如，使用【横排文字工具】T在新建文件上输入“Adobe”，设置字体为黑体、蓝色，字体大小为150点，字符间距为100，选中“dobe”，把字符间距改为-100，如图7.6所示。

选择【图层】|【文字】|【创建工作路径】命令，则在文字周围自动产生路径，选择【钢笔工具】，按住Ctrl键，把“d”和“b”拉长，但拉长的部分没有填充颜色，如图7.7所示。

图7.6 文字效果（一）

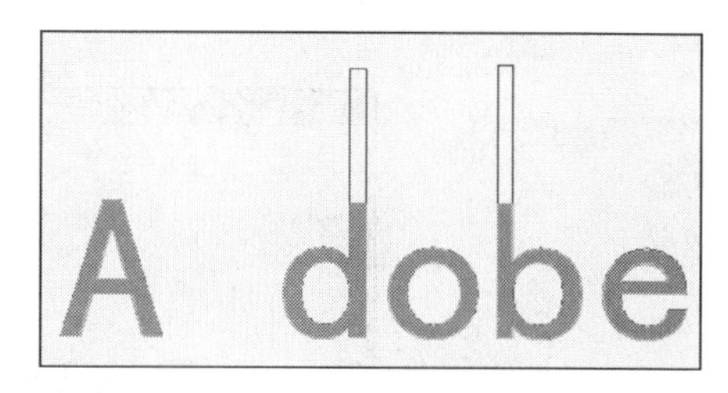

图7.7 文字效果（二）

打开【路径】面板，单击按钮把路径变为选区，再回到【图层】面板，把前景色设置为橙色，这时会发现按Alt+Delete快捷键无法实现填充前景色，这时需要选择【图层】|【栅格化】|【文字】命令，或在选中的文字图层右击，从弹出的快捷菜单上选择【栅格化文字】命令，把文字栅格化，从【图层】面板中把文字删除到，在文件中只剩下文字选区，然后重新建立一个新图层，这样做可以避免蓝色和橙色重合，最后文字就可以填充橙色的前景色了，如图7.8所示。

图7.8 文字效果（三）

7.3.2 把文字转换为形状

选择菜单【图层】|【文字】|【转换为形状】命令，可以改变文字的形状，制作特效文字。

例如，使用【横排文字工具】T在新建文件上输入“CAR”，设置字体为黑体、橙色，字体大小为160点，字符间距为200。然后选中“C”和“R”，把字体大小改为100点，把文字转为形状，再改变“A”、“C”和“R”文字的形状，如图7.9和图7.10所示。

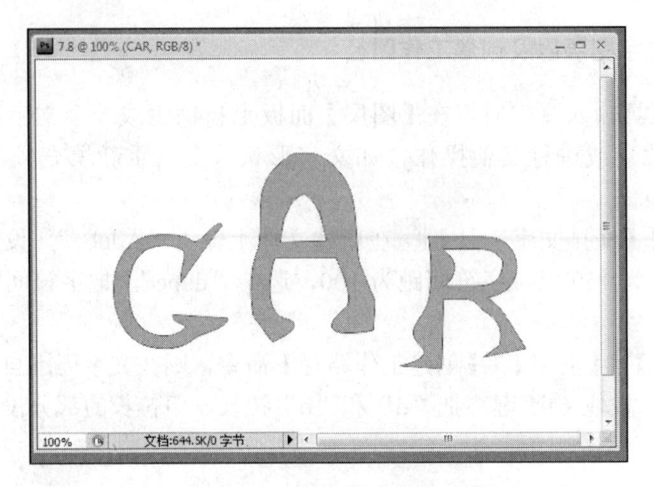

图 7.9 文字效果（四）

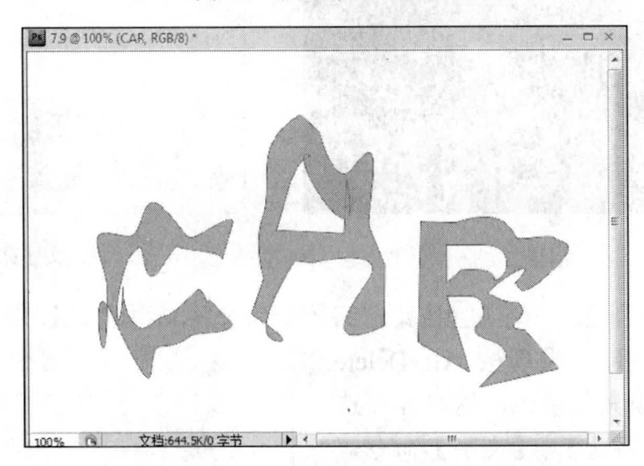

图 7.10 文字效果（五）

7.3.3 在路径上创建文本

新建一个文件，选择【钢笔工具】，绘制一条路径。使用文字工具，将光标放在路径上，当光标变成路径文字光标时单击，输入文字，如图 7.11 所示。

选择【钢笔工具】，在按住 Ctrl 键的同时拖动鼠标，调节锚点的手柄，使路径形状发生改变，文字的排列也随之调整，如图 7.12 所示。

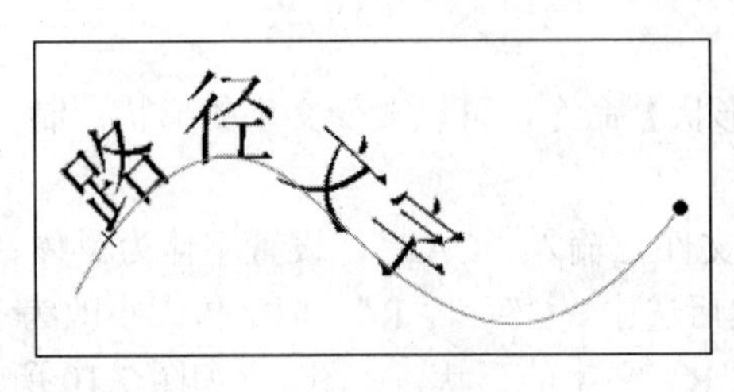

图 7.11 在路径上创建文本（一）

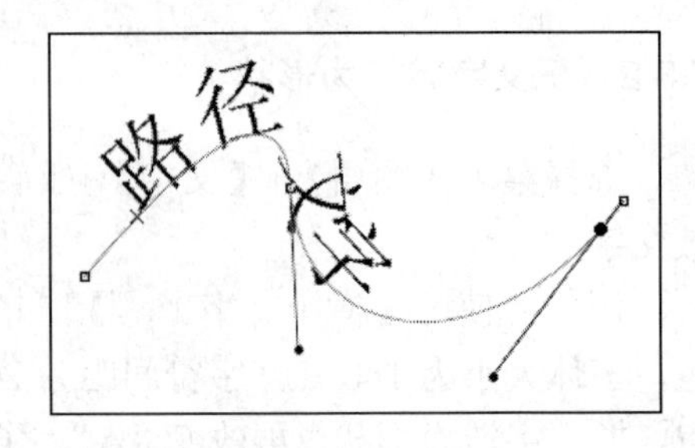

图 7.12 在路径上创建文本（二）

使用工具箱中的【直接选择工具】，或者【路径选择工具】，或者选择【钢笔工具】，在按住 Ctrl 键的同时，把光标移动到文字路径的起点，当光标变成形状时，拖动文字的起点，可以调整文字的开始位置。把光标移动到文字路径的终点，当光标变成形状时，拖动文字的终点，可以调整文字的终止位置。

7.3.4 使用图层样式制作文字效果

下面通过案例说明使用图层样式制作金属字的效果。

1）新建一个文件，在【图层】面板中建立一个新图层，绘制一个矩形，并用浅蓝色渐变填充该矩形，新建两个图层，并在各自的图层上绘制一个小圆，填充为蓝色，新建一个图层，设置前景色为金黄色，利用文字工具输入“文字图层”4个汉字，效果如图 7.13 所示。

2）选择菜单【图层】|【图层样式】命令，或者在【图层】面板中单击【添加图层样式】按钮，给矩形添加投影效果，给两个蓝色小圆添加投影、斜面和浮雕效果，给金色的文字添加投影、内阴影、斜面和浮雕效果。在【图层样式】对话框中，设置【投影】的【距离】为 6 像素，【扩展】为 7%，【大小】为 6 像素。设置【内阴影】的【距离】为 3 像素，【阻塞】为 0，【大小】为 3 像素。设置【斜面和浮雕】的深度为 80%，【大小】为 5 像素，【光泽等高线】的为“环形一双环”模式，设置【高光模式】、【阴影模式】的【不透明度】均为 55%，这样金属字的效果就出来了，如图 7.14 所示。

图 7.13 金属字效果（一）

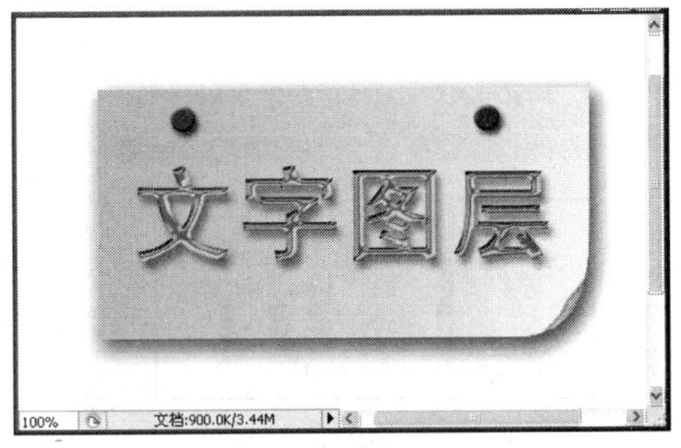

图 7.14 金属字效果（二）

7.4 制作特效字

7.4.1 图案字

1）打开本章素材 7.15 的荷花图片，使用【横排文字工具】，输入“江苏”，设置字体为宋体、加粗，字体大小为 60 点，字符间距为 25，如图 7.15 所示。选择菜单【图层】|【栅格化】|【文字】命令，或选中文字图层，右击，从弹出的快捷菜单中选

择【栅格化文字】命令，把文字栅格化，按 Ctrl 键的同时单击文字所在图层，从【图层】面板中把文字删除到，在文件中只剩下文字选区，如图 7.16 所示。

图 7.15 图案字（一）

图 7.16 图案字（二）

2）新建一个文件，打开本章素材 7.15 的荷花图片，选择【移动工具】，将鼠标放到“江苏”的选区内，指针变成形状时，拖动选区到新建的文件中，出现的图案字效果如图 7.17 所示。

3）选择图 7.17 所在的图层，按 Ctrl+J 快捷键，复制出一个新图层，而且位置和图案跟背景“江苏”完全吻合，使用图层样式添加投影、斜面和浮雕效果使之产生立体效果，如图 7.18 所示。

图 7.17 图案字（三）

图 7.18 图案字（四）

7.4.2 彩边字

1）新建一个文件，使用【横排文字工具】T，输入“食品”，并设置字体为宋体，字体大小为 250 点，字符间距为 200，如图 7.19 所示。

2）按住 Ctrl 键的同时，在【图层】面板中单击【食品】图层的缩览图，“食品”字样的选区出现。把【食品】图层删除到，新建一个图层，则“食品”字样的选区在新图层上，选择菜单【选择】|【存储选区】命令，打开【存储选区】对话框，在【名称】文本框中输入“选区 1”，单击【确定】按钮，如图 7.20 所示。

图 7.19 彩边字（一）

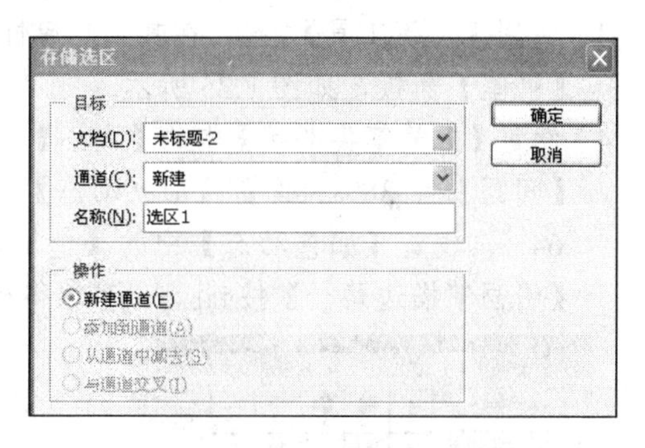

图 7.20 【存储选区】对话框

3）选择菜单【选择】|【修改】|【扩展】命令，设置【扩展量】为 4 像素，这时选区会变宽，下一步选择菜单【选择】|【载入选区】，打开【载入选区】对话框，在【通道】下拉列表中选择【选区 1】，在【操作】选项组中单击【从选区中减去】单选按钮，出现双线选区，如图 7.21 所示。

4）选择【渐变工具】，在打开的渐变编辑器中设置几种渐变颜色，并对文字选区进行填充，按 Ctrl+D 取消选区，彩边字就设置好了，最终效果如图 7.22 所示。

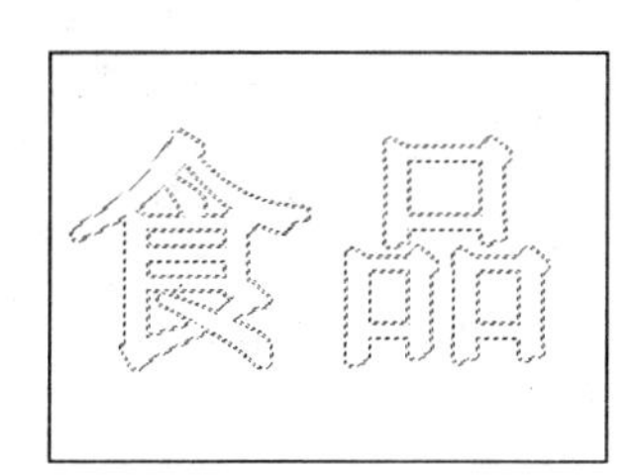

图 7.21 彩边字（二）

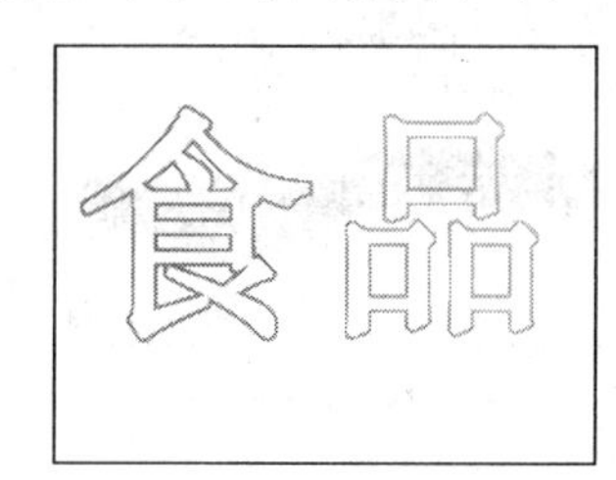

图 7.22 彩边字（三）

7.4.3 带刺的“玫瑰”字

1）新建一个文件，使用【横排文字工具】T，输入“玫瑰”，设置字体为宋体、加粗，字体大小为 260 点，字符间距为 200，如图 7.23 所示。

2）在按住 Ctrl 键的同时，在【图层】面板中单击【玫瑰】图层的缩览图，“玫瑰”字样的选区出现，在【图层】面板中，把【玫瑰】图层删除到，新建一个图层，则“玫瑰”字样的选区在新图层上，打开【路径】面板，单击【从选区生成工作路径】按钮，把“玫瑰”字样的选区变为路径，如图 7.24 所示。

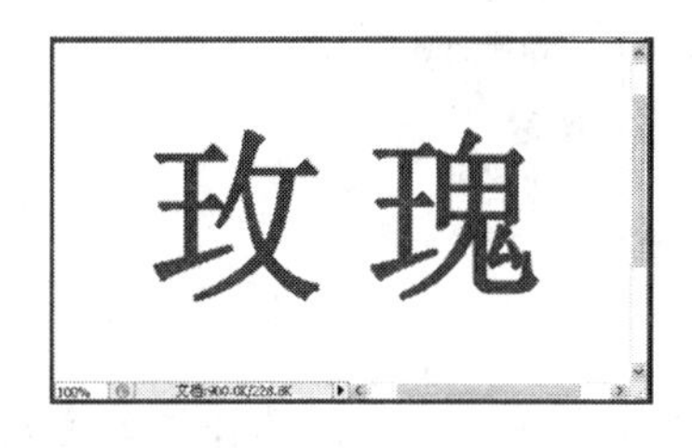

图 7.23 “玫瑰”字（一）

图 7.24 “玫瑰”字（二）

3）使用【画笔工具】，在其工具属性栏中单击【切换画笔面板】按钮，打开【画笔】面板，如图 7.25 所示。

4）设置【画笔笔尖形状】中的【大小】为 32px，【角度】为 45 度，【圆度】为 12%，【间距】为 38%。设置【形状动态】中的【大小抖动】为 91%，【角度抖动】为 64%。设置【颜色动态】中的【色相抖动】为 55%。在【路径】面板中，单击【用画笔描边路径】按钮，可以得到带刺的“玫瑰”字效果，如图 7.26 所示。

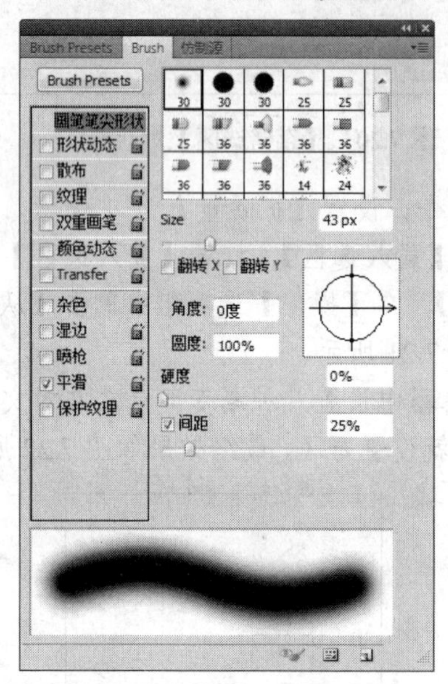

图 7.25 “玫瑰”字（三）

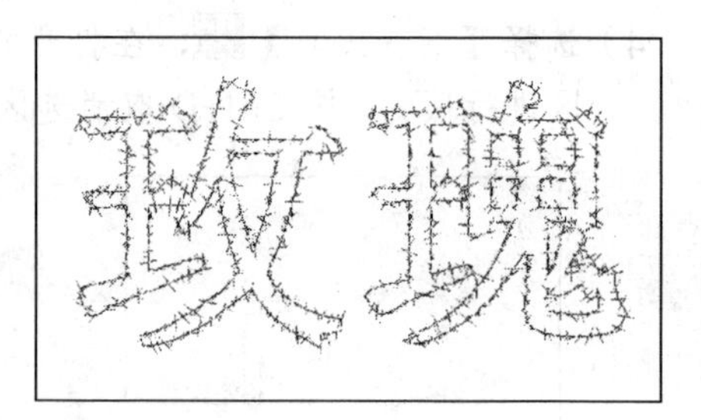

图 7.26 “玫瑰”字（四）

7.4.4 带洞眼的“天下”字

1）新建一个文件，使用【横排文字工具】，输入“天下”，设置字体为黑体、加粗，字体大小为 300 点，字符间距为 100，新建一个图层，用【椭圆选框工具】画小圆形（选区运算方式选【添加到选区】），并填空颜色；选中几个小圆后选择菜单【编辑】|【定义图案】命令，实现把小圆的图案定义为自定义图案，如图 7.27 所示。

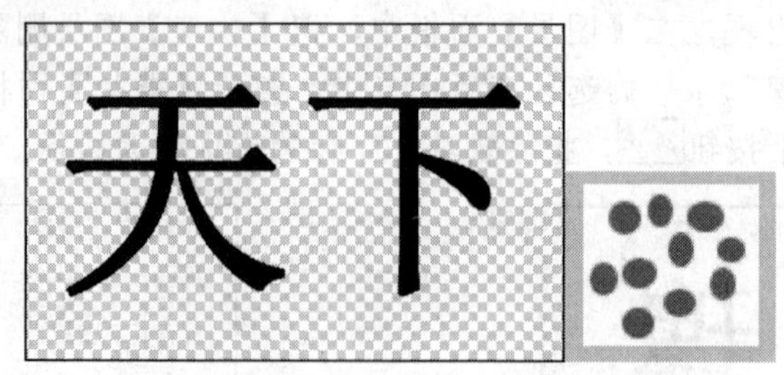

图 7.27 “天下”字（一）

2）新建一个图层，利用【矩形选框工具】画矩形选区，然后选择菜单【编辑】|【填充】命令，填充刚定义好的图案，如图 7.28 所示。

3）用【魔术棒工具】选择刚填充好的图案把填充了小圆图案的区域选取，如图 7.29 所示。

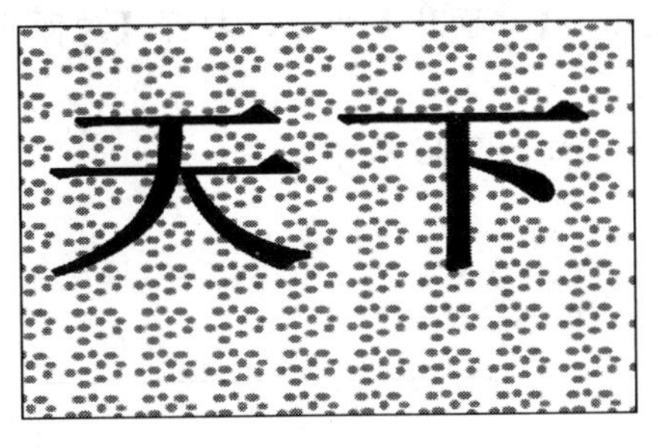

图 7.28 “天下”字（二）

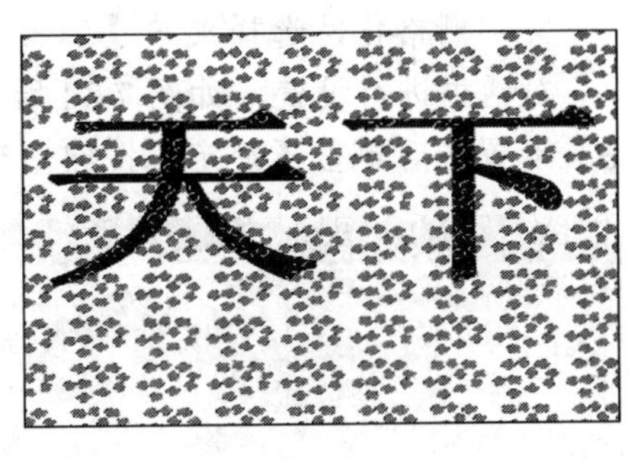

图 7.29 “天下”字（三）

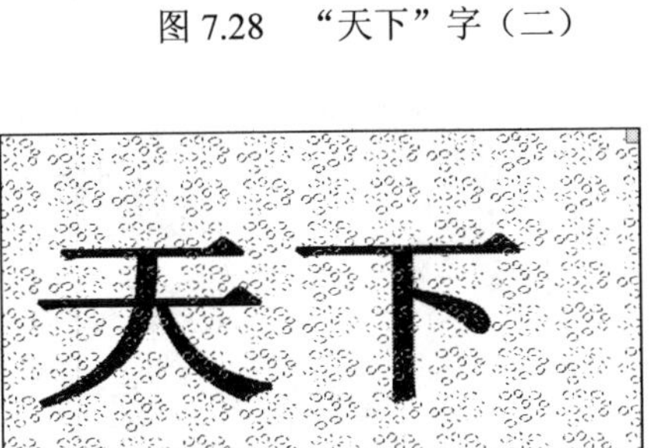

图 7.30 “天下”字（四）

4）把除了【天下】图层以外的两个图层都删除到，如图 7.30 所示。

5）选中【天下】图层，选择菜单【图层】|【栅格化】|【文字】命令，或在选中的文字图层右击，从弹出的快捷菜单上选择【栅格化文字】命令，把文字栅格化，然后使用菜单【选择】|【反向】命令，使选区反选，再按 Delete 键，把选区删除，如图 7.31 所示。

6）按住 Ctrl+D 快捷键取消选区的选择，并添加投影效果，洞眼字的最终效果如图 7.32 所示。

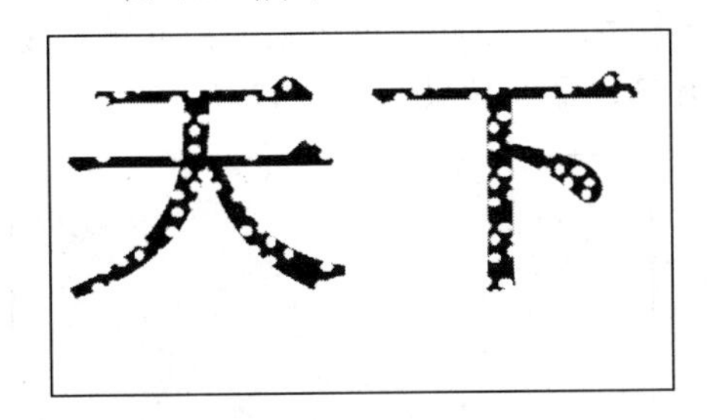

图 7.31 “天下”字（五）

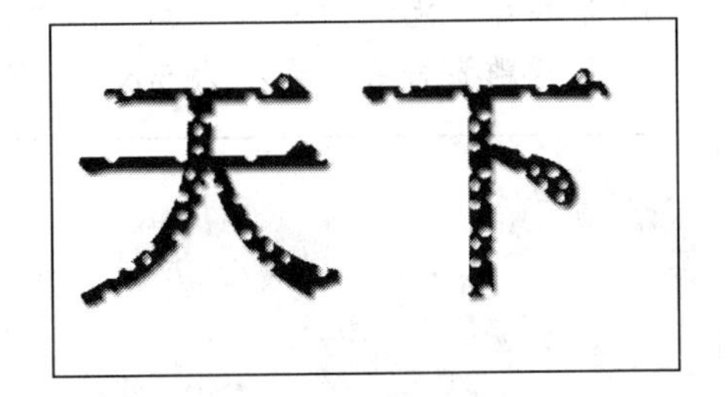

图 7.32 “天下”字（六）

7.4.5 球形字

1）新建一个文件，使用【横排文字工具】，输入“馨”，设置字体为宋体，字体大小为 150 点，在【图层】面板中新建一个图层，用【椭圆选框工具】，在按住 Shift 键的同时在图像窗口中画正圆形，选择【渐变工具】设置红白两色渐变，在其工具属性栏中单击【径向渐变】按钮，将正圆填充为中间白、边上红的颜色，呈现出球形效果，如图 7.33 所示。

图 7.33 球形字（一）

2）保持选区，选中【馨】图层，选择菜单【图层】|【栅格化】|【文字】命令，或在选中的文字图层右击，从弹出的快捷菜单上选择【栅格化文字】命令，把文字栅格化，选择菜单【滤镜】|【扭曲】|【球面化】命令，打开【球面化】对话框进行设置，如图 7.34 所示。

3）设置好后单击【确定】按钮出现球形效果，如图 7.35 所示。

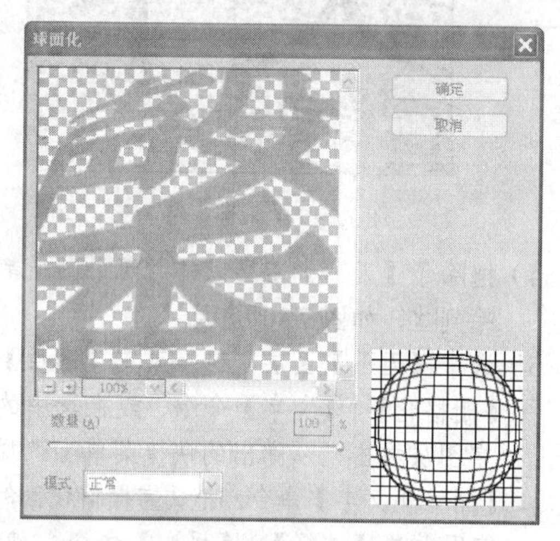

图 7.34 【球面化】对话框

图 7.35 球形字（二）

4）选择【移动工具】，按住 Alt 键复制红色球，使用【横排文字工具】，在其中输入“温”，依照同样的方法复制红色球并输入“幸”和“福”，并且按照上述步骤制作球形效果，最后结果如图 7.36 所示。

5）最后给“温”、“馨”、“幸”和“福”4 个字添加斜面和浮雕效果，并设置为【枕状浮雕】样式，大小为 5px，给图添加背景，最终效果如图 7.37 所示。

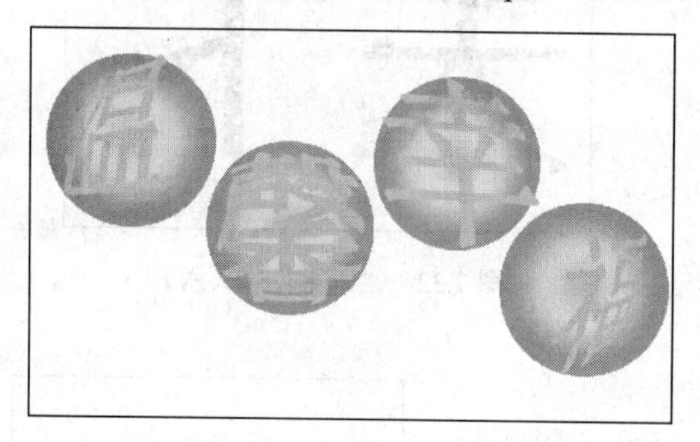

图 7.36 球形字（三）

图 7.37 球形字（四）

7.4.6 火焰字

1）新建一个文件，设置背景为黑色，使用【横排文字工具】，输入“火焰”，设置字体颜色为白色，字体为黑体，字体大小为 200 点，字符间距为 100，如图 7.38 所示。

2）选择菜单【图像】|【图像旋转】|【90度（顺时针）】命令，使“火焰”字顺时针旋转90度，选择菜单【滤镜】|【风格化】|【风】命令，出现将文字栅格化的提示框，确定，在出现的【风】对话框的【方向】选项组中单击【从左】单选按钮，再按3次Ctrl+F快捷键，如图7.39所示。

图7.38 火焰字（一）

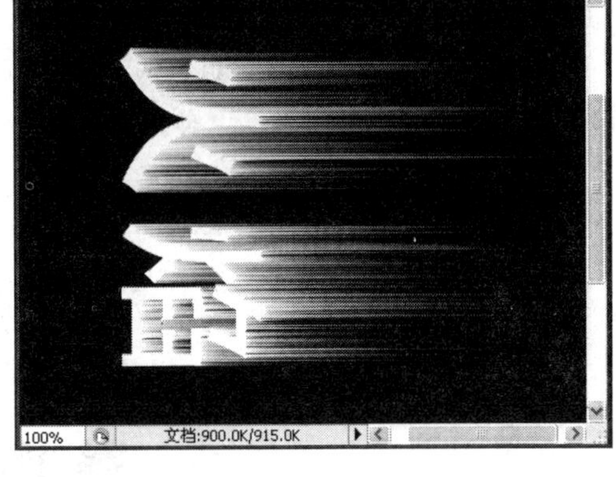

图7.39 火焰字（二）

3）再次选择菜单【图像】|【图像旋转】|【90度（逆时针）】命令，使“火焰”字转正，选择菜单【滤镜】|【扭曲】|【波纹】命令，设置【数量】为75%，效果如图7.40所示。

4）选择菜单【图像】|【模式】|【索引颜色】命令，出现提示框提示“合并图层？”，两次单击【确定】按钮，选择菜单【图像】|【模式】|【颜色表】命令，打开【颜色表】对话框，在【颜色表】下拉列表中选择【黑体】选项，如图7.41所示。

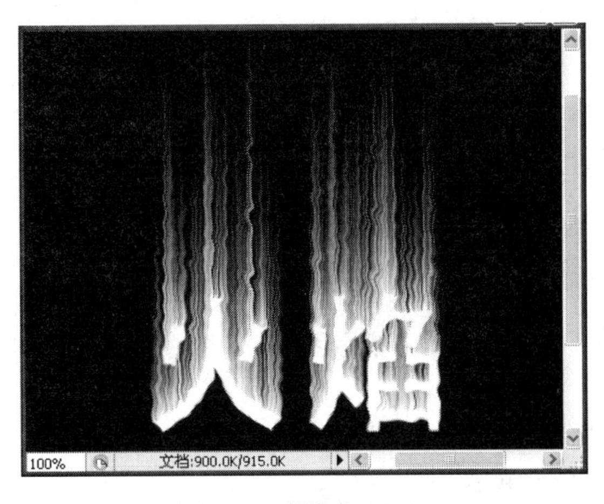

图7.40 火焰字（三）

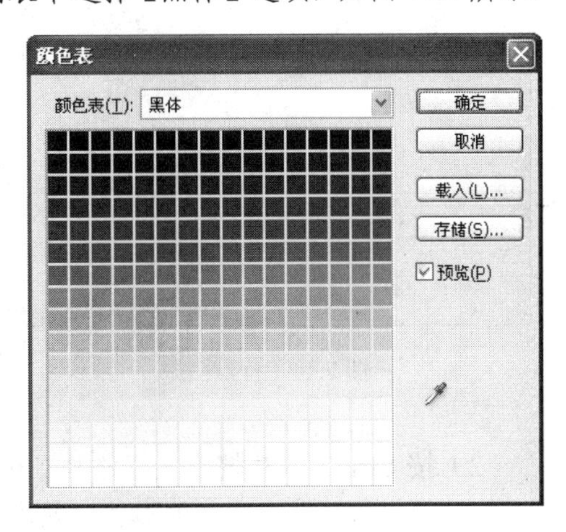

图7.41 火焰字（四）

5）单击【确定】按钮之后出现火焰效果，如图7.42所示。

6）再次使用文字工具T，输入“火焰”，并设置字体为红色、黑体，字体大小为200点，字符间距为100，调整位置使其与原“火焰”字重合，最终效果如图7.43所示。

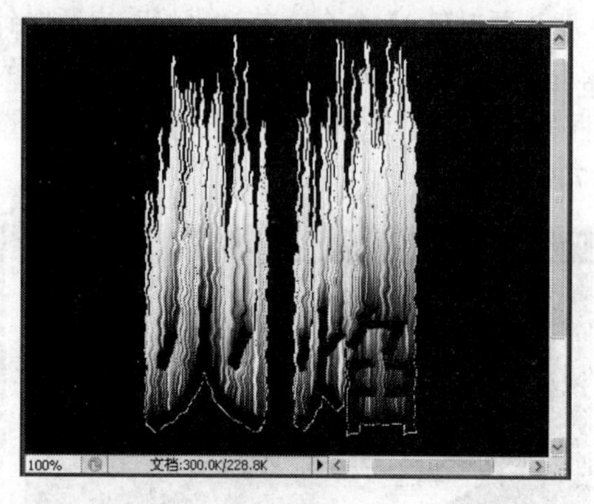

图 7.42 火焰字（五）

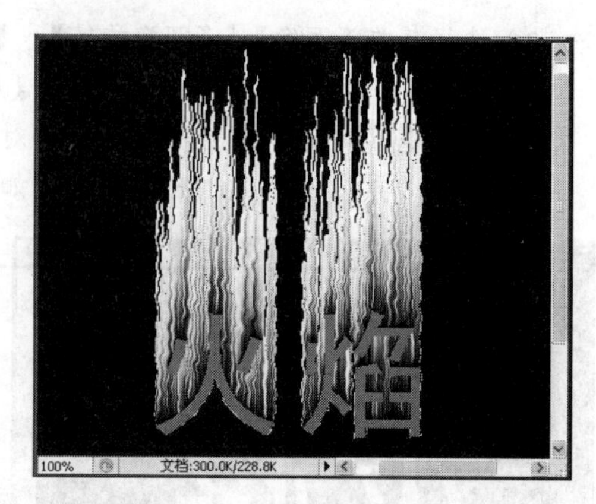

图 7.43 火焰字（六）

案例实施

案例一 实施步骤

学习文字的创建和格式的设置，及制作特效字的方法后，下面完成制作“蝴蝶”霓虹灯效果文字的工作任务。

图 7.44 背景图

【步骤一】准备工作。

1）打开本章素材 7.44 的一幅背景图，效果如图 7.44 所示。

2）设置前景色的 R、G、B 分别为 0、54、255，选择【横排文字工具】T，设置好字体、字号，输入文字“蝴蝶”，效果如图 7.45 所示。

【步骤二】设置文字动感模糊效果。

1）在文字图层上右击，从弹出的快捷菜单上选择【栅格化文字】命令，将文字栅格化。

2）按 Ctrl+T 快捷键为文字添加自由变形框，按住 Ctrl 键的同时鼠标指向控制点进行拖动，改变文字的形状，效果如图 7.46 所示。

3）复制文字图层重命名为“图层 1”。选中【图层 1】，选择菜单【滤镜】|【模糊】|【动感模糊】命令，然后在【动感模糊】对话框中设置【角度】为−75 度，【距离】为 45 像素，如图 7.47 所示，图像效果如图 7.48 所示。

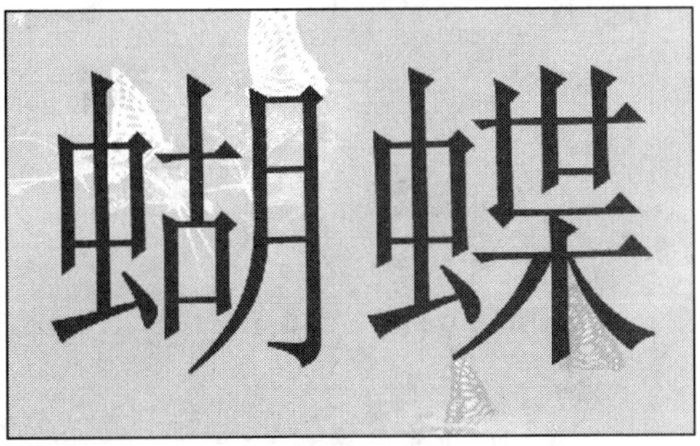

图 7.45 “蝴蝶”霓虹灯效果文字（一）

图 7.46 “蝴蝶”霓虹灯效果文字（二）

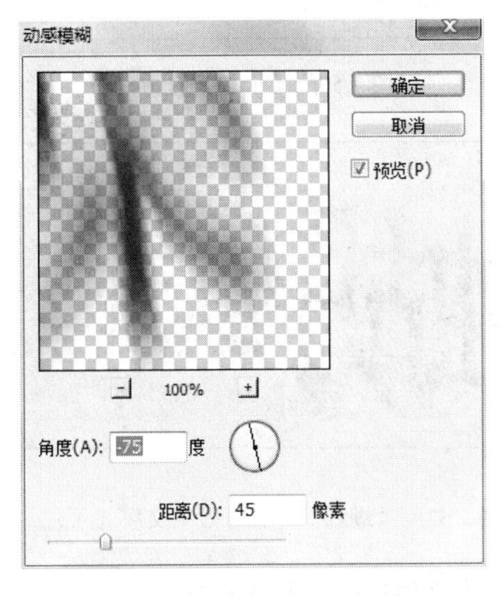

图 7.47 【动感模糊】对话框

图 7.48 “蝴蝶”霓虹灯效果文字（三）

4）将【图层 1】拖动到【图层】面板下方的【创建新图层】按钮上进行复制，将其重命名为“图层 2”。按 Ctrl+E 快捷键合并【图层 1】和【图层 2】为【图层 2】。

5）选择工具箱中的【移动工具】，将【图层 2】移动到文字图层的上方，效果如图 7.49 所示。

【步骤三】设置文字立体效果。

1）将文字图层拖动到【图层】面板下方的【创建新图层】按钮上进行复制，将其重命名为“图层 3”，并移动到所有图层的上方。

2）选中【图层 3】，选择菜单【编辑】|【描边】命令，在【描边】对话框中的【描边】选项组中设置【宽度】为 2px，颜色的 R、G、B 分别为 255、0、234，单击【位置】选项组中的【居中】单选按钮，如图 7.50 所示，图像效果如图 7.51 所示。

3）选择工具箱中的【魔棒工具】，单击【图层 3】中的蓝色区域，然后按 Delete 键删除，取消选区，并将其移动到图像的上方，效果如图 7.52 所示。

图 7.49 “蝴蝶”霓虹灯效果文字（四）

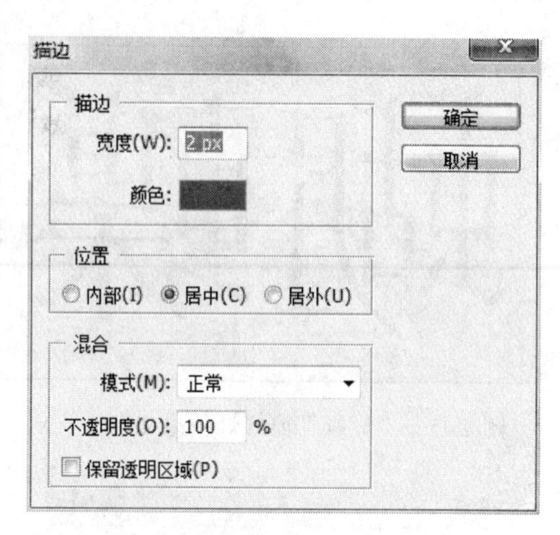

图 7.50 【描边】对话框

图 7.51 “蝴蝶”霓虹灯效果文字（五）

图 7.52 “蝴蝶”霓虹灯效果文字（六）

4）将【图层 3】拖动到【图层】面板下方的【创建新图层】按钮上进行复制，将其重命名为“图层 4”，然后在【图层 4】中设置图层的【混合模式】为【叠加】模式，选择工具箱中的【移动工具】将其移动到文字的下方，图像效果如图 7.53 所示。

5）将【图层 4】拖动到【图层】面板下方的【创建新图层】按钮上进行复制，将其重命名为“图层 5”，设置该层的【混合模式】为【强光】模式，【不透明度】为 30%，移动【图层 5】到文字和阴影中间，效果如图 7.54 所示。

图 7.53 “蝴蝶”霓虹灯效果文字（七）

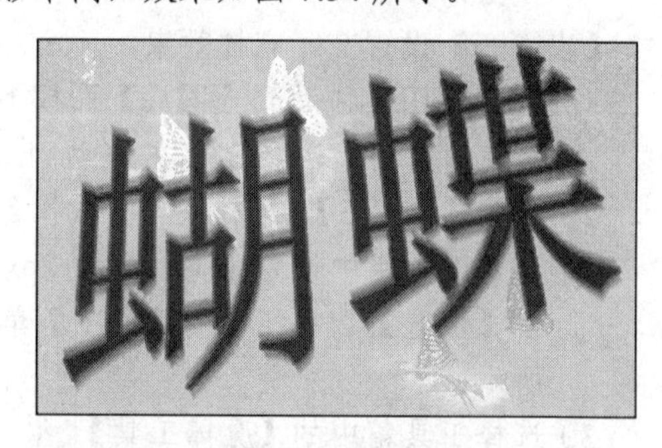

图 7.54 “蝴蝶”霓虹灯效果文字（八）

6）按住 Ctrl 键的同时单击【图层 3】，载入【图层 3】的选区，效果如图 7.55 所示。

7）选择菜单【选择】|【修改】|【收缩】命令，在打开的【收缩】对话框中将【收缩量】设置为 1px，效果如图 7.56 所示。

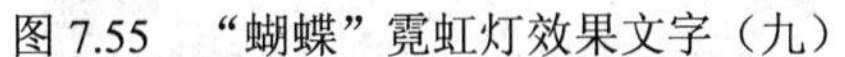

图 7.55 “蝴蝶”霓虹灯效果文字（九）

图 7.56 “蝴蝶”霓虹灯效果文字（十）

8）新建一个图层命名为“图层 6”，设置其【混合模式】为【变亮】模式，【不透明度】为 50%，并将该层移动到最上方。

9）保持选区，设置前景色为白色，按 Alt+Delete 快捷键填充选区，取消选区，效果如图 7.57 所示。

10）选中【图层 6】，单击【图层】面板下方的【添加图层蒙版】按钮，选择工具箱中的【渐变工具】，设置渐变色为左端为白色，右端为黑色，选择线性渐变，由文字的左上方向右下方拖动，让蝶字的彩边变暗，产生由近到远的视角效果，最终效果如图 7.58 所示。

图 7.57 “蝴蝶”霓虹灯效果文字（十一）

图 7.58 最终效果

【步骤四】保存文件。

将生成好的图以.psd 和.jpg 的文件格式各保存一份。

案例二 实施步骤

案例一介绍了制作汉字霓虹灯效果文字的知识，学习了文字的输入、栅格化、描边等操作，并通过图层的混合模式等设置效果。下面回到案例二完成制作字符霓虹灯效果文字的任务。

【步骤一】准备工作。

1）启动 Photoshop CS5，新建文件大小为 500×350 像素，黑色背景，72 像素分辨率，RGB 颜色模式。

2）制作一个椭圆形选区，选择菜单【选择】|【修改】|【羽化】命令，打开【羽化半径】对话框，设置【羽化半径】为 45 像素，如图 7.59 所示。

3）新建图层，保持上图的选区，填充颜色（R：197，G：203，B：234），适当降低不透明度（67%），如图 7.60 所示。

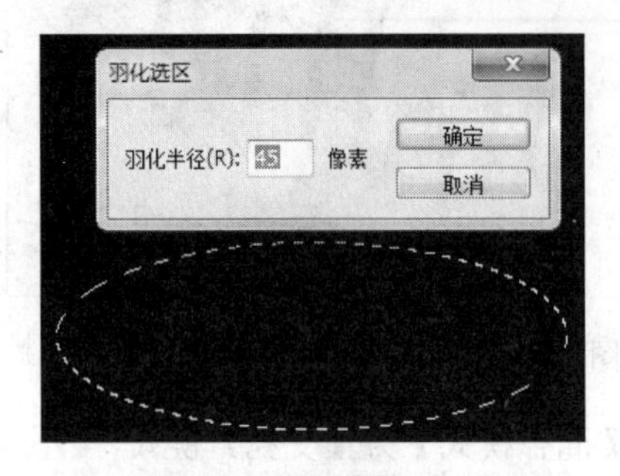

图 7.59 霓虹灯效果文字（一）

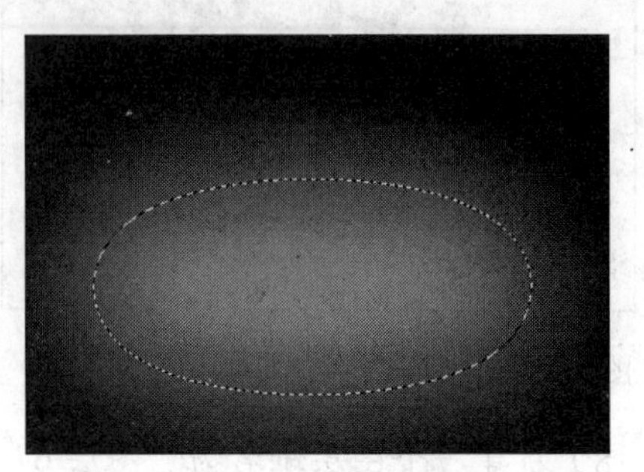

图 7.60 霓虹灯效果文字（二）

【步骤二】输入字符，并擦出形状。

1）下面制作数字“2”。新建图层，使用硬边圆头笔刷（大小为 85 像素，颜色为白色），画出如图 7.61 所示的形状。

2）选择【橡皮工具】，使用硬边圆头笔刷（60 像素左右大小），在如图 7.61 所示的图中擦出如图 7.62 所示形状，再选用小号笔刷，擦一个圆做点缀，如图 7.62 所示。

图 7.61 霓虹灯效果文字（三）

图 7.62 霓虹灯效果文字（四）

图 7.63 霓虹灯效果文字（五）

3）使用同样的方法，制作文字“3”、“P”、“S”（其中“P”竖的制作是利用路径笔刷描边得来的），合并文字图层，效果如图 7.63 所示。

【步骤三】添加图层样式。

1）为该层添加图层样式，图层内部设置【填充不透明度】为 0，添加投影效果，参数如图 7.64 所示。

2）为该层添加内阴影效果，参数如图 7.65 所示。

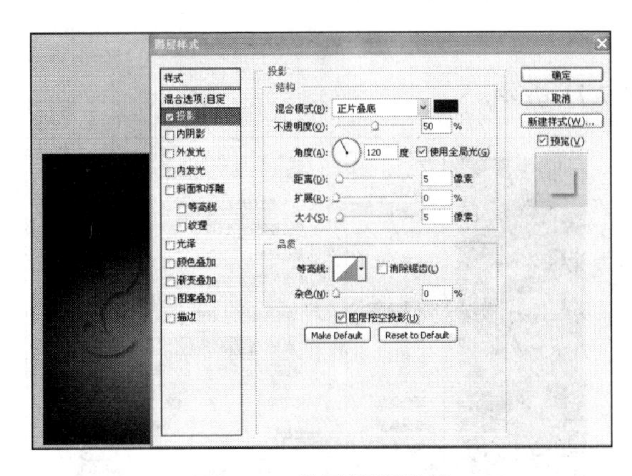

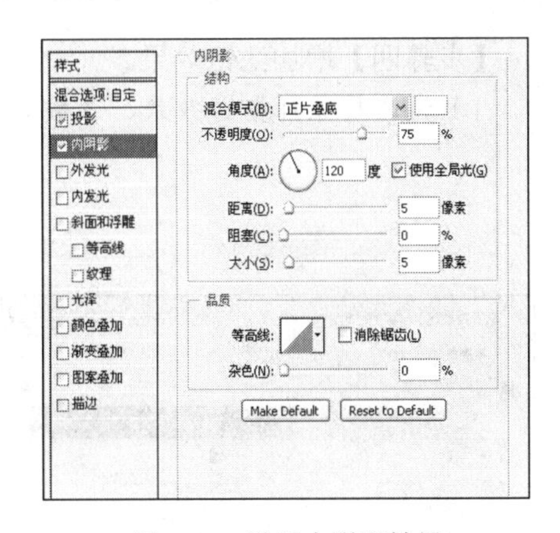

图 7.64 设置投影效果

图 7.65 设置内阴影效果

3）为该层添加内发光效果，参数如图 7.66 所示。

4）为该层添加斜面和浮雕效果，参数如图 7.67 和图 7.68 所示。

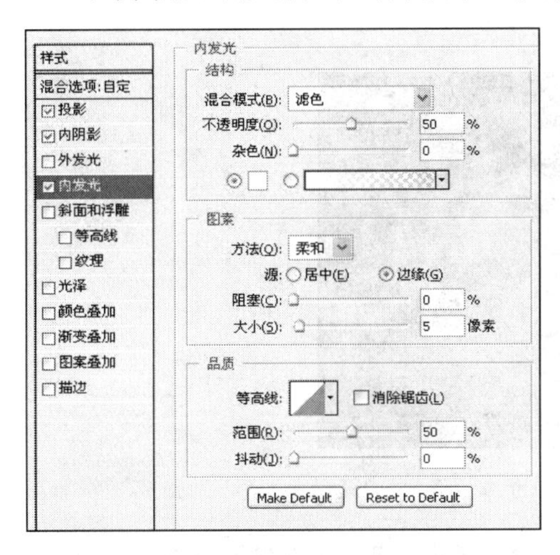

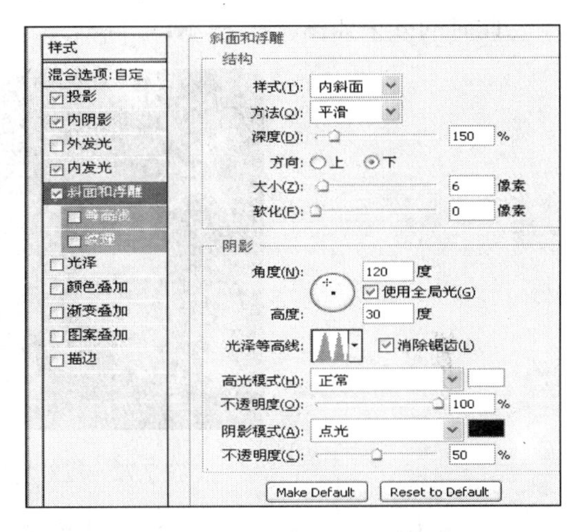

图 7.66 设置内发光效果

图 7.67 设置斜面和浮雕效果

5）为该层添加渐变叠加效果，参数如图 7.69 和图 7.70 所示。

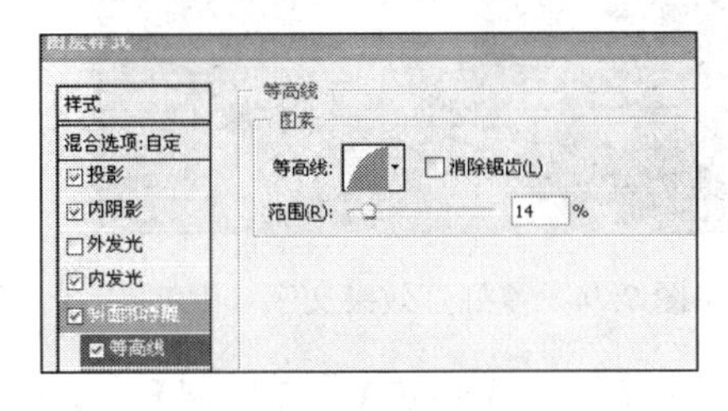

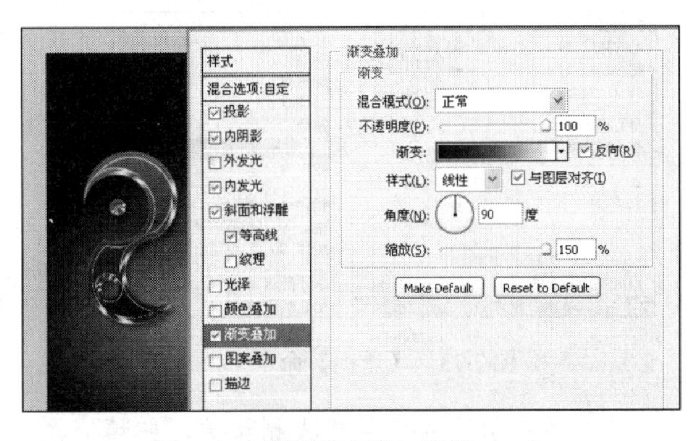

图 7.68 设置等高线

图 7.69 设置渐变叠加效果（一）

【步骤四】增加滤镜效果。

1）为该层添加描边效果，参数如图 7.71 所示。

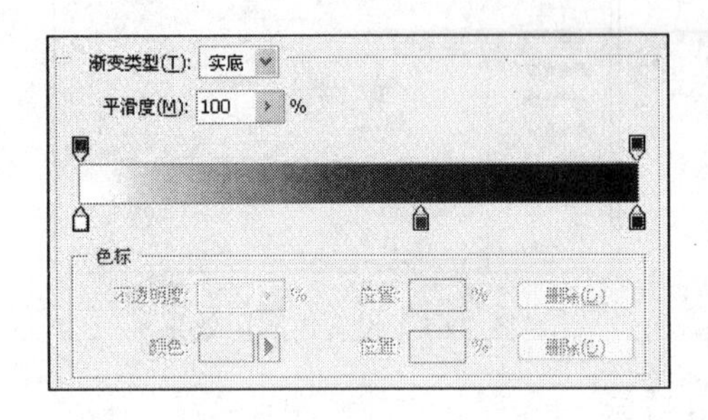

图 7.70　设置渐变叠加效果（二）

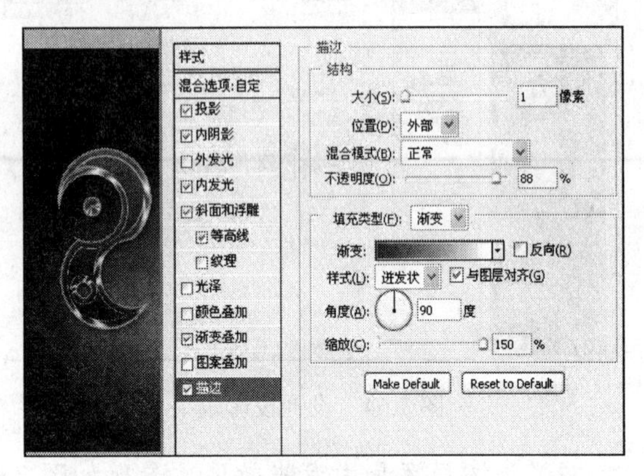

图 7.71　设置【描边】效果

此时的效果如图 7.72 所示。

图 7.72　霓虹灯效果文字（六）

2）复制该层并放其下面，选择菜单【编辑】|【变换】|【透视】命令，调整图的大小位置，如图 7.73 和图 7.74 所示。

拷贝(C)	Ctrl+C	再次(A)	Shift+Ctrl+T
合并拷贝(Y)	Shift+Ctrl+C	缩放(S)	
粘贴(P)	Ctrl+V	旋转(R)	
Paste Special		斜切(K)	
拼写检查(H)...		扭曲(D)	
查找和替换文本(X)...		透视(P)	
填充(L)...	Shift+F5	变形(W)	
描边(S)...		旋转 180 度(1)	
内容识别比例	Alt+Shift+Ctrl+C	旋转 90 度(顺时针)(9)	
Puppet Warp		旋转 90 度(逆时针)(0)	
自由变换路径(F)	Ctrl+T	水平翻转(H)	
变换路径		垂直翻转(V)	

图 7.73　【透视】命令

图 7.74　霓虹灯效果文字（七）

3）将复制层的图层样式删除掉，并填充黑色，选择菜单【滤镜】|【模糊】|【高斯模糊】命令，如图 7.75 所示。

4）盖印图层（Ctrl+Alt+Shift+E 快捷键），选择菜单【滤镜】|【渲染】|【光照效果】命令，如图 7.76 所示。

图 7.75 霓虹灯效果文字（八）

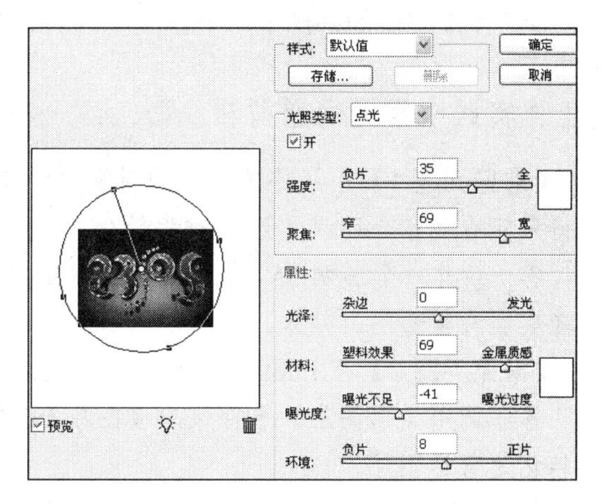

图 7.76 设置光照效果

5）选择【滤镜】|【渲染】|【镜头光晕】命令，多添加几个镜头光晕效果，设置不同大小，如图 7.77 所示。

6）最后进行微处理，完成最终效果图，如图 7.78 所示。

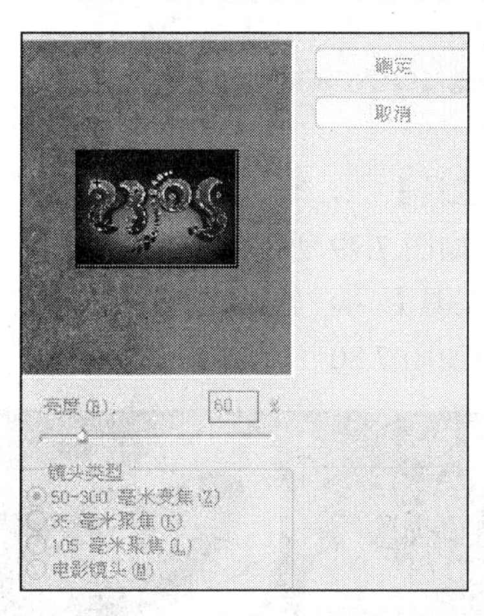

图 7.77 设置镜头光晕效果

图 7.78 最终效果

【步骤五】保存文件。

将生成好的图以.psd 和.jpg 的文件格式各保存一份。

工作实训营

1. 训练内容

练习绘制图案字、彩边字、带刺字、洞眼字、球形字、火焰字等特效文字。

2. 训练要求

在 7.4 节实例的基础上，更换文字内容，分别实现上述特效文字。

工作实践中常见问题解析

【常见问题 1】在做特效文字的时候，做完后总是有白色的背景，如何去掉背景色，使得只能看到字，而看不到任何背景？

答：新建一个透明层，在透明层上建立文字，并完成效果，输出为.gif 格式的图片，就能实现背景透明的效果。

【常见问题 2】在 Photoshop CS5 中，把文字图层转成普通图层的命令是什么？

答：选中文字图层，选择菜单【图层】|【栅格化】|【图层】命令，即可将文字图层转化为普通图层。

【常见问题 3】在 Photoshop CS5 中写入文字，怎样选择部分文字选区？

答：把文字图层转换成普通图层，然后在【图层】面板上按住 Ctrl 键，同时单击转换成图层的文字图层就能选中全部文字，然后按 M 键，再按住 Alt 键，就会出现+_的符号，然后选中不需要的文字，那么留下的就是需要的文字。

习 题

1. 新建一个文件，黑色背景，使用【横排文字工具】T，输入“PSD”，设置字体为黑体，字体大小为 260 点，字符间距为 100，制作如图 7.79 所示的文字效果。

2. 新建一个文件，白色背景，使用【横排文字工具】T，输入“TC”，设置字体为黑体，字体大小为 300 点，字符间距为 100，制作如图 7.80 所示的文字效果。

图 7.79 琉璃效果

图 7.80 文字效果（一）

3. 新建一个文件，利用【横排文字工具】T，输入文字“team”，制作如图 7.81 所示的文字效果。

4. 新建一个文件，黑色背景，利用【横排文字工具】T，输入“江苏食品”，制作如图7.82所示的文字效果。

图7.81 文字效果（二）

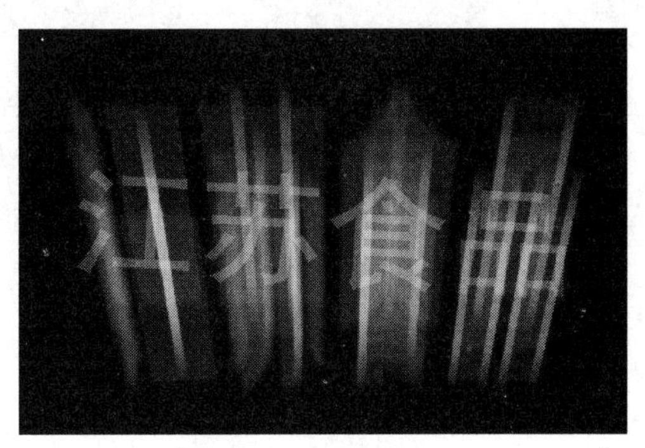

图7.82 文字效果（三）

第8章

绘制图形及路径

本章要点 ☞

了解绘图模式。

掌握绘制图形的方法和技巧。

掌握绘制和编辑路径图形的方法和技巧。

掌握路径的运算方法。

掌握选取路径、填充和描边路径的方法。

技能目标 ☞

掌握绘制和编辑形状图形的方法和技巧。

掌握绘制路径图形的方法和技巧。

案例导入

【案例一】绘制卡通小熊。

熟悉绘图工具的使用，要求研究卡通动物的整体构造，绘制卡通动物，如图 8.1 所示。

【案例二】完成“众人机械有限公司”LOGO 的设计。

熟练运用各种矢量工具、填充工具和文字工具，完成“众人机械有限公司”LOGO 的设计，掌握 LOGO 类图标的设计过程。最终的设计效果如图 8.2 所示。

图 8.1 卡通小熊效果

图 8.2 “众人机械有限公司”LOGO 效果

引导问题

1）什么是路径？什么是锚点？怎么通过锚点改变路径形状？
2）形状工具有哪些，怎么使用？
3）如何利用钢笔工具制作不规则形状的图形？
4）如何绘制路径图形，如何编辑路径图形？
5）路径怎么运算？
6）路径如何填充和描边？

基础知识

8.1 路径与锚点

路径由一个或多个直线段或曲线段组成。锚点标记路径段的端点。在曲线段上，每个选中的锚点显示一条或两条方向线，方向线以方向点结束。方向线和方向点的位置决定曲线段的长度和形状。移动这些图素将改变路径中曲线的形状。

锚点分为两种，一种为角点，一种为平滑点，如图 8.3 和图 8.4 所示。两种锚点是可以互换的，其中平滑点会有控制点控制其连接曲线的平滑度。

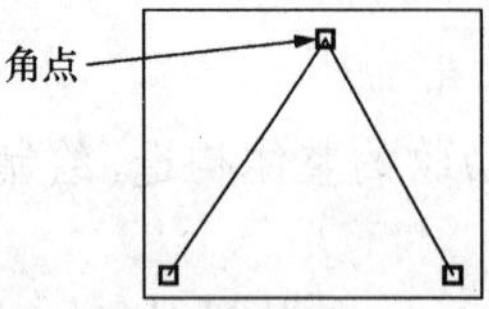

角点

图 8.3　角点

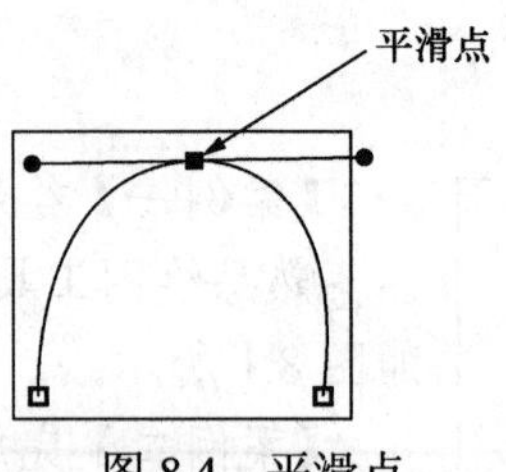

图 8.4　平滑点

路径可以是闭合的，没有起点或终点（如圆圈）；也可以是开放的，有明显的终点（如波浪线）。

平滑曲线由称为平滑点的锚点连接，锐化曲线路径由角点连接，如图 8.5 和图 8.6 所示。

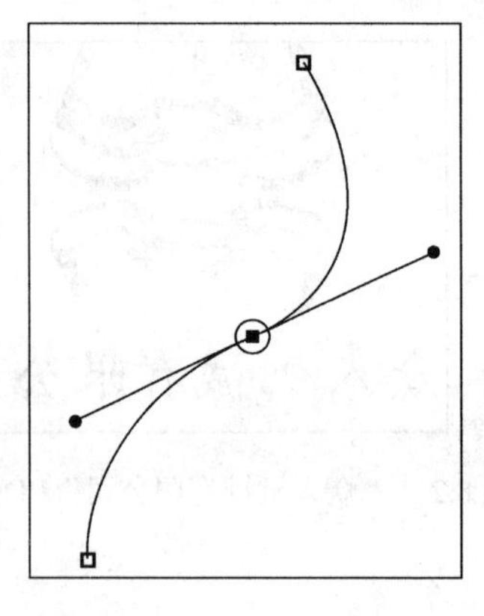

图 8.5　平滑点连接

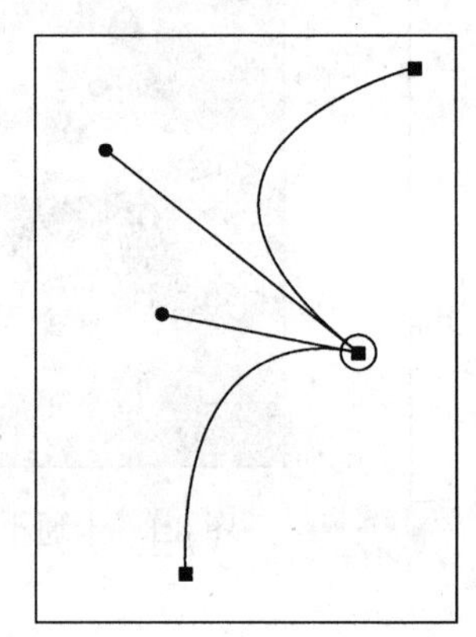

图 8.6　角点连接

当在平滑点上移动方向线时，将同时调整平滑点两侧的曲线段。相比之下，当在角点上移动方向线时，只调整与方向线同侧的曲线段，如图 8.7 和图 8.8 所示。

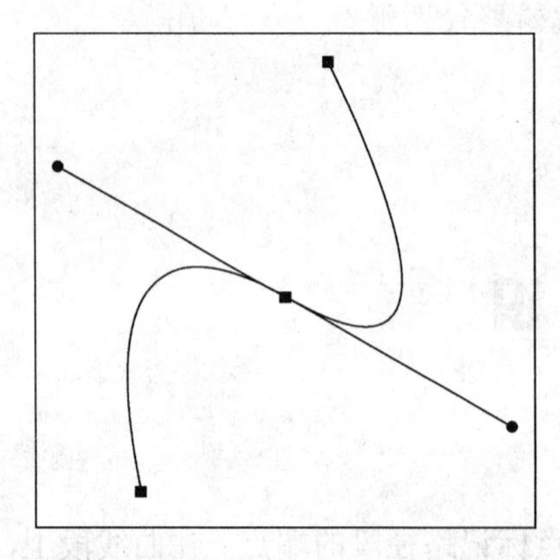

图 8.7　在平滑点上移动方向线

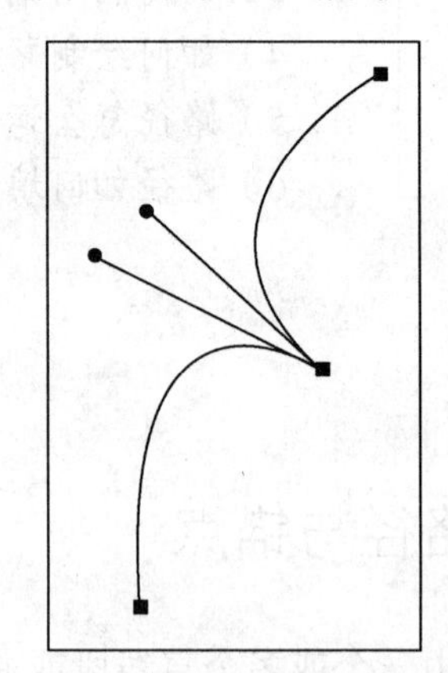

图 8.8　在角点上移动方向线

路径不必是由一系列线段连接起来的一个整体，它可以包含多个彼此完全不同而且相互独立的路径组件。形状图层中的每个形状都是一个路径组件。

8.2 绘制形状图形

在 Photoshop CS5 中，用户可以通过形状工具创建路径图形。形状工具一般可分为两类：一类是基本几何体图形的形状工具，另一类是形状较多样的自定形状工具。

8.2.1 认识形状工具

下面详细介绍形状工具及其工具属性栏的使用方法。

1. 形状工具的分类

右击工具箱中的【矩形工具】按钮，打开如图 8.9 所示的菜单。

- 【矩形工具】选项。选择该选项命令可以绘制矩形形状。
- 【圆角矩形工具】选项。选择该选项命令可以绘制具有圆角的矩形，圆角的大小可以自行设置。
- 【椭圆工具】选项。选择该选项命令可以绘制椭圆或圆形。
- 【多边形工具】选项。选择该选项命令可以绘制多边形。
- 【直线工具】选项。选择该选项命令可以绘制直线。
- 【自定形状工具】选项。选择该选项命令可以绘制自由的形状。

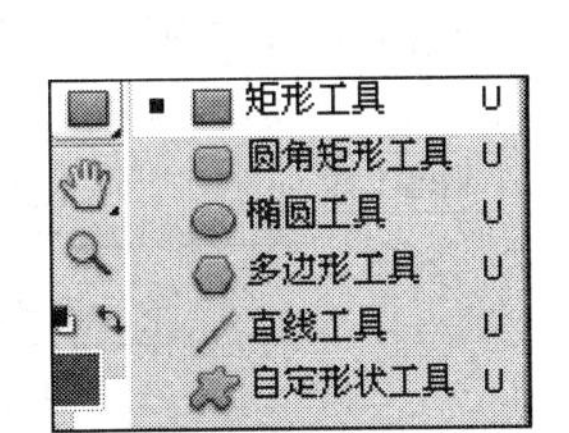

图 8.9　形状工具

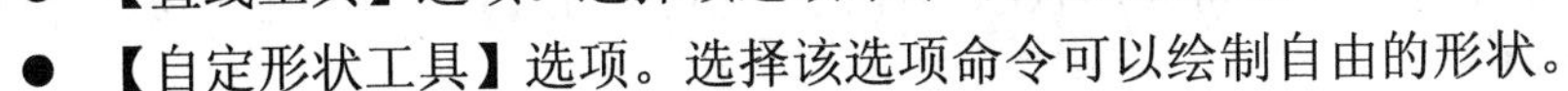

2. 【形状工具】工具属性栏

【形状工具】的工具属性栏对形状工具的使用十分重要。在其工具属性栏中可以设置所要绘制形状的一些参数。和其他工具的工具属性栏一样，默认情况下，【形状工具】工具的属性栏位于菜单栏的下方，如图 8.10 所示。

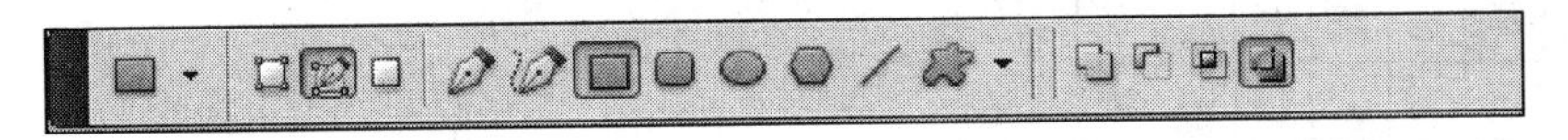

图 8.10　【形状工具】工具属性栏

下面介绍一下【形状工具】工具属性栏的部分选项。

1）绘图模式。Photoshop CS5 中的的钢笔和形状等矢量工具可以创建不同的对象，包括形状图层、路径、填充像素。使用矢量工具开始绘图之前，需要在其工具属性栏中单击相应的按钮，选择一种绘图模式，如图 8.11 所示。选择的绘图模式将决定是在当前图层上方创建形状图层，或是创建工作路径，还是绘制填充图形。

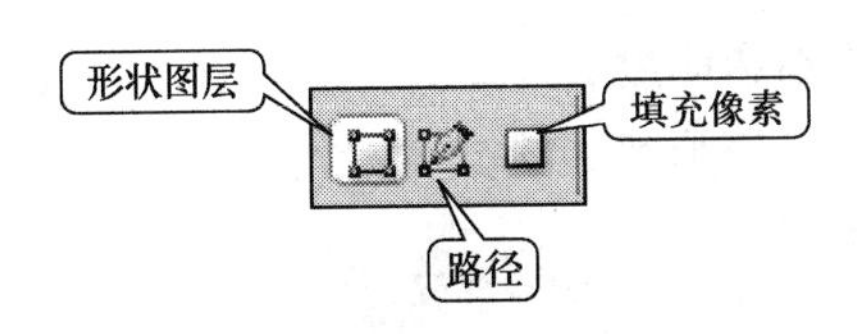

图 8.11　绘图模式

- 形状图层。在画面上绘制形状时，【图层】面板上自动生成一个名为“形状”的新图层，并在【路径】面板上保存矢量形状。
- 路径。在画面上绘制形状时，此形状自动转变为路径线段，并在【路径】面板中保存为工作路径。
- 填充像素。绘制形状时，在原图层上自动用前景色填充或描边（有些自定形状是用前景色描边）此形状。在【图层】面板和【路径】面板中不会保存形状。

2）路径图形工具。Photoshop CS5 中的路径图形，可以通过钢笔工具绘制，也可以通过形状工具创建，工具如图 8.12 所示。

- 【钢笔工具】。该工具用于绘制路径。
- 【自由钢笔工具】。该工具用于绘制连贯的路径。
- 6 种形状工具。该类工具上一小节中已介绍过。

3）在指定形状图层时，可以设置图层样式及填充颜色，如图 8.13 所示。

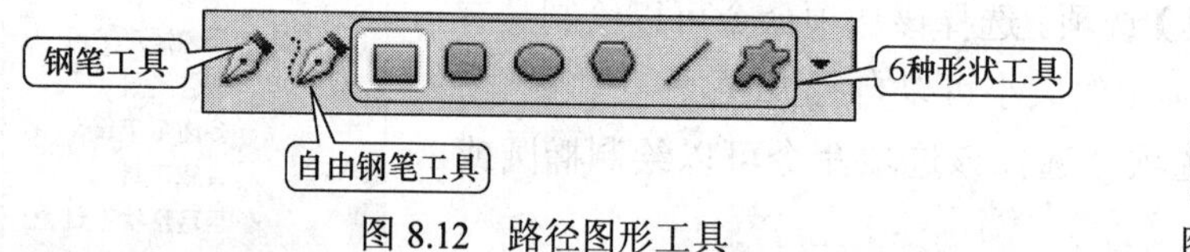

图 8.12 路径图形工具

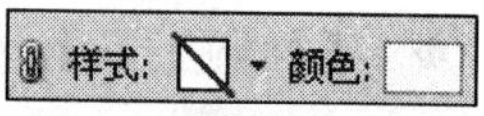

图 8.13 图层样式及填充颜色选项栏

单击【样式】下拉按钮，可为形状添加样式，也可以在【图层】面板中添加自定义的样式，如图 8.14 所示。

单击颜色缩览图，打开【拾色器】对话框，可以设置形状图层的颜色。

当选择绘图模式为【填充像素】时，工具属性栏中会出现如图 8.15 所示的选项。

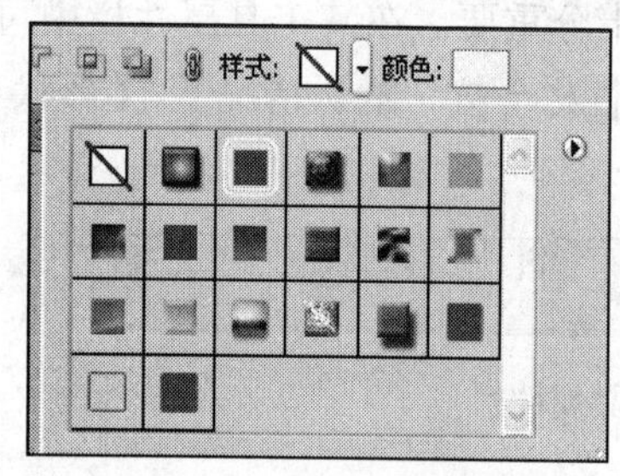

图 8.14 自定义的样式

图 8.15 【填充像素】绘图模式相关选项

- 【模式】选项。该选项用于设置形状区域的混合模式。
- 【不透明度】选项。该选项用于设置形状的不透明度。
- 【消除锯齿】选项。选中该选项复选框，可以使形状边缘变得光滑。

3. 形状工具的特点

初步认识形状工具以后，下面介绍形状工具的特点。

1）形状是可编辑的。与像素不同，通过移动控制点和控制柄可以改变形状，也可以放缩、旋转、扭曲和倾斜形状。

2）形状有助于弥补低分辨率图像的缺陷。通过基于矢量的精确轮廓，使图像显示更加清晰。

3）图层样式可以应用于形状图层。同标准图层一样，形状图层同样也可以添加图层样式。

4）形状与图像的分辨率无关。形状是基于矢量的，所以随着图像的放大，不会影响图像的清晰度。

8.2.2 创建和编辑形状

在绘制形状时，首先要在工具属性栏中选择合适的绘制模式。

绘制形状的方法很简单，只需在画面上拖动鼠标，便可以绘制出所需要的形状。

绘制形状的过程中，必须注意以下问题。

1）绘制形状之前，要设置形状的一些参数。例如，选择形状图层时，要先设置其颜色和图层样式；选择像素填充时，要设置其模式、不透明度等。

2）按住 Shift 键，可以绘制出规则的图形。选择【直线工具】，按住 Shift 键，在画面上拖动鼠标，可以绘制出水平、竖直或 45°的斜线；选择【矩形工具】，按住 Shift 键，在画面上拖动鼠标，可以绘制出正方形；选择【椭圆工具】，按住 Shift 键，在画面上拖动鼠标，可以绘制出正圆。

3）按住 Alt 键，拖动鼠标，可以从中心开始绘制形状，即鼠标的起始点是形状的中心，例如，从圆心开始绘制椭圆或圆。按住 Shift+Alt 键，鼠标的起始点为圆心或正方形的中心绘制圆或正方形。

4）单击如图 8.16 所示的工具属性栏上的几何下拉按钮，可以根据所选的形状打开一个相应的面板，在上面可以设置形状参数。

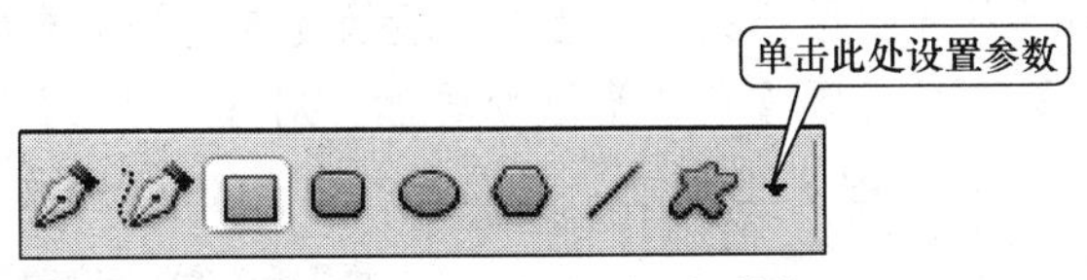

图 8.16　几何选项下拉按钮

可以设置矩形参数，如图 8.17 所示。

可以将多边形设置为星形，并设置其缩进及拐角参数，如图 8.18 所示。

也可以设置直线参数，如图 8.19 所示。

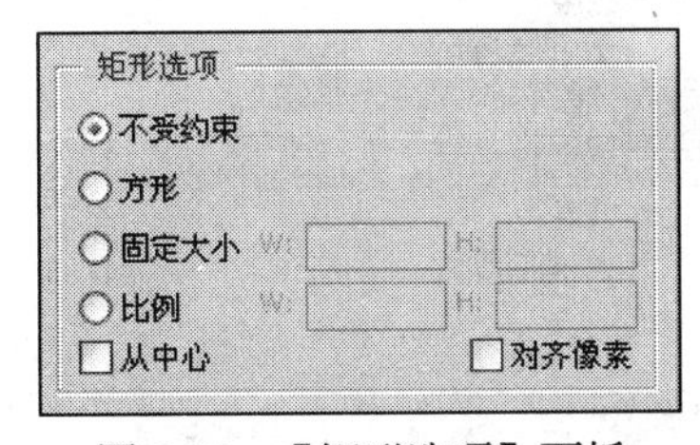

图 8.17　【矩形选项】面板

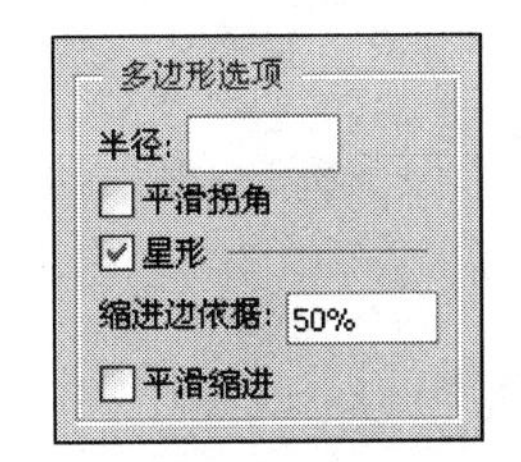

图 8.18　【多边形选项】面板

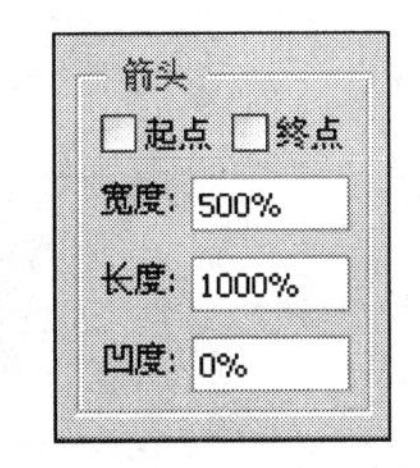

图 8.19　【箭头】面板

形状绘制完成后，可以编辑形状。通过编辑形状的填充图层，可以很容易地将填充更改为其他颜色、渐变或图案。也可以编辑形状的矢量蒙版以修改形状轮廓，并对图层应用样式。

1）要更改形状颜色，可以双击【图层】面板中形状图层的缩览图，打开拾色器，在拾色器中选择一种不同的颜色即可。如先选择【形状图层】模式，再选择，设置前景色为红色，用【椭圆工具】，按住 Shift 键，在画面上拖动鼠标，可以绘制出（图层情况如图 8.20 所示）三个圆，再选择【直线工具】，设置【粗细】为 2 厘米，终点有箭头，拖出一个向下的箭头，双击【图层】面板中形状图层缩略图，设置箭头填空色为桃红色，通过几个形状构造了一盒花，如图 8.21 所示。

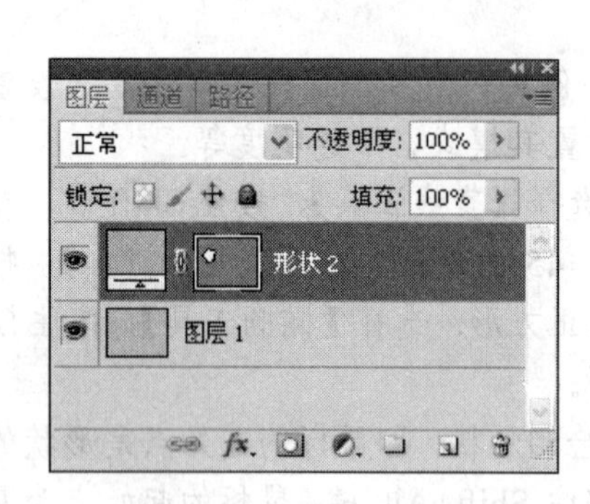

图 8.20 更改形状颜色

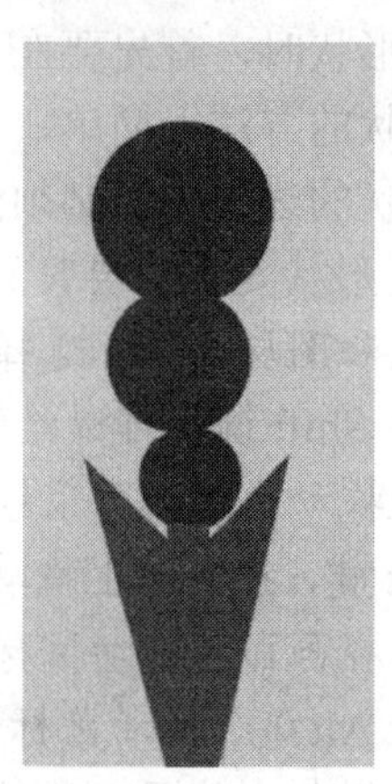

图 8.21 花盒

2）要使用图案或渐变来填充形状，可以在【图层】面板中选择形状图层，然后单击【添加图层样式】按钮，在弹出的菜单选择【渐变叠加】或【图案叠加】命令，并在打开的【图层样式】对话框中设置【渐变】或选择【图案】，对图 8.21 中的【形状 1】图层设置【色谱】渐变叠加，对【形状 2】图层设置【冻雨】图案叠加，图形效果如图 8.22 所示，图层结构如图 8.23 所示。

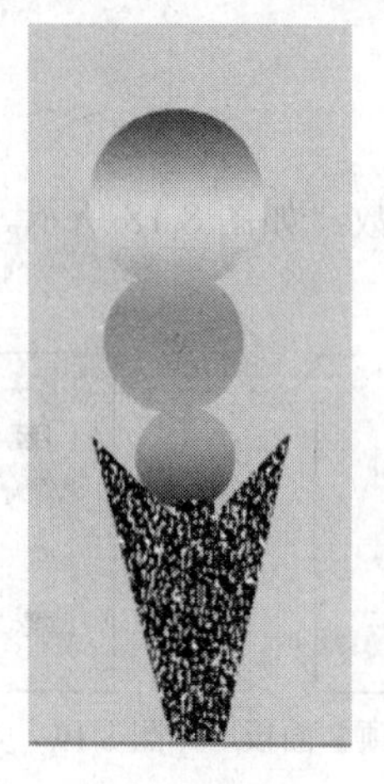

图 8.22 渐变、图案填充效果图

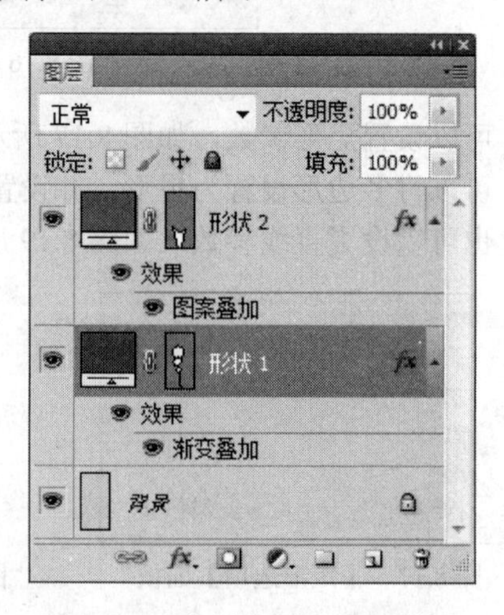

图 8.23 应用效果的图层结构

3）要修改形状轮廓，可以在【图层】面板或【路径】面板中单击形状图层的矢量蒙板缩览图，然后使用直接选择工具或钢笔工具更改形状轮廓。

选择【直接选择工具】，在形状边缘单击，则其边缘出现控制点，拖动控制点便可以改变形状，如图8.24所示。

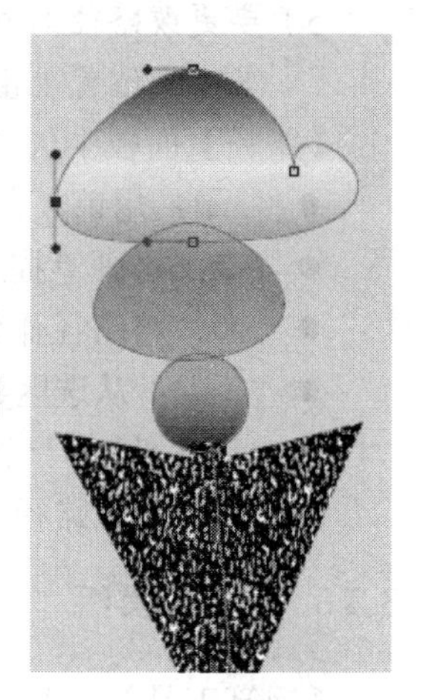

图8.24　改变形状

1）可以对形状图层进行删除、复制操作。要删除形状图层，可以在【图层】面板上将此形状图层选中，单击【图层】面板下方的【删除图层】按钮，在弹出的对话框中，单击【确定】按钮即可。

2）要删除形状路径，首先在【路径】面板上将此路径图层选中，然后单击【路径】面板下方的【删除当前路径】。

3）要复制形状图层，可以在【图层】面板上将此形状图层拖动到【图层】面板下方的【创建新图层】按钮。在弹出的提示框中，单击【好】按钮即可。

4）要复制形状路径，可以在【路径】面板上将此形状图层拖动到【路径】面板下方的【创建新路径】按钮。

8.3　绘制和编辑路径图形

8.3.1　认识路径

路径是Photoshop CS5中的重要工具，主要用于光滑图像选择区域及辅助抠图，绘制光滑线条，定义画笔等工具的绘制轨迹，输出输入路径及在选择区域之间转换。路径是可以转换为选区或者使用颜色填充和描边的轮廓。形状的轮廓是路径。通过编辑路径的锚点，可以很方便地改变路径的形状。

8.3.2　路径面板

【路径】面板列出了每条存储的路径、当前工作路径和当前矢量蒙版的名称和缩览图。关闭缩览图可提高性能。

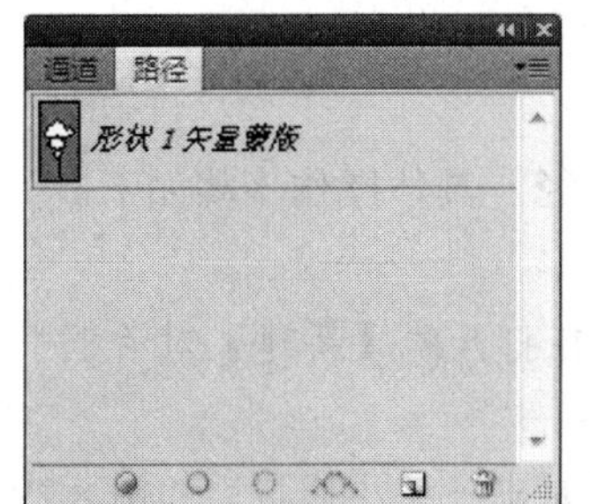

图8.25　【路径】面板

1）要显示【路径】面板，选择菜单【窗口】|【路径】命令，如图8.25所示是图8.23路径1的路径。

2）要查看路径，单击【路径】面板中相应的【路径缩览图】。一次只能选择一条路径。

3）要取消选择路径，单击【路径】面板中的空白区域。

4）要更改路径缩览图的大小，从【路径】面板菜单中选择【面板选项】选项，然后设置大小或单击【无】单选按钮，关闭缩览图显示。

5）要更改路径的堆叠顺序，在【路径】面板中选择该路径，然后上下拖移该路径。当所需位置上出现黑色的实线时，释放鼠标。

【路径】面板中矢量蒙版和工作路径的顺序不能更改，其下方的各按钮含义如下。

- ：用前景色填充路径。
- ：用画笔描边路径。
- ：将路径作为选区载入。
- ：从选区建立工作路径。
- ：建立一个新路径。
- ：删除路径。

8.3.3 钢笔工具组

【钢笔工具】组中有 5 个工具，从上到下分别为【钢笔工具】、【自由钢笔工具】、【添加锚点工具】、【删除锚点工具】和【转换点工具】，如图 8.26 所示。

通过如图 8.27 所示的【钢笔工具】的工具属性栏，可以设置【钢笔工具】的某些选项。

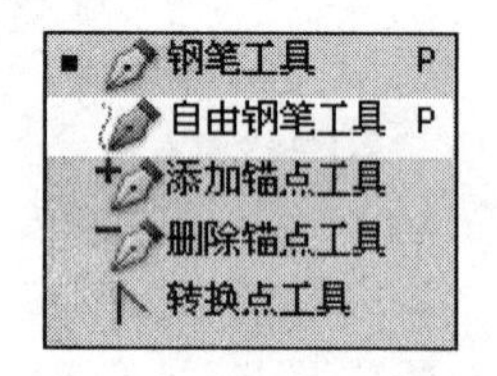

图 8.26 【钢笔工具】组

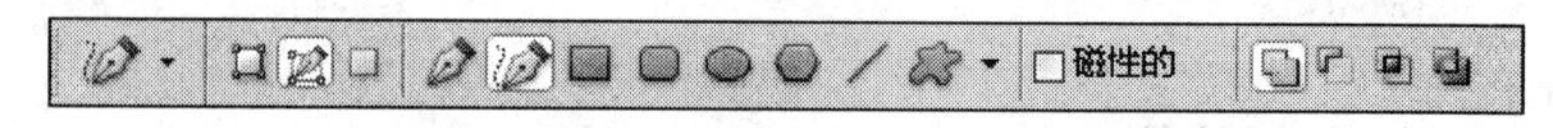

图 8.27 【钢笔工具】工具属性栏

- 。单击选中左边的按钮可以创建形状图层；单击中间的按钮可以创建工作路径；选中右边的按钮可以创建填充图形。
- 。该组按钮用于在【钢笔工具】和【自由钢笔工具】以及各种形状工具间进行切换，以便用不同的工具来创建所需要的路径。
- 【自动添加/删除】选项。选中该选项后，可以实现自动添加和删除锚点的功能。

8.3.4 绘制路径

1. 利用【钢笔工具】绘制路径

下面通过一个例子来了解如何使用【钢笔工具】绘制路径。具体操作步骤如下。

1）打开 Photoshop CS5。

2）选择菜单【文件】|【新建】命令，新建一个文件。在打开的【新建】对话框中设置的参数如图 8.28 所示。

3）单击工具箱中【钢笔工具】按钮，在画面上单击，绘制出一条小线段，如图 8.29 所示。

4）继续在下一点单击并拖动鼠标，可绘制出曲线段，如图 8.30 所示。

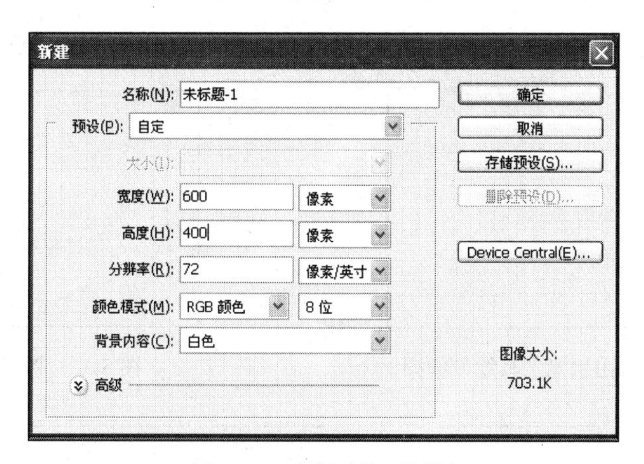

图 8.28　【新建】对话框

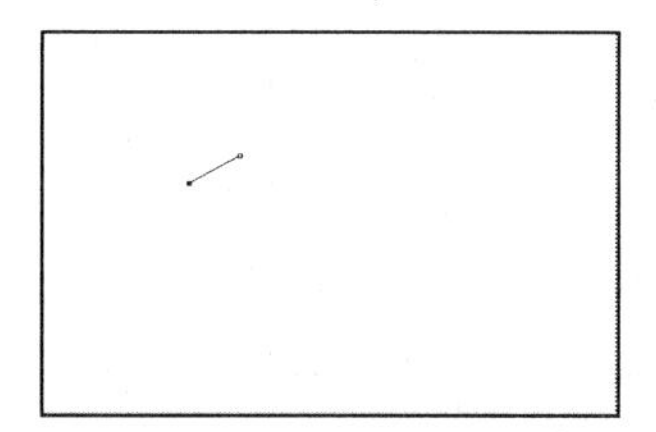

图 8.29　钢笔绘图（一）

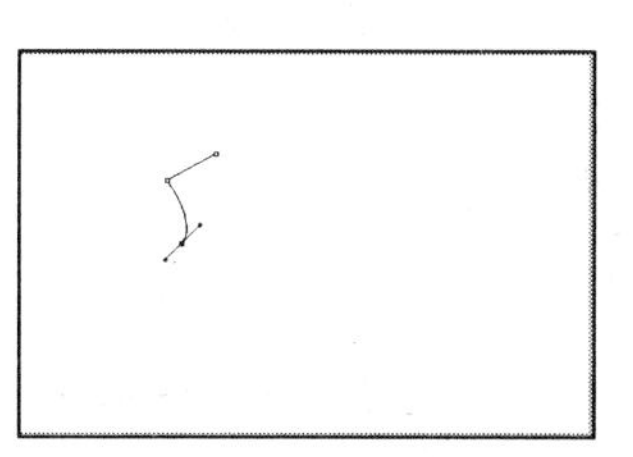

图 8.30　钢笔绘图（二）

5）按照上述方法将衣服的整个形状绘制出来，如图 8.31 所示。

6）将鼠标靠近起点，这时出现了一个小圆点，单击，将路径闭合，如图 8.32 所示。

7）用同样的方法添加衣服的领口和袖口，如图 8.33 所示。

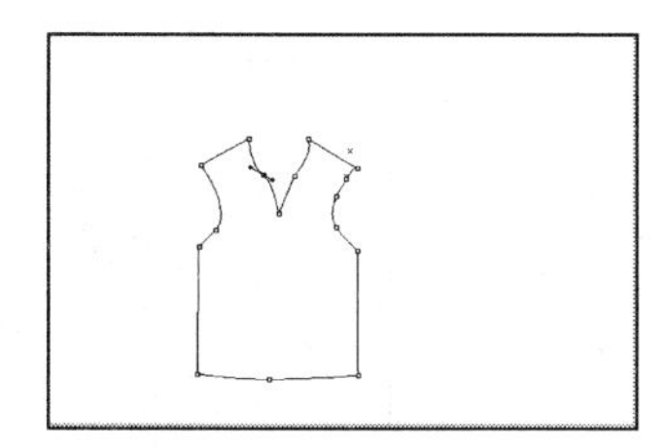

图 8.31　钢笔绘图（三）

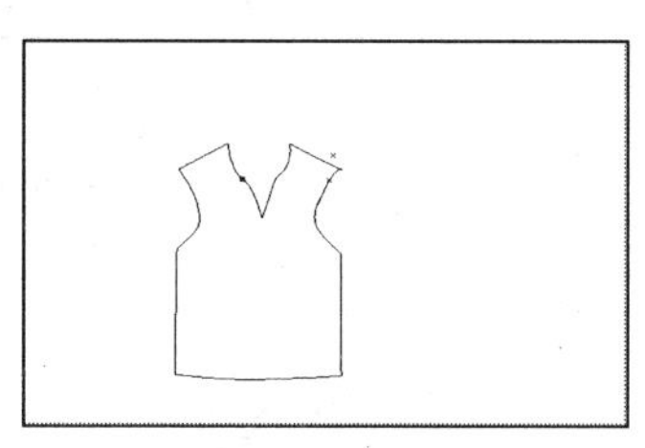

图 8.32　钢笔绘图（四）

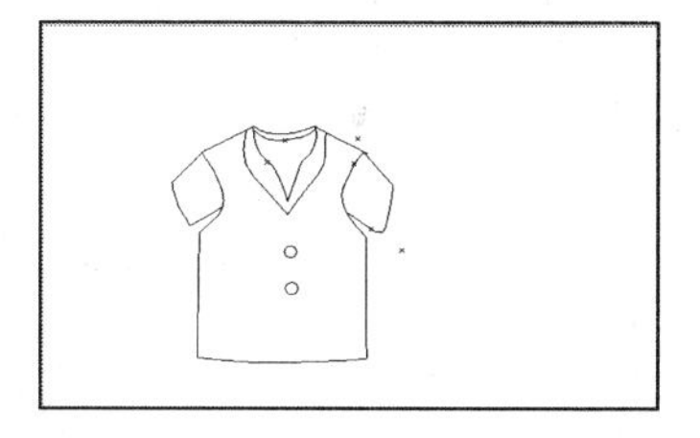

图 8.33　成品

这样，就用【钢笔工具】绘制了衣服的完整路径。

2. 利用【自由钢笔工具】绘制路径

用【自由钢笔工具】绘制路径的方法比较简单，只要在画面上拖动鼠标，便可以创建一条路径。用这种方式绘制的路径通常不太准确，可以在绘制完以后拖动控制点对其进行修改。图 8.34 是自由钢笔工具绘制的图形。

3. 【添加锚点工具】和【删除锚点工具】

这两个工具用于添加路径上的锚点和删除路径上的锚点，以改变路径的形状。图 8.35

是用添加锚点工具单击图形出现锚点，图 8.36 是对图 8.35 的图用这两个工具改变而成。

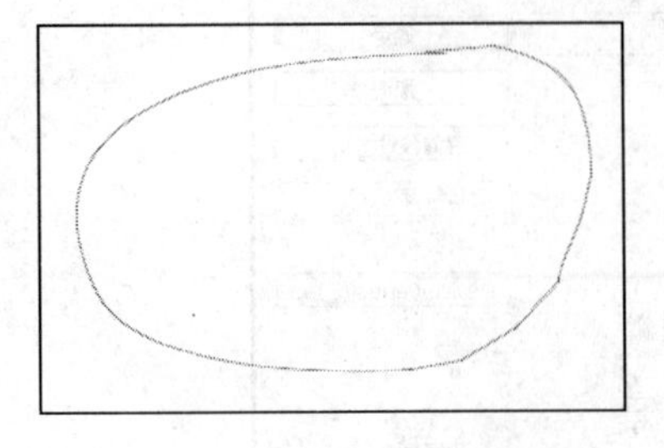

图 8.34　自由钢笔工具绘制的图

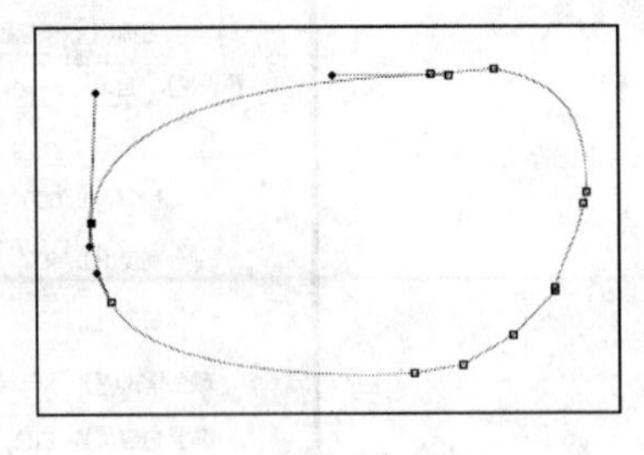

图 8.35　图形出现锚点

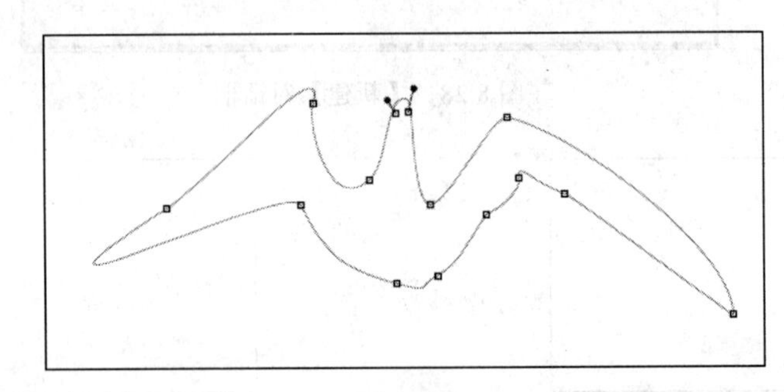

图 8.36　飞翔的鸟（一）

4. 转换点工具

该工具用于调整某段路径控制点位置，即调整路径的曲率。用转换点工具对图 8.36 飞翔的鸟进行调整，可以得到各种形状的鸟，如图 8.37 所示。

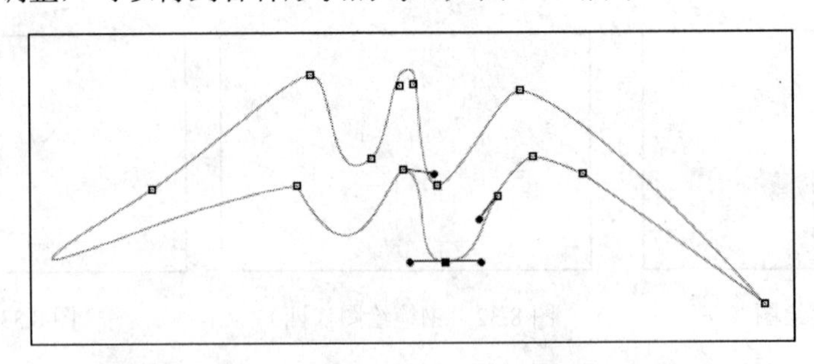

图 8.37　飞翔的鸟（二）

8.3.5　编辑路径

1. 调整路径

利用【直接选择工具】可以对绘制好的路径进行修改。【直接选择工具】可以分别对控制点、控制柄、直线段和曲线段进行修改。

1）移动控制点。单击路径中的某个点，或者框选出多个点，拖动鼠标，可以移动它们的位置。

2）移动控制柄。选中路径中的某个点，拖动其控制柄，可以改变曲线的曲率，如图 8.38 所示。

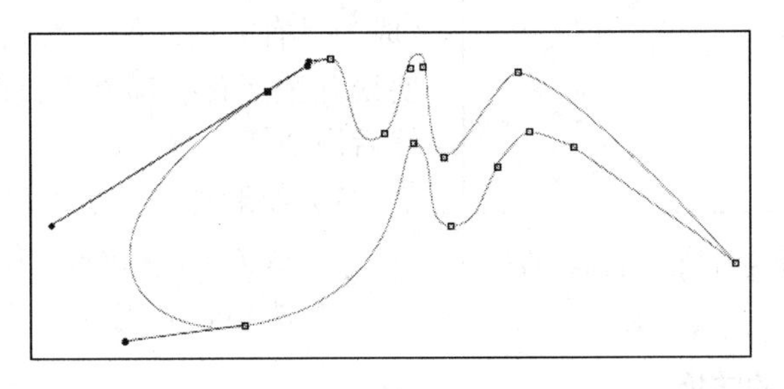

图 8.38　改变曲线的曲率

2. 断开或连接路径

要断开路径，则用【直接选择工具】单击路径上需要断开的控制点，然后按 Delete 键，这样就可以将原路径断开为两个路径。如图 8.39 所示。

要连接两条断开的路径，则可以用【钢笔工具】单击一条路径上的一个端点，然后单击或拖动另一条路径的端点，这样就将两条路径连接起来。

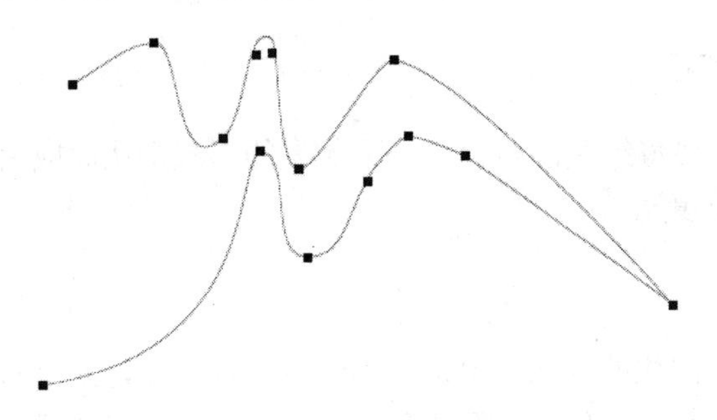

图 8.39　路径断开

3. 平滑点和角点互相转化

下面具体介绍平滑点和角点之间的转化。

选择要修改的路径，选择【转换点工具】，或使用【钢笔工具】并按住 Alt 键，将【转换点工具】放置在要转换的锚点上方，然后执行以下操作之一。

1）要将角点转换成平滑点，向角点外拖动，使方向线出现，如图 8.40 所示。

2）如果要将平滑点转换成没有方向线的角点，请单击平滑点，如图 8.41 所示。

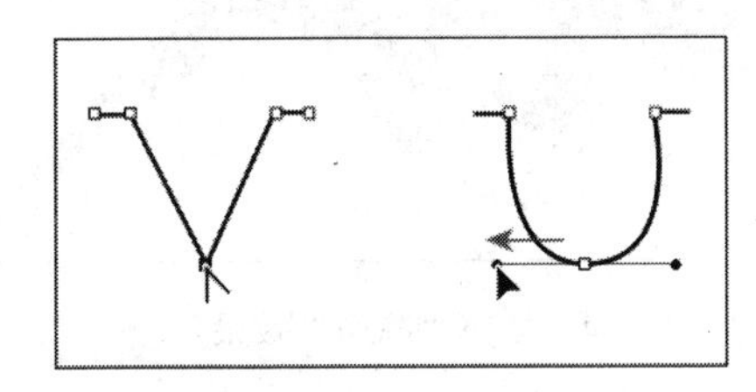

图 8.40　角点转换为平滑点

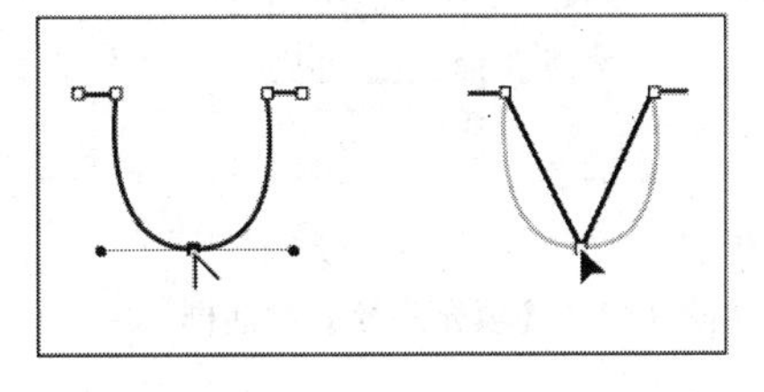

图 8.41　平滑点转换为没有方向线的角点

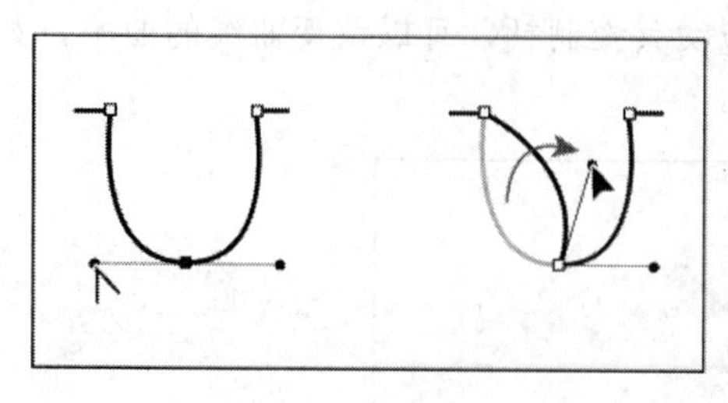

图 8.42 平滑点转换为有独立方向线的角点

要将没有方向线的角点转换为具有独立方向线的角点，则首先将方向点拖动出角点（成为具有方向线的平滑点）。仅松开鼠标（不要松开激活转换锚点工具时按下的任何键），然后拖动任一方向点。

3）如果要将平滑点转换成具有独立方向线的角点，请单击任一方向点，如图 8.42 所示。

8.3.6 路径与选区的转换

在 Photoshop CS5 中，除了使用【钢笔工具】或形状工具创建路径外，还可以通过图像文件窗口中的选区来创建路径。要想通过选区来创建路径，用户只需在创建选区后单击【路径】面板底部的【从选区生成工作路径】按钮，即可将选区转换为路径。

在 Photoshop CS5 中，不但能够将选区转换为路径，而且还能够将所选路径转换为选区进行处理。要想转换绘制的路径为选区，可以单击【路径】面板中的按钮，将路径作为选区载入。

8.3.7 填充和描边路径

建立路径以后，要将绘制的路径转化为像素的形式，从而应用于图像制作中。下面将介绍路径的描边及填充。

1. 填充路径

根据闭合路径所围住的区域，用指定的颜色进行填充，便可对路径进行填充。选择【编辑】|【填充】命令，或右击【路径】面板,选择【填充路径】，打开【填充】或【填充路径】对话框，如图 8.43 所示。图 8.44 是对图 8.37 填充自定图案的“冻雨”效果。

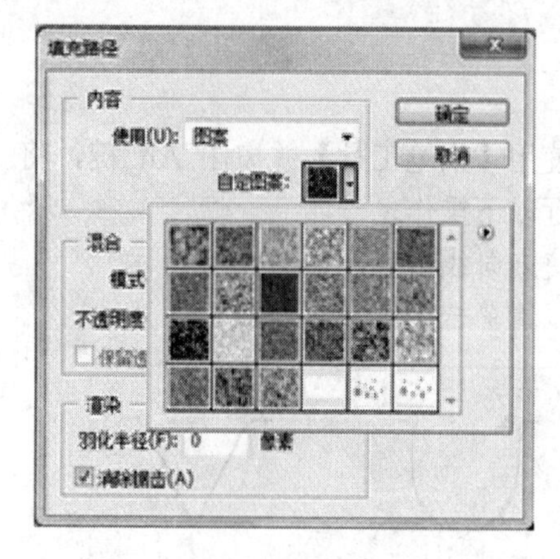

图 8.43 【填充路径】对话框

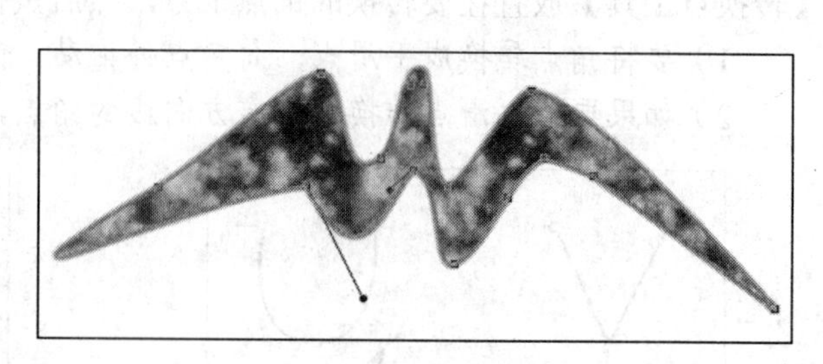

图 8.44 填充“冻雨”效果

2. 描边路径

对路径进行描边，在路径面板中右击【路径缩览图】，在弹出的菜单选择【描边路径】命令，出现【描边路径】对话框，如图 8.45 所示，选择描边工具（如选择铅笔或钢笔，注意事先调整笔头大小和颜色），图 8.37 描边后的效果如图 8.46 所示。

图 8.45　【描边路径】对话框

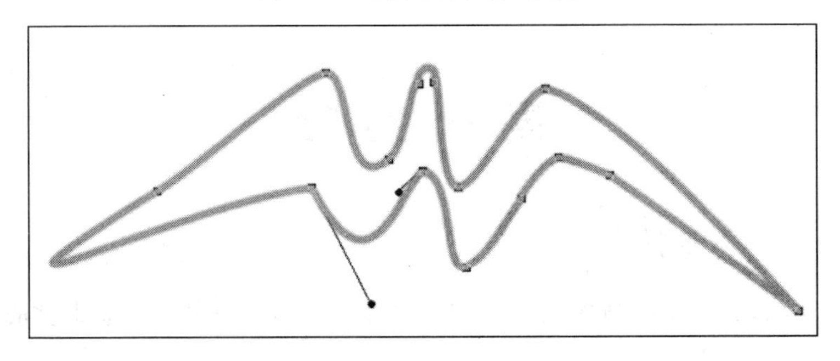

图 8.46　描边效果

8.4　路径的运算

设计过程中，经常需要创建复杂的路径，利用路径运算功能，可将多个路径进行相加、相减、相交等组合运算。路径的运算方式分别如下。

- 添加到路径区域：所绘制将与原有的路径区域合并。
- 从路径区域减去：从原有的路径中减去所绘制区域。如果没有重叠则没有减去效果。
- 交叉路径区域：保留所绘制将与原有的路径区域的重叠部分。
- 重叠路径区域除外：即反交叉路径区域，保留多个路径区域的重叠部分以外区域。

路径运算在 LOGO 设计等方面常被用到。制作出来的路径成品可以作为自定形状存储起来，方便以后的调用。如果将路径列表存储为外部文件，则还可以提供给他人使用。

图 8.47 所示小鸭的绘制步骤如：用椭圆工具绘制小鸭身，单击【重叠路径区域除外】按钮，绘制椭圆得到鸭身和翅膀，单击【添加到路径区域】按钮，绘制椭圆得到鸭头，单击【重叠路径区域除外】按钮，绘制椭圆，得到鸭头和眼睛。同样，画出嘴和脚。

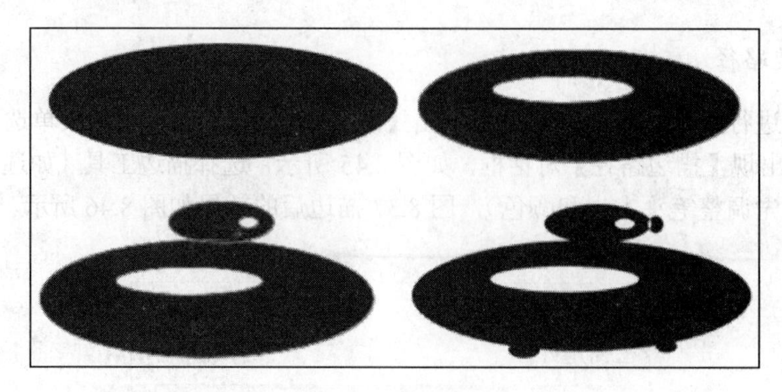

图 8.47　绘制小鸭

案例实施

案例一　实施步骤

前面几节内容介绍了绘制图形工具和绘制路径工具的使用。下面来完成案例一中的任务——绘制卡通小熊。

【步骤一】准备工作。

新建大小为 25 厘米×30 厘米，分辨率为 150 像素的文件。

【步骤二】绘制小熊头部。

1）画耳朵。黄色画笔高硬度，100%圆度，在画布上单击一下，如图 8.48 所示。

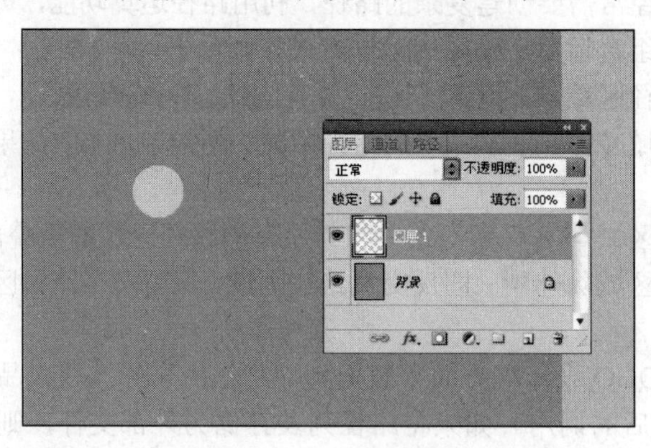

图 8.48　小熊耳朵

2）复制一层，锁定透明像素填充喜欢的深色，这里选用黑色。

3）按 Ctrl +T 快捷键自由变换缩小，如图 8.49 所示。

4）合并这两个层，然后再复制一份调整好位置，如图 8.50 所示。

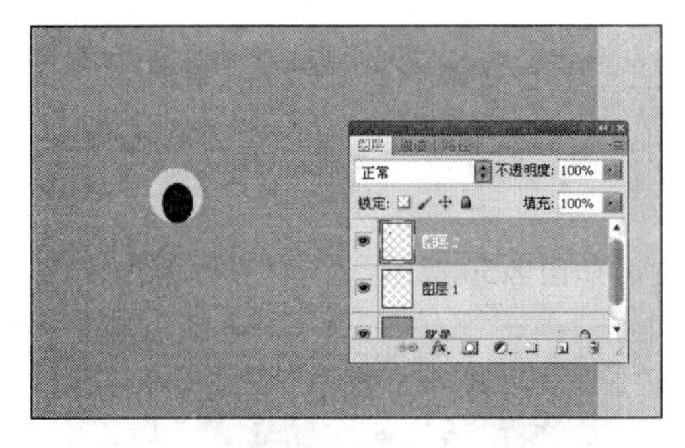

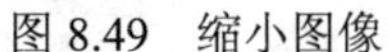

图 8.49　缩小图像

图 8.50　合并、复制图层

5）用大号的黄画笔在新层两个耳朵之间单击一下做小熊的脸（注意自由变换一下），如图 8.51 所示。

6）用画笔在不同的图层上画眼睛和鼻子，如图 8.52 所示。

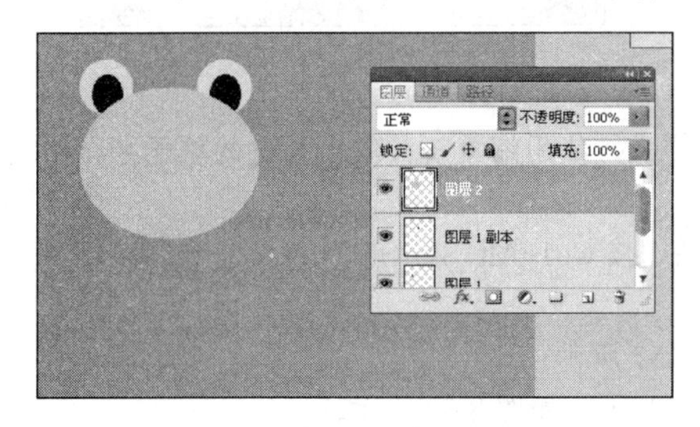

图 8.51　脸

图 8.52　眼睛和鼻子

【步骤三】绘制小熊衣服。

1）给小熊做衣服，新建一个文档，200×200 像素。填充喜欢的颜色，选择菜单【滤镜】|【风格化】|【拼贴】命令，设置拼贴数为 10，最大位移为 1，如图 8.53 所示。

2）选中【图层 1】,按 Ctrl+J 快捷键，复制图层 1 得到图层 1 副本。

3）选中【图层 1 副本】，按 Ctrl+T 快捷键对图形进行自由变换缩小。

4）按 Ctrl+J 快捷键对【图层 1 副本】复制八次。

5）分别对复制图层中的图形调整位置，最终效果如图 8.54 所示。

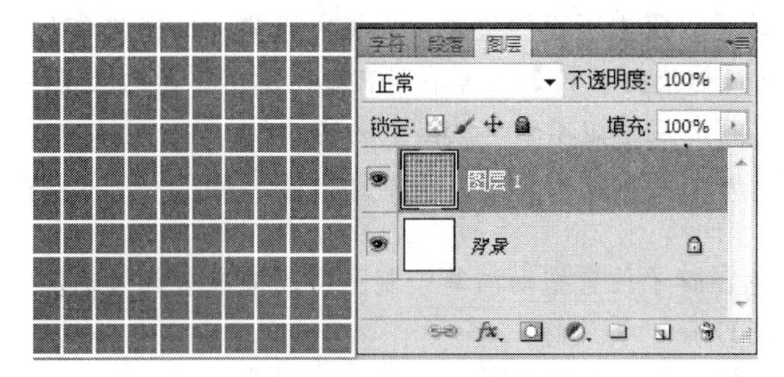

图 8.53　拼贴效果

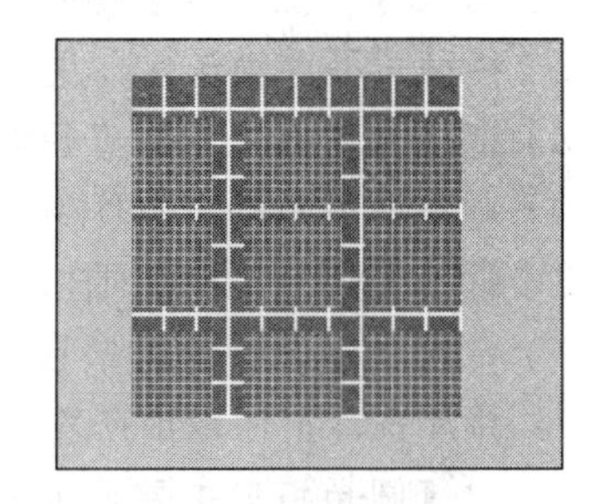

图 8.54　图案最终效果

6）定义图案备用，然后关闭该文档。

【步骤四】绘制小熊的手、肚皮和脚，并绘制衣服

1）分层做以下部分：回到小熊的文档，设定画笔的角度和圆度，画上小熊的两只手，如图 8.55 所示。

2）加大画笔，换个颜色在图中单击做肚皮，如图 8.56 所示。

图 8.55　手

图 8.56　肚皮

3）合并肚皮和手所在图层，添加图层样式，使用缩放工具做出合适的格子衫，缩放值设置为 31。

4）关闭背景及头部所在图层，新建一层，按 Ctrl+Alt+Shift+E 快捷键盖印图层，得到小熊的衣服。

5）把肚皮所在图层的样式删除，如图 8.57 所示。

6）对衣服做变形处理，突出小熊胖胖的肚子，如图 8.58 所示。

图 8.57　删除肚皮所在图层样式

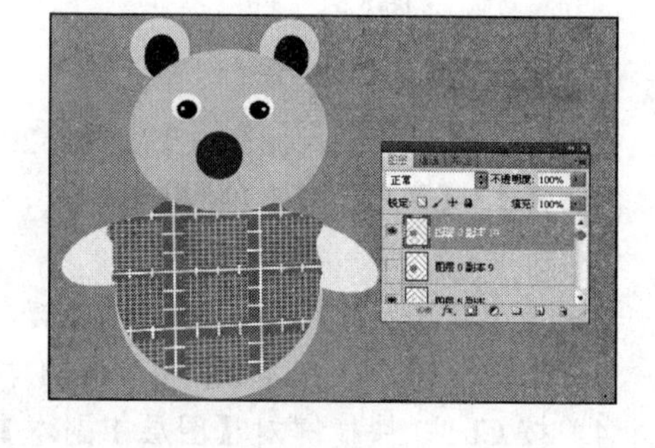

图 8.58　肚子

7）用【橡皮擦工具】擦掉一些袖子以露出下面的手臂。再将衣服载入选区并向上移动一下浮动选区，反选，用【橡皮擦工具】擦掉下部衣服以露出下面的肚皮。

8）把【橡皮擦工具】直径调大，在肚皮下边单击，做出小熊的屁股。

9）调整画笔角度与圆度做出两只脚，如图 8.59 所示。

【步骤五】绘制小熊的围巾。

1）挑选一个合适的画笔换个颜色在脖子位置拖动画笔绘制围巾，把衣服载入选区并反选，返回围巾所在图层按 Delete 键删除。

2）用【圆角矩形工具】画出围巾的下摆，变形处理一下。

3）最终效果如图 8.60 所示。

图 8.59　脚

图 8.60　效果

【步骤六】保存文件。

将生成好的图以.psd 和.jpg 的文件格式各保存一份。

案例二　实施步骤

案例一练习了绘制图形工具和绘制路径工具等知识的使用，下面来完成【案例二】中的任务——“众人机械有限公司”LOGO 的设计。

【步骤一】准备工作。

1）打开 Photoshop CS5。选择菜单【文件】|【新建】命令，新建如图 8.61 所示的文件。

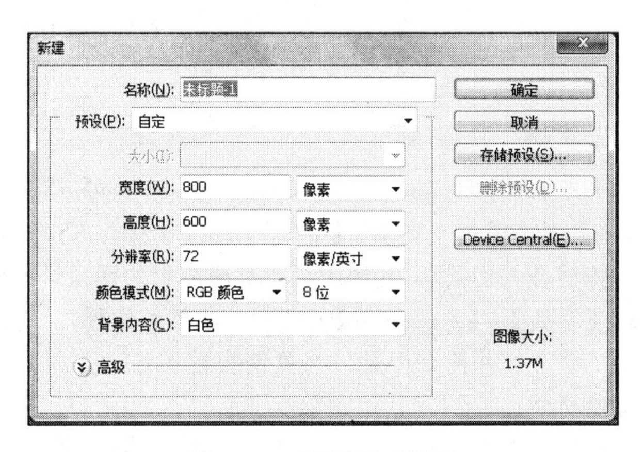

图 8.61　【新建】对话框

2）选择菜单【图层】|【新建】|【图层】命令，新建【图层 1】。

【步骤二】设计 LOGO 图案。

1）单击工具箱中的【钢笔工具】，使用【钢笔工具】在新建的【图层 1】中绘制如图 8.62 所示的路径。

2）单击工具箱中的【设置前景色工具】按钮■，在打开的【拾色器（前景色）】对话框中设置前景色为 # fd0505。

3）单击工具箱中的【直接选择工具】按钮，在路径中右击，在弹出的快捷菜单中选择【填充路径】命令，打开【填充路径】对话框，如图 8.63 所示。

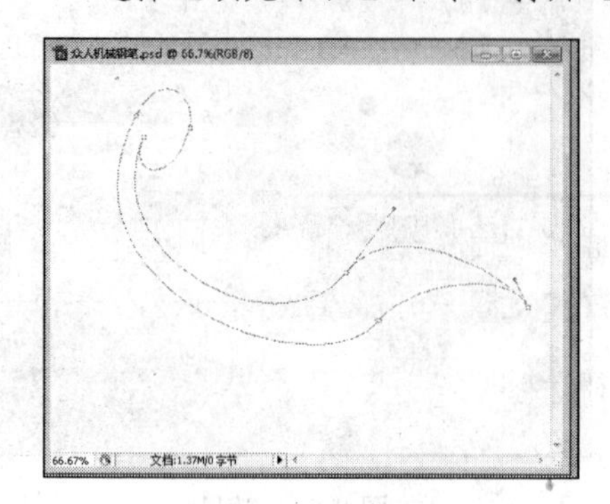

图 8.62　绘制路径

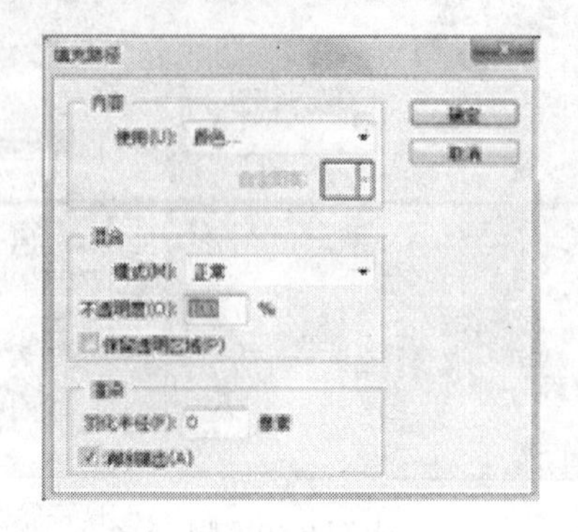

图 8.63　填充设置

4）在【填充路径】对话框中，设置填充内容为【前景色】，单击【确定】按钮，完成该路径的填充。填充后的图形效果如图 8.64 所示。

5）拖动【图层 1】到【图层】面板的【新建图层】按钮上，复制【图层 1】两次，并排列好 3 个图的位置，如图 8.65 所示。

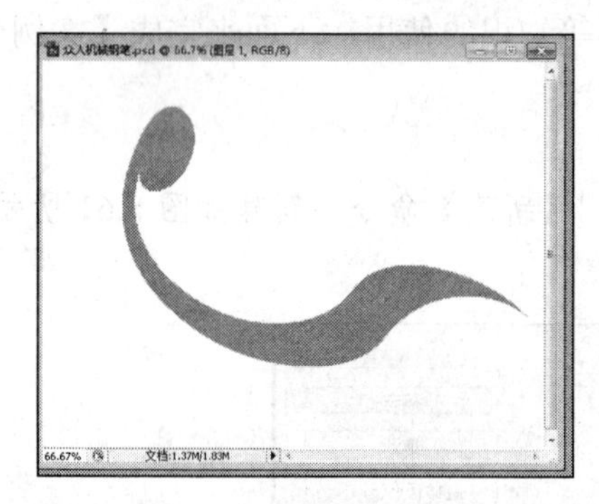

图 8.64　效果（一）

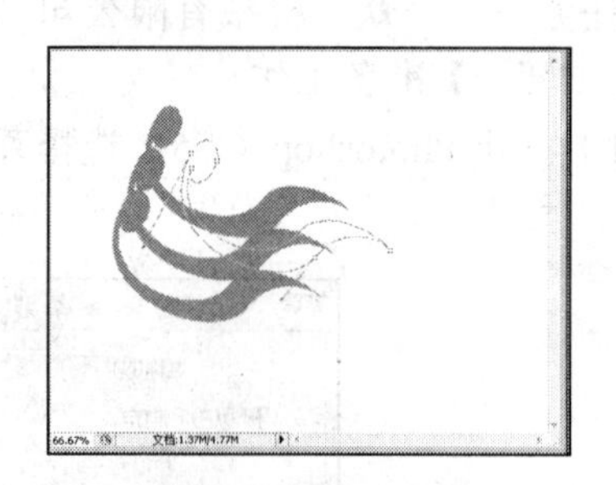

图 8.65　效果（二）

6）合并【图层 1】到【图层 1 副本 2】的 3 个图层（按住 Shift 键，选中 3 个图层，按 Ctrl+E 快捷键合并图层），复制图层，对图层中的图像进行水平翻转（选择菜单【编辑】|【变换】|【水平翻转】命令），调整好位置，如图 8.66 所示。

7）位置调整确定后，合并两个图层，再复制当前图层，并对图形进行垂直翻转，效果如图 8.67 所示。

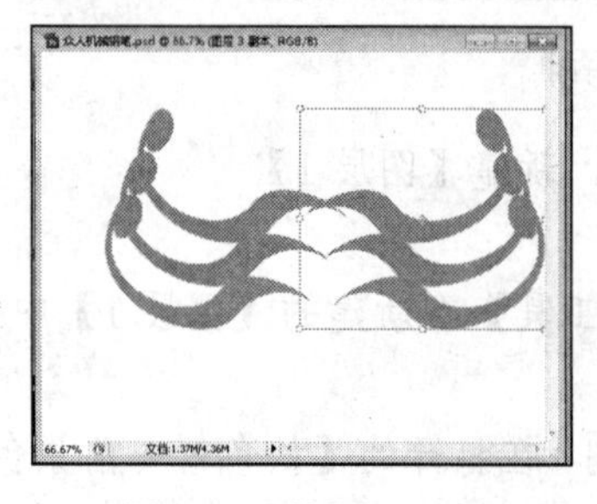

图 8.66　效果（三）

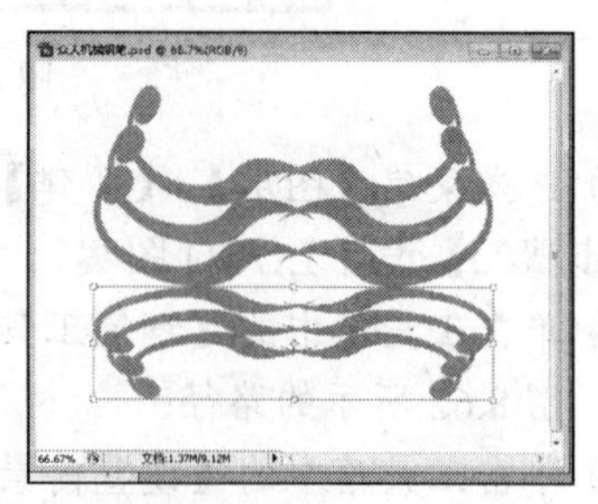

图 8.67　效果（四）

8）合并两个图层。在【图层】面板中双击图层，打开【图层样式】对话框。在该对话框中设置【渐变叠加】选项组，如图 8.68 所示。

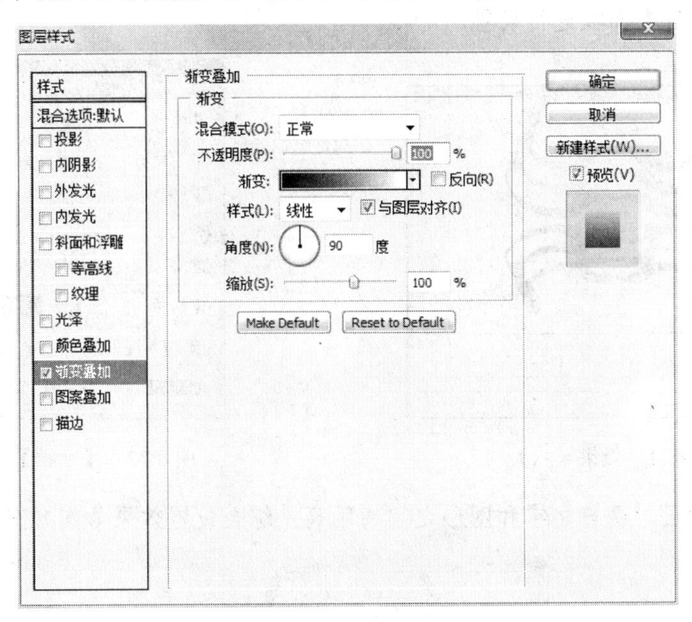

图 8.68　【图层样式】对话框

9）单击【渐变】下拉按钮，打开【渐变编辑器】对话框，选择如图 8.69 所示的渐变类型：左下色标为 RGB（5，28，249），右下色标为 KGB（250，1，1），单击【确定】按钮。效果如图 8.70 所示。这样，就完成了公司 LOGO 图像的创建。

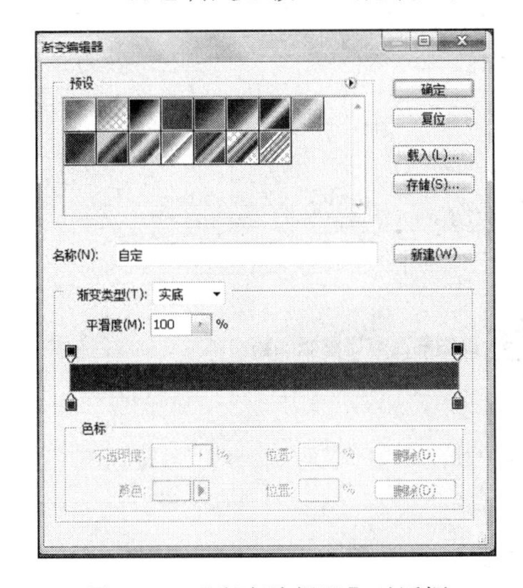

图 8.69　【渐变编辑器】对话框

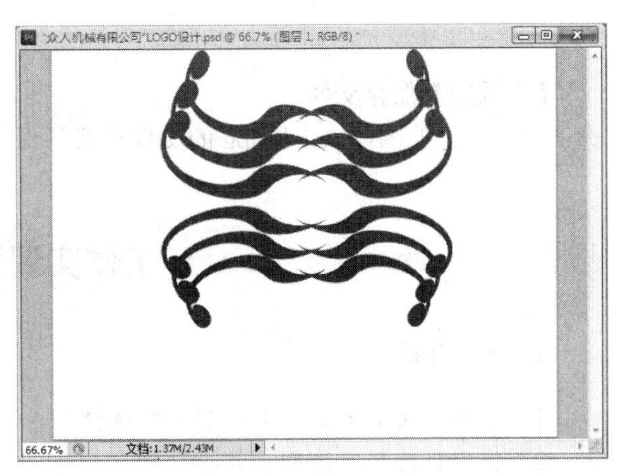

图 8.70　效果（五）

【步骤三】设计 LOGO 文字。

1）单击工具箱中的文字工具按钮，在上面创建的图形下方输入“众人机械有限公司”，或则自动新建了一个名为“众人机械有限公司”的文字图层，如图 8.71 所示。

2）在文字工具属性栏中，单击【切换字符和段落面板】按钮，打开如图 8.72 所示的【字符】面板进行设置。

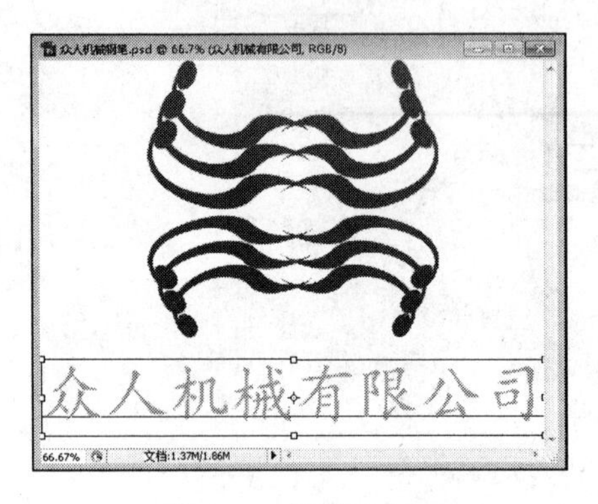

图 8.71　效果（六）

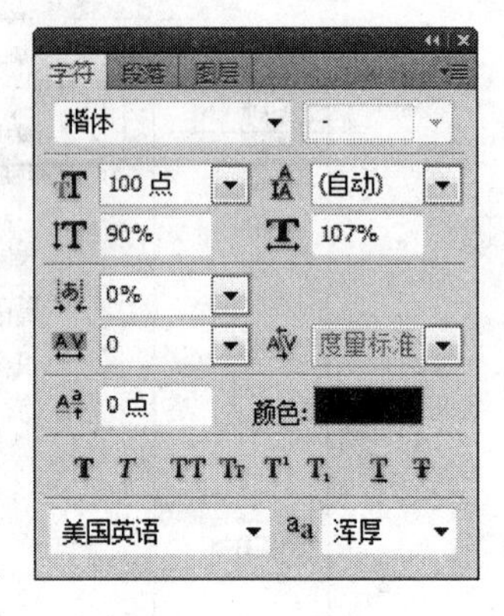

图 8.72　【字符】面板

3）移动图层，调整文字和图形之间的距离。综合设置效果如图 8.73 所示。

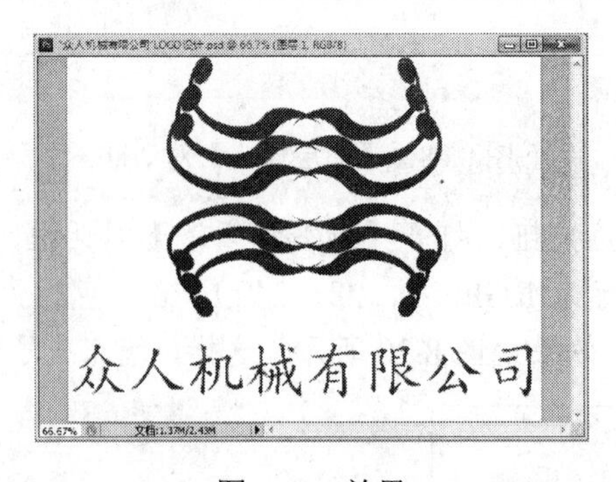

图 8.73　效果

【步骤四】保存文件。

将生成好的图以.psd 和.jpg 的文件格式各保存一份。

工作实训营

1. 训练内容

1）试着用【钢笔工具】绘制人物头像。

2）凭自己的想象绘制一只小动物。

2. 训练要求

在绘制头发时注意以下两点。

1）选择合适勾线的画笔，笔尖能变成有粗细变化效果的一种，调整硬度和最小直径。

2）用【钢笔工具】绘制路径，充分应用“描边路径”、“模拟压力”效果。

工作实践中常见问题解析

【常见问题 1】在 Photoshop CS5 中，怎样使用【钢笔工具】绘制直线和曲线？

答：【钢笔工具】是专门绘制路径使用的，绘制直线的话只要用鼠标在起始点和结束点分别单击即可，绘制曲线的话在起始点单击，并在结束点单击后不要松开左键，移动鼠标拖动出一个方向线，随着鼠标的拖动就会形成曲线。

【常见问题 2】如何移动路径？

答：要想移动路径，需使用【路径选择工具】选择路径，拖动实现移动。如果将路径的一部分拖移出了画布边界，路径的隐藏部分仍然是可用的。

【常见问题 3】如果创建的 LOGO 用于大型户外广告的喷绘，用什么工具生成图形好？

答：用【钢笔工具】创建的图形或文字是矢量图形。将创建的文字或图形用【自由变换】命令进行大小的调节，图形或文字不产生失真，所以用【钢笔工具】生成图形较好。

习　　题

1. 在打开本章素材 8.74 的图像，使用形状工具创建边框，如图 8.74 所示。
2. 使用【自定形状】工具绘制如图 8.75 所示的图形。

图 8.74　效果（一）

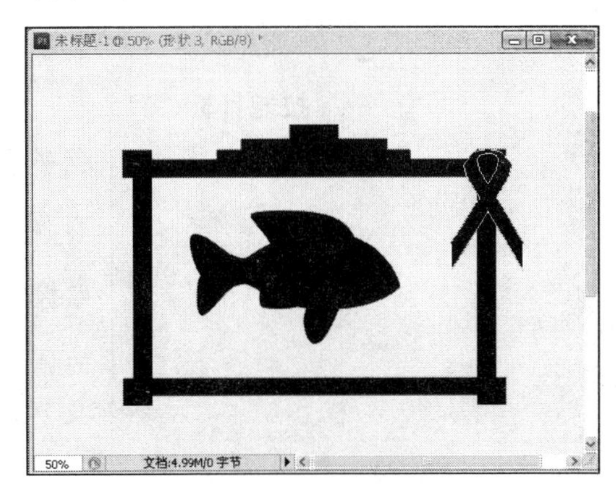

图 8.75　效果（二）

第9章

图像色调与色彩调整

本章要点 ☞

- 掌握色阶的使用方法。
- 掌握曲线的使用方法。
- 掌握色彩平衡的使用方法。
- 掌握亮度/对比度的使用方法。
- 掌握色相/饱和度的使用方法。
- 掌握渐变映射的使用方法。
- 学会灵活调整图像颜色的特殊方法。

技能目标 ☞

- 掌握用于调整图像的色彩模式、色阶、曲线、色彩平衡、色相/饱和度、渐变映射等图像色彩调整工具的使用。
- 掌握对图像进行去色、反向、色调均化等特殊的调整。
- 学会有效地控制图像的色彩和色调。

案例导入

【案例一】美少女照片修复。

对破旧及缺陷照片修复是日常及考古工作中经常要做的事，这里有一张多年前的美少女照片，照片破旧且有缺陷，如图9.1所示。现在需要把照片的缺陷部分进行修复，将颜色调得光艳些。最终效果如图9.2所示。

图9.1　美少女照片原图

图9.2　最终效果

【案例二】浪漫的夏夜壁纸制作。

使用Photoshop CS5绘制一幅浪漫的夏夜壁纸，效果如图9.3所示。

图9.3　浪漫的夏夜壁纸效果

引导问题

1）色彩模式有哪些？分别适用于什么场合？
2）如何自动矫正图像色彩？
3）如何通过色阶、曲线、色彩平衡、亮度/对比度来调整图像色调？
4）如何调整图像色彩？
5）如何调整图像的特殊色彩和色调？

基础知识

9.1 图像的色彩模式

9.1.1 常用色彩模式

色彩模式决定了显示和打印图像的色彩模型，是 Photoshop CS5 中非常重要的概念。

常用的色彩模式有 RGB 颜色模式、CMYK 颜色模式、Lab 颜色模式、位图模式、灰度模式、索引颜色模式、双色调模式、多通道模式以及 8 位/16 位通道模式等。每种模式的图像描述和重现色彩的原理及所能显示的颜色数量都是不同的，除了在第 1 章介绍了 RGB 颜色模式、CMYK 颜色模式、Lab 颜色模式外，下面对其他色彩模式进行介绍。

1. 灰度模式

灰度模式可以使用多达 256 级灰度来表现图像，使图像的过渡更平滑、细腻。其范围值为 0（黑）～255（白）。灰度值也可以用油墨的覆盖浓度来表示，0 为白色，100% 为黑色。灰度模式的图像只有一个灰色通道。

2. 索引颜色模式

索引颜色模式的图像最多只能有 256 种颜色。当图像转换成索引颜色模式时，系统会自动根据图像上的颜色归纳出能代表大多数 256 种颜色的颜色表，然后用这 256 种颜色来代替整个图像上所有的颜色信息。索引颜色模式在储存图像中的颜色的同时，并为这些颜色建立颜色索引。

3. 双色调模式

双色调模式采用 2～4 种彩色油墨来创建由双色、三色、四色混合其色阶来组成图像。双色调模式可以对黑白图片进行加色处理，得到一些特别的颜色效果，而使用双色调模式最主要的用途则是使用尽量少的颜色表现尽量多的颜色层次。

4. 多通道模式

多通道模式没有固定的通道数，它可以由任何模式转换而来。多通道模式对有特殊打印要求的图像非常有用。例如，图像中只使用了一两种或两三种颜色时，使用多通道模式可以减少印刷成本并保证图像颜色的正确输出。

5. 8 位/16 位/32 位通道模式

在灰度、RGB 颜色或 CMYK 颜色模式下，可以使用 16 位通道来代替默认的 8 位通道。默认情况下，8 位通道中包含 256 个色阶，如果增加到 16 位，每个通道的色阶数量为65536个，这样能得到更多的色彩细节。Photoshop CS5可以识别和输入16位通道的图像，但对于这种图像限制很多，所有的滤镜都不能用，而且这种图像不能被印刷。

6. HSB模式

除了以上模式之外，还必须介绍HSB模式，HSB模式不是Photoshop CS5中图像的表现模式，而是依据人类对颜色的感觉，将颜色用色相、饱和度、明度3种因素表示。这3个概念在后面的学习中将会经常用到。

1）色相是人类对物体颜色的认知，如红色、蓝色、绿色等。它由0°到360°标准色轮上的位置来表示。

2）饱和度表示色彩的浓度。它是用色相中灰色所占的百分比来表示的。

3）明度即亮度，即颜色的明暗程度，是用百分比来表示的。0时为纯黑，100%时为纯白。

小提示：

色彩模式除了确定图像中能显示的颜色数外，还影响图像的通道数和文件大小。因此在制作图像时，应该使用合适的色彩模式，在对色彩表现影响不大的情况下，减少文件的大小。

Lab颜色模式所包含的颜色范围最广，能够包含RGB颜色和CMYK颜色模式中的所有颜色。CMYK颜色模式所包含的颜色最少，但是有些在屏幕上看到的颜色在印刷品上是实现不了的。

9.1.2 色彩模式间的相互转换

1. 将彩色图像转换为灰度模式

将彩色图像转换为灰度模式时，Photoshop CS5会扔掉原图中所有的颜色信息，而只保留像素的灰度级。选择【图像】|【模式】|【灰度】命令来实现转换，转换时出现如图9.4所示的信息提示框，单击【扔掉】按钮，转换后的图像如图9.5所示。

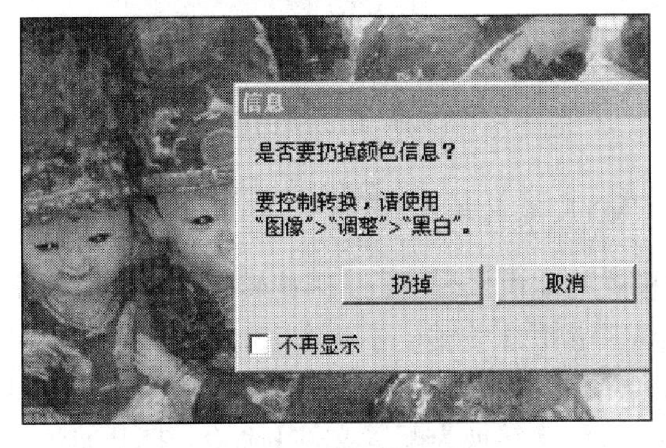

图9.4 转换时弹出的信息提示框

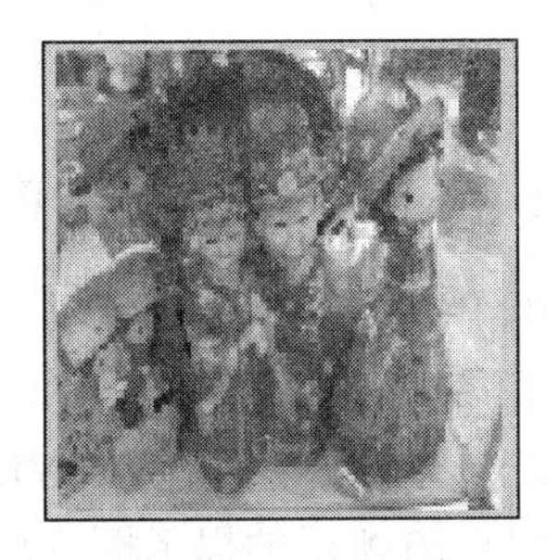

图9.5 灰度模式下的图像

2. 将其他模式的图像转换为位图模式

将图像转换为位图模式会损失大量的细节，使图像颜色减少到两种，大大简化了图像中的颜色信息，并减小了文件大小。但是只有灰度模式可以转换为位图模式，其他模式的图像在转换成位图模式时，必须首先转换为灰度模式，然后才可以转换成位图模式，如将如图 9.4 所示的彩色图像转为位图模式，必须将其首先转换为灰度模式后，【位图模式】命令才可用，并打开如图 9.6 所示的对话框，转换为位图模式后的效果图为图 9.7 所示。

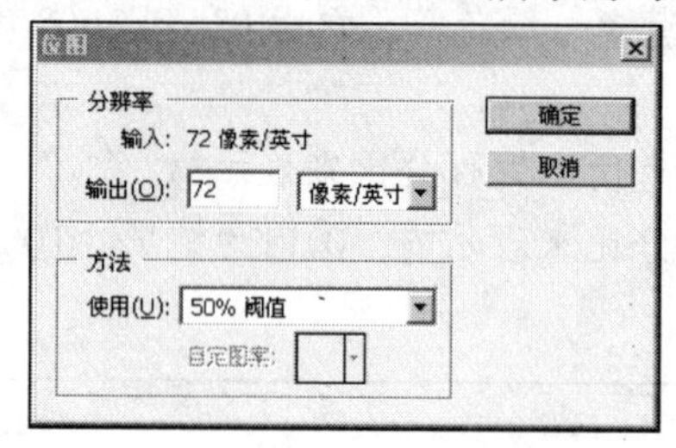

图 9.6 【位图】的对话框

图 9.7 位图模式下的图像

3. 将其他模式的图像转换为索引颜色模式

在将彩色图像转换为索引颜色模式时，会删除图像中的很多颜色，而仅保留其中的 256 种颜色。只有灰度模式和 RGB 颜色模式的图像才可以转换为索引颜色模式。选择【图像】|【模式】|【索引颜色】命令，将 RGB 颜色模式的图像转为索引颜色模式的图像时，将打开如图 9.8 所示的对话框，图 9.4 中的 RGB 颜色模式下的图像转换为索引颜色模式下的图像效果如图 9.9 所示。

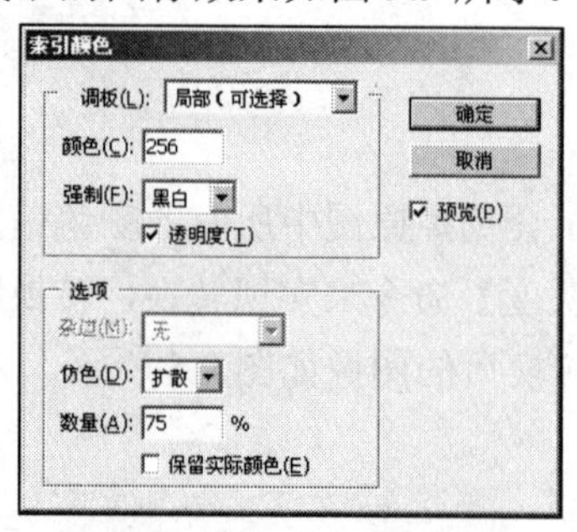

图 9.8 【索引颜色】对话框

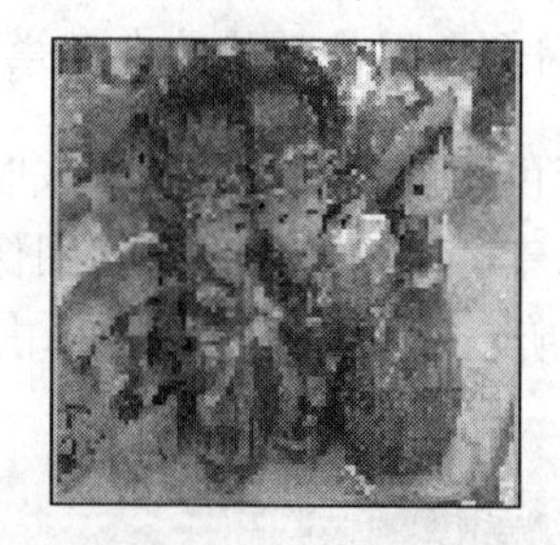

图 9.9 索引颜色模式下的图像

4. 将 RGB 颜色模式的图像转换成 CMYK 颜色模式

由于 RGB 颜色模式和 CMYK 颜色模式的配色原理不同，因此转换之后会出现不同的效果。选择【图像】|【模式】|【CMYK 颜色】命令，打开如图 9.10 所示的信息提示框，如图 9.11 所示是 CMYK 颜色模式下的图像效果，转换为 CMYK 颜色模式时可根据如图 9.10 所示的提示框信息，选择【编辑】|【转换为配置文件】命令，打开如图 9.12 所示的对话框来设置颜色配置文件。

图 9.10　转换为 CMYK 颜色模式时的信息提示框

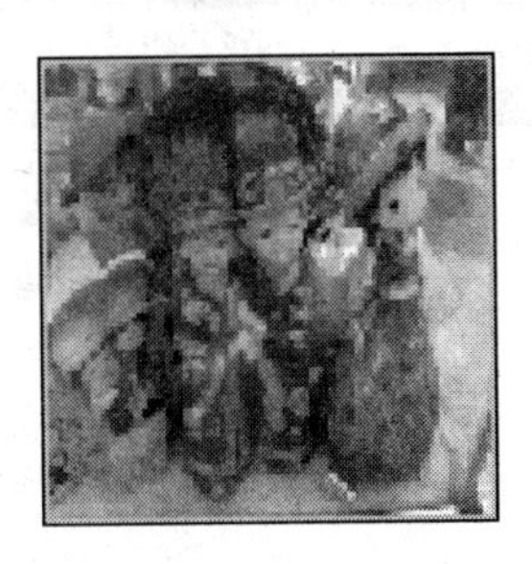

图 9.11　CMYK 颜色模式下的图像

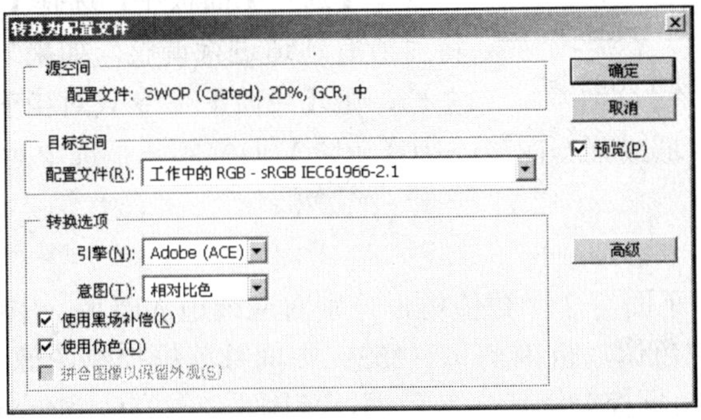

图 9.12　【转换为配置文件】对话框

5. 将其他模式的图像转换成多通道模式

若其他模式图像想转换成多通道模式，可通过选择菜单【图像】|【模式】|【多通道】命令来实现转换。在转换过程中，原来的 RGB 颜色模式、CMYK 颜色模式、Lab 颜色模式等都将去掉一个通道，将自动转换成多通道模式。

9.2 调整图像的色调

对图像色调的控制主要是对图像明暗度的调整。调整图像的色调，一般可以使用【色阶】、【自动色阶】和【曲线】命令来完成。

对于数码照片或扫描的图像，有时效果太暗或者模糊，这时，可以使用 Photoshop CS5 图像色调的相关功能，通过修改图像的高度、对比度、饱和度等参数，就可以轻松改变图像的效果。

9.2.1 调整色阶

色阶是颜色的阶段、阶层。灰阶也是这个意思。以绿色为例，浅绿、草绿、湖水绿、军绿、橄榄绿、深绿、墨绿，这些不同深度、不同层次感的绿色依次排列出来，就是色阶。

当图像偏暗或偏亮时，可以使用【色阶】命令来调整图像的明暗度。它可以使暗淡的照片变得鲜艳，使模糊的图像变得清晰。

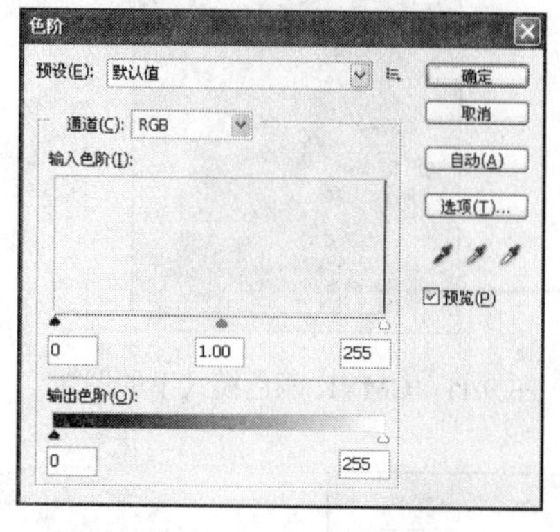

图 9.13 【色阶】对话框

此操作不仅可以对整个图像进行，也可以对图像的某一选择范围、某一图层图像，或某一个颜色通道进行。

选择【图像】|【调整】|【色阶】命令或者直接按 Ctrl+L 快捷键，打开【色阶】对话框，如图 9.13 所示，然后可以进行以下操作。

1. 选择操作通道

在【通道】面板中，选择【RGB】选项（默认），将对所有通道进行调整。如果只选择 R、G、B 通道之一，则【色阶】命令只对当前选中的通道起作用。如果选择的是某一区域或某一图层，则【色阶】调整的就是选中对象的色阶。

2. 调整输入色阶

在【输入色阶】下面有 3 个数值框，分别对应通道的暗调、中间调和高光。左侧数值框控制图像的暗部色调，范围是 0～253；中间数值框控制图像的中间色调，范围是 0.01～9.99；右侧数值框控制图像亮部色调，范围是 2～255。缩小输入色阶可扩大图像的色调范围，提高图像的对比度。

3. 调整输出色阶

使用【输出色阶】可以限定处理后图像的亮度范围，这样处理后的图像中就会缺少某些色阶。在【输出色阶】下方的数值框中输入 0～255 之间的数值，左侧数值框数值改变暗部色调，右侧数值框数值改变亮部色调。其下方的滑块分别与两个数值一一对应，拖动滑块即可改变图像的色调。缩小输出色阶会降低图像的对比度。

4. 使用吸管工具调整

图 9.14 右下方有 3 个吸管工具，单击任何一个吸管工具，然后将鼠标移到图像窗口中，鼠标指针变成相应的吸管形状，此时单击即可进行色调调整。

选中黑色吸管时在图像中单击，图像中所有像素的亮度值将减去吸管单击处的像素亮度值，从而使图像变暗；白色吸管与黑色吸管相反，Photoshop CS5 将所有像素的亮度值加上吸管单击处的亮度值，从而使图像变亮。灰色吸管所单击处的像素的亮度值用于调整图像的色调分布。

5. 自动调整色阶

单击【自动】按钮，Photoshop CS5 将自动对图像进行调整。

自动色阶和前面所讲的色阶本质一样，都是将图像的像素调整至分布到全色阶范围，使色彩对比度增强。当然此功能是由软件自动完成的。

打开本章素材 9.14，如图 9.14 所示，调整色阶后的图像如图 9.15 所示。

图 9.14　原图像

图 9.15　调整色阶后的图像

小提示：

色阶数值在取值范围内变化，数值越小，图像色彩变化越剧烈；反之数值越大，色彩变化越轻微。

9.2.2　调整曲线

在 Photoshop CS5 中，曲线被誉为“调色之王”，只用一条曲线来替换所有的调色工具，它的色彩控制能力在 Photoshop CS5 所有调色工具中是最强大的。

【曲线】命令是使用较广泛的色调控制方式，其功能和【色阶】相同，但比【色阶】命令可以做更多、更精密的设置。【色阶】命令只使用 3 个变量（高光、中间调、暗调）进行调整，而【曲线】可以调整 0～255 范围内的任意点，最多可同时使用 15 个变量。

选择【图像】|【调整】|【曲线】命令，或者按 Ctrl+M 快捷键，打开【曲线】对话框，如图 9.16 所示。

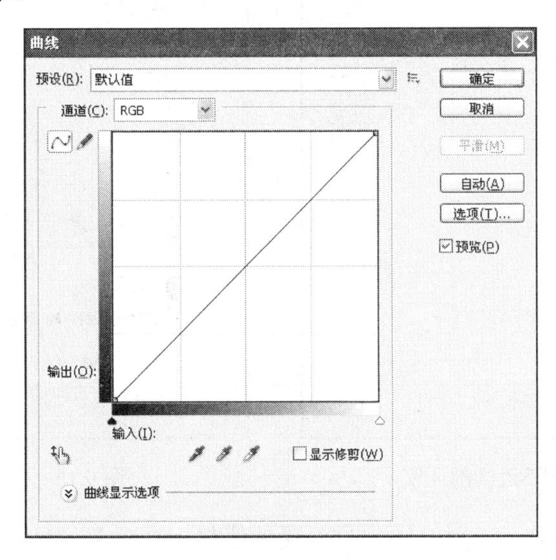

图 9.16　【曲线】对话框

刚打开【曲线】对话框时，曲线是对角线，表示输入色阶等于输出色阶，即未调整。改变网格中的曲线形状即可调整图像的亮度、对比度和色彩平衡等。网格中的横坐标轴表示输入色调（原图像色调），纵坐标轴表示输出色调（调整后的图像色调），变化范围都在 0～255。网格左上角的两个工具（曲线工具和铅笔工具）按钮用于修改曲线。

使用曲线工具来调整曲线形状的方法如下。

1）选中曲线工具。

2）将鼠标指针移到网格中，当鼠标变成“+”字形状时，单击以产生一个节点，该点的输入输出值将显示在对话框左下角的【输入】、【输出】数值框中，最多可在网格中增加 14 个节点。要删除节点，将其拖移到网格框以外即可。

3）当鼠标指针移到节点上变成带箭头的“+”字形状时，按下鼠标左键并拖动节点，即可改变节点的位置，从而改变曲线的形状，当曲线向左上角弯曲时，表示输出大于输入，则图像色调变亮；当曲线向右下角弯曲时，表示输出小于输入，则图像变暗。

使用铅笔工具来调整曲线形状的方法如下。

1）选中铅笔工具。

2）移动鼠标到网格中进行绘制，甚至可以绘制不连续的曲线，如图 9.17 所示。

3）单击【曲线】对话框中的【平滑】按钮，可改变铅笔工具绘制的曲线的平滑度，多次单击按钮会使曲线更加平滑，最后接近于直线。

在如图 9.17 所示的铅笔工具绘制的曲线的基础上，单击【平滑】按钮的结果如图 9.18 所示。

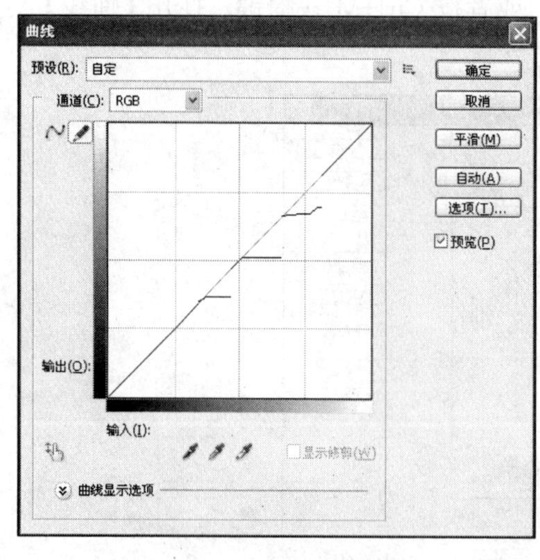

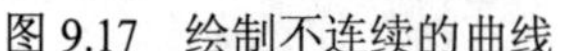
图 9.17　绘制不连续的曲线

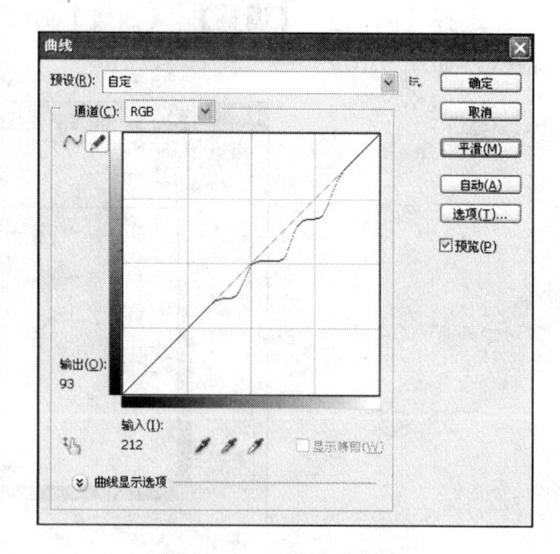

图 9.18　平滑曲线效果

调整曲线显示单位的方法：单击展开【曲线显示选项】，可以将曲线的【显示数量】在百分比和像素值之间转换，转换数值显示方式的同时也会改变亮度的变化方向。在默认状态下，色谱带表示的颜色是从黑到白，从左到右输入值逐渐增加的，从下到上输出值逐渐增加。当切换为百分比显示时，则黑、白互换位置，变化方向刚好与原来相反。

小提示：

影楼后期设计人员为提高工作效率，在调色过程中会经常选择曲线代替一些工具来节省操作时间，效果很明显。特别是对同一类型照片，如果用曲线调色并将数值进行复制，更容易实现一定程度的批量调修。

拓展：

曲线最多可以对14个点进行调整，而色阶只能对白场、黑场和灰度系数进行调整。因此使用曲线能够更细致、更精确地调整图像。

9.2.3　调整色彩平衡

【色彩平衡】命令可以更改图像的总体颜色混合，因此【色彩平衡】命令多用于调整偏色图片，或用于刻意突出某种色调范围的图像处理。

执行下列操作之一，调用【色彩平衡】命令。

1）选择【图像】|【调整】|【色彩平衡】命令。打开的【色彩平衡】对话框如图9.19所示。

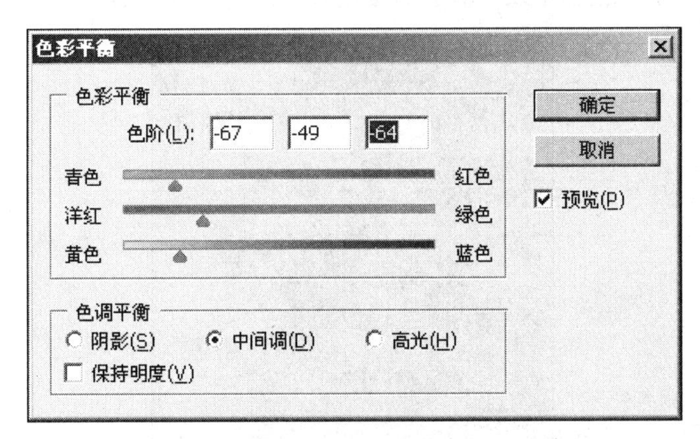

图9.19　【色彩平衡】对话框

2）选择【图层】|【新建调整图层】|【色彩平衡】命令，打开如图9.20所示的【新建图层】对话框，单击【确定】按钮。新建的【色彩平衡】如图9.21所示。

图9.21中的参数说明如下：

- 【阴影】、【中间调】或【高光】选项。该单选按钮组用于选择要着重更改的色调范围。
- 【保留明度】选项。选中该选项可以在调整色彩时保持图像的明度不变。
- 色阶。可将滑块拖向要在图像中增加的颜色，或直接在数值框中输入数值。

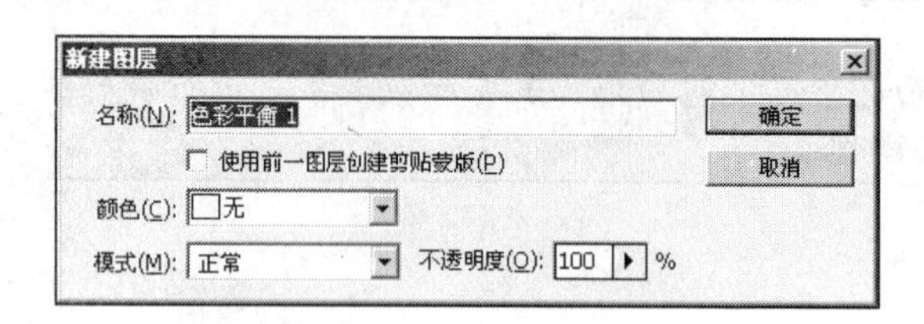

图 9.20 【新建图层】对话框

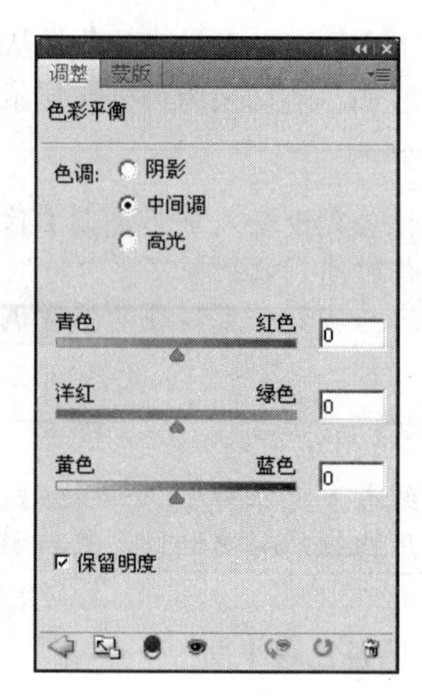

图 9.21 新建的【色彩平衡】

小提示：

通过色彩平衡工具可以方便、直观地更改和添补颜色，调节照片偏色问题。

图 9.22 所示为按照如图 9.21 所示的【色彩平衡】面板上的参数设置后的效果。

图 9.22 调整色彩平衡后的图像

9.2.4 调整亮度/对比度

【亮度/对比度】命令主要用于调节图像的亮度和对比度，对图像中的每个像素都进行相同的调整。选择【图像】|【调整】|【亮度/对比度】命令，将打开如图 9.23 所示的对话框。

【亮度/对比度】对话框中的参数如下。

- 【亮度】选项。拖移该选项滑块或者在数值框中输入数值（取值范围为-150～

150)，可以调整图像的亮度。当值为 0 时，图像亮度不发生变化；当值为负数时，图像亮度下降；当值为正数时，图像亮度增加。

- 【对比度】选项。同【亮度】值一样，当值为负数时，图像对比度下降，反之，图像对比度增加。

图 9.24 所示的图像是按如图 9.23 所示的参数调节亮度和对比度后的效果。

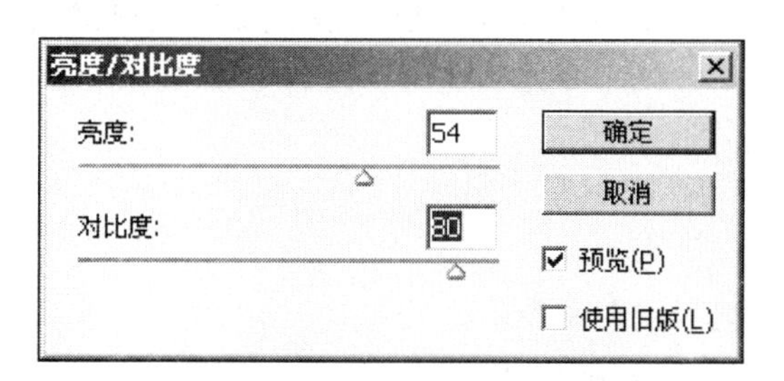

图 9.23　【亮度/对比度】对话框

图 9.24　调节亮度和对比度后的图像

9.3　调整图像的色彩

物体表面色彩的形成取决于三个方面，即光源的照射、物体本身反射一定的色光、环境与空间对物体色彩的影响。

客观世界的色彩千变万化，各不相同，但任何色彩都有色相、明度、纯度三个方面的性质，又称色彩的三要素，而且当色彩间发生作用时，除以上 3 种基本条件外，各种色彩彼此间形成色调，并显现出自己的特性，因此色相、明度、纯度、色调及色性 5 项构成了色彩的要素。

Photoshop CS5 提供了多个图像色彩控制的命令。用户可以很轻松快捷地改变图像的色相、饱和度、亮度和对比度，从而创作出多种色彩效果的图像，但要注意的是，这些命令的使用或多或少都要丢失一些颜色数据，因为所有色彩调整的操作都是在原图基础上进行的，因而不可能产生比原图更多的色彩，尽管在屏幕上不会直接反映出来，但事实上在转换的过程就已经丢失数据。

9.3.1　自动颜色

有时数码照相机拍摄出的照片会出现偏色等情况，这时可以使用 Photoshop CS5 中的【自动颜色】命令计算出最佳颜色值，并对照片进行修正。

9.3.2　色相/饱和度

色相是色彩的首要特征，是区别各种不同色彩的最准确的标准。事实上任何黑、白、灰以外的颜色都有色相的属性，而色相由原色、间色和复色来构成。

拓展：

从光学意义上讲，色相差别是由光波波长的长短产生的。即便是同一类颜色，也能分为多种色相，如黄色可以分为中黄、土黄、柠檬黄等，灰色则可以分为红灰、蓝灰、紫灰等。饱和度一般是指色彩的鲜艳程度，也称色彩的纯度。使用【色相/饱和度】命令可以纠正偏色，使照片的色彩更鲜艳。

使用【色相/饱和度】命令，可以精确地调整图像中单个颜色或整幅图像（所有颜色）的色相、饱和度和亮度，在 Photoshop CS5 中，此命令尤其适用于微调 CMYK 颜色模式的图像中的颜色，以便使它们处在输出设备的色域内。

1. 调整色相/饱和度

执行下列操作之一，可以调用【色相/饱和度】命令。

1）选择【图像】|【调整】|【色相/饱和度】命令。

2）选择【图层】|【新建调整图层】|【色相/饱和度】命令，打开如图 9.25 所示的对话框。在【新建图层】对话框中，单击【确定】按钮，新建的【色相/饱和度】如图 9.26 所示。

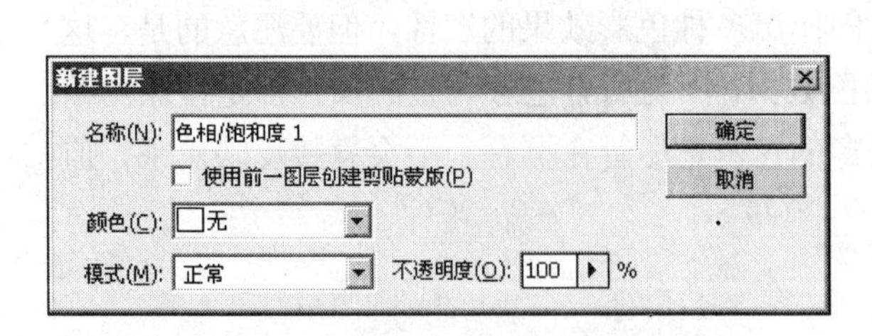

图 9.25 【新建图层】对话框

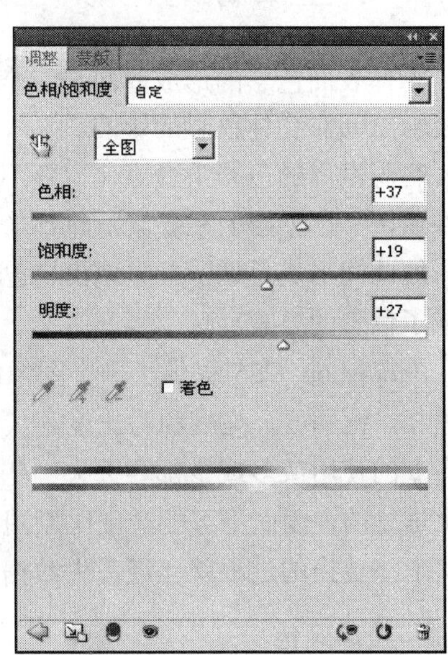

图 9.26 新建的【色相/饱和度】

2. 选择要调整的颜色

1）选择【全图】选项可以一次调整所有颜色。

2）为要调整的颜色选取列出的其他预设颜色范围。

3. 调整其他参数

1）对于【色相】选项，在其数值框中输入一个值或拖动滑块，直至对颜色满意为止。数值框中显示的值反映像素原来的颜色在色轮中旋转的度数。正数表示顺时针旋转，负数表示逆时针旋转。值的范围为-180～+180。

2）对于【饱和度】选项，在其数值框中输入一个值，或拖动滑块，向右拖动滑块增加饱和度，向左拖动滑块减少饱和度。颜色将变得远离或靠近色轮的中心。值的范围可以是-100（饱和度减少，使颜色变暗）到+100（饱和度增加，使颜色变亮）。

3）对于【明度】选项，在其数值框中输入一个值，或向右拖动滑块以增加亮度（向颜色中增加白色）或向左拖动滑块以降低亮度（向颜色中增加黑色）。值的范围可以是-100（黑色）到+100（白色）。

打开本章素材9.27，如图9.27所示，如图9.28所示是按照如图9.27所示的参数调整色相/饱和度后的效果。

小提示：

单击【复位到调整默认值】按钮可取消色相/饱和度的设置。

图9.27　原图

图9.28　调整色相/饱和度后的效果

下面用“美女黑白照片变彩照”实例来说明上述知识点的应用。

打开本章素材9.29，如图9.29所示，图9.30所示是上色后的效果图。

图9.29　原图

图9.30　效果

【步骤一】创建图层和蒙版。

1）在【图层】面板中，将【图层 1】拖放至图层面板下方的【创建新图层】按钮上，复制的图层重命名为“基础蒙版”。

2）单击【图层】面板下方的【添加图层蒙版】按钮，为名为“基础蒙版”的图层创建一个蒙版。前景色设为白色，背景色设为黑色，按 Ctrl+Delete 快捷键将蒙版填充为黑色。

【步骤二】为皮肤上色。

1）将名为“基础蒙版”的图层拖放到【创建新图层】按钮上，创建一个副本，并重命名为“皮肤”。确认前景色为白色，并选择【画笔工具】，在其工具属性栏中设置合适的画笔大小，然后在图片中女孩的皮肤上涂画，同时观察蒙版的变化，得到如图 9.31 所示的结果。

2）在蒙版上画好人物皮肤后，单击图层，并按 Ctrl+U 快捷键，打开【色相/饱和度】对话框，根据自己的需要来调节人物的肤色。

3）调节完人物肤色后，会发现有很多部分不是很理想，下面做细节上的调整。使用【缩放工具】，放大局部皮肤部分，查看皮肤与其他部分的衔接处，如果这里的皮肤没有着色，则使用【画笔工具】再涂一下，如果颜色超出了皮肤的范围，则需要将前景色设置为黑色后，再在这些地方涂画，直到满意为止，如图 9.32 所示。

图 9.31　操作界面

图 9.32　修饰效果

【步骤三】为嘴唇上色。

1）将名为“基础蒙版”的图层拖放到【创建新图层】按钮上，创建一个副本，并重命名为“嘴唇”。

2）然后用【钢笔工具】或【套索工具】把嘴唇轮廓勾画出来，用【油漆桶工具】在选区中填充白色，按快捷键 Ctrl+U，打开【色相/饱和度】对话框来调节嘴唇的颜色。

【步骤四】为头发上色。

1）如果想制作带颜色的头发，方法类同嘴唇上色，细节部分可以利用蒙版特性来做修改，记住适当的调节画笔的不透明度会使上色达到意想不到的效果。

2）除上述方法外，可以用下面的方法：复制一个【背景】图层，并重命名为“头发”。选择【加深工具】在头发上涂抹，画笔硬度不要大，画笔大小根据具体位置来调节，一定要均匀，头发原有的光泽部分不涂，细微的部分最好放大了再做，而且要适当的调节画笔的属性。

【步骤五】修改眼睛的颜色。

利用白色的画笔在【皮肤】图层中将眼睛中应该是白色的地方修改为白色，效果如图 9.30 所示。

9.3.3　去色

利用【去色】命令可以将彩色图像转换为灰度图像，但图像的颜色模式保持不变。例如，利用【去色】命令为 RGB 颜色模式的图像中的每个像素指定相等的红色、绿色和蓝色值，每个像素的明度值不改变。此命令与在【色相/饱和度】对话框中将饱和度设置为-100 的效果相同。

如果正在处理多层图像，则利用【去色】命令仅转换所选图层，如图 9.33 所示的图像是对如图 9.27 所示的图像进行去色后的效果。

图 9.33　去色效果

9.3.4　黑白

利用【黑白】命令可将彩色图像转换为灰度图像，同时保持对各颜色转化方式的完全控制。也可以通过对图像应用色调来为灰度着色，如创建棕褐色效果。【黑白】命令与【通道混合器】功能相似，也可以将彩色图像转换为单色图像，并允许调整颜色通道的输入。对如图 9.27 所示的图像按如图 9.34 所示的【黑白】对话框中参数进行设置，效果如图 9.35 所示。

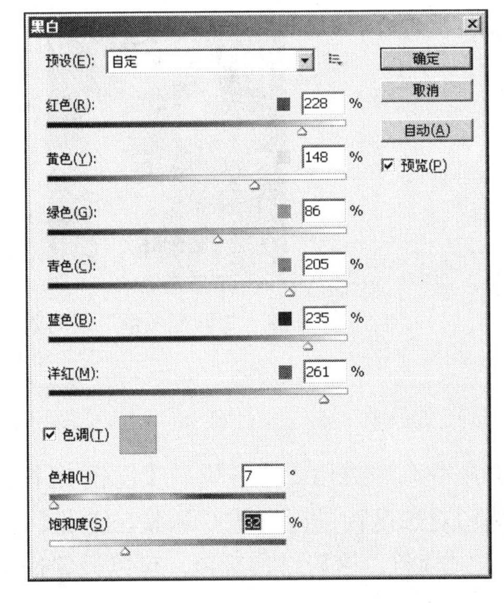

图 9.34　【黑白】对话框

图 9.35　黑白效果

9.3.5 匹配颜色

利用【匹配颜色】命令可以将不同图像的颜色进行匹配，使二者的色彩看起来更加一致、和谐，而操作过程却非常简单。这里说的不同图像既可以是不同的图像文件，也可以是同一个图像文件中的不同图层。将如图 9.37（本章素材 9.37）和图 9.27 所示的两个图像按如图 9.36 所示的对话框中的参数进行设置，得到的效果如图 9.38 所示。

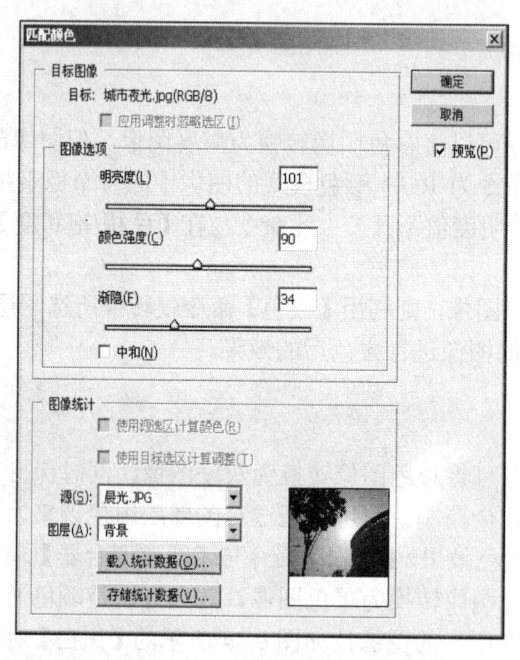

图 9.36 【匹配颜色】对话框

图 9.37 晨光

图 9.38 “匹配颜色”后的效果

9.3.6 替换颜色

【替换颜色】命令与【色相/饱和度】命令有些类似，或者说是【色相/饱和度】命令的一部分。在实际操作中先确定选区，然后对选区内的颜色进行调整。使用【替换颜色】命令，可以创建蒙版，以选择图像中的特定颜色，然后替换颜色。可以设置选定区域的色相、饱和度和亮度，也可以使用拾色器来选择替换颜色。由【替换颜色】命令创建的蒙版是临时性的。

如图 9.39 所示是原图（本章素材 9.39），如图 9.40 所示是【替换颜色】对话框，如图 9.41 所示的图像是按如图 9.40 所示的对话框中的参数设置进行替换颜色后的效果。

图 9.39　原图

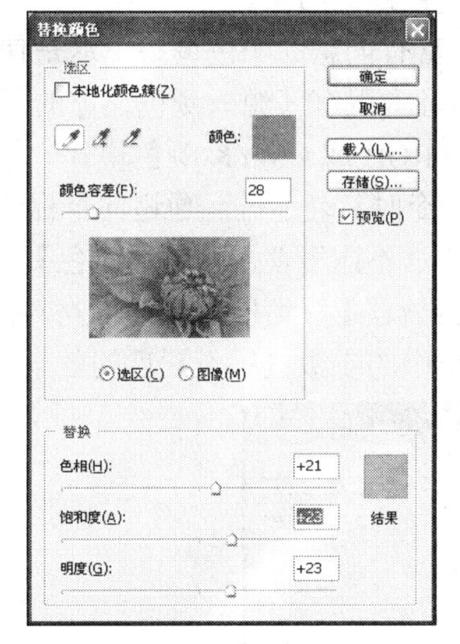

图 9.40　【替换颜色】对话框

图 9.41　“替换颜色”后的效果

9.3.7　可选颜色

利用【可选颜色】命令可以有选择地改变图像中的一些主要颜色值。可以对 RGB 颜色、灰度等多种色彩模式的图像进行分通道校色。

如图 9.42 所示为【可选颜色】对话框，图 9.43 是对图 9.39（原图）应用如图 9.42 所示的【可选颜色】对话框中的参数进行设置后的效果。

拓展：

在对图像作调整时，一定要注意主体的背景部分等小区域是否被改变，或者是否被调整为预想效果。如需分开处理，一般首先需要在原图中确定选区。

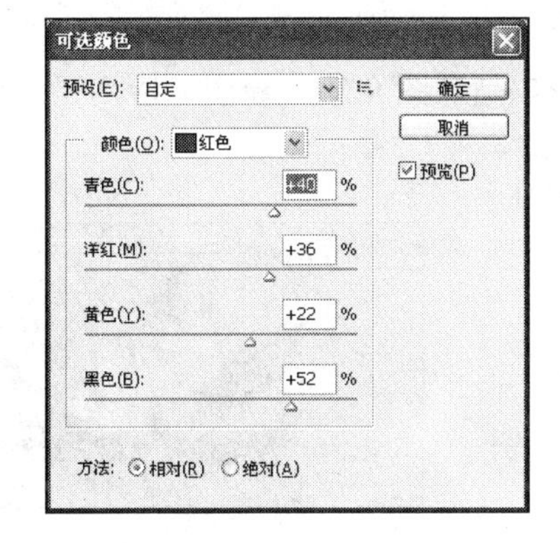

图 9.42　【可选颜色】对话框

图 9.43　应用“可选颜色”后的效果

9.3.8 通道混合器

【通道混合器】可以改变每种颜色通道的百分比，而且可以通过【预设】选项轻松实现高品质的灰度图像、棕褐色色调图像。

【通道混合器】可以实现富有创意的颜色调整，这是使用其他颜色调整工具不易实现的。【通道混合器】使用图像中现有（源）颜色通道的混合来修改目标（输出）颜色通道。颜色通道是代表图像（RGB 或 CMYK 颜色模式）中颜色分量的色调值的灰度图像。在使用【通道混合器】命令时，是通过源通道向目标通道加减灰度数据。向特定颜色成分中增加或减去颜色的方法不同于使用【可选颜色】命令时的情况。

如图 9.44 所示为【通道混合器】对话框，图 9.45 是对图 9.39（原图）应用如图 9.44 所示的【通道混合器】对话框中的参数进行设置后的效果。

图 9.44 【通道混合器】对话框

图 9.45 应用“通道混合器”后的效果

9.3.9 渐变映射

使用【渐变映射】命令可以将图像的颜色按照明暗的不同映射为指定的渐变颜色。阴影部分填充为渐变的开始颜色，高光部分填充为渐变的终止颜色，而中间调填充渐变色。例如，指定为双色渐变填充，图像中的阴影映射到渐变填充的一个端点颜色，高光映射到另一个端点颜色，而中间调映射到两个端点颜色之间的渐变。

如图 9.46 所示是【渐变映射】对话框，图 9.47 是对图 9.39（原图）应用“渐变映射”后的效果。

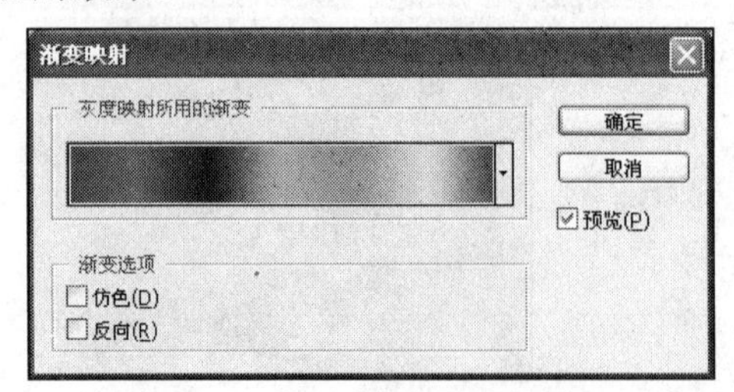

图 9.46 【渐变映射】对话框

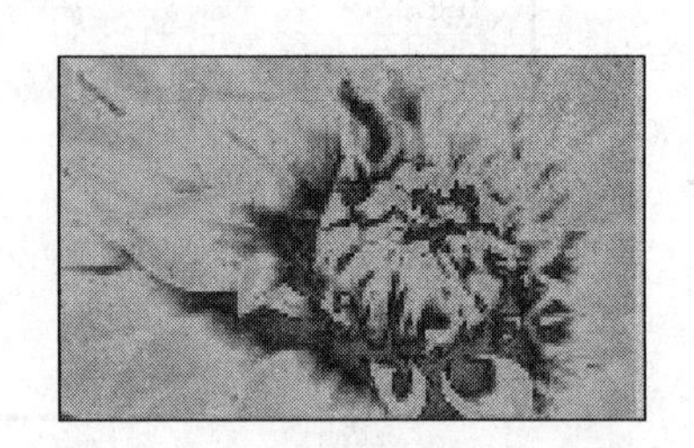

图 9.47 应用“渐变映射”后的效果

9.3.10　照片滤镜

该命令是模仿在照相机镜头前加彩色滤镜技术，以便调整通过镜头传输的光的色彩平衡和色温。

【照片滤镜】对话框（见图 9.48）中【滤镜】选项中的含义如下：

- 加温滤镜（85 和 LBA）及冷却滤镜(80 和 LBB)：用于调整图像中白平衡的颜色转换滤镜，如果图像是使用色温较低的光（微黄色）拍摄的，则冷却滤镜使图像的颜色更蓝，以补偿色温较低的环境光，相反，如果照片是用色温较高的光（蔚蓝色）拍摄的，则加温滤镜使图像的颜色变暖，以便补偿色温较高的环境光。
- 加温滤镜（81）及冷却滤镜（82）：使用光平衡滤镜来对图像的颜色品质进行细微调整。加温滤镜使图像变暖（变黄），冷却滤镜使图像变冷（变蓝）。

颜色选项用来根据所选颜色预设给图像应用色相调整。所选颜色取决于如何使用“照片滤镜”调整。如果照片有色痕，则可以选择一种补色来中和色痕，还可以针对特殊颜色效果或增强应用颜色。

使用【浓度】滑块，可以调整应用于图像的颜色数量，浓度越高，颜色调整的幅度就越大。

图 9.48 所示为【照片滤镜】对话框的设置，图 9.49 是对图 9.39（原图）应用“照片滤镜”后的效果。

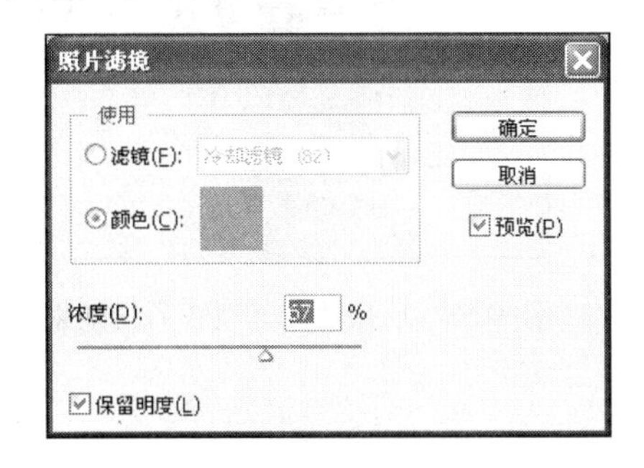

图 9.48　【照片滤镜】对话框

图 9.49　应用“照片滤镜”后的效果

9.3.11　阴影/高光

【阴影/高光】命令适用于校正由强逆光而形成阴影的照片，或者校正由于太接近照相机闪光灯而有些发白的焦点。在用其他方式采光的图像中，这种调整也可用于使阴影区域变亮。【阴影/高光】命令不是简单地使图像变亮或变暗，它基于阴影或高光中的周围像素（局部相邻像素）增亮或变暗。正因为如此，暗调和高光都有各自的控制选项。默认值设置为修复具有逆光问题的图像。单击【显示更多选项】，将显示【中间调对比度】选项、【修剪黑色】选项和【修剪白色】选项，用于调整图像的整体对比度。

图 9.50 所示为【阴影/高光】对话框，图 9.51 为对图 9.39（原图）应用“阴影/高光”后的效果。

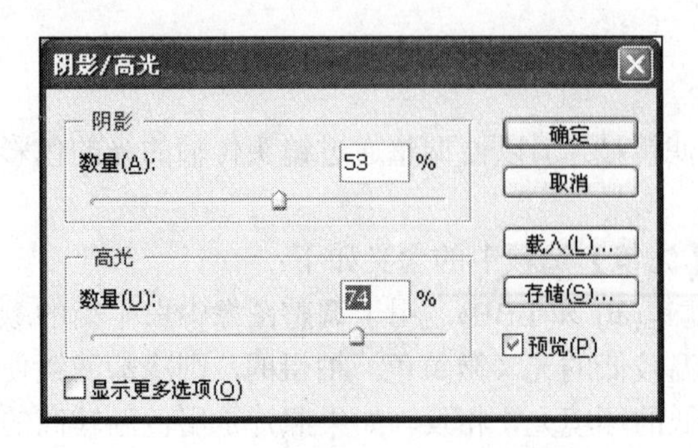

图 9.50 【阴影/高光】对话框

图 9.51 应用“阴影/高光”后的效果

9.3.12 曝光度

使用【曝光度】命令可以模拟数码相机对照片进行曝光处理，常用于调整曝光不足或曝光过度的图像或照片。

如图 9.52 所示为【曝光度】对话框，图 9.53 为对图 9.39（原图）应用“曝光度”后的效果。

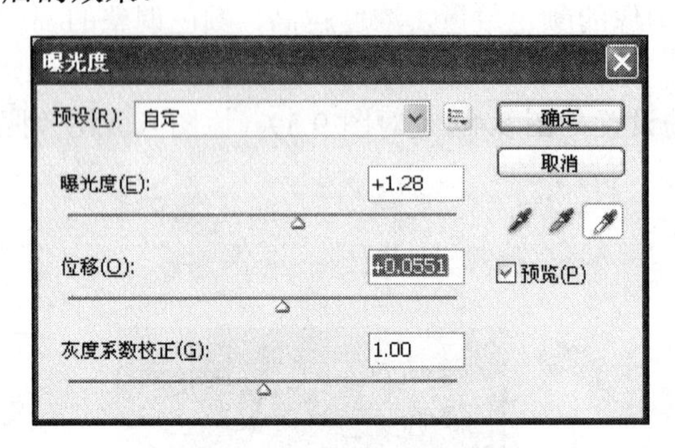

图 9.52 【曝光度】对话框

图 9.53 应用“曝光度”后的效果

9.4 特殊色调和色彩

9.4.1 反相

【反相】命令用于反转图像中的颜色。在处理过程中，可以使用该命令创建边缘蒙版，以便向图像的选定区域应用锐化和其他调整。

由于彩色打印胶片的基底中包含一层橙色掩膜，因此【反相】命令不能从扫描的彩色负片中得到精确的正片图像。在扫描胶片时，一定要使用正确的彩色负片设置。

在对图像进行反相时，通道中每个像素的亮度值都会转换为 256 级颜色值刻度上相反的值。例如，值为 255 的正片图像中的像素会被转换为 0，值为 5 的像素会被转换为 250。

如图 9.54 所示为原图（本章素材 9.54），如图 9.55 所示为反相后的效果。

图 9.54　原图

图 9.55　反相后的效果

9.4.2　阈值

【阈值】命令可将彩色或灰阶的图像变成高对比度的黑白图，在【阈值】对话框中可通过拖动下方的滑块来改变阈值，也可直接在【阈值色阶】数值框中输入数值。当设定阈值时，所有像素值高于此阈值的像素点将变为白色，所有像素值低于此阈值的像素点将变为黑色，可以产生类似位图的效果。

如图 9.56 所示为【阈值】对话框，图 9.57 是对图 9.54（原图）应用“阈值”设置后的效果。

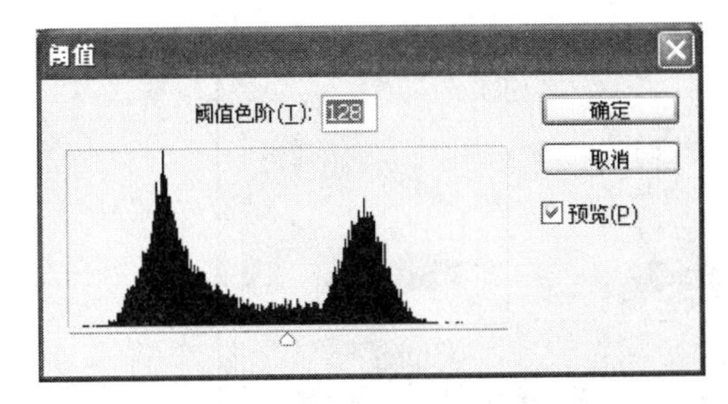

图 9.56　【阈值】对话框

图 9.57　应用“阈值”后的效果

9.4.3　色调分离

使用【色调分离】命令可以指定图像中每个通道的色调级（或亮度值）的数目，然后将像素映射为最接近的匹配级别。例如，在 RGB 颜色模式的图像中选择两个色调色阶将产生 6 种颜色：两种代表红色，两种代表绿色，另外两种代表蓝色。

在照片中创建特殊效果，如创建大的单调区域时，此命令非常有用。当减少灰色图像中的灰阶数量时，其效果最为明显，但它也会在彩色图像中产生有趣的效果。如果想在图像中使用特定数量的颜色，请将图像转换为灰度并指定需要的色阶数。然后将图像转换回以前的颜色模式，并使用想要的颜色替换不同的灰色调。

如图 9.58 所示为【色调分离】对话框，图 9.59 是对图 9.54（原图）应用“色调分离”后的效果。

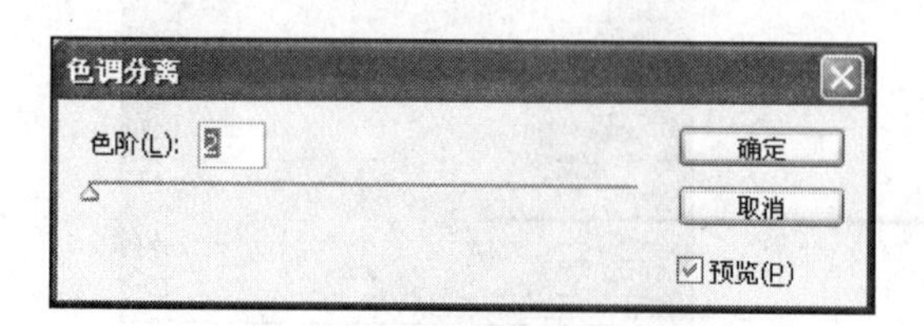

图 9.58 【色调分离】对话框

图 9.59 应用“色调分离”后的效果

9.4.4 变化

使用【变化】命令可以直观地调整图像的色彩平衡、对比度和饱和度。此命令对于不需要进行色彩精确调整的平均色调图像最实用。

选择【图像】|【调整】|【变化】命令，打开【变化】对话框，如图 9.60 所示。

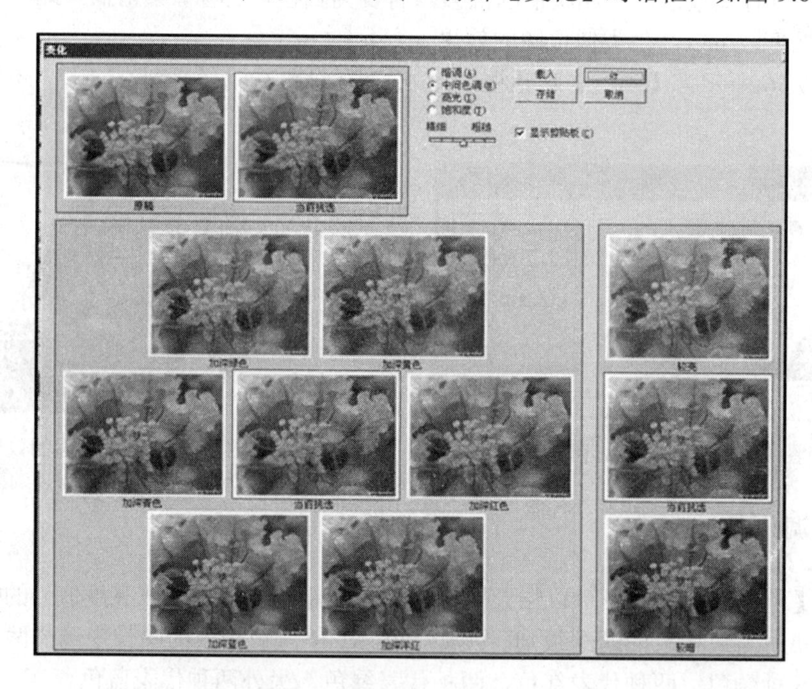

图 9.60 【变化】对话框

在【变化】对话框中可进行以下操作。

1. 查看原稿和效果图

在【变化】对话框左上角的【原稿】和【当前挑选】两个缩览图，分别表示原始图像和当前所选择的图像。刚打开时，两个缩览图是一样的，随着调整的进行，【当前挑选】缩览图会反映出图像处理后的效果。如果对图像效果不满意，可在【原稿】缩览图上单击，则【当前挑选】缩览图恢复为原始图像。

2. 设置调整的对象

在【变化】对话框右上角有4个单选按钮，用于设置调整的对象，可对图像的阴影、中间调、高光和饱和度进行调节。

3. 调整图像颜色

对话框左下方有7个缩览图，用于调整图像颜色。中间的【当前挑选】缩览图用于显示调整后的效果，另外6个缩览图用于改变图像的RGB和CMYK这6种颜色。单击其中任一个缩览图，可增加相对应的颜色。例如，要增加绿色分量，单击【加深绿色】缩览图实现，如果要减少图像中某个颜色分量，只能用增加其相反色（其对角线上缩览图的颜色）的方法来实现，例如，要减少绿色分量，可单击【加深洋红】缩览图实现。

4. 调整图像的明暗度

【变化】对话框右下方的3个缩览图用于调整图像的明暗度。单击较亮或较暗缩览图得以改变。

5. 设置调整的幅度

可以通过【精细/粗糙】滑块控制调整图像时的幅度。向【精细】方向拖动滑块，则每次单击缩览图调整时的变化细微，向【粗糙】方向拖动滑块，则每次单击缩览图调整时变化明显。

案例实施

案例一 实施步骤

前面介绍了调整图像色调和色彩的方法，以及特殊色调和色彩的应用，下面回到案例一中，完成少女照片修复的工作任务。

【步骤一】检查通道。

1）在Photoshop CS5中打开本章素材9.1，检查其通道。可以发现，这张图片真正的损坏是在蓝色通道中的，另外图像缺乏对比，还有一些污渍，如图9.61所示。首先要做的是用【色阶】工具和【亮度/对比度】工具来调节图像。

2）选择【图像】|【调整】|【色阶】命令，打开【色阶】对话框，将输入色阶依次设为3、1.59、255，输出色阶为0、254，使图像色调变暗；选择【图像】|【调整】|【亮度/对比度】命令，打开【亮度/对比度】对话框，将亮度设为-4，对比度设为+42，以加大对比度。如图9.62所示。

图 9.61　原图

图 9.62　修饰（一）

【步骤二】修补损坏图像。

1）修补图像中一些损坏的部分。在工具箱中选择【仿制图章工具】，在选择合适的不透明度和笔刷大小后，按住 Alt 键，定义复制源点，修补图像中损坏的部分。必要时，可以把图像放大。

2）这项工作要做得耐心和细致，要让图像看起来比较干净，如图 9.63 所示。

【步骤三】添加生命力。

1）回到 RGB 通道中，选择【图像】|【调整】|【色相/饱和度】命令，打开【色相/饱和度】对话框，为图片添加一些生命力，设置色相为 247，饱和度为 18，明度为 0，注意要选中【着色】复选框；再用【亮度/对比度】命令稍微调节一下，设置亮度为+10，对比度为+25，这样图像被蒙上了一种艺术化的色彩，如图 9.64 所示。

图 9.63　修饰（二）

图 9.64　修饰（三）

2）还可以选择【图像】|【调整】|【变化】命令，使图像色调发生进一步改变，如图 9.65 所示。【变化】命令对于不需要精确色彩调整的平均色调图像最为有用。这里选用较暗模式，再将画面轻微地模糊一下，这样，这张图片本身的复原工作就基本上完成了。

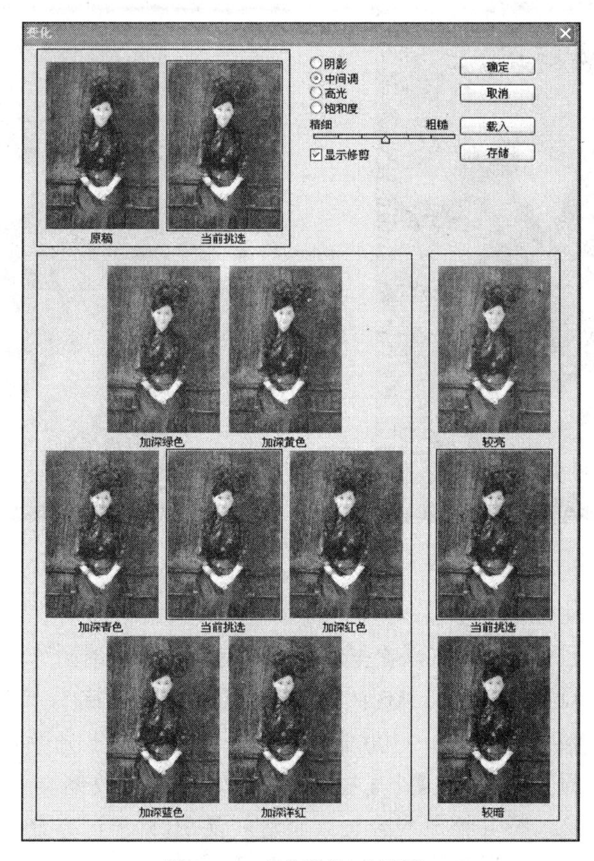

图 9.65　【变化】对话框

【步骤四】制作像框。

1）原图本身边框损坏严重，很难将它完美的修饰好，所以需要为这幅画另外制作一个像框。首先，用【椭圆选框工具】在画布正中画一个包括人物的椭圆，不能太小。反向选择选区，作为像框的选区。新建一层，填充黑色，选择【滤镜】|【杂色】|【添加杂色】命令，打开【添加杂色】对话框，设置数量为 50%，高斯分布，单色；再选择【像素化】|【晶格化】命令，设置单元格大小为 10。在进行下一步的着色之前，需要用【亮度/对比度】命令减小对比，然后用【色相/饱和度】命令着色。打开【图层样式】对话框，选择【斜面和浮雕】样式，进一步设置样式为内斜面，方法为平滑，深度为 120%，大小为 5 像素，阴影角度为 120 度，其余默认。为图像添加立体效果，如图 9.66 所示。

2）按住 Ctrl，单击当前图层，提取轮廓线。复制图层，在新生成的图层副本上，选择【滤镜】|【其他】|【高反差保留】命令，设置半径值为 2 后，将图层的混合模式设置为柔光，以屏蔽中性灰，如图 9.67 所示。

3）合并图层，调整图层亮度。复制图层，将复制的图层混合模式设为滤色，调整图层透明度为 75%，如图 9.68 所示。

图 9.66　修饰（四）

图 9.67　修饰（五）

【步骤五】美化像框。

1）为像框加上别致的螺钉。首先做一个具有渐变效果的圆。新建图层，用【椭圆选框工具】，画一个小圆，选择【滤镜】|【渲染】|【镜头光晕】命令，设置亮度为100%，镜头类型为 50～300 毫米变焦，为球体加上光晕效果，如图 9.69 所示。

2）选择【选择】|【修改】|【收缩】命令，将选区收缩 1 像素，把球体剪切到像框所在图层，将其缩放到合适大小后，复制 3 个，并分别放置在图像四角。这样，这张照片就以新面貌出现了，如图 9.70 所示。

图 9.68　修饰（六）

图 9.69　螺钉

图 9.70　最终效果

【步骤六】保存文件。

将修复好的图像以.psd 和.jpg 的文件格式各保存一份。

案例二　实施步骤

通过案例一对破旧及缺陷照片的修复，练习了用【色阶】命令和【亮度/对比度】命令来调整图像色调和色彩，下面来完成案例二浪漫的夏夜壁纸制作的任务。

【步骤一】制作背景。

1）选择菜单【文件】|【新建】命令（或按 Ctrl+N 快捷键）新建一个文档，设置大小为 1024 × 768 px，分辨率为 72 dpi。首先使用【矩形工具】绘制两个矩形，生成名为“形状 1”的图层，如图 9.71 所示。

图 9.71　背景

2）双击【图层】面板“形状 1”图层，打开【图层样式】对话框，选择“渐变叠加”样式，然后按如图 9.72 所示设置【渐变】选项组。如图 9.73 所示，设置渐变选项中的渐变色。左边的渐变色设置为 RGB（7，11，20），右边的渐变色设置为 RGB（35，54，52），单击确定后为矩形应用了渐变效果，如图 9.74 所示。

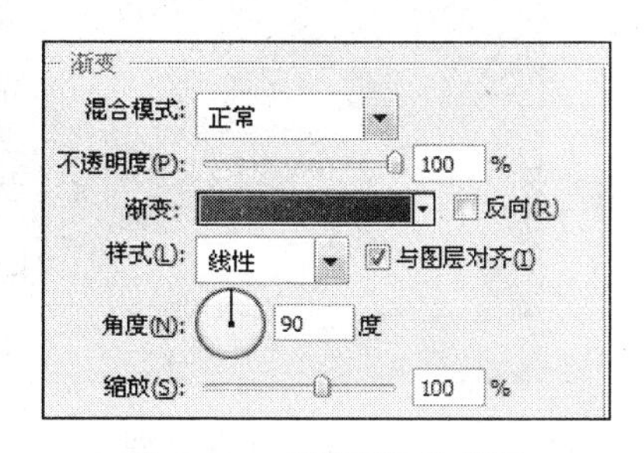

图 9.72　【渐变】选项组

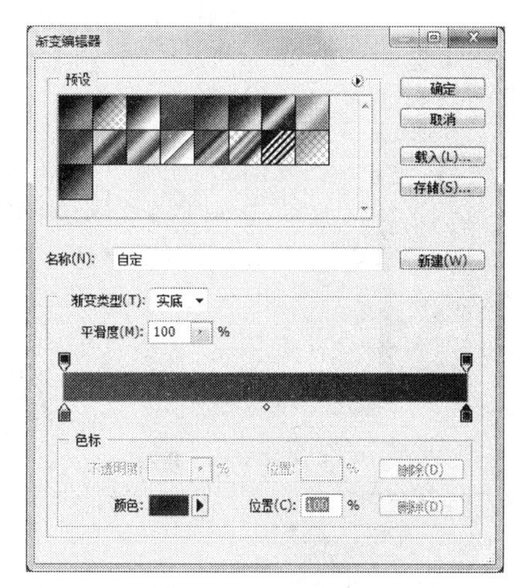

图 9.73　设置渐变

【步骤二】制作云。

1）新建一个图层，选择菜单【滤镜】|【渲染】|【云彩】命令，应用云彩滤镜的效果如图 9.75 所示。

图 9.74 效果（一）

图 9.75 效果（二）

2）选择菜单【滤镜】|【模糊】|【方框模糊】命令，打开【方框模糊】对话框，如图 9.76 所示，应用方框模糊后的效果如图 9.77 所示。

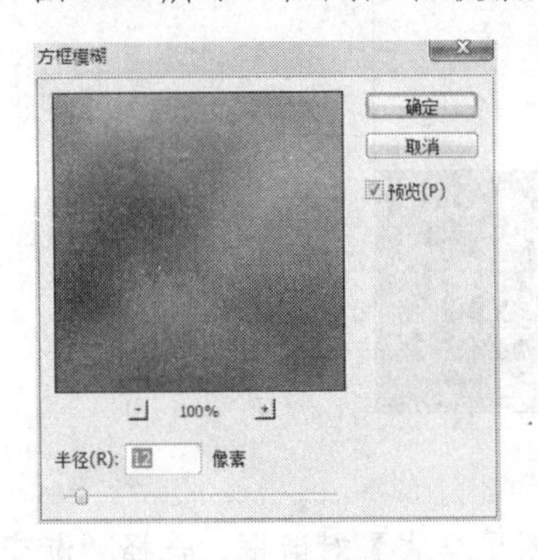

图 9.76 【方框模糊】对话框

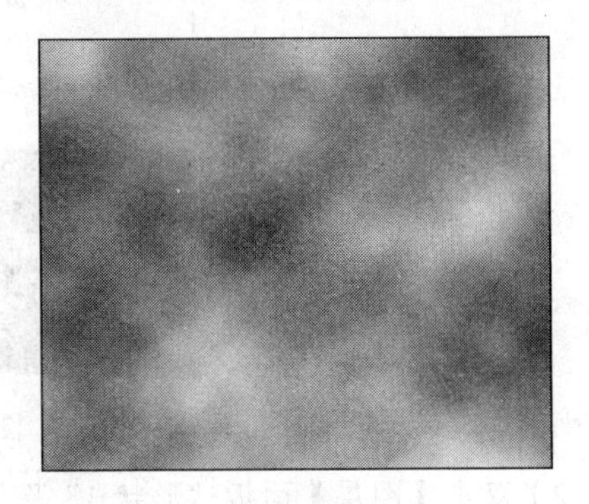

图 9.77 效果（三）

3）按 Ctrl+M 快捷键打开【曲线】对话框，按如图 9.78 所示的参数进行调整，为图像增加一些对比度。调整完毕的效果如图 9.79 所示。

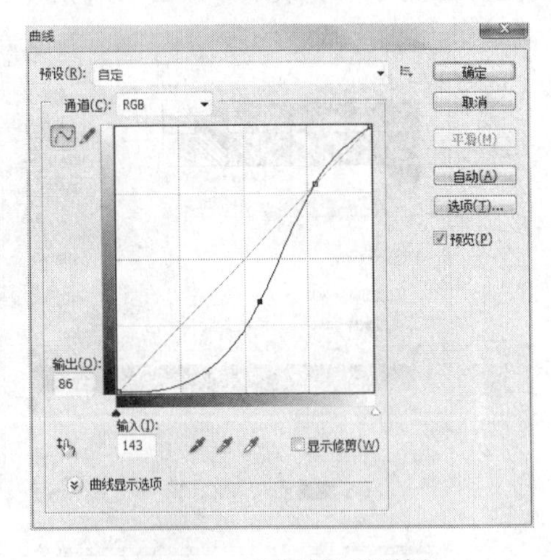

图 9.78 【曲线】对话框

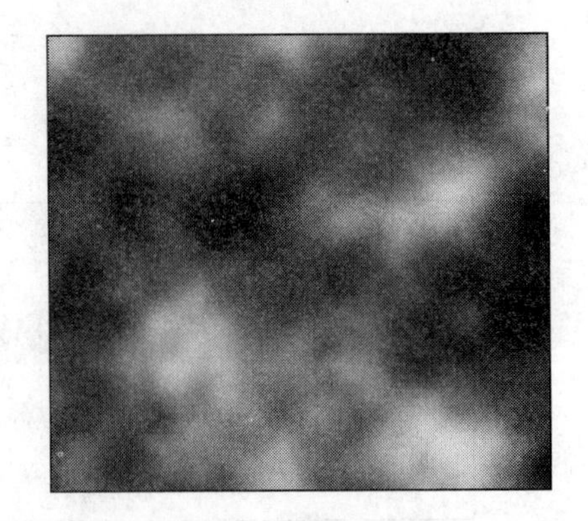

图 9.79 效果（四）

4）在【图层】面板中将图层的【混合模式】改为【滤色】。

5）按 Ctrl+T 快捷键对云彩所在图层进行自由变换，将其调整到如图 9.80 所示的大小与位置。

6）复制一个云彩图层的副本，然后按 Ctrl+L 快捷键打开【色阶】对话框，并按如图 9.81 所示的参数进行调整。调整完毕得到如图 9.82 所示的结果。

【步骤三】制作一块陆地。

1）新建一个图层，然后使用工具箱中的【多边形套索工具】（快捷键为 L）绘制一个选区，并填充为黑色，表现出一种陆地表面的效果，如图 9.83 所示。

图 9.80 效果（五）

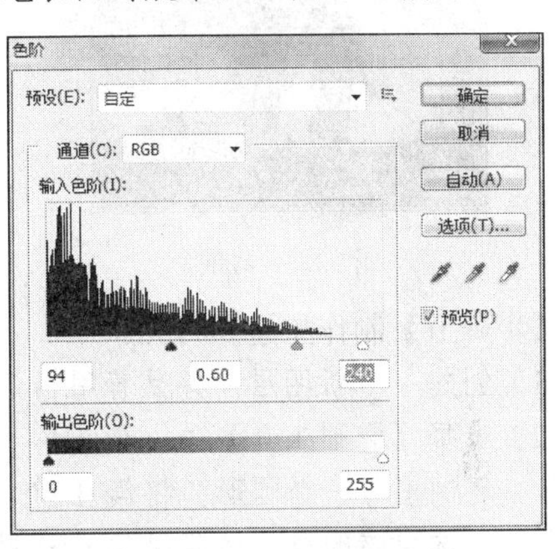

图 9.81 【色阶】对话框

图 9.82 效果（六）

图 9.83 效果（七）

2）新建一个图层，按如图 9.84 所示选择一种合适的画笔。按如图 9.85 所示设置前景色为草的颜色，并绘制出如图 9.86 所示的草地。

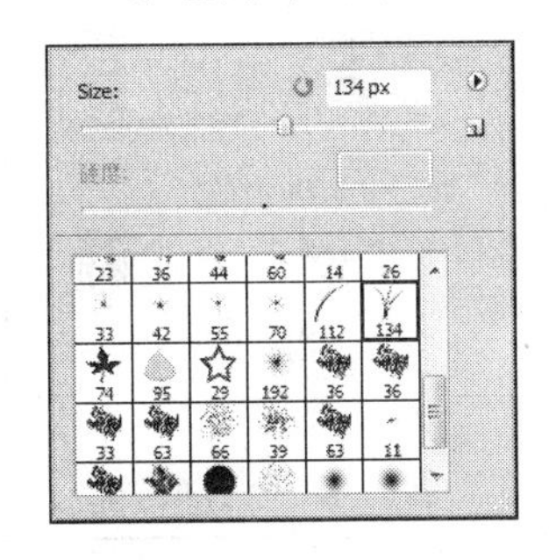

图 9.84 设置画笔

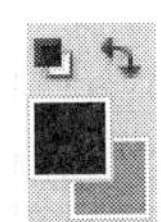

图 9.85 设置前景色

图 9.86 效果（八）

【步骤四】制作情侣背影。

1）打开本章素材 9.87，如图 9.87 所示。使用【魔术橡皮擦工具】等工具进行抠图处理。

2）将情侣与伞的图片放到场景中，并调整图层的混合选项，将不透明度设置为100%。调整完毕得到如图 9.88 所示的结果。

图 9.87　背景

图 9.88　效果（九）

【步骤五】制作星星和月亮。

1）创建一个新图层，并试着用铅笔工具画出一些星星，如图 9.89 所示。

2）选择【椭圆工具】画一个圆形，然后在按住 Alt 键的同时向左上方拖动该圆形，复制出另一个圆形。将第 1 个圆形填充为颜色#F9F2AC，并将图层栅格化，保持选中该图层，然后按住 Ctrl 键的同时单击第 2 个圆形，载入选区，按 Delete 键删除选区中的内容，这样可以得到月亮的形状，如图 9.90 所示。将图层进行位置变换得到如图 9.91 所示，对月亮添加如图 9.92 所示的内阴影效果。

图 9.89　效果（十）

图 9.90　效果（十一）

图 9.91　效果（十二）

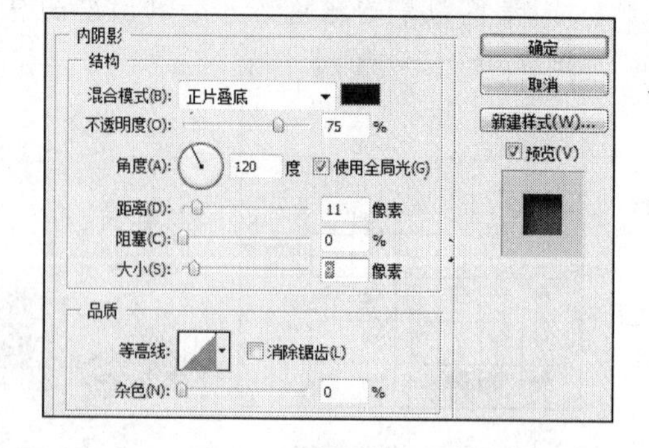

图 9.92　设置内阴影效果

3）选中除背景图层和“形状 1”图层外的所有图层进行合并，将合并后的图层复制一份，将复制图层进行自由变换，垂直镜像，如图 9.93 所示。使用【橡皮擦工具】将一些黑色渐变擦除。

4）使用【涂抹工具】涂抹出水面的波纹效果，如图 9.94 所示。

然后将图层的填充透明度设置为 25%，得到最终效果，如图 9.95 所示。

图 9.93　效果（十三）

图 9.94　效果（十四）

图 9.95　效果（十五）

【步骤六】保存文件。

将处理好的图像以.psd 和.jpg 的文件格式各保存一份。

工作实训营

1. 训练内容

对照片进行系列处理。

（1）使黯淡肤色亮起来，给发黑的脸美白，方法如下。

1）打开图片，创建一个空白图层。

2）进入通道，按住 Ctrl 键单击 RGB 通道，出现高光选区。

3）返回到空白图层，为选区填充白色。

4）添加蒙版，设置前景色为黑色，用画笔涂掉不需增白的部分。

5）如果嫌脸肤色太白了，可适当降低透明度。

（2）去除面部油光。

用【修复画笔工具】，按 Alt 键在高光区单击，然后开始在高光区涂抹。

（3）使粗糙肌肤嫩起来。

照片中的皮肤看起来非常粗糙，没有光泽怎么办？方法如下。

1）打开图片，按 Ctrl+J 快捷键复制一层。

2）选择【滤镜】|【杂色】|【减少杂色】命令，打开【减少杂色】对话框，单击【高级】单选按钮，选择【每通道】选项卡，对红、绿、蓝 3 个通道的参数设置如下:

红：强度 10，保留细节为 100%

绿：强度 10，保留细节为 6%

蓝：强度 10，保留细节为 6%

3）选择【滤镜】|【锐化】|【USM 锐化】命令，在【USM 锐化】对话框中设置数量为 80，半径为 1.5，阈值为 4。

2. 训练要求

要基于原照片进行修复，力求自然，色彩的搭配要协调。

工作实践中常见问题解析

【常见问题 1】用铅笔在纸上画的漫画，用数码照相机拍摄上传到计算机里，现在想用 Photoshop CS5 为人物上色，具体做法是什么？怎样才可以让颜色过渡自然呢？

答: 上色的时候新建一个图层，然后把新建图层的【混合模式】设置为【正片叠底】，这样涂上去的颜色就不会把线稿覆盖住，【正片叠底】模式是很常用的，用【加深工具】或【减淡工具】修饰也可以。

【常见问题 2】旧照片的相纸是有格纹的，用相机翻拍下来后对其进行修复，可是照片上的格纹却去不掉，如果用【模糊】命令或者【中间值】命令、【划痕和蒙尘】命令，照片又会很模糊，怎样能去掉格纹而又使照片不显得模糊呢？

答: 可以采用以下除皱纹的方法。

1）打开原图，观察通道，寻找格纹较为强烈的通道，复制此通道。

2）得到通道副本，选择【滤镜】|【其他】|【高反差保留】命令，这一步中的设置的数据很关键，尝试调整参数使格纹很好的体现出来，数据不宜过高或过低。

3）用画笔将不想选择的区域用相近的颜色涂出来。

4）对刚才的副本进行计算，强化选区。这里选择【强光】选项，计算后得到新通道 Alpha 1。

5）对新通道再次计算，连续计算 3 次，得到 Alpha 3（次数不固定，可以试试）。

6）选择 Alpha 3，按住 Ctrl 键，单击该通道，选择 RGB，回到【图层】面板建立曲线调整图层，选择中间点稍向下拉，边调整边观察图像。

7）对曲线中的蒙版进行 USM 锐化，数据大小视图片而定。

【常见问题 3】照片被损，有什么简单方法进行修复？

答:【仿制印章工具】修复: 在照片被损不是很严重时，在单张旧照片上使用【仿制印章工具】修复。有大面积相同花纹时，以及眼、鼻、嘴等重要部分全破损时，可以从别的图片上剪贴完整的眼、鼻、嘴。

习　　题

在 Photoshop CS5 中打开“铁轨写真照片”（本章素材 9.96），将如图 9.96 所示的原图调整为本章提供的对应素材文件图的样子。

图 9.96　原图

第 10 章

通道与蒙版的应用

本章要点 ☞

了解通道的概念。

掌握创建通道的方法。

掌握应用通道的方法。

了解蒙版概念。

熟练应用蒙版。

技能目标 ☞

掌握利用通道处理图片的方法和技巧。

掌握蒙版的使用方法和技巧。

案例导入

【案例一】利用通道进行抠图。

要求利用通道对人物进行抠图，注意人物头发的处理，如图10.1所示。

【案例二】将照片处理成手绘效果。

要求将照片上的人物与乡村建筑处理成手绘效果，并要求整个画面有自然褶皱效果，如图10.2所示。

图10.1　对人物进行抠图

图10.2　将照片处理成手绘效果

引导问题

1）什么是通道？
2）通道的分类有哪些？
3）通道有哪些操作？如何操作？
4）什么是蒙版？
5）如何利用蒙版进行图片合成？

基础知识

10.1　通道概述

通道是Photoshop中的一项重要内容，主要用于储存图像中的各种颜色信息。通道分为颜色通道、Alpha通道和专色通道3种类型。在【通道】面板中，可以对通道进行各种操作。

10.1.1　通道的性质与功能

通道主要用于存储图像颜色信息和图层选区等。从外观来看，通道与没有颜色信息的普通图层很相似，但其实际作用是将图像中的颜色信息转换为灰度模式来进行管理。在Photoshop CS5中打开一幅图像时会自动产生默认的色彩通道。色彩通道的功能是存储图像中的色彩信息。图像的默认通道取决于该图像的色彩模式，如CMYK颜色模式的图像有 4 个通道，分别存储图像中的 C、M、Y、K 颜色信息。可以把通道想象成彩色套印时的分色板，每个通道对应一种颜色。灰度模式只有一个色彩通道；RGB、Lab 颜色模式的图像有 3 个色彩通道，另有一个复合色彩通道用于图像的编辑。

如打开本章素材 10.3.jpg，复合通道所显示的效果如图 10.3 所示。

分别单独显示红、绿、蓝 3 个通道，图像效果分别如图 10.4～图 10.6 所示。

图 10.3　三原色图片素材

图 10.4　三原色图片红通道效果

图 10.5　三原色图片绿通道效果

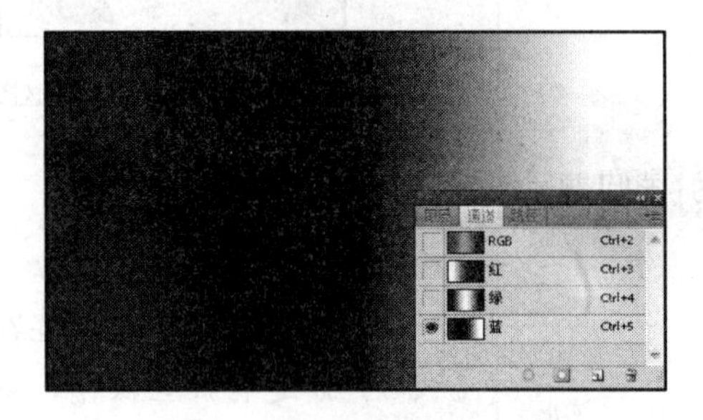

图 10.6　三原色图片蓝通道效果

10.1.2　通道面板

【通道】面板可用于创建和管理通道。该面板列出了图像中的所有通道，包括颜色通道、Alpha 通道和专色通道。通道内容的缩览图显示在通道名称的左侧，在编辑通道时会自动更新缩览图。

【通道】面板的最上方是各种颜色通道合并的复合通道（对于 RGB 颜色、CMYK 颜色和 Lab 颜色模式的图像），各种颜色模式通道的下方是 Alpha 通道和专色通道。

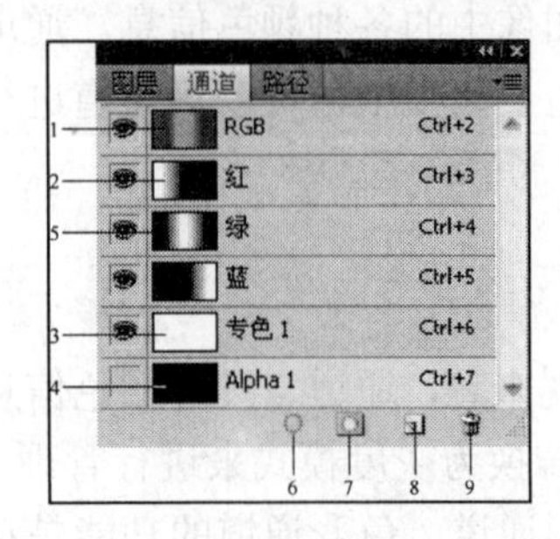

图 10.7　【通道】面板

在 Photoshop CS5 中，可以自行设置将【图层】面板、【通道】面板和【路径】面板组合在一起，并置于屏幕的右下角。另外，还可以通过选择【窗口】|【通道】命令，打开或关闭【通道】面板。【通道】面板如图 10.7 所示。

- 复合通道。各种颜色通道合并的复合通道，用于显示各种通道颜色叠加后的整体画面效果。见图 10.7 中标注 1。
- 单色通道。单色通道表示各色系在图像中的分布及浓度的大小。见图 10.7 中标注 2、5。

- 专色通道。专色通道指定用于专色油墨印刷的附加印版。见图 10.7 中标注 3。
- Alpha 通道。Alpha 通道用于将选区存储为灰度图像。见图 10.7 中标注 4。
- 【指示通道可见性】图标。单击此图标，使通道不显示，可以关闭这一通道在图像中的可视性。再次单击使其显示，可将可视性打开。

下面认识一下面板下方的按钮。

- 【将通道作为选区载入】按钮。见图 10.7 中标注 6。单击此按钮，可将通道中的白色区域载入选区；也可以在按下 Ctrl 键的同时单击此通道，将其载入选区。
- 【将选区存储为通道】按钮。见图 10.7 中标注 7。在图像上有选区的情况下，单击此按钮，便可以将选区作为通道储存起来，选区内的内容以高亮显示。在按下 Alt 键的同时单击此按钮，会出现是否把当前选区储存为蒙版的提示框。
- 【创建新通道】按钮。见图 10.7 中标注 8。单击此按钮可以建立一个新通道，将原通道拖动至此按钮上，将复制此通道。
- 【删除当前通道】按钮。见图 10.7 中标注 9。单击此按钮可删除所选择的通道。

新建通道...
复制通道...
删除通道
新建专色通道...
合并专色通道(G)
通道选项...
分离通道
合并通道...
面板选项...
关闭
关闭选项卡组

图 10.8　【通道】面板菜单

另外，单击【通道】面板右上角的下拉按钮，可打开【通道】面板菜单，选择相应的命令实现对通道操作，如图 10.8 所示。

小提示：

只要以支持图像颜色模式的格式存储文件，就会保留颜色通道。只有当以 Photoshop、PDF、PICT、Pixar、TIFF 或 Raw 格式存储文件时，才会保留 Alpha 通道。

当要显示或隐藏多个通道时，可在【通道】面板的【指示通道可见性】图标列中按住鼠标左键不放并且上下拖动即可。

10.2　通道的基本操作

10.2.1　选择单色通道

在【通道】面板上单击该通道即可选中，如图 10.9 所示。

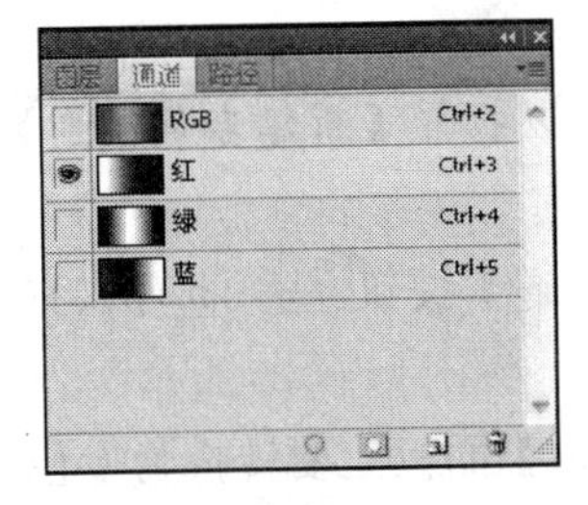

图 10.9　选择单色通道

10.2.2　创建 Alpha 通道

Alpha 通道用于将选区存储为灰度图像。可以添加 Alpha 通道来创建和存储蒙版，这些蒙版用于处理或保护图像的某些部分。

Alpha 通道通常与蒙版结合使用，用于辅助制作图像的特殊效果。通常情况下，单独创建的新通道就是 Alpha 通道，这个通道并不存储图像的色彩，而是将选择区域作为 8 位灰度图像存放并被加入到图像的颜色信息通道中。因而 Alpha 通道的内容代表的不是图像的颜色，而是选择区域，其中的白色表示完全选择区域，黑色为非选择区域，灰色为选区的羽化操作。

对 Alpha 通道内容的操作，即是创建、存储、修改所需要的选择区域。如果在图像中创建了选区，单击【通道】面板中的【将选区存储为通道】按钮，将选区保存到 Alpha 通道，即可新建一个 Alpha 通道。创建的新通道按照顺序命名，如“Alpha1”、“Alpha2”。如在目标图层上载入该选区（即运用该 Alpha 通道）便可实现任意层次的选择。通道具有下列属性。

1）所有通道都是 8 位灰度图像，可显示 256 级灰阶。

2）可以为每个通道重新命名。

3）可以使用绘画工具、编辑工具和滤镜等编辑 Alpha 通道中的选区。

4）所有 Alpha 通道都与原图像有相同的尺寸和像素。

打开本章素材 10.9，利用椭圆选框工具建立椭圆选区，创建如图 10.10 所示的 Alpha 通道。

图 10.10 Alpha 通道

小提示：

Alpha 通道与图层看起来相似，但区别却非常大。Alpha 通道可以随意增减，这一点类似图层功能，但 Alpha 通道不是用来储存图像而是用来保存选择区域的。

10.2.3 创建专色通道

创建专色通道的方法有两种，一种是创建新的专色通道，一种是将现有的 Alpha 通道转化为专色通道。

可以通过执行以下操作之一创建新的专色通道。

1）从【通道】面板菜单中选择【新专色通道】命令，便可以打开【新建专色通道】对话框，如图 10.11 所示。

2）按下 Ctrl 键的同时单击【通道】面板下方的【创建新通道】按钮，也可以打开【新建专色通道】对话框。

将 Alpha 通道转换为专色通道的方法比较简单，双击【通道】面板上要转换为专色通道的 Alpha 通道，在打开的【通道选项】对话框中进行设置即可，如图 10.12 所示。

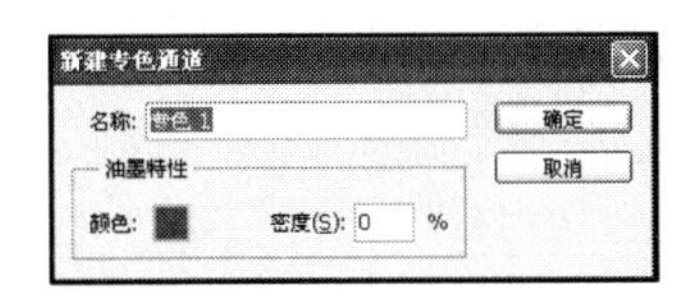

图 10.11　【新建专色通道】对话框

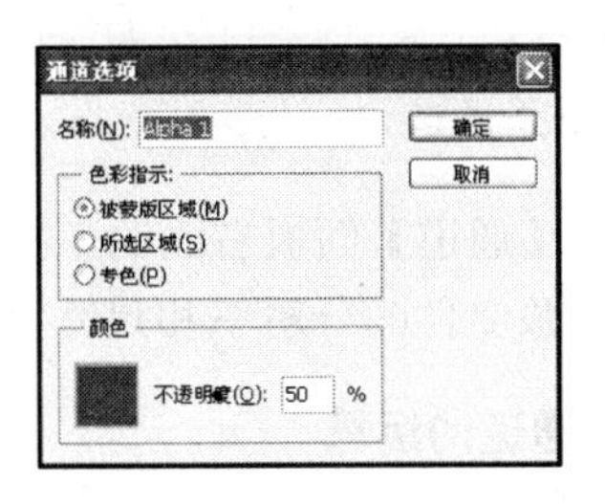

图 10.12　【通道选项】对话框

10.2.4　复制和删除通道

1）复制通道。将原通道拖动至【创建新通道】按钮上，即可复制此通道。

2）删除通道。在【通道】面板中，要删除通道有以下几种方法。

① 选择要删除的通道，右击，在弹出的快捷菜单中选择【删除通道】命令。

② 在【通道】面板中，选择要删除的通道。从【通道】面板菜单中选择【删除通道】命令，便可以删除当前通道。

③ 将要删除的通道拖动至【删除当前通道】按钮上，便可以删除此通道。

10.2.5　通道的分离与合并

在【通道】面板的菜单选项中包括有【分离通道】、【合并通道】两个命令。

1. 分离通道

分离通道是指将图像的通道分离出来得到多个单独的灰度图像。

【分离通道】命令的使用有两大限制：文件必须只有一个锁定的【背景】图层；只有在 RGB 颜色、CMYK 颜色、Lab 颜色和多通道等模式下可以使用。单击【通道】面板右面的下拉按钮，选择【分离通道】命令，如图 10.13 所示，可以将图像中的各个通道分离出来，使其各自作为一个单独的文件存在。该命令执行的条件：图像文件只含有一个图层，否则应先合并图层，分离后的图像都是灰度图像，不含任何彩色信息。

图 10.13　分离通道

2. 合并通道

单击【通道】面板右面的下拉按钮，选择【合并通道】命令即可。注意，合并通道时，各个源文件的分辨率和尺寸必须相同。

10.2.6 通道的运算

类似于图层的混合模式，实际上对于通道来说，也同样可以进行通道间的混合。【应用图像】以及【计算】两个命令就是对通道进行混合的重要命令。在进一步了解通道混合之前，首先认识一下这两个强大的命令，只有明白了它们的异同之处才能在图像编辑过程中恰当选用。

1. 【计算】命令

选择【图像】|【计算】命令，打开【计算】对话框。【计算】对话框主要由 3 个部分组成：源 1 通道、源 2 通道、混合模式。

- 如图 10.14 所示源 1 和源 2 就是指定参与混合过程的通道，即文件中图层的某个通道将参与混合。
- 混合模式则是指以何种方式来混合指定的两个通道（源 1 和源 2）。
- 不透明度是指源 1 的不透明度，此外蒙版也是针对源 1 而言。

为了简单地阐述源 1 和源 2 的关系，可以打这样一个比方，源 1 就如同【图层】面板里的上一个图层，而源 2 则如同下一个图层。如果要用基色、混合色、结果色的概念来解释，源 1 就是混合色，源 2 是基色，而计算得到的通道是结果色。

在【计算】命令对话框的最下方有【结果】这一选项，其作用是指定以何种方式来处理两个通道计算后得到的新通道。计算得到的新通道可以存储到用于计算的文件中，也可以存储到一个新的文件中，或者可以只以选区的方式在当前文件中显示。

2. 【应用图像】命令

选择【图像】|【应用图像】命令，打开【应用图像】对话框。【应用图像】对话框主要由 3 个部分组成：源通道、目标通道、混合模式。目标通道既等同于【计算】命令中的源 2 通道，同时又是结果通道将存储的位置。因此也可以这样理解，源通道是混合色，目标通道既是基色同时又是结果色。可见，【计算】命令与【应用图像】命令的第一个差别在于：【计算】命令一般情况下会产生一个新的通道来存储混合色，从而增加图像包含的通道数量（当然是在不指定计算结果以选区方式存在的前提下），而【应用图像】命令只会直接改变目标通道，不会增加图像包含的通道数量。但是有一点是相同的，即【应用图像】对话框中出现的【不透明度】和【蒙版】选项跟【计算】对话框中的这两个选项作用完全一样。

【应用图像】命令和【计算】两个命令不仅可以对来自同一个文件的通道进行混合，也能够混合来自不同文件的通道，但是这两个文件的尺寸大小必须一致才行。这是因为通道的混合是基于像素的一种运算，所以两个用来混合的通道必须包含同样数量的像素。在【应用图像】对话框中，两个源通道的选择也很重要。在应用【计算】命令时，是打开【计算】对话框之后再来选择基色和混合色的，但是在应用【应用图像】命令时，基色是事先指定的，打开【应用图像】对话框之后只能指定混合色。如果在打开【应用图像】对话框之前未对基色进行指定，那么打开该对话框后，基色将默认被设置为 RGB 通道（视图像使用的颜色模式而定，也可能是 CMYK 或者 Lab 通道）。这是【计算】命令和【应用图像】命令的第二个不同之处。

如图 10.14 所示，在通过【计算】对话框中的【混合】下拉列表中选择【排除】选项，则制作出来的选区可以得到比较完整的中间调范围。运用将通道作为选区载入就可以得到图片的中间调选区了。

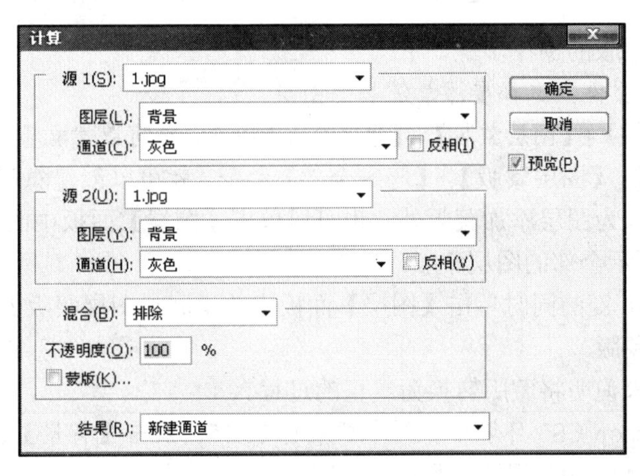

图 10.14　【计算】对话框

小提示：

要编辑某个通道，可以使用绘画或编辑工具在图像中绘画。用白色绘画可以按 100% 的强度添加选中通道的颜色；用灰色绘画可以按较低的强度添加通道的颜色；用黑色绘画可完全删除通道的颜色。

10.3　蒙版概述

图层蒙版可以理解为在当前图层上面覆盖一层玻璃片，这种玻璃片分为白色透明的、黑色不透明的、灰色半透明的三种。可以用各种绘图工具在蒙版上（即玻璃片上）涂色（只能涂黑、白、灰色），蒙版中涂黑色的地方与图层对应位置的像素变为透明；涂白色的地方，则与图层对应位置的像素不透明；如用不同灰度值的画笔，则与图层对应位置的像素呈现不同程度透明。透明的程度由涂色的灰度深浅决定。

蒙版是类似于选区的工具，也可以与选区进行互相转换，但是它比选区的操作更加灵活。蒙版将把隐藏的部分保护起来，只可以对显示的部分进行编辑，而且使用蒙版是不会对图像进行破坏的。

10.4 蒙版的基本操作

蒙版分为快速蒙版、图层蒙版、矢量蒙版和通道蒙版。这里将主要介绍图层蒙版的操作。

10.4.1 创建蒙版

创建图层蒙版分为给图层添加蒙版和给某个选区添加蒙版两种方法。

1. 给图层添加蒙版

给图层添加蒙版的操作步骤如下。

1）打开图像文件，选择要添加蒙版的图层。

2）选择【图层】|【图层蒙版】|【显示全部】命令，就可以建立显示全部的图层蒙版。选择【图层】|【图层蒙版】|【隐藏全部】命令，就可以创建隐藏全部的图层蒙版。

除了上述方法为图层添加蒙版外，也可以单击【图层】面板中的【添加图层蒙版】按钮来建立显示全部的图层蒙版。

若在按住 Alt 键的同时单击【图层】面板中的【添加图层蒙版】按钮，可创建隐藏全部的图层蒙版。

下面以实例来说明将蒙版转换为选正的过程。

1）在 Photoshop CS5 环境中打开本章素材 10.15，双击【背景】图层，转【背景】图层为【图层 0】图层，如图 10.15 所示。

2）使用文字工具，输入“我爱我的家乡”，如图 10.16 所示。

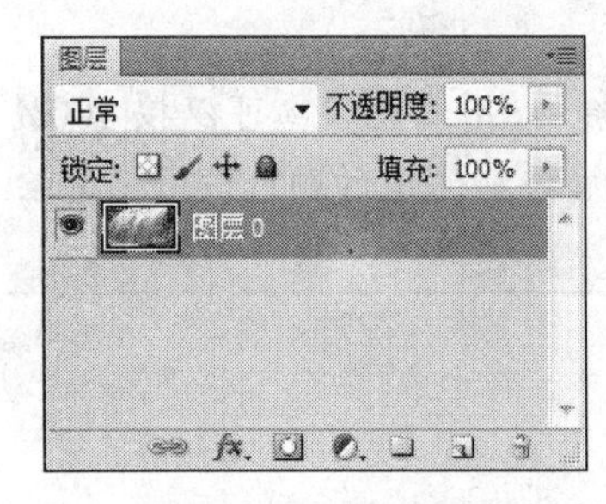

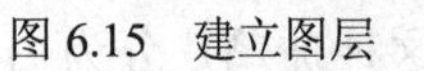

图 6.15 建立图层

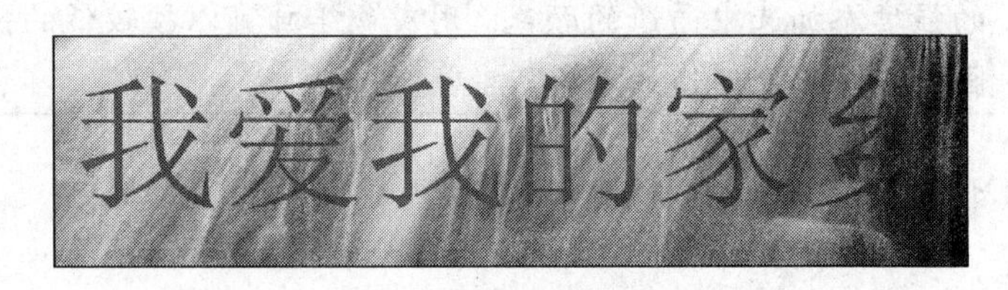

图 6.16 输入文字

3）选中文字图层，建立图层蒙版，如图 10.16 所示。

4）按 Ctrl 键，单击图层蒙版缩览图按钮，可以选中该图层中未被蒙版蒙盖的不透明区域。

5）按 Ctrl 键，同时单击文字图层的缩略图按钮 T ，则选中了未被蒙版蒙盖的图层中非透明的区域。“我爱我的家乡” 6 个字成为选区，这是因为在文字图层中只有这 6 个字是不透明的，而且没有被蒙版蒙盖，如图 10.17 所示。

6）选中【图层 0】，隐藏文字图层，按 Delete 键，将选区内的像素删除。这样就相当于在【图层 0】中抠出了这 6 个字。如图 10.18 所示。

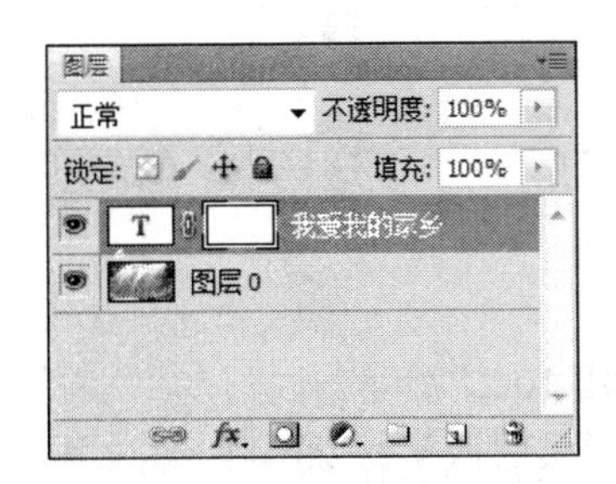

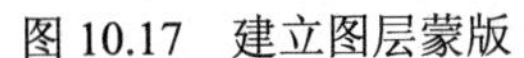
图 10.17　建立图层蒙版

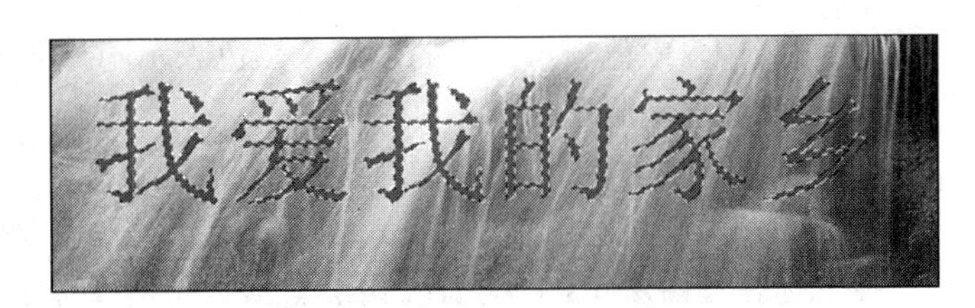

图 10.18　文字选区

小提示：

当已经有选区时，要向现有选区添加像素，按 Ctrl+Shift 快捷键，然后单击【图层】面板中的图层缩览图或图层蒙版缩览图。

要从现有选区中减去像素，按 Ctrl+Alt 快捷键，然后单击【图层】面板中的图层缩览图或图层蒙版缩览图。

要载入像素和现有选区的交集，按 Ctrl+Alt+Shift 快捷键，然后单击【图层】面板中的图层缩览图或图层蒙版缩览图。

按 Ctrl+D 取消选区，效果如图 10.19 所示。

2. 给选区添加蒙版

给选区添加蒙版的操作步骤如下。

1）打开本章素材 10.20（a）、10.20（b），选择图层。

2）在图层 1 中建立大海上的天空部分选区。

3）选择【图层】|【图层蒙版】|【显示选区】命令，就可以显示选区的图层蒙版。此外，也可以单击【图层】面板中的【添加图层蒙版】按钮来创建。

若选择【图层】|【图层蒙版】|【隐藏选区】命令，则可以创建隐藏选区的图层蒙版。当然也可以在按住 Alt 键的同时单击【图层】面板中的【添加图层蒙版】按钮来创建。

创建蒙版之后的效果如图 10.20 所示。

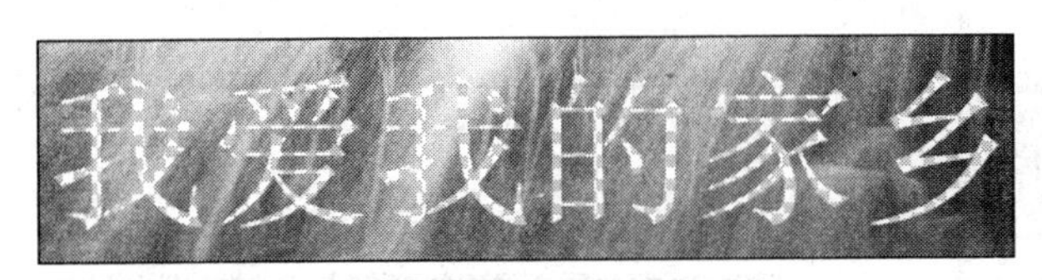

图 10.19　效果

图 10.20　创建图像蒙版

10.4.2　编辑图层蒙版

在蒙版中，白色表示显示的区域，黑色表示隐藏的区域。明白了这一点，就可以理解如何编辑图层蒙版了。

下面通过实例介绍编辑图层蒙版的方法。

1）打开本章素材图片 10.21（a）和 10.21（b），如图 10.21 所示。

2）选择【图层 1】，单击【图层】面板中的【添加图层蒙版】按钮，建立图层蒙版，如图 10.22 右下方的图层面板所示。单击蒙版缩览图，进入蒙版编辑状态，将前景色设置为黑色。使用【画笔工具】在小孩头部边缘外的部分进行涂抹，则【图层 1】中小孩的头部外围被涂抹的部分将被隐藏，如图 10.22 右边的图像所示。

图 10.21　蒙版素材

图 10.22　修改蒙版（一）

3）若是觉得【图层 1】中被隐藏的部分太多了，还可以继续在蒙版上进行恢复。首先将前景色由原来的黑色调整为白色，然后使用【画笔工具】在蒙版的相应位置上进行涂抹即可，如图 10.23 所示。

4）这样反复涂抹，使得这两个图层上的图像融合在一起，最终形成了融图效果。

在使用蒙版的过程中，会涉及删除、应用和停用蒙版等操作。完成图层蒙版的创建后，既可以应用蒙版并使其永久化，也可以直接删除而不应用。有时也需要暂时去掉蒙版效果，即停用蒙版。下面就来介绍这些操作。

- 删除蒙版：单击蒙版缩览图，然后拖动至【删除图层】按钮，或者选择蒙版后单击【图层】面板上的【删除图层】按钮，都可以打开如图 10.24 所示的提示框。若单击【删除】按钮，则蒙版将不应用于该图层，只删除蒙版。

图 10.23　修改蒙版（二）

图 10.24　删除蒙版提示框

- 应用蒙版：若单击如图 10.24 所示的提示框中的【应用】按钮，则蒙版将永久应用于该图层。
- 停用蒙版：按下 Shift 键的同时，单击蒙版缩览图，则停用该蒙版，再次操作可启用该蒙版。

小提示：

图层蒙版是与分辨率相关的位图图像，可使用绘画或选择工具进行编辑，缩览图代表添加图层蒙版时创建的灰度通道。

编辑蒙版时，除了可以使用白色或黑色画笔以外，还可以使用灰色画笔，这样涂抹的效果是半透明的。

默认情况下，图层和图层蒙版将建立链接。这样使用【移动工具】移动图层或其蒙版时，它们将在图像中一起移动；也可以取消图层和蒙版的链接，这样就可以单独移动它们。

10.4.3　快速蒙版

快速蒙版主要用于选择选区，英文状态下按 Q 键，进入快速蒙版，用黑色画笔涂抹要选择的地方，再按一次 Q 键退出快速蒙版，会发现刚刚涂抹以外的地方被选中，按快捷键 Shift＋Ctrl+I 反选，就能选中需要的部分了。

下面通过给照片加框效果来介绍快速蒙版的使用。

1）打开本章素材 10.25，用【矩形选框工具】选择边框位置，如图 10.25 所示。

2）按 Q 键进入快速蒙版，如图 10.26 所示。

图 10.25　选取图像区域

图 10.26　快速蒙版状态

3）选择【滤镜】|【像素化】|【碎片】命令，按 Ctrl+F 快捷键重复一次操作。

选择【滤镜】|【像素化】|【彩色半调】命令，设置半径为 8。

选择【滤镜】|【锐化】命令，锐化两次。效果如图 10.27 所示。

4）按 Q 键退出快速蒙版，出现选区，效果如图 10.28 所示。

图 10.27　设置滤镜效果

图 10.28　通过快速蒙版建立选区

5）按快捷键 Shift + Ctrl+I 反选选区，填充自己喜欢的颜色，效果如图 10.29 所示。

图 10.29　相框效果

小提示：

蒙版在图层面板中不是独立存在的，它是与其相关图层并存的。

Photoshop 不能单独复制图层蒙版，但是当复制存在图层蒙版的图层时，图层蒙版也会一起被复制。

10.4.4　剪贴蒙版

剪贴蒙版是用一个图层的内容来遮盖其上方图层的内容，原理是利用此图的像素内容作为蒙版，决定其上方图层的显示形状。要创建剪贴蒙版必须要有两个以上图层。以两个图层为例：相邻的两个图层创建剪贴蒙版后，上面图层所显示的内容受下面图层形状的控制。

注意，剪贴蒙版中只能包括连续图层。蒙版中的基底图层名称带下划线，上层图层的缩略图是缩进的。

下面通过案例——创建图片文字效果，介绍剪贴蒙版的使用方法。

1）打开本章素材10.30、10.19，如图10.30和图10.31所示。

图10.30 素材“沙漠”（一）

图10.31 素材“绿色”（二）

2）将图10.29所示的“绿色”图片拖到图10.30所示的“沙漠”图片上，对图层1进行自由变换，缩小如图10.32所示。

图10.32 拖放图层

3）选择【横排文字工具】，输入文字“绿色”，设置好字体、字号将文字进行栅格化处理，并将“绿色”图层拖到背景层上面，如图10.33所示。

图10.33 创建文字图层

4）移动光标在【图层1】和文字图层之间分隔两个图层的实线上按住Alt键单击，创建了剪贴蒙版，效果如图10.34所示。

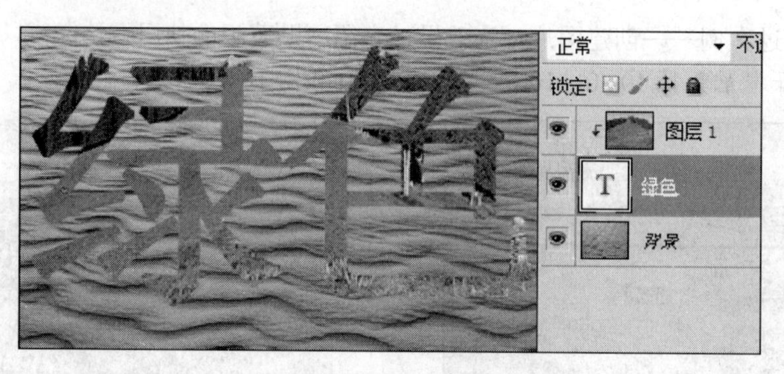

图 10.34 创建剪贴蒙版效果

小提示：

要取消剪贴蒙版，只需再次在两个图层间按住 Alt 键单击即可。

10.4.5 矢量蒙版

矢量蒙版可在图层上创建锐边形状，因为矢量蒙版依靠路径图像来定义图层中图像的显示区域。

1）打开本章素材 10.35，使用【魔棒工具】单击图像中的黄色区域载入选区，效果如图 10.35 所示。

2）切换到【路径】面板，单击【从选区生成工作路径】按钮，将选区转换为工作路径，如图 10.36 所示。

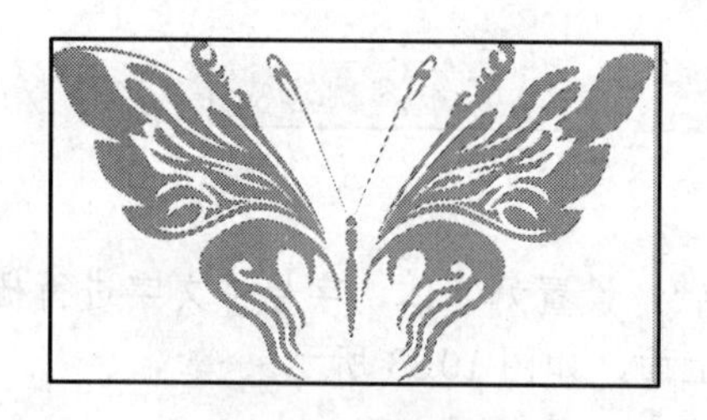

图 10.35 选择形状

图 10.36 将选区转换为工作路径

3）选择【编辑】|【定义自定形状】命令，在打开的【形状名称】对话框中将形状储存备用，如图 10.37 所示。

图 10.37 保存形状

4）打开本章素材 10.30、10.20（a），如图 10.38 所示。

图 10.38　打开图片

5）选择【图层 1】,选择【图层】|【矢量蒙版】|【显示全部】命令，为【图层 1】添加空白矢量蒙版，如图 10.39 所示。

图 10.39　新建空白矢量蒙版

6）在工具栏中打开自定形状工具，选择之前存储的形状，在矢量蒙版上拖放该形状，则出现了充满“绿色”的蝴蝶飞行在沙漠上的效果，如图 10.40 所示。

图 10.40　在矢量蒙版上绘制形状

案例实施

案例一 实施步骤

在介绍了通道与蒙版的使用后，下面回到案例一，完成利用通道进行抠图的工作任务。

【步骤一】选择合适的通道。

在 Photoshop CS5 中打开素材 10.41，在【通道】面板中查看通道，看看主体部分用哪个通道比较合适，这里选择了【蓝】通道（因为蓝通道黑白对比最强烈），复制【蓝】通道（不要直接在原通道操作），效果如图 10.41 所示。

图 10.41 选择并复制合适的通道

【步骤二】对通道进行操作，得到人物选区。

1）在【蓝副本】通道上调整色阶（要看着图片调整，不能损失细节），增加前景与背景的反差，如图 10.42 所示。

2）选择【图像】|【调整】|【反相】命令（因为白色部分是需要的选区），效果如图 10.43 所示。

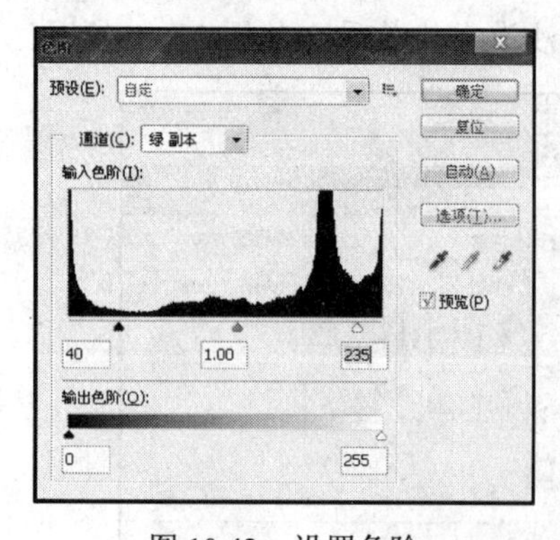

图 10.42 设置色阶

图 10.43 反相

3）用【多边形套索工具】将人物主体勾选出来，并填充白色，如图 10.44 所示。

4）用白色画笔将人物中没选到的个别地方涂白，效果如图 10.45 所示。

图 10.44　将人物主体勾选出来

图 10.45　将选区填充为白色

5）用【减淡工具】在发丝部分涂抹，范围是高光，注意降低曝光度，如图 10.46 所示。

6）单击【将通道作为选区载入】按钮。出现选区后，回到 RGB 复合通道，如图 10.47 所示。

图 10.46　强调发丝部分

图 10.47　在复合通道中得到选区

【步骤三】回到图层操作抠出人物。

1）回到【图层】面板，按 Ctrl+J 快捷键复制选区后得到了新的图层 2，这样人物就完美地抠出来，效果如图 10.48 所示。

2）为抠取的人物换一个背景，效果如图 10.49 所示。

图 10.48　成功抠取人物

图 10.49　更换人物背景

【步骤四】保存文件。

将处理好的图像以.psd 和.jpg 的文件格式各保存一份。

案例二 实施步骤

下面来完成案例二中的任务——将照片处理成手绘效果。

【步骤一】完成对人物的处理过程。

1）在 Photoshop CS5 中打开人物本章素材 10.50，如图 10.50 所示。

2）添加一个色阶调整图层，对图像的色调进行调整。将 R、G、B 色阶值分别设为 18、0.83 和 255，如图 10.51 所示。

图 10.50 打开人物

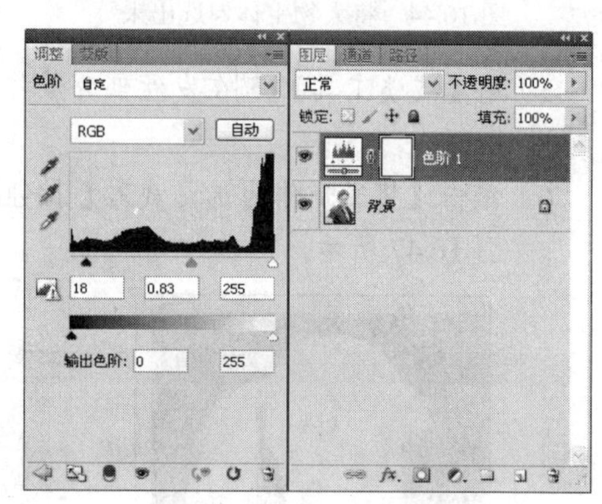

图 10.51 调整色阶

3）添加阈值调整图层，将阈值色阶值设为 163，如图 10.52 所示。

4）打开【通道】面板，选择并复制【绿】通道，单击【将通道作为选区载入】按钮，得到选区后，按 Shift+Ctrl+I 快捷键进行反选，得到人物选区，如图 10.53 所示。

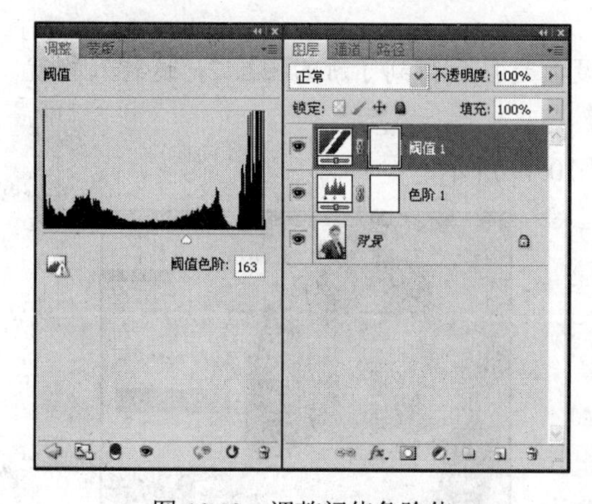

图 10.52 调整阈值色阶值

图 10.53 设置人物选区

5）创建新图层，为选区填充黑色，得到背景为透明的新图层，命名为“图层 1”，如图 10.54 所示。

6）合并【图层 1】以下的所有图层，将其填充为白色，效果如图 10.55 所示。

图 10.54　得到透明背景人物图层

图 10.55　设置人物背景

7）打开本章素材 10.56，将其拖到【背景】图层上，如图 10.56 所示。

8）重新打开素材 10.56，选择【绿】通道，右击，在弹出的快捷菜单中选择【复制】命令，在打开的【复制通道】对话框中，从【文档】下拉列表中选择【新建】选项，得到只有一个通道的新文档，将新文档以“111”为文件名保存，作为置换素材备用，如图 10.57 所示。

图 10.56　加入素材纸

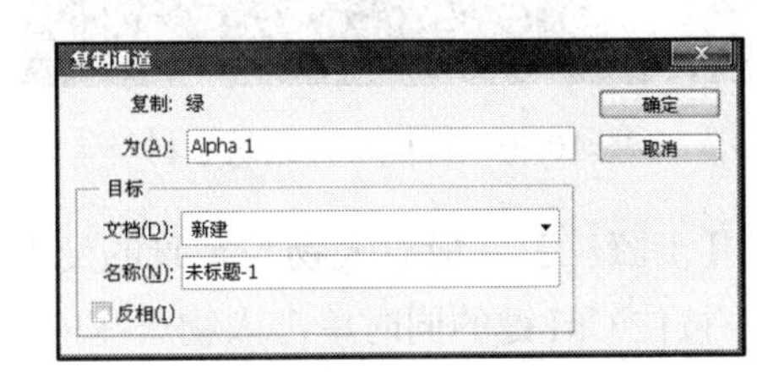

图 10.57　创建置换图

9）选择【滤镜】|【扭曲】|【置换】命令，选择默认参数，选择刚才所保存的置换图“111.psd”图片，如图 10.58 所示。

10）复制纸素材所在的图层，将复制的图层放到人物所在的图层上面，将图层混合模式设为滤色，不透明度设为 10%。按 Ctrl+J 快捷键复制图层，将图层混合模式设为亮光，不透明度设为 5%，使人物深色衣服的区域出现明显的自然褶皱效果，如图 10.59 所示。

图 10.58　进行置换

图 10.59　设置自然褶皱

【步骤二】完成对乡村建筑的处理过程。

1）打开本章素材 10.60，调整图像阈值，将阈值色阶值设为 118，将它调整为黑白照片效果。将置换效果图 111.psd 应用到乡村建筑素材上，使其具有纸的自然褶皱效果，如图 10.60 所示。

2）处理过的乡村素材拖入到人物所在的图层下面，进行自由变换，得到如图 10.61 所示的效果。

图 10.60　处理乡村建筑素材

图 10.61　设置建筑素材

【步骤三】完成对人物与背景的交融。

按住 Ctrl 键的同时单击人物所在的图层的缩览图将人物载入选区，选择【选择】|【修改】|【扩展】命令，设置扩展量为 3 像素，然后按 Shift+Ctrl+I 快捷键进行反选得到人物以外的选区。在乡村建筑所在的图层上，用刚才得到的选区添加一个图层蒙版。单击图层蒙版，使用黑色的【画笔工具】在人物的脸部等区域进行涂抹。将乡村建筑图层混合模式改为正片叠底，得到的最终效果如图 10.62 所示。

图 10.62　得到最终效果

工作实训营

1. 训练内容

1）利用蒙版进行图片合成。打开本章素材 10.63 和 10.64，如图 10.63 和图 10.64 所示。

图 10.63　素材（一）

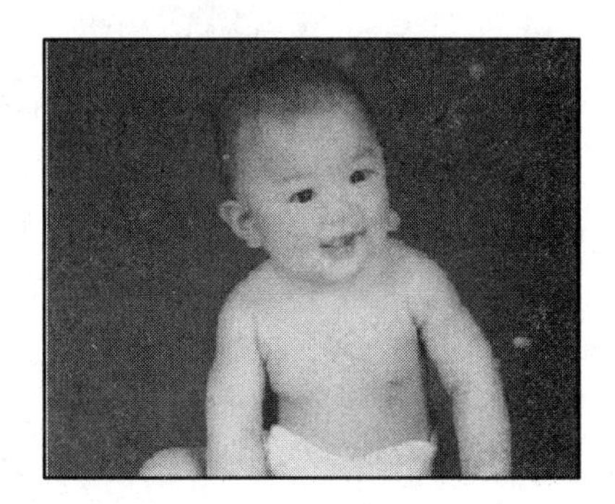

图 10.64　素材（二）

2）利用快速蒙版对人物皮肤进行美白。打开本章素材 10.65，如图 10.65 所示。

图 10.65　素材（三）

2. 训练要求

利用蒙版进行图片合成时，需注意图片色调的和谐。

工作实践中常见问题解析

【常见问题 1】通道除了可以用来抠图，还可以做什么？

答：可以调整图像原色通道的灰度值，还可以对一个或多个通道应用特殊效果从而改变颜色显示面貌。

【常见问题 2】看【红】通道时，如何看出哪儿有红色？哪儿红色多些？

答：在颜色通道中，通道是以黑白方式显示的。白色的地方表示有相应的颜色，黑色的地方表示没有该颜色，灰色表示有部分该颜色。选择【红】通道，【红】通道像一张黑白照片，有的地方白，有的地方黑，地方越白表示红色的量越多，地方越黑表示红色的量越少。

【常见问题 3】灰色在通道中扮演什么样的角色？

答：灰色表示透明。不同的灰色代表不同程度的透明度。

【常见问题 4】按哪个键可以退出快速蒙版模式？

答：因为进了快速蒙版模式。应该按 Q 键退出该模式，进入标准蒙版模式。

习　　题

利用通道进行抠图并更换背景，打开本章素材 10.66，如图 10.66 所示。

图 10.66　素材

第11章

应用滤镜

本章要点 ☞

了解滤镜的概念及分类。

掌握常用滤镜的用途与使用方法。

掌握外挂滤镜的安装与使用。

技能目标 ☞

掌握常用滤镜的应用技巧。

掌握外挂滤镜的使用方法。

案例导入

【案例一】要求将照片处理成旧照片的效果，如图 11.1 所示。
【案例二】利用图层样式及滤镜制作放大镜效果，如图 11.2 所示。

图 11.1　旧照片效果

图 11.2　放大镜效果

引导问题

1）什么是滤镜？
2）常用滤镜有哪些，怎么使用？
3）如何利用滤镜得到特殊效果？
4）如何加载外挂滤镜？

基础知识

11.1　滤镜的相关知识

滤镜原指加在相机镜头前起到对照片修饰作用的物体。在 Photoshop 里泛指能对图片快速形成各种修饰效果的一些工具集合。非 Photoshop 里自带的滤镜称为外挂滤镜。灵活地运用各种滤镜，可以制作出许多特殊的效果。

滤镜的用途极其广泛，有时使用某个滤镜会得到意想不到的效果。但是，滤镜的使用并不是随心所欲的，要充分地了解它们的用途及特性，才能使其发挥更有效的作用。下面介绍滤镜的使用规则。

1）滤镜可以应用于当前选取范围、当前图层式通道。如果需要将滤镜应用于整个图层，不要选择任何图层区域。
2）不能将滤镜应用于位图模式或索引颜色模式的图像。
3）有些滤镜只对 RGB 颜色模式的图像起作用。
4）可以将所有滤镜应用于 8 位图像。

5）有些滤镜完全在内存中处理。如果可用于处理滤镜效果的内存不够，用户将会收到一条提示错误的消息。

11.1.1 滤镜的使用方法

1. 用滤镜处理图层

使用滤镜对图层或图层的某一选区进行处理是滤镜最基本的用法。

2. 把滤镜用于单通道

有些滤镜一次可以处理一个单通道，如绿色通道，而且可以得到特殊的效果。注意，处理灰度模式的图像时可以使用任何滤镜。

3. 把滤镜用于 Alpha 通道

用滤镜对 Alpha 通道进行处理会得到令人意想不到的结果，然后用该通道作为选区，再应用其他滤镜，通过该选区来处理整个图像。这种方法尤其适用于晶体折射滤镜。

11.1.2 滤镜的使用技巧

使用滤镜也有一些技巧，掌握了这些技巧才可以更好地应用滤镜。

1. 异常使用滤镜

用户可以改变适当的设置，观察有什么效果发生。当用户不按常规设置滤镜时，有时能得到奇妙的特殊效果。例如，将灰尘与划痕的参数设置得较高，有时能平滑图像的颜色，效果特别好。

2. 重复应用滤镜

这是一种能产生较好特殊效果的方法，即多次使用同一种滤镜（次数不宜太多）。用户还可以用同一种滤镜的不同设置或者用完全不同的滤镜，多次用于同一选区，观察效果的变化。

3. 有节制、有选择地使用滤镜

有些滤镜的效果非常明显，细微的参数调整会导致明显的变化，因此在使用时要仔细选择，以免因为变化过大而失去滤镜的风格。使用滤镜还应根据艺术创作的需要，有选择地进行。

小提示：

Photoshop 的滤镜有两类，一种是内部滤镜，即安装 Photoshop 时自带的；另一种是外挂滤镜，安装相关的滤镜文件后才能使用。

11.2 智能滤镜

普通滤镜的功能一旦执行，原图层就应用滤镜效果了，如果效果不满意，想恢复原图层，只能用 Ctrl+Z 或从【历史记录】面板里退回到执行前。而智能滤镜，就像给图层添加样式一样，在【图层】面板，用户可以把这个滤镜给删除，或者重新修改这个滤镜的参数，也可以单击智能滤镜效果所在图层切换智能滤镜的可见性而显示原图。智能滤镜是非破坏性的。

11.2.1 应用智能滤镜

要应用智能滤镜，先选择智能对象图层，选择一个滤镜，然后设置滤镜选项。

图像文件应用智能滤镜的方法如下。

1）把图片转换成智能对象。打开素材文件 11.3，选择【滤镜】|【转换为智能滤镜】命令，弹出提示框，单击【确定】按钮，即可将【背景】图层转换为智能对象。

2）选择【滤镜】|【素描】|【绘图笔】命令，设置相应参数，单击【确定】按钮，即可添加智能滤镜，如图 11.3 所示。

图 11.3 应用智能滤镜效果

11.2.2 修改智能滤镜

在【图层】面板中双击相应的智能滤镜名称，可以重新打开该滤镜的设置对话框，修改设置滤镜选项，然后单击【确定】按钮。

将智能滤镜应用于某个智能对象时，Photoshop 会在【图层】面板中该智能对象下方的智能滤镜行上显示一个空白的蒙版缩览图，可以用画笔或选区在蒙版上操作，就可以把应用过的滤镜效果随意显示或隐藏。

小提示：

选择【图层】|【智能滤镜】【停用滤镜蒙版】命令可以暂时停用智能滤镜的蒙版。

11.3 独立滤镜的设置与应用

11.3.1 液化滤镜

液化滤镜可以对图像进行推、拉、旋转、反射、折叠和膨胀等操作，从而使图像达到变形的效果。创建的扭曲变形可以是细微的或明显的，这使液化滤镜成为修饰图像和创建艺术效果的强大工具。

选择【滤镜】|【液化】命令，打开【液化】滤镜对话框，如图 11.4 所示。

在对话框的左侧，列出了【液化】滤镜的工具栏，如图 11.5 所示。下面简要介绍一下各个工具的功能。

图 11.4 【液化】对话框

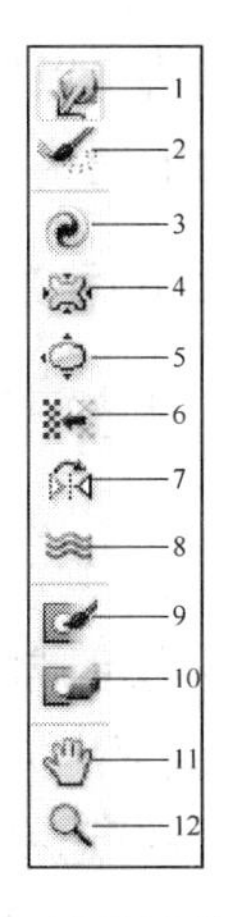

图 11.5 液化滤镜工具栏

- 【向前变形工具】选项。单击该选项按钮，像素随着鼠标拖动的方向变形移动。
- 【重建工具】选项。单击该选项按钮，用鼠标反方向拖动上一步中使用向前变形工具产生变形的部分，即恢复到原来的状态。
- 【顺时针旋转扭曲工具】选项。单击该选项按钮，在需要变形时长按鼠标左键，则图像按顺时针方向旋转扭曲变形。
- 【褶皱工具】选项。单击该选项按钮，在需要变形时长按鼠标左键，在画笔区域内的图像向内侧缩小变形。
- 【膨胀工具】选项。单击该选项按钮，在需要变形时长按鼠标左键，在画笔区域内的图像向外侧扩大变形。
- 【左推工具】选项。单击该选项按钮，垂直向上拖移鼠标时，在画笔区域内的图像向左移动（如果向下拖动，则图像向右移动）。围绕对象顺时针拖动鼠标以增加其大小，或逆时针拖动鼠标以减小其大小。

- 【镜像工具】选项。该选项用于将像素复制到画笔区域。
- 【湍流工具】选项。该选项用于平滑地移动像素，使图像像水一样变形。

在【液化】对话框中各种功能按钮的下方，列出了一些辅助操作工具，下面将来详细讲解它们的功能。

- 【冻结蒙版工具】选项。单击该选项按钮后，画笔经过的区域被蒙版保护，从而不因液化滤镜的操作被扭曲变形。
- 【解冻蒙版工具】选项。该选项用于解除利用【冻结蒙版工具】固定的区域。
- 【抓手工具】选项。单击该选项按钮后，拖动鼠标，可随意移动窗口中显示的图像。
- 【缩放工具】选项。单击该选项按钮，该选项用于放大或缩小图像显示的比例。

在【液化】对话框中有许多选项，通过设置这些选项中的参数，可以调整液化滤镜产生扭曲的范围、程度等，从而达到想要的效果。选项介绍如下。

1.【载入网格】/【保存网格】按钮

使用网格可以辅助查看和跟踪扭曲。用户可以选择网格的大小和颜色，也可以存储某个图像中的网格并将其应用于其他图像。

2. 【工具选项】选项组

在【工具选项】选项组中可以设置画笔的大小和压力等参数。

① 【画笔大小】选项。该选项用于设置画笔的直径。

② 【画笔密度】选项。该选项用于设置在预览图像中拖移工具时的扭曲速度。使用低画笔压力可减慢更改速度，因此更易于在恰到好处的时候停止。

③ 【画笔压力】选项。该选项用于设置画笔的压力程度。

④ 【画笔速率】选项。该选项用于设置工具保持静止时扭曲所应用的速度。

⑤ 【湍流抖动】选项。该选项用于控制【湍流工具】对图像混杂的紧密程度。

⑥ 【重建模式】选项。该选项用于重建工具，选择的模式确定该工具如何重建预览图像的区域。

3. 【重建选项】选项组

【重建选项】选项组用于恢复已变形的图像。

单击【重建】按钮可应用重建一次效果。单击【恢复全部】按钮，可以移去以下所有扭曲重建模式。

- 【刚性】模式。在冻结区域和未冻结区域之间边缘处的像素网格中保持直角（如网格所示），有时会在边缘处产生近似不连续的现象。
- 【生硬】模式。该模式作用类似弱磁场。在冻结区域和未冻结区域之间的边缘处，未冻结区域将采用冻结区域内的扭曲。扭曲随着与冻结区域距离的增加而逐渐减弱。

- 【平滑】模式。将冻结区域内的扭曲传播到整个未冻结区域，并在传播过程中平滑、连续地扭曲。
- 【松散】模式。该模式产生的效果类似于【平滑】模式，但冻结和未冻结区域扭曲之间的连续性更大。
- 【恢复】模式。该模式可以均匀地回缩扭曲，不进行任何种类的平滑。

4. 【蒙版选项】选项组

当图像中已经有一个选区或蒙版时，则会在打开【液化】对话框时保留该蒙版的信息。然后通过单击【蒙版选项】选项组的相应按钮，可以对蒙版进行修改操作，如图 11.6 所示。

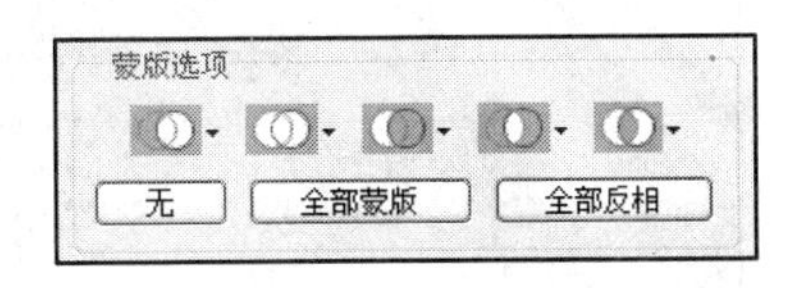

图 11.6 【蒙版选项】选项组

- 【替换选区】按钮。单击该按钮，显示原图像中的选区、蒙版或透明度。
- 【添加到选区】按钮。单击该按钮，显示原图像中的蒙版，以便可以使用冻结工具添加到选区。将通道中的选定像素添加到当前的冻结区域中。
- 【从选区中减去】按钮。单击该按钮，从当前的冻结区域中减去通道中的像素。
- 【与选区交叉】按钮。单击该按钮，只使用当前处于冻结状态的选定像素。
- 【反相选区】按钮。单击该按钮，使用选定像素使当前的冻结区域反相。
- 【无】按钮。单击该按钮。丢掉图像中的所有蒙版。
- 【全部蒙版】按钮。单击该按钮，为整幅图像添加蒙版。
- 【全部反相】按钮。单击该按钮，为图像添加反相蒙版。

5. 【视图选项】选项组

选中【显示网格】选项复选框可以查看和跟踪扭曲，可以设置网格的大小和蒙版颜色，也可以存储某个图像中的网格并将其应用于其他图像。

11.3.2 消失点滤镜

使用消失点滤镜，用户可以在透视的角度下编辑图像，可以在包含透视平面的图像中进行透视校正编辑。通过使用该滤镜可以修饰、添加或移动图像中包含的内容。

下面通过实例练习利用消失点滤镜将地板上的卷纸去除的方法。

1）打开本章素材 11.7，如图 11.7 所示。

2）选择【滤镜】|【消失点】命令，打开【消失点】对话框，单击左边工具栏中的【创建平面工具】按钮，如图 11.8 所示。

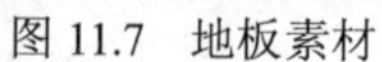

图 11.7 地板素材

图 11.8 使用【创建平面工具】

3）按照顺时针方向，沿着缝隙，依次单击四个点，连成一个梯形。单击工具栏中的【编辑平面工具】按钮，然后可以拖动上面四条边的中心点，在拖动中心点的过程中，应保证对应的线段始终保持现实中的平行关系，即透视画法的具体应用——无论怎么拖动中心点，这个梯形始终保持一定的角度、一定的比例，如图 11.9 所示。

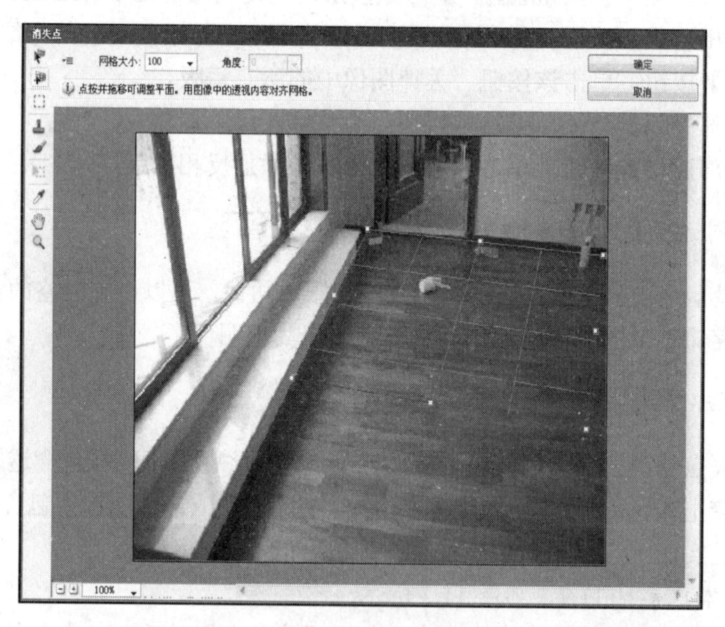

图 11.9 使用【编辑平面工具】

4）使用【选框工具】，拖动鼠标左键沿梯形画一个平行四边形，如图 11.10 所示。

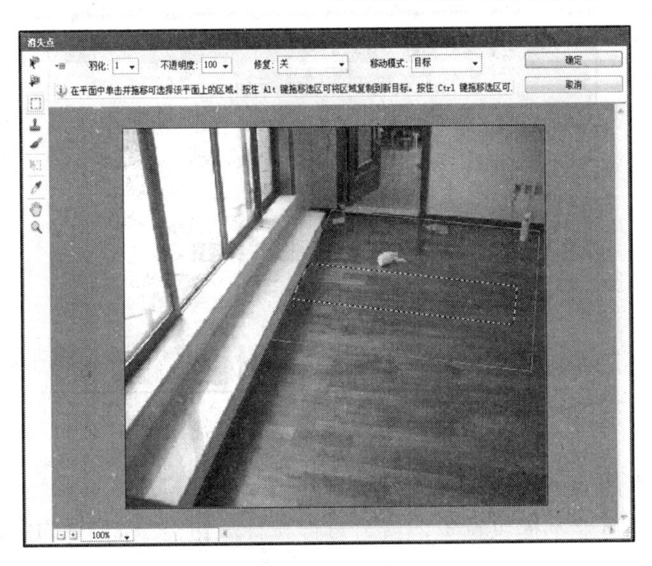

图 11.10 使用【选框工具】

5）按 Alt 键移动该平行四边形到需要覆盖的画面区域，即可实现消失点功能，地上的卷纸消失了，效果如图 11.11 所示。

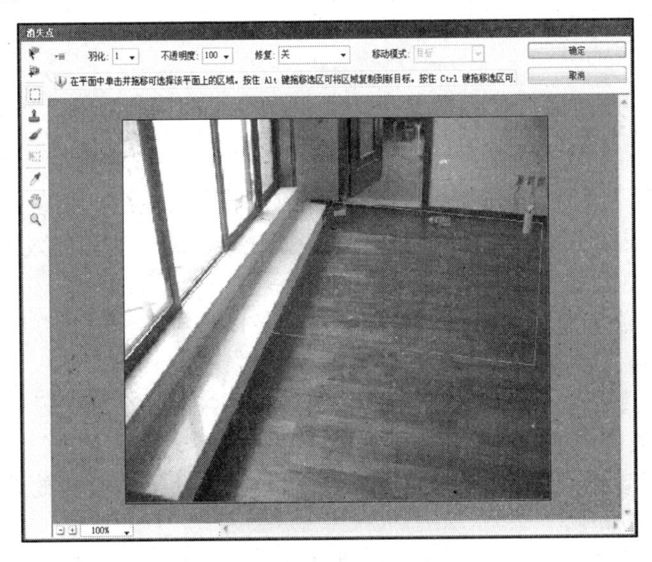

图 11.11 成功覆盖卷纸

11.4 滤镜库

通过 Photoshop CS5 滤镜库可以应用多个滤镜、打开或关闭滤镜效果、复位滤镜的选项以及更改应用滤镜的顺序。在应用滤镜之后，可以在已应用的滤镜列表中将滤镜名称拖动到另一个位置来重新排列它们。重新排列滤镜效果可显著改变图像的外观。

选择【滤镜】|【滤镜库】命令打开【滤镜库】对话框，如图 11.12 所示。

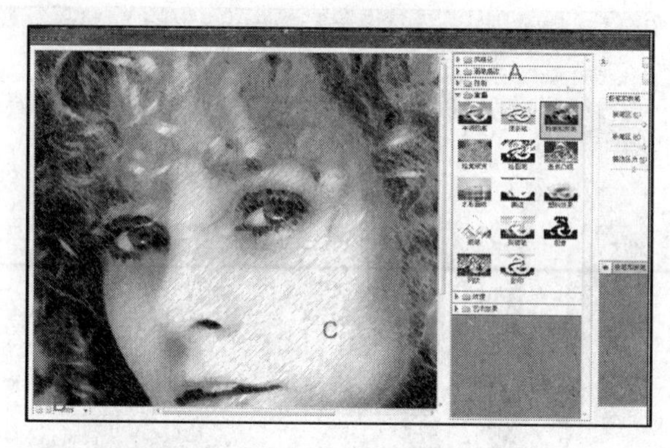

图 11.12 【滤镜库】对话框

关于滤镜库里的滤镜会在 11.6 节中详细介绍。

某些内部滤镜可能不提供预览，或者直接执行滤镜命令而不打开对话框。

小提示：

滤镜库里的类别在滤镜下拉菜单里更全。

11.5 常用滤镜

11.5.1 风格化滤镜组

选择【滤镜】|【风格化】命令，即可看到风格化滤镜组。该组的滤镜通过置换像素和通过查找并增加图像的对比度，在选区中生成绘画或印象派的效果。风格化滤镜组有以下的滤镜效果。

1）【查找边缘】滤镜对图像明暗转变的边缘以暗线描绘进行强调，其他部分都以白色淡化，由此可以获得强调边缘的效果。

2）【等高线】滤镜查找主要亮度区域的转换，并为每个颜色通道淡淡地勾勒主要亮度区域的转换，以获得与等高线图中的线条类似的效果。

3）【风】滤镜以在图像中放置细小的水平线条来获得风吹的效果，包括风、大风和飓风等方法。

4）【浮雕效果】滤镜通过将选区的填充色转换为灰色，并用原填充色描画边缘，从而使选区显得凸起或压低。

5）【扩散】滤镜分散临近像素的位置，实现分散图像的效果，主要包括以下 4 个模式。

- 【正常】模式。该模式下，像素随机移动（忽略颜色值）。
- 【变暗优先】模式。该模式是用较暗的像素替换亮的像素。
- 【变亮优先】模式。该模式是用较亮的像素替换暗的像素。
- 【各向异性】模式。该模式是在颜色变化最小的方向上搅乱像素。

6）【拼贴】滤镜用于把图像以马赛克形式分为多块。

7）【曝光过度】滤镜混合负片和正片图像，类似于显影过程中将照片短暂曝光。选择【滤镜】|【风格化】|【曝光过度】命令，得到曝光过度的效果。

8）【凸出】滤镜可以赋予选区或图层一种3D纹理效果。

9）【照亮边缘】滤镜可以标示颜色的边缘，并向其添加类似霓虹灯的光亮。

小提示：

可以使用【历史记录画笔工具】将滤镜效果应用到图像的某一部分。首先，将滤镜应用于整个图像，接着在【历史记录】面板中返回到应用此滤镜之前的图像状态，并将历史记录画笔源的状态设置为应用滤镜后的状态，然后用画笔在图像上涂抹。

下面通过实例——制作炭精画来介绍常用滤镜的使用方法。

1）打开本章素材11.13，如图11.13所示。

2）复制图层。按Ctrl+J快捷键复制图层，得到【图层1】，再复制一次，得到【图层1副本】图层，将其隐藏，如图11.14所示。

图11.13　素材图片

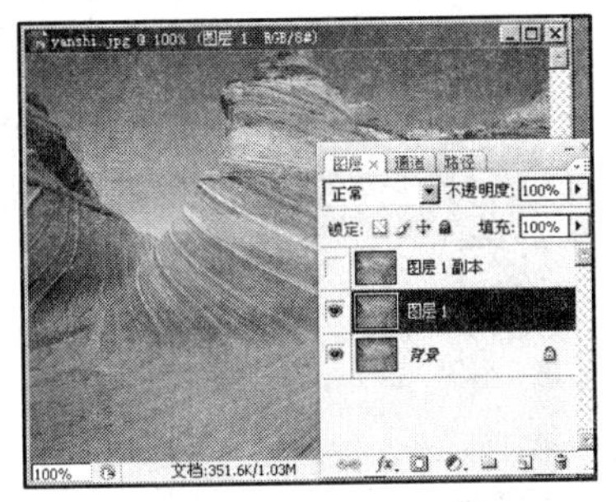

图11.14　复制图层

3）给【图层1】制作便条纸效果。选择【滤镜】|【素描】|【便条纸】命令，打开【便条纸】对话框，在右侧窗格中设置参数如图11.15所示。

4）给【图层1副本】制作照亮边缘效果。显示并选择【图层1副本】图层，选择【滤镜】|【风格化】|【照亮边缘】命令，打开【照亮边缘】对话框，在其右侧的窗格中设置参数如图11.16所示。效果如图11.17所示。

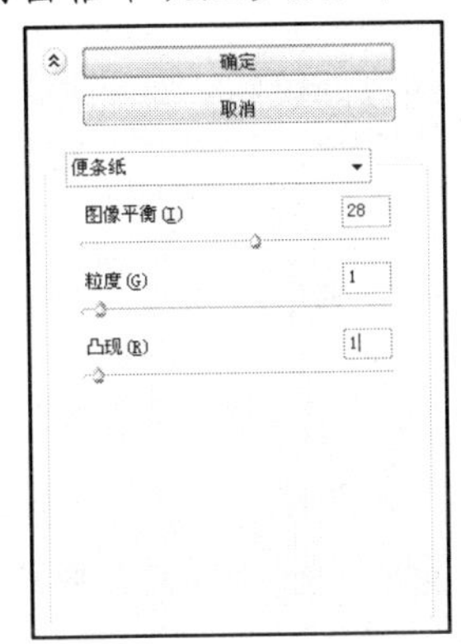

图11.15　设置【便条纸】的参数

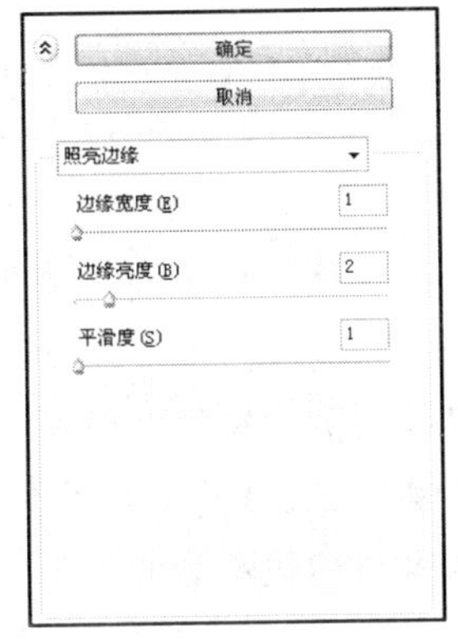

图11.16　设置【照亮边缘】的参数

5）更改图层的混合模式。设置【图层 1 副本】图层的混合模式为【排除】模式，将图像去色。按 Shift+Ctrl+U 快捷键，将图像中的【图层 1】和【图层 1 副本】分别去色，效果如图 11.18 所示。

图 11.17 效果

图 11.18 设置图层混合模式

6）调整对比度。按 Ctrl+L 快捷键打开【色阶】对话框，参数设置如图 11.19 所示。图片处理的最终效果如图 11.20 所示。

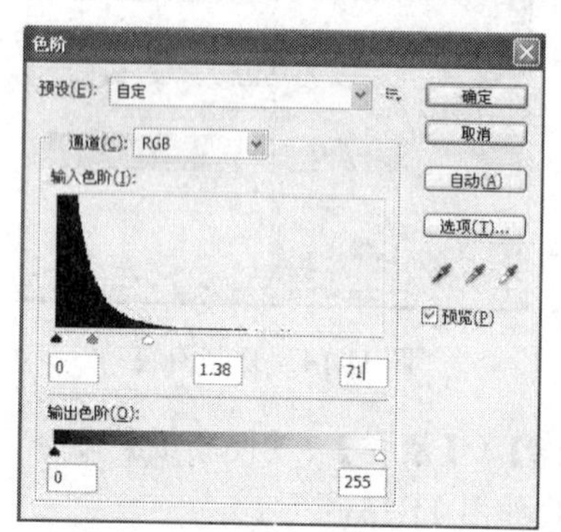

图 11.19 【色阶】对话框

图 11.20 最终效果

11.5.2 画笔描边滤镜组

选择【滤镜】|【画笔描边】命令，即可看到画笔描边滤镜组。该滤镜组中的各种滤镜使用不同的画笔和油墨描边效果创造出绘画效果的外观。此滤镜组有以下的滤镜效果。

1）【成角的线条】滤镜使用对角线条描边重新绘制图像，用相反方向的线条来绘制亮区和暗区。

2）【喷溅】滤镜可以模拟喷枪的效果。

3）【喷色描边】滤镜使用图像的主导色，用成角的、喷溅的颜色线条重新绘画图像。

4）【强化的边缘】滤镜用于强化图像边缘。边缘亮度控制值越高，强化效果类似白色粉笔；边缘亮度控制值越低，强化效果类似黑色油墨。

5）【深色线条】滤镜用短的、绷紧的深色线条绘制暗区；用长的白色线条绘制亮区。

6）【烟灰墨】滤镜以日本画的风格绘画图像，使图像看起来像是用蘸满油墨的画笔在宣纸上绘画。烟灰墨使用非常黑的油墨来创建柔和的模糊边缘效果。

7）【阴影线】滤镜可以保留原始图像的细节和特征，同时使用模拟的铅笔阴影线添加纹理，使彩色区域的边缘变粗糙。

8）【墨水轮廓】滤镜以钢笔画的风格，用纤细的线条在原细节上重绘图像。

下面通过实例——制作杂志插图来介绍画笔描边滤镜组的使用方法。

1）打开本章素材 11.21，如图 11.21 所示。

2）选择【滤镜】|【艺术效果】|【塑料包装】命令，效果如图 11.22 所示。

图 11.21 素材

图 11.22 添加【塑料包装】滤镜效果

3）选择【滤镜】|【画笔描边】|【成角的线条】命令，效果如图 11.23 所示。

4）调整色相饱和度，效果如图 11.24 所示。

图 11.23 添加【成角的线条】滤镜效果

图 11.24 最终效果

小提示：

如果图像很大，并且内存不足，为了提高滤镜效率，可以将效果应用于单个通道，如应用于每个 RGB 通道（有些滤镜应用于单个通道的效果与应用于复合通道的效果是不同的，特别是在滤镜随机修改像素时）。

11.5.3 模糊滤镜组

选择【滤镜】|【模糊】命令，即可看到模糊滤镜组。模糊滤镜组可以柔化选区或整个图像，对于修饰图像非常有用。它们通过平衡图像中已定义的线条和遮蔽区域清晰边缘旁边的像素，使变化显得柔和。该滤镜组有以下滤镜效果。

1）【方框模糊】滤镜是基于相邻像素的平均颜色值来模糊图像。此滤镜用于创建特殊效果，可以调整用于计算给定像素的平均值的区域大小。半径越大，产生的模糊效果越好。

2）【形状模糊】滤镜可以依据指定的形状来创建模糊。在【形状模糊】对话框中，从自定形状列表中选择一种形状，输入【半径】值或拖动滑块调整其大小。半径决定了形状的大小，形状越大，模糊效果越好。选择的形状作为内核形状，然后单击【确定】按钮，得到形状模糊的效果。

3）【表面模糊】滤镜可以在保留边缘的同时模糊图像，此滤镜用于创建特殊效果并消除杂色或粒度。

在【表面模糊】对话框中，主要涉及以下选项。

- 【半径】选项。该选项用于指定模糊取样区域的大小。
- 【阈值】选项。该选项用于控制相邻像素色调值与中心像素值相差多少时才能成为模糊的一部分。色调值差小于阈值的像素被排除在模糊之外。

4）【动感模糊】滤镜可以沿指定方向（–360°～+360° ）以指定距离（强度）（1～999）进行模糊。此滤镜可以模拟以固定的曝光时间给一个移动的对象拍照效果。

- 【角度】选项。该选项用于指定模糊的方向。
- 【距离】选项。该选项用于指定模糊的大小。

5）【高斯模糊】滤镜可以根据可调整的量快速模糊选区。【高斯模糊】滤镜能够添加低频细节，并产生一种朦胧效果。

6）【模糊】滤镜能够在图像中有显著颜色变化的地方消除杂色。通过平衡已定义的线条和遮蔽区域的清晰边缘旁边的像素，使变化显得柔和。

7）【径向模糊】滤镜能够模拟缩放或旋转的相机所产生的模糊，产生一种柔化的模糊。

在【径向模糊】对话框中，主要涉及以下选项。

- 【数量】选项。该选项指定模糊的程度。
- 【模糊方法】选项组。单击【旋转】单选按钮，则沿同心圆环线模糊，然后指定旋转的度数。单击【缩放】单选按钮，则沿径向线模糊，好像是在放大或缩小图像。
- 【品质】选项组。该选项组用于模糊的品质范围。单击【草图】单选按钮，则产生最快但为粒状的结果，单击【好】和【最好】单选按钮，则产生比较平滑的结果，除非在大选区上，否则看不出这两种品质的区别。通过拖动【中心模糊】框中的图案，指定模糊的原点。

8）【镜头模糊】滤镜可以向图像中添加模糊以产生更窄的景深效果，以便使图像中的一些对象在焦点内，而使另一些区域变模糊。可以使用简单的选区来确定哪些区域模糊，或者可以提供单独的 Alpha 通道深度映射来准确描述希望如何增加模糊。

在【镜头模糊】对话框中，主要涉及以下选项。

- 【预览】选项组。单击【更快】单选按钮，则可提高预览速度，单击【更加精确】单选按钮，则可查看图像的最终版本，但需要的生成时间较长。
- 【深度映射】选项组：从【源】下拉列表中选择一个源（如果有的话），拖动【模糊焦距】滑块以设置位于焦点内的像素的深度。
- 【反相】选项。该选项用于深度映射来源的选区。
- 【光圈】选项组。该选项组用于设置光圈形状，调整半径值，可以添加更多的模糊效果。拖动【叶片弯度】滑块对光圈边缘进行平滑处理，或者拖动【旋转】滑块来旋转光圈。
- 【半径】选项。该选项用于确定搜索不同像素的区域大小。
- 【镜面高光】选项组。拖动【阈值】滑块来选择亮度截止点，拖动【亮度】滑块增加高光的亮度。
- 【分布】选项组。向图像中添加杂色，只需单击【平均分布】或【高斯分布】单选按钮。
- 【单色】选项。选中该选项复选框可以在不影响颜色的情况下添加杂色。

9）【进一步模糊】滤镜的工作原理与【模糊】滤镜相同，但是其效果比【模糊】滤镜要好。

10）【平均】滤镜可以找出图像或选区的平均颜色，然后用该颜色填充图像或选区以创建平滑的外观。

11）【特殊模糊】滤镜可以精确地模糊图像。

在【镜头模糊】对话框中，主要涉及以下选项。

小提示：

使用【镜头模糊】滤镜时，如果将焦距设置为 100，则深度为 1 和 255 的像素完全模糊，而接近 100 的像素比较清晰。如果单击预览图像，则【模糊焦距】滑块将随之更改以反映单击位置，并调准单击位置的焦距。

下面通过实例——制作下雨效果来介绍模糊滤镜组的使用方法。

1）打开本章素材 11.25，如图 11.25 所示。

2）在【背景】图层上新建一个图层，命名为“Rain”。选择【杂色】滤镜，但由于【杂色】滤镜不能作用于空白图层，因此需先用黑色填充图层。选择【滤镜】|【杂

图 11.25 素材图片

色】|【添加杂色】命令，为图像添加白色杂点，数量为 90%，高斯分布，单色。如果图像较小，就降低杂色数量。通过【图像】|【调整】|【阈值】命令来调整雨点大小。将当前层的图层混合模式设为滤色，以隐蔽图层中的黑色像素，效果如图 11.26 所示。

3）使用【高斯模糊】滤镜，将模糊半径设为 2.0 像素，将杂色颗粒轻微模糊；接着使用【动感模糊】滤镜，角度设为-65 度，距离为 49 像素，达到调整雨量大小的效果，最终效果如图 11.27 所示。最后，使用【色阶】命令降低画面的明度。

图 11.26　添加【杂色】滤镜

图 11.27　下雨效果图

小提示：

可以将滤镜应用于单个图层或多个连续图层以加强效果。要使滤镜影响图层，图层必须是可见的，并且必须包含像素。

11.5.4　扭曲滤镜组

选择菜单【滤镜】|【扭曲】命令，即可看到扭曲滤镜组。利用扭曲滤镜组中的滤镜，可以将图像进行几何扭曲，创建 3D 或其他变形效果，如玻璃效果、波纹效果、球面化效果等。扭曲滤镜组有以下滤镜效果。

1）【扩散亮光】滤镜通过给图像的高光部分添加透明的白杂色，并从选区的中心向外渐隐亮光，从而可以将图像渲染成像是透过一个柔和的扩散滤镜来观看的效果。

在【镜头模糊】对话框中，主要涉及以下选项。

- 【粒度】选项。粒度表示杂色颗粒的多少。
- 【发光量】选项。发光量越大，画面高光部分越多。
- 【清除数量】选项。该选项用于设置渐隐亮光的程度。

2）【玻璃】滤镜使图像看起来像是透过不同类型的玻璃来观看的。用户可以选择一种玻璃效果，也可以将自己创建的玻璃表面创建为 Photoshop 文件并应用它。

在【玻璃】对话框中可以调整缩放、扭曲和平滑度设置。

- 【扭曲度】选项。扭曲度越大，画面扭曲效果越明显。
- 【平滑度】选项。平滑度越大，画面越平滑，扭曲越不明显。
- 【缩放】选项。该选项用于增强或减弱图像表面上的效果。
- 【纹理】选项组。可在其下拉菜单中选择各种变形效果。

小提示：

在【玻璃】对话框的【纹理】下拉列表框中有许多纹理，可以选择其中一种，从而得到不同的扭曲纹理效果。

3）【海洋波纹】滤镜将随机分隔的波纹添加到图像表面，使图像看上去像是在水中。

4）【置换】滤镜使用其他置换图像确定如何扭曲选区。

【置换】滤镜使用置换图中的颜色值改变选区。0是最大的负向改变值，255是最大的正向改变值，灰度值为128则不产生置换。如果置换图有一个通道，则图像沿着由水平比例和垂直比例所定义的对角线改变。如果置换图有多个通道，则第一个通道控制水平置换，第二个通道控制垂直置换。

选择【滤镜】|【扭曲】|【置换】命令，打开【置换】对话框，如图 11.28 所示。

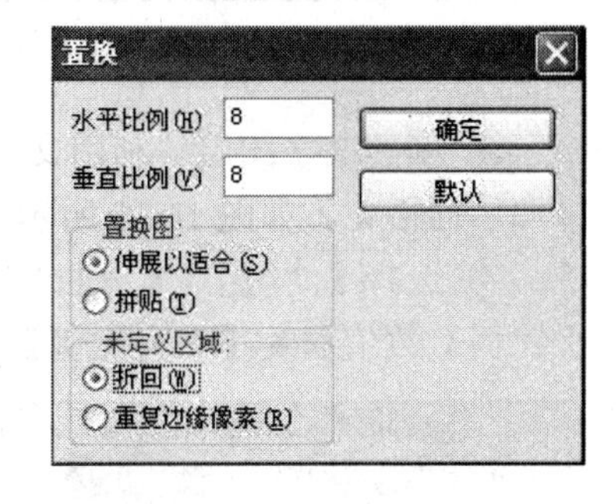

图 11.28 【置换】对话框

- 【垂直比例】、【水平比例】选项。这两个选项表示置换图的应用程度。当将【水平比例】和【垂直比例】都设置为 100 时，最多置换 128 个像素（因为中间的灰色不生成置换）。
- 【伸展以适合】选项。该选项用于调整置换图的大小。
- 【拼贴】选项。通过在图案中重复使用置换图来填充选区。
- 【未定义区域】选项组。单击【折回】或【重复边缘像素】单选按钮，确定处理图像中未扭曲区域的方法。

小提示：

如果置换图的大小与选区的大小不同，则要指定置换图适合图像的方式。

调整好参数后，单击【确定】按钮，关闭对话框。此时打开【选择一个置换图】对话框选择好置换图后便可以得到置换扭曲的效果。

下面通过一个置换操作实例，了解如何使用【置换】滤镜。

① 打开本章素材 11.13，如图 11.29 所示。

② 通过比较，选择一个对比效果较好的通道。现在要单独将这个蓝色通道存为一个新文件，选中蓝色通道后，然后右击，在弹出的快捷菜单中选择【复制通道】命令，打开【复制通道】对话框，在【目标】选项组中的【文档】下拉列表中选择【新建】选项，然后重命名文件，单击【确定】按钮后，就会有一个新的文件产生，它是一张灰度图片，将这张图存储成 PSD 格式的文件，这个新文件就是一张置换图了，如图 11.30 所示。

图 11.29 素材图片

图 11.30 建立置换图

③ 创建文字图层。利用文字工具输入文字“水”，设置颜色值为 361a19，并将文字图层栅格化，如图 11.31 所示。

④ 选择【滤镜】|【扭曲】|【置换】命令，打开【置换】对话框设置参数，在【水平比例】数值框及【垂直比例】数值框中都输入 7，如图 11.32 所示。

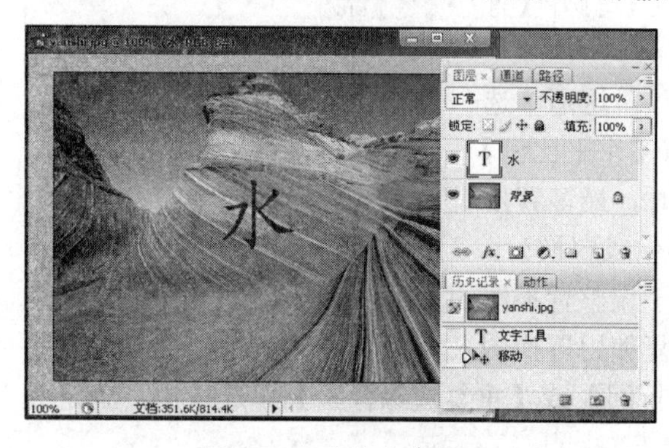

图 11.31 建立文字图层

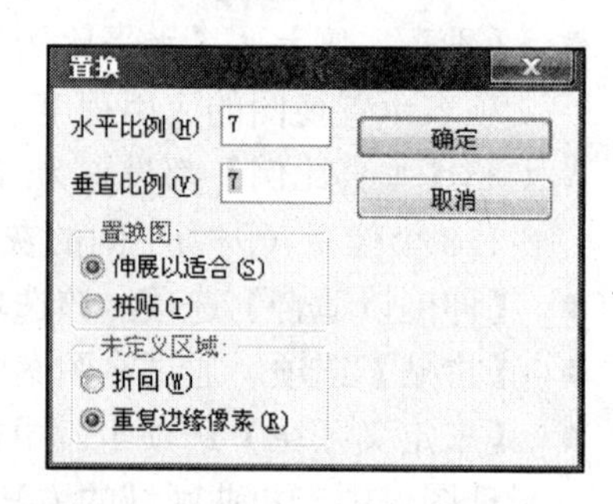

图 11.32 设置【置换】对话框参数

⑤ 单击【确定】按钮后，会打开【选择一个置换图】对话框，此时会要求用户选择一张置换图，选择刚才单独保存的置换图，便可得到置换的文字顺着山势的起伏而起伏的效果。如图 11.33 所示。

5）【波纹】滤镜在选区上创建波状起伏的图案，像水池表面的波纹。

6）【波浪】滤镜的工作方式类似于【波纹】滤镜，可利用其对图像效果进行进一步的调整。

图 11.33 最终效果

7）【极坐标】滤镜根据选中的选项，将选区从平面坐标转换到极坐标，或将选区从极坐标转换到平面坐标。使用此滤镜可以创建圆柱变体，当在镜面圆柱中观看圆柱变体中扭曲的图像时，图像是正常的。

8）【挤压】滤镜可以得到通过凸透镜或者凹透镜看到的效果。

在【挤压】对话框中设置【数量】的大小：正值（最大值是 100%）将选区向中心移动；若为负数（最小值是-100%）将选区向外移动。

9）【切变】滤镜可以沿一条曲线扭曲图像，通过拖移框中的线条来指定曲线。用户可以调整曲线上的任何一点。

在【切变】对话框中可以通过拖动框中的线条来指定曲线；拖动鼠标可以调整曲线上的任何一点。另外，单击【折回】或【重复边缘像素】单选按钮用来处理未定义的区域。

小提示：

【切变】滤镜可用于制作流线型的线条。

10）【球面化】滤镜通过将选区折成球形、扭曲图像以及伸展图像以适合选中的曲线，使对象具有 3D 效果，可以得到通过凸透镜或者凹透镜看到的效果。

在【球面化】对话框中设置【数量】的大小。若其值为正数（最大值是 100%）得到凸透镜效果；若其值为负数（最小值是–100%），则得到凹透镜效果。另外，在【模式】下拉列表中，可以选择【正常】、【水平优先】和【垂直优先】选项。

11）【水波】滤镜根据选区中像素的半径将选区径向扭曲。

在【水波】对话框中，【起伏】选项用于设置水波方向从选区的中心到其边缘的反转次数；【样式】选项决定如何置换像素，其下拉列表中包括【水池波纹】（将像素置换到左上方或右下方）、【从中心向外】（向着或远离选区中心置换像素）和【围绕中心】（围绕中心旋转像素）3 个选项。在该对话框中可以设置【数量】和【起伏】的参数。

12）【旋转扭曲】滤镜可以旋转选区，中心的旋转程度比边缘的旋转程度大。指定角度可以生成旋转扭曲图案。

小提示：

Photoshop 中的滤镜主要有 5 个方面的作用：优化印刷图像、优化 Web 图像、提高工作效率、提供创意滤镜和创建三维效果。

11.5.5 锐化滤镜组

锐化滤镜组中的滤镜通过增加相邻像素的对比度来聚焦模糊的图像。具体操作步骤如下。

锐化滤镜组包括【智能锐化】滤镜、【USM 锐化】滤镜、【进一步锐化】滤镜、【锐化】滤镜和【锐化边缘】滤镜等 5 个滤镜。

1)【锐化】滤镜和【进一步锐化】滤镜可以聚焦选区并提高其清晰度。【进一步锐化】滤镜比【锐化】滤镜应用更强的锐化效果。

2)【锐化边缘】滤镜和【USM 锐化】滤镜都用于查找图像中颜色发生显著变化的区域，然后将其锐化。【锐化边缘】滤镜只锐化图像的边缘，同时保留总体的平滑度。而对于专业色彩的校正，可使用【USM 锐化】滤镜调整边缘细节的对比度，并在边缘的每一侧生成一条亮线和一条暗线。此过程将使边缘突出，造成图像更加锐化的错觉。

3)【智能锐化】滤镜通过设置锐化算法来锐化图像，或者控制阴影和高光中的锐化量。

【智能锐化】对话框中的各种参数如下。

① 【基本】选项。单击该选项单选按钮可以设置【数量】、【半径】和【移去】等选项的基本参数。

② 【高级】选项。单击该选项单选按钮可以设置【锐化】、【阴影】和【高光】等选项的参数。

③ 在【设置】选项组中设置如下几个参数。

- 【数量】选项。该选项用于设置锐化量。较大的值将会增强边缘像素之间的对比度，从而看起来更加锐利。
- 【半径】选项。该选项用于确定边缘像素周围受锐化影响的像素数量。半径值越大，受影响的边缘就越宽，锐化的效果也就越明显。
- 【移去】选项。该选项用于设置对图像进行锐化的锐化算法。【高斯模糊】是【USM 锐化】滤镜使用的方法。【镜头模糊】将检测图像中的边缘和细节，可对细节进行更精细的锐化，并减少了锐化光晕。【动感模糊】将尝试减少由于相机或主体移动而导致的模糊效果。如果选择【动感模糊】选项，则需设置【角度】选项。
- 【角度】选项。当在【移去】下拉列表中选择【动感模糊】选项时用于设置运动方向。
- 【更加准确】选项。选中该选项复选框则系统将花更长的时间处理文件，以便更精确地移去模糊。

下面通过实例——介绍如何利用【锐化】滤镜将照片调清晰。

1）打开本章素材 11.34，如图 11.34 所示。

图 11.34 素材图片

2）复制【背景】图层，单击【背景】图层的【指示图层可见性】图标，使【背景】图层不可见，把图像放大到 100%。选择【滤镜】|【锐化】|【USM 锐化】命令，打开【USM 锐化】对话框，调整【数量】、【半径】、【阈值】等选项的数值，调整时一边观察大图整体效果，一边观察小窗口的图像预览并局部进行调整，如图 11.35 所示。

3）按照同样的方法进行第二次 USM 锐化，如图 11.36 所示。

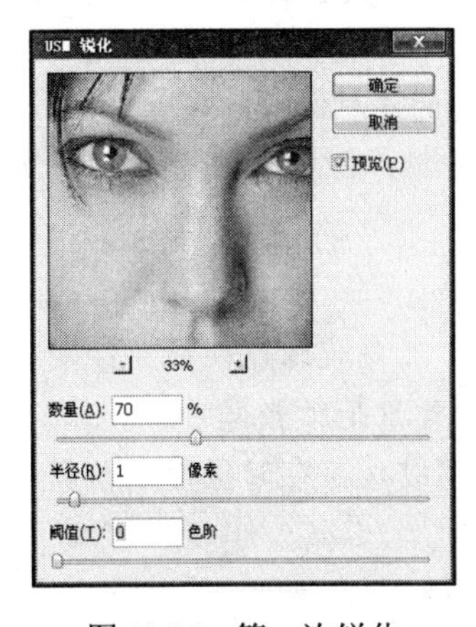

图 11.35 第一次锐化

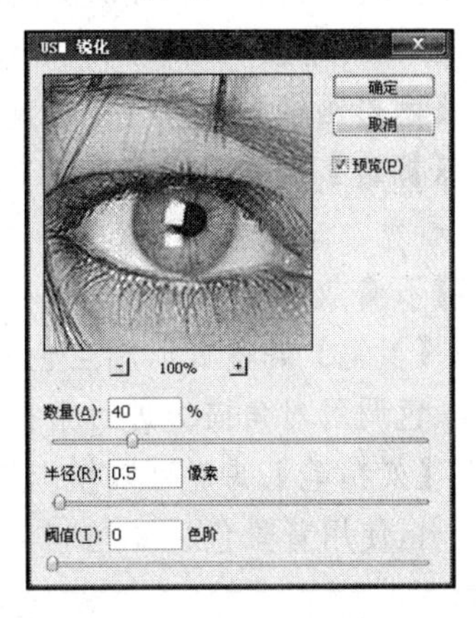

图 11.36 第二次锐化

4）复制锐化后的图层，设置图层混合模式为柔光，一张轮郭清晰的人物照片效果如图 11.37 所示。

图 11.37 最后效果

11.5.6 素描滤镜组

素描滤镜组中的滤镜用于将纹理添加到图像上，通常用于获得 3D 效果。这些滤镜还适用于创建美术或手绘外观。许多素描滤镜在重绘图像时使用前景色和背景色。可以通过滤镜库来应用所有素描滤镜。

1）【半调图案】滤镜可以创建在保持连续色调范围的同时，模拟半调网屏的效果。

2）【便条纸】滤镜可以在灰色纸张上根据图案的明暗实现浮雕效果。【图像平衡】值越大，有阴影的部分越大，因此浮雕效果更强。

3）【粉笔和炭笔】滤镜用于重绘高光和中间调，使用粗糙粉笔绘制纯中间调的灰色背景。用黑色对角炭笔绘制阴影区域。炭笔用前景色绘制，粉笔用背景色绘制。

4）【铬黄】滤镜将图像渲染成具有擦亮的铬黄表面的效果。高光在反射表面上是高点，阴影是低点。

5）【绘图笔】滤镜使用细的、线状的油墨描边以捕捉原图像中的细节。此滤镜使用前景色作为油墨，并使用背景色作为纸张，以替换原图像中的颜色。

6）【基底凸现】滤镜可以使图像呈现浮雕的雕刻状和突出光照下变化各异的表面。图像的暗区呈现前景色，而浅色使用背景色。

7）【水彩画纸】滤镜可以创建在潮湿的纤维纸上的涂抹效果。

8）【撕边】滤镜可以创建粗糙、撕破的纸片状效果，使用前景色与背景色为图像着色。

9）【石膏效果】滤镜可以产生光滑的浮雕效果。

10）【炭笔】滤镜可以产生色调分离的涂抹效果，主要边缘以粗线条绘制，而中间色调用对角描边进行素描。炭笔是前景色，背景是纸张颜色。

11）【炭精笔】滤镜可以模拟浓黑和纯白的炭精笔纹理。在暗区使用前景色，在亮区使用背景色。

小提示：

为了获得更逼真的效果，可以在应用滤镜之前将前景色改为常用的炭精笔颜色（黑色、深褐色和血红色）。要想获得减弱的效果，可将背景色改为白色，在白色背景中添加一些前景色，然后再应用滤镜。

12）【图章】滤镜可以塑造用橡皮或木制图章创建的图像效果。此滤镜用于黑白图像时效果最佳。

13）【网状】滤镜是在单纯的图像中添加无数个圆点的效果。在阴影处以前景色填充，高光处以背景色填充。

14）【影印】滤镜可以模拟影印图像的效果。

许多素描滤镜在重绘图像时使用前景色和背景色，可以通过滤镜库来应用所有素描滤镜。

11.5.7 纹理滤镜组

纹理滤镜组的滤镜可以模拟具有深度感或物质感的外观，或者添加一种器质外观。

1）【龟裂缝】滤镜模拟将图像绘制在一个高凸现的石膏表面上，以沿着图像等高线生成精细的网状裂缝效果。

2）【颗粒】滤镜通过模拟不同种类的颗粒在图像中添加纹理。

在【颗粒】对话框的【颗粒类型】下拉列表中可以选择颗粒的种类：常规、软化、喷洒、结块、强反差、扩大、点刻、水平、垂直和斑点。

3）【马赛克拼贴】滤镜可以模拟将图像渲染成由小的碎片或拼贴组成，然后在拼贴之间灌浆的效果。

4）【拼缀图】滤镜可以模拟将图像用矩形分割，并拼缀凸现的效果。此滤镜可以随机减小或增大拼贴的深度，以模拟高光和阴影。

5）【染色玻璃】滤镜可以将图像重新绘制为用前景色勾勒的单色的相邻单元格。

6）【纹理化】滤镜可以将选择或创建的纹理应用于图像。

小提示：

【炭精笔】、【玻璃】、【粗糙蜡笔】、【纹理化】和【底纹效果】滤镜都有纹理选项。这些选项使图像看起来像是画在纹理（如画布和砖块）上，或是像透过玻璃观看图像。

11.5.8 像素化滤镜组

像素化滤镜组中的滤镜，通过使单元格中颜色值相近的像素结成块来生成特殊的效果。如晶格化效果、马赛克效果等。

像素化滤镜组包括彩块化滤镜、彩色半调滤镜、点状化滤镜、晶格化滤镜、马赛克滤镜、碎片滤镜和铜板雕刻滤镜 7 种。选择【滤镜】|【像素化】命令，可以看到【像素化】滤镜组中各种滤镜的列表。

1）【彩块化】滤镜可以使图像中纯色或相近颜色的像素结合成相近颜色的像素块。使用这种滤镜可以使图像看起来像手绘图像，或呈现类似抽象派绘画效果。

2）【彩色半调】滤镜模拟在图像的每个通道上使用放大的半调网屏的效果，看起来像印刷图像时显示的效果。对于每个通道，滤镜将图像划分为矩形，并用圆形替换每个矩形。圆形的大小与矩形的亮度成比例。其参数最大半径指网点的最大半径，范围为 4～127。

3）【点状化】滤镜将图像中的颜色分解为随机分布的网点，如同点状化绘画一样，并使用背景色作为网点之间的画布区域。

4）【晶格化】滤镜可以使图像中的像素以多边形为单位结块，形成许多多边形的纯色，从而使画面具有晶格的效果。

5）【马赛克】滤镜能够使像素结合为许多方形块。每个方形块中的像素颜色相同，从而得到马赛克的艺术效果。

6）【碎片】滤镜可以创建选区中像素的 4 个副本，将它们平均并使其相互偏移，从而表现出晃动模糊的效果。

7）【铜版雕刻】滤镜可以将图像转换为黑白区域的随机图案或彩色图像中完全饱和颜色的随机图案。

小提示：

可以使用下面的快捷键来实现快速地浏览图像。

Home 键——卷动至图像的左上角；End 键——卷动至图像的右下角；PageUP 键——卷动至图像的上方；PageDown 键——卷动至图像的下方；Ctrl + PageUp 组合键——卷动至图像的左方；Ctrl + PageDown 组合键——卷动至图像的右方。

下面通过实例介绍制作马赛克效果的方法。

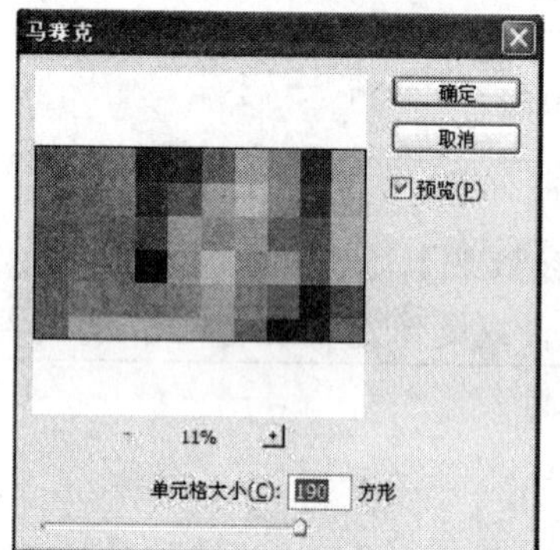

图 11.38　添加马赛克滤镜

1）打开本章素材 11.34，如图 11.34 所示。

2）复制图层，执行【滤镜】|【像素化】|【马赛克】命令，打开【马赛克】对话框，并且设置相关参数，如图 11.38 所示。

3）复制图层，选择【滤镜】|【像素化】|【碎片】命令，对马赛克的边缘进行模糊。

选择【滤镜】|【画笔描边】|【成角的线条】命令，打开【成角的线条】对话框，在其右侧窗格中设置相应参数，如图 11.39 所示。通过两次命令的执行，可以使马赛克的边缘产生双线效果。

4）连续锐化 3 次，合并图层并修改图层的混合模式，最终效果如图 11.40 所示。

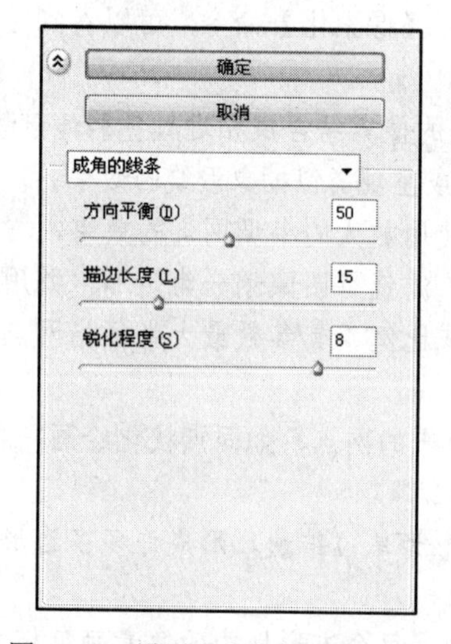

图 11.39　设置【成角的线条】参数

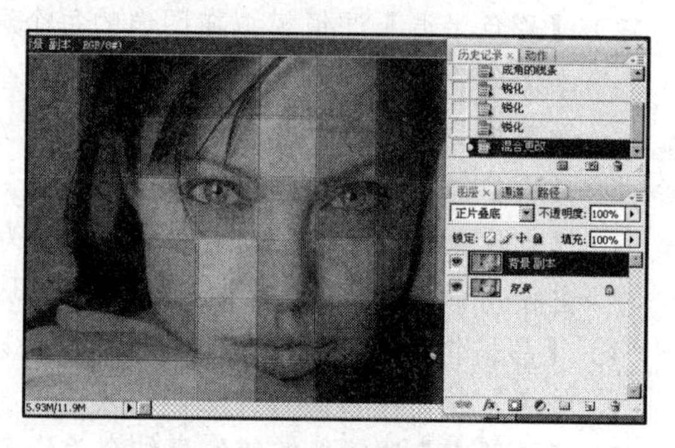

图 11.40　最终效果

11.5.9 渲染滤镜组

渲染滤镜组中的滤镜能够在图像中创建 3D 形状、云彩图案、折射图案和模拟的光反射，也可在 3D 空间中操纵对象，创建 3D 对象（立方体、球面和圆柱），并从灰度文件创建纹理填充以产生类似 3D 的光照效果。

1）【分层云彩】滤镜使用随机生成的介于前景色与背景色之间的值，生成云彩图案。第一次选取此滤镜时，图像的某些部分被反相为云彩图案。应用此滤镜几次之后，会创建出与大理石的纹理相似的凸缘与叶脉图案。

2）【光照效果】滤镜可以通过改变 17 种光照样式、3 种光照类型和 4 套光照属性，在 RGB 图像上产生无数种光照效果。用户还可以使用灰度文件的纹理（称为凹凸图）产生类似 3D 的效果。

【光照效果】滤镜可以使用多种光照类型：全光源，使光在图像的正上方向各个方向照射，就像一张纸上方的灯泡一样；平行光，从远处照射光，光照角度不会发生变化，就像太阳光一样；点光，投射一束椭圆形的光柱。预览窗口中的线条可以定义光照方向和角度，而手柄可以定义椭圆边缘。

在【光照效果】对话框，主要涉及以下选项。

- 【样式】选项。该选项用于设置光照样式。
- 【光照类型】选项。该选项用于设置光照类型。如果要使用多种光照，选中或取消【开】复选框以打开或关闭各种光照。
- 【光泽】选项。该选项决定表面反射光的多少（就像在照像纸的表面上一样），范围从【无光泽】（低反射率）到【有光泽】（高反射率）。
- 【材料】选项。该选项用于确定哪个反射率更高：光照或光照投射到的对象。【石膏】反射光照的颜色，【金属】反射对象的颜色。
- 【曝光度】选项。该选项用于增加光照（正值）或减少光照（负值）。零值则没有效果。

3）【镜头光晕】滤镜可以模拟亮光照射到相机镜头所产生的折射。通过单击图像缩略图的任一个位置或拖动其十字线，可以指定光晕的中心位置。

4）【纤维】滤镜可以使用前景色和背景色创建编织纤维的外观。

5）【云彩】滤镜可以使用介于前景色与背景色之间的随机值，生成柔和的云彩图案。

小提示：

载入图像和纹理时，所有纹理必须是 Photoshop 格式。大多数滤镜只使用颜色文件的灰度信息。

11.5.10 艺术效果滤镜组

艺术效果滤镜组中的滤镜可以为美术或商业项目制作绘画效果或艺术效果，如使用【木刻】滤镜进行拼贴或印刷。这些滤镜模仿了自然或传统介质效果。可以通过【滤镜库】来应用所有【艺术效果】滤镜。

1）【壁画】滤镜使用短而圆、粗略涂抹的小块颜料，以一种粗糙的风格绘制图像。
2）【彩色铅笔】滤镜使用彩色铅笔在纯色背景上绘制图像。画面保留重要边缘，外观呈粗糙阴影线；纯色背景色透过比较平滑的区域显示出来。
3）【粗糙蜡笔】滤镜创造在带纹理的背景上应用粉笔描边的效果。在亮色区域，粉笔看上去很厚，几乎看不见纹理；在深色区域，粉笔似乎被擦去了，使纹理显露出来。
4）【底纹效果】滤镜创建在带纹理的背景上绘制图像的效果。
5）【调色刀】滤镜可以通过减少图像中的细节以生成描绘得很淡的画布效果，并可以显示出下面的纹理。
6）【干画笔】滤镜可以使用干画笔效果绘制图像边缘。
7）【海报边缘】滤镜根据设置的海报化选项减少图像中的颜色数量，并查找图像的边缘，在边缘上绘制黑色线条。大而宽的区域内有简单的阴影，而细小的深色细节遍布图像。
8）【海绵】滤镜使用颜色对比强烈、纹理较重的区域创建图像，以模拟海绵的效果。
9）【绘画涂抹】滤镜通过各种大小和类型的画笔来创建绘画效果。画笔类型包括简单、未处理光照、暗光、宽锐化、宽模糊和火花。
10）【胶片颗粒】滤镜可以在图像上添加杂点。
11）【木刻】滤镜创建从彩纸上剪下的边缘粗糙的剪纸片组成的凸现效果。高对比度的图像看起来呈剪影状，而彩色图像看上去是由几层彩纸组成的。
12）【霓虹灯光】滤镜可以将各种类型的灯光添加到图像中的对象上。
13）【水彩】滤镜可以绘制水彩风格图像的效果，以深色加强图像的边界。
14）【塑料包装】滤镜可以创建给图像涂上一层光亮的塑料，以强调表面细节的效果。
15）【涂抹棒】滤镜用于将整个图像修饰得更亮、更柔和，以得到一定的绘画效果。

小提示：

可以将滤镜应用于单个的通道，对每个颜色通道应用不同的效果，或应用具有不同设置的同一滤镜。

下面通过实例——介绍将图片处理成油画效果的方法。

1）打开本章素材 11.41，如图 11.41 所示。
2）选择【滤镜】|【模糊】|【特殊模糊】命令，打开【特殊模糊】对话框，设置相应的参数，如图 11.42 所示。
3）选择【滤镜】|【艺术效果】|【水彩】命令，打开【水彩】对话框，在其右侧的窗格中设置相应的参数，如图 11.43 所示。
4）选择【图像】|【调整】|【亮度/对比度】命令，在打开的【亮度/对比度】对话框中，设置【亮度】为 30，【对比度】为 8。
5）选择【滤镜】|【纹理】|【纹理化】命令，在【纹理化】对话框中设置【凸现】为 2，其余按默认设置，得到的最终效果如图 11.44 所示。

图 11.41　素材图片

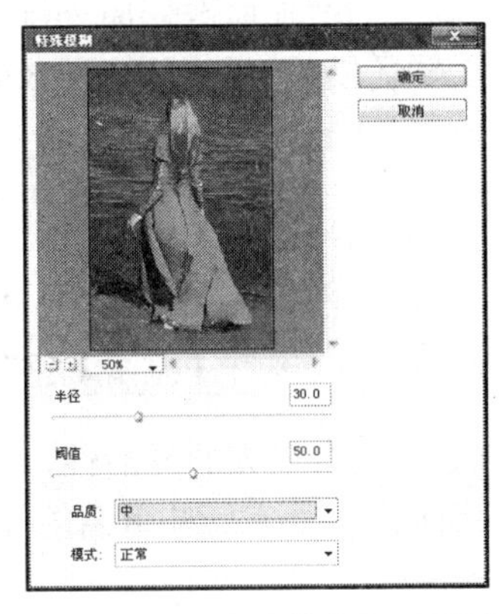

图 11.42　【特殊模糊】对话框

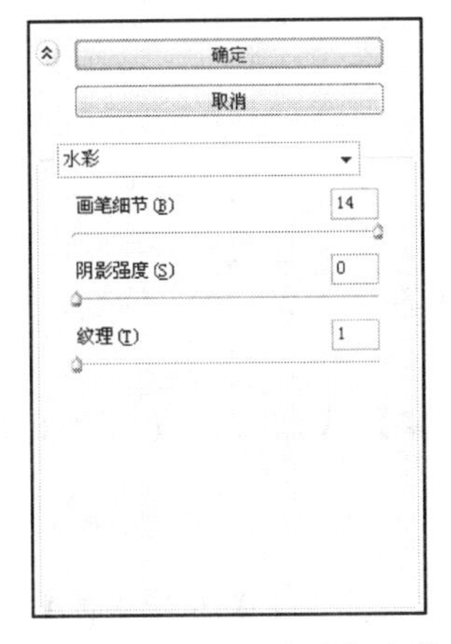

图 11.43　设置【水彩】参数

图 11.44　最终效果

11.6　外挂滤镜的应用

11.6.1　外挂滤镜的安装

Photoshop 软件中，滤镜是一个很庞大的工具，具有摄影处理、纹理模仿、抠图滤镜、素描大师、图片校正、自然滤镜等多种特效。Photoshop 软件中自带的滤镜很少，网上有很多特效滤镜方便用户下载。一般的滤镜以.8bf 为扩展名，只要放到 Photoshop 的 Plug-Ins 目录下即可。

小提示：

如果这个外挂滤镜自带安装程序，安装的时候指定好 Photoshop 的滤镜目录即可。Plug-ins 是 Photoshop 滤镜默认的滤镜目录。

11.6.2　外挂滤镜的使用

外挂滤镜安装之后重新启动 Photoshop 才可在菜单中找到，Photoshop 自带的滤镜会随着外挂滤镜的增加而改变原来排放的位置。需要注意的是，Photoshop 滤镜有的不支持 CMYK 颜色模式，但对于 RGB 颜色模式大多的滤镜还是好用的。

小提示：

可以使用多种方法来处理只应用于部分图像的边缘效果。要保留清晰边缘，只需应用滤镜即可。要得到柔和的边缘，应先将边缘羽化，然后应用滤镜。要得到透明效果，则应用滤镜，然后使用【渐隐】命令调整选区的混合模式和不透明度。

外挂滤镜具有很大的灵活性，最重要的是可以根据意愿来更新外挂滤镜，而不必更新整个应用程序。还有一些著名的外挂滤镜，如 KPT、PhotoTools、Eye Candy、Xenofen、UleadEffects 等。

案例实施

案例一 实施步骤

前面介绍了滤镜的使用，下面来完成案例一中的任务——将正常照片处理成旧照片。

【步骤一】准备工作。

打开本章素材 11.45，如图 11.45 所示，选择【图像】|【调整】|【去色】命令，将照片处理成黑白照片。

【步骤二】对图片进行做旧处理。

1）建立一个新图层，填充黑色，选择【滤镜】|【杂色】|【添加杂色】命令，打开【添加杂色】对话框，参数具体设置如图 11.46 所示。

2）选择【滤镜】|【模糊】|【动感模糊】命令，打开【动感模糊】对话框，参数具体设置如图 11.47 所示。

图 11.45 素材图片

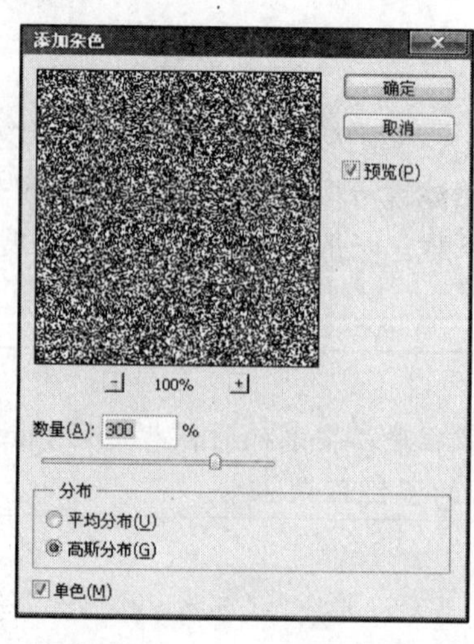

图 11.46 【添加杂色】对话框

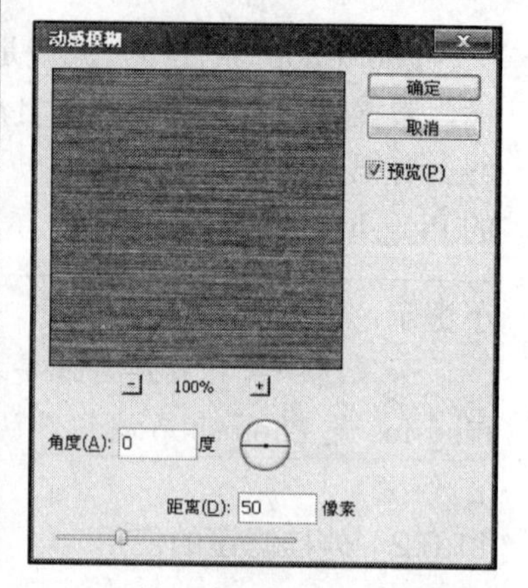

图 11.47 【动感模糊】对话框

3）再次选择【滤镜】|【模糊】|【动感模糊】命令，可以得到更好的模糊效果。参数设置如图 11.48 所示。

4）选择【滤镜】|【风格化】|【浮雕效果】命令，打开【浮雕效果】对话框，参数设置如图 11.49 所示。

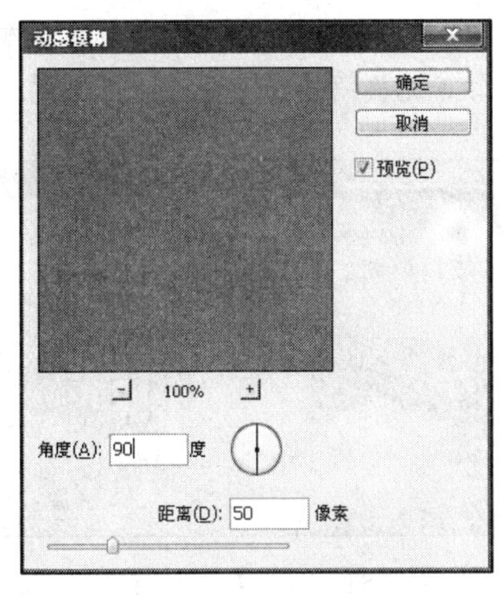

图 11.48 第二次动感模糊

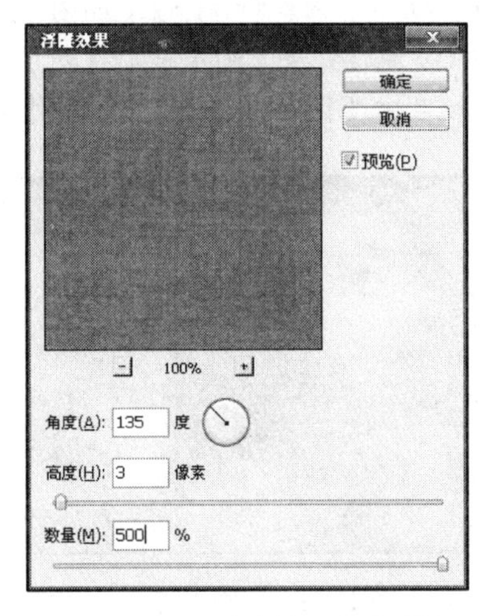

图 11.49 【浮雕效果】对话框

5）更改图层的混合模式为【正片叠底】，设置不透明度为 95%，合并图层，并去色。效果如图 11.50 所示。

6）选择【滤镜】|【纹理】|【颗粒】命令，打开【颗粒】对话框，并在其右侧的窗格中设置相应的参数，参数设置如图 11.51 所示。

照片效果如图 11.52 所示。

图 11.50 修改图层混合模式

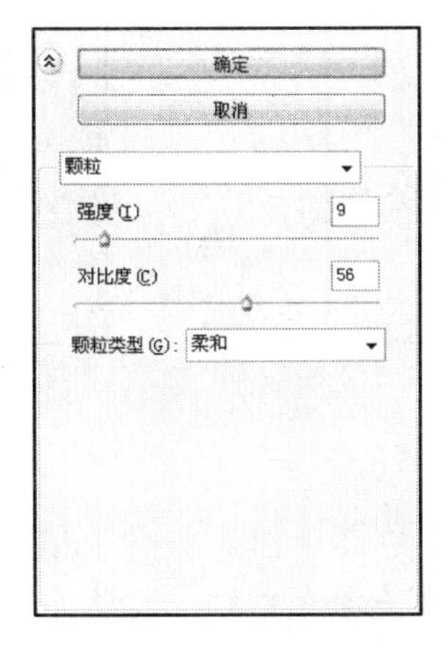

图 11.51 【颗粒】对话框

图 11.52 效果

【步骤三】加色工作。

选择【图像】|【调整】|【色相/饱和度】命令，打开【色相/饱和度】对话框，选中【着色】复选框，将色相值调为 50，饱和度值为 25，明度值为 0，最终将照片处理成旧照片效果。

案例二　实施步骤

案例一练习滤镜的使用，下面来完成案例二中的任务——制作放大镜效果。

【步骤一】处理人物素材。

1）打开本章素材 11.53，如图 11.53 所示。

2）复制【背景】图层得到【图层 1】，将【图层 1】按 Ctrl+T 快捷键进行自由变换，自由变换时按 Alt+Shift 键对【图层 1】进行等比例缩小，如图 11.54 所示。

图 11.53　人物素材

图 11.54　缩小【图层 1】

3）选择【图层 1】空白处，得到选区后，选择【菜单】|【编辑】|【填充】命令，打开【填充】对话框，在【使用】选项中选择【内容识别】后单击【确定】按钮，如图 11.55 所示。

4）人物处理如图 11.56 所示的效果。

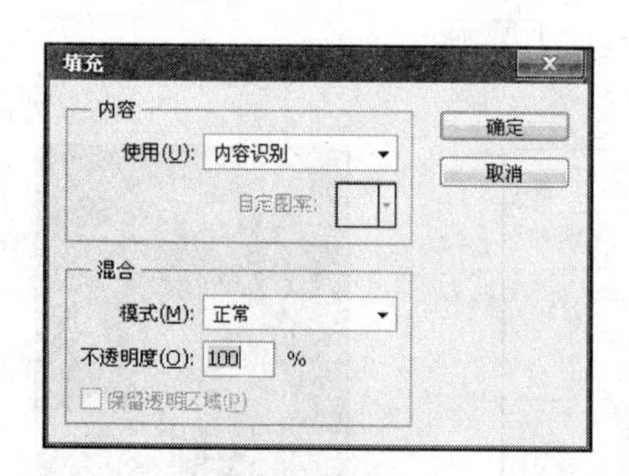

图 11.55　智能填充

图 11.56　人物处理效果

【步骤二】制作放大镜。

1）新建图层，制作放大镜。在新建图层上按 Shift 键使用【椭圆选框工具】画出一个正圆选区，为选区填充深灰色后，选择【选择】|【修改】|【收缩】命令，将刚才的正圆选区收缩 6 像素后，按 Delete 键将收缩后的选区删除，得到放大镜的边框，如图 11.57 所示。

2）按 Ctrl+J 快捷键复制【图层 2】，得到【图层 2 副本】，为【图层 2 副本】添加【渐变叠加】图层样式，参数设置如图 11.58 所示。

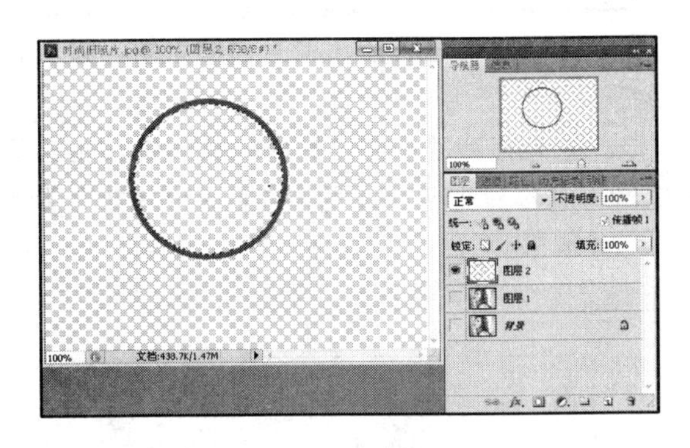

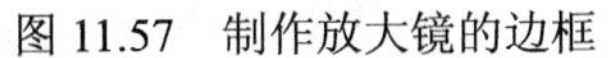
图 11.57 制作放大镜的边框

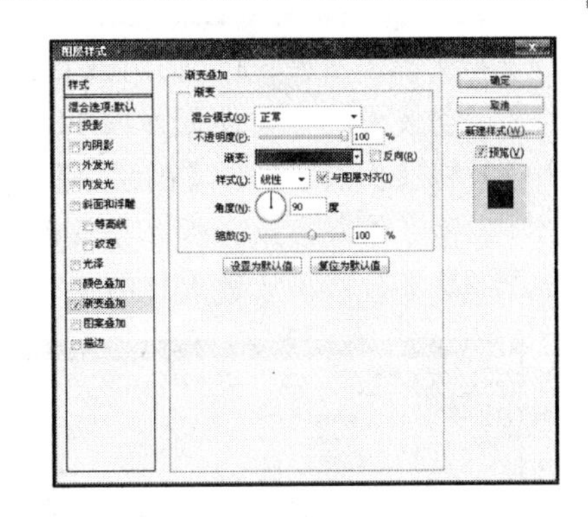
图 11.58 添加【渐变叠加】样式

3）用【移动工具】将【图层副本 2】进行移动，得到放大镜立体边框，效果如图 11.59 所示。

4）制作玻璃反光效果。新建图层，得到【图层 3】，用【椭圆选框工具】得到圆形选区，使用【渐变工具】填充白色到透明的线性渐变效果，将图层的不透明度降为 63%，得到如图 11.60 所示效果。

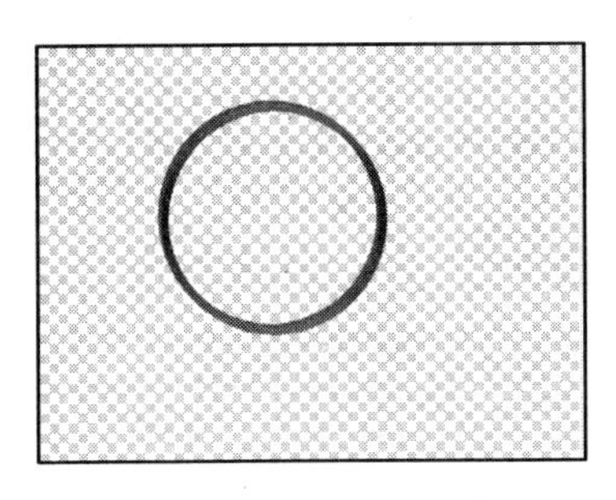
图 11.59 移动【图层副本 2】

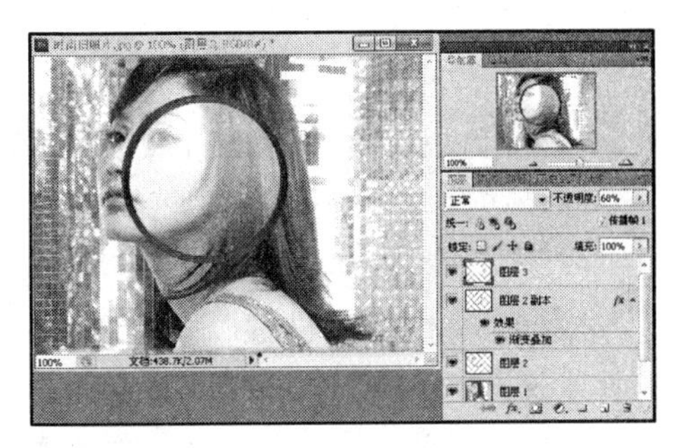
图 11.60 放大镜效果

5）将【图层 2】至【图层 3】进行图层合并，得到一个整体的放大镜，如图 11.61 所示。

【步骤三】制作放大效果。

1）在【图层 1】上新建图层，得到【图层 3】，用【椭圆选框工具】选择镜片选区后，填充任意一种颜色，如图 11.62 所示。

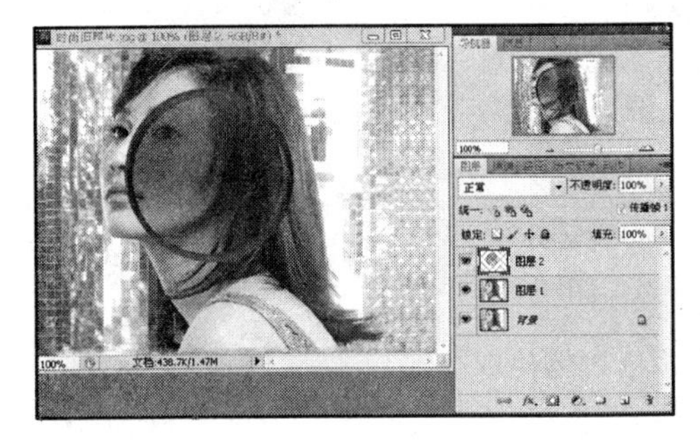
图 11.61 放大镜最终效果

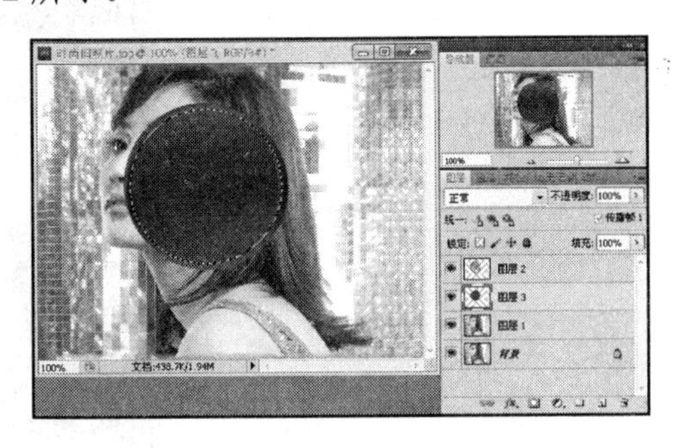
图 11.62 建立挖空区域

2）双击【图层 3】，打开【图层样式】对话框，在【混合选项】选项组中，设置挖空效果，参数设置如图 11.63 所示。

3）将【图层 2】与【图层 3】进行链接，此时移动【图层 2】中的放大镜，由于设置了挖空效果，所以在移动放大镜时，直接看到了比【图层 1】大的【背景】图层，显示出了放大镜效果，如图 11.64 所示。

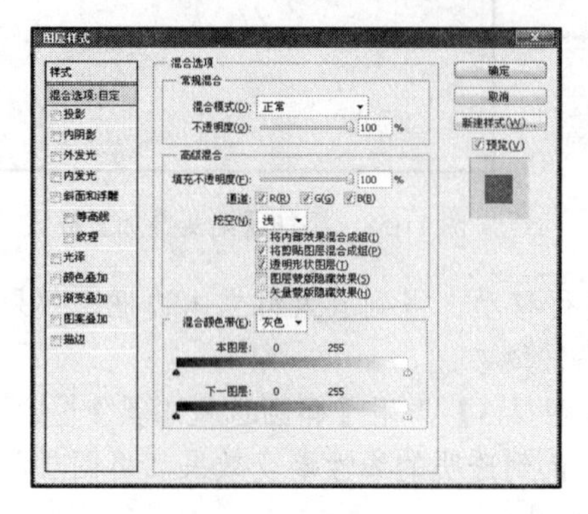

图 11.63 设置挖空效果

图 11.64 最终效果

工作实训营

1. 训练内容

对本章素材 11.45 进行以下操作：

1）利用滤镜将图片修饰成油画效果。

2）利用滤镜将图片处理成素描效果。

3）利用滤镜为图片添加边框效果。

素材如图 11.65 所示。

图 11.65 素材

2. 训练要求

根据所学内容，充分利用滤镜，实现所要效果。

工作实践中常见问题解析

【常见问题1】外挂滤镜中的胶片颗粒是什么效果？

答：该滤镜能够在给原图像加上一些杂色的同时，调亮并强调图像的局部像素。它可以产生一种类似胶片颗粒的纹理效果，使图像看起来如同早期的摄影作品。

【常见问题2】滤镜大概可以分成几类？

答：滤镜可以分为校正性滤镜、破坏性滤镜、效果滤镜。

【常见问题3】利用哪个滤镜可以为人物皮肤磨皮？

答：在【杂色】滤镜下，利用【减少杂色】滤镜磨皮可以减少集中在蓝、绿通道上脸部的斑点，对五官与头发等纯色部位的清晰度细节无影响。

【常见问题4】对于歪斜的人物照片如何校正？

答：可以用【液化】滤镜来进行校正。

习　　题

利用【消失点】滤镜去除照片中的拖鞋，如图11.66所示。

图11.66　素材

第 12 章

动作与任务自动化

本章要点 ☞

掌握动作的基本操作。

掌握批处理的运用。

掌握裁剪并修齐照片的方法。

技能目标 ☞

掌握动作的基本用法，以及批处理图片的基本操作。

掌握动作的操作方法和技巧。

案例导入

【案例一】使用【动作】面板，记录对图像进行正片负冲效果处理的动作步骤。

“正片负冲”是胶片处理中比较特殊的一种手法，即用负片的冲洗工艺来冲洗反转片，这样会弥漫着一种前卫甚至颓废的色彩。

要求利用【动作】面板对其他图片进行正片负冲效果处理，效果如图12.1所示。

【案例二】为“六一”宣传海报制作。

为“六一”儿童节制作宣传海报，制作完成后效果如图12.2所示。

图12.1 正片负冲效果

图12.2 “六一”宣传海报

引导问题

1）什么是动作？
2）动作的创建与使用方法有哪些？
3）使用批处理命令处理图片的方法有哪些？
4）快捷批处理应用程序的使用方法有哪些？

基础知识

12.1 动作的使用

12.1.1 动作的概念

动作用来记录Photoshop的操作步骤，便于再次回放以提高工作效率和实现标准化操作流程。该功能支持记录针对单个文件或一批文件的操作过程。用户可以把需要大量重复作业和批处理过程录制成动作来提高工作效率。

12.1.2 认识【动作】面板

选择【窗口】|【动作】命令，打开【动作】面板，也可按 Alt+F9 快捷键打开该面板。

如图 12.3 所示，【动作】面板所示的序列实际上是一组动作的集合，默认动作（Default Actions）组下的所有动作都是 Photoshop 自带的默认动作。【动作】面板右端为动作列表，左端为对应的动作定义。

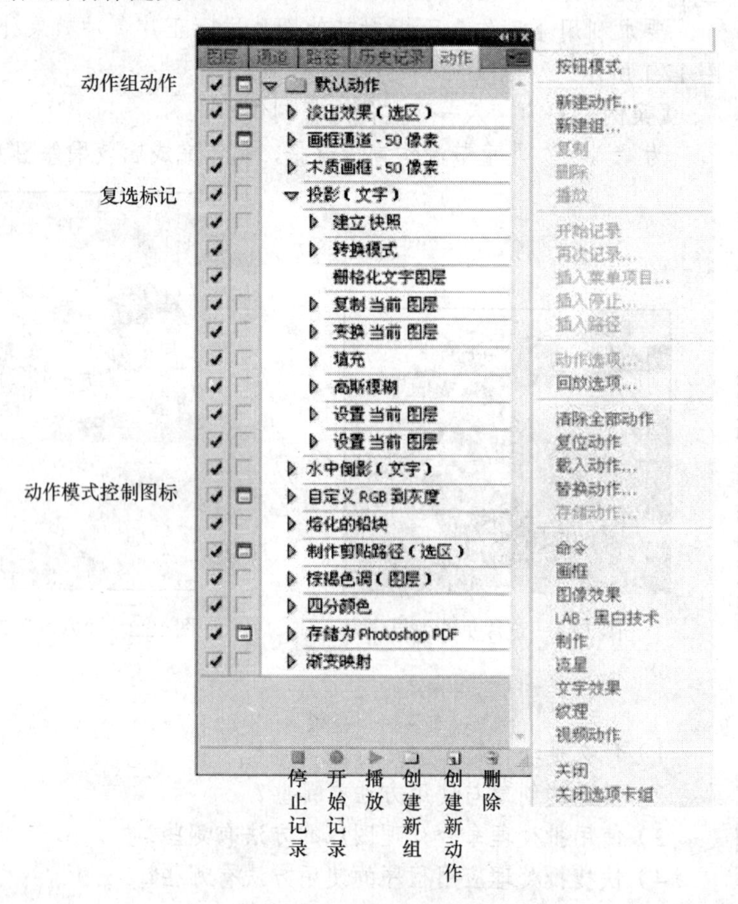

图 12.3 【动作】面板

1）动作组。动作组类似文件夹，用来组织一个或多个动作。

2）动作。最好为动作取一个便于理解的名字，单击名字左侧的小三角▷可展开该动作。

3）动作步骤。这里指动作中每一个单独的操作步骤，展开后会显示相应的参数细节。

4）复选标记。黑色对勾代表该组、动作或步骤可用。而红色对勾代表不可用。

5）动作模式控制图标。若图标为黑色，则在每个启动的对话框或者对应一个按 Enter 键选择的步骤中都包括一个暂停。若图标为红色，则代表至少有一个暂停等待确认的步骤。

6）【停止播放/记录】按钮。单击该按钮后停止播放或记录。

7）【开始记录】按钮。单击该按钮即可开始记录，红色凹陷状态表示正在记录。

8）【播放选定的动作】按钮。单击该按钮即可播放选中的动作。

9）【创建新组】按钮。单击该按钮即可创建一个新组，用来组织单个或多个动作。

10）【创建新动作】按钮。单击该按钮即可创建一个新动作，其同样具有录制功能。

11）【删除】按钮。单击该按钮即可删除选中的动作或组。

12）【动作】面板选项菜单。该菜单包含与动作相关的多个菜单项，可提供更丰富的设置内容。

如从【动作】面板选项菜单中选择【按钮模式】命令，可将每个动作以按钮状态显示，这样可以在有限的空间中列出更多的动作，以简单明了的方式呈现，如图 12.4 所示。

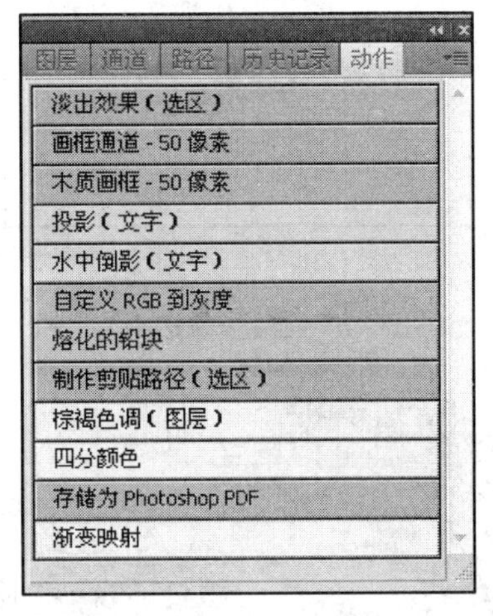

图 12.4 【动作】面板中的【按钮模式】效果

12.1.3 录制新动作

【动作】面板中除了 Photoshop 自带的默认动作命令外，用户也可以自己录制新动作，具体步骤如下。

1）新建一个组。从【动作】面板选项菜单或下方的按钮中单击【创建新组】按钮，打开【新建组】对话框，输入新建组的名称，如图 12.5 所示。

2）从【动作】面板选项菜单或下方按钮中单击【创建新动作】按钮，打开【新建动作】对话框，输入新建动作的名称，选择动作所在的组名，设置该动作的快捷功能键，这样可按快捷功能键直接执行该动作，最后可以设置颜色，如图 12.6 所示。

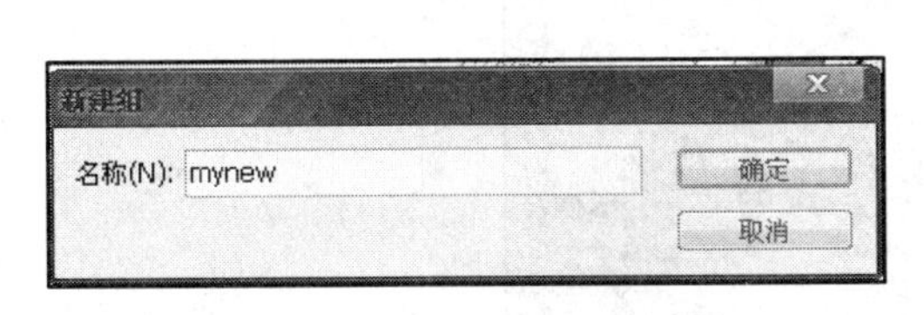

图 12.5 【新建组】对话框

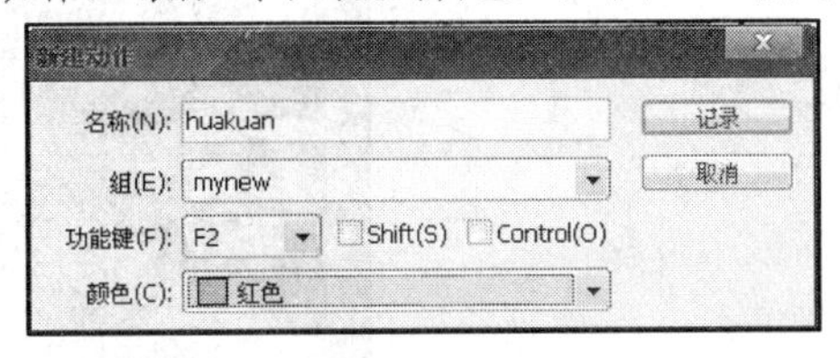

图 12.6 【新建动作】对话框

3）单击【确定】按钮，退出对话框。默认情况下，已进入录制状态。若已停止录制，则重新启动。单击【动作】面板下方的【开始记录】按钮即可开始录制，之后在 Photoshop 中所做的每一步操作都会被忠实地记录下来。录制完成后，单击【停止播放/记录】按钮，即可结束动作的录制。

12.1.4 执行动作

只需要单击【动作】面板下方的【播放选定的动作】按钮，即可完成动作的播放操作。

下面通过案例——为素材添加木质画框来练习动作的操作。

1）打开素材 12.7，如图 12.7 所示。

2）选择 Photoshop 自带的默认动作“木质画框-50 像素”，如图 12.8 所示。

图 12.7　打开素材

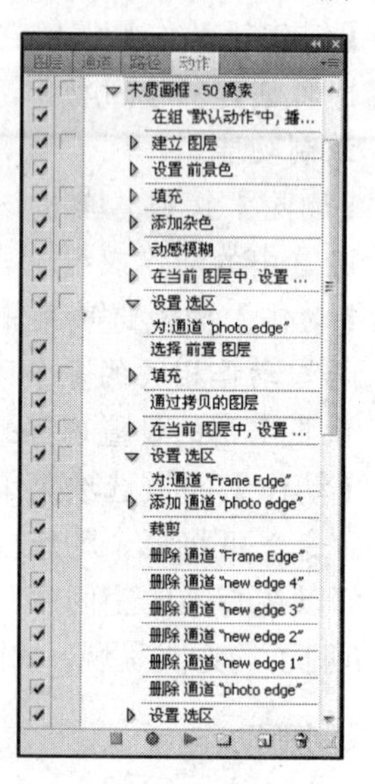

图 12.8　选择动作

3）单击【播放选定的动作】按钮▶，即可完成为素材添加木质画框的操作，如图 12.9 所示。

图 12.9　播放动作后效果

12.1.5　添加下载动作

用户可以从网络上下载其他 Photoshop 用户录制的动作集，大多数为免费资源，这些动作集以文件形式存在，扩展名为.atn。用户可以通过以下方法载入这些动作集。

1）在 Windows 中将动作文件（扩展名为.atn）拖动到 Photoshop|动作面板中，即可添加至【动作】面板。

2）通过选择【动作】面板的选项菜单【载入动作】命令将该文件（扩展名为.atn）载入【动作】面板中。

12.2　自动处理图像

12.2.1　使用【批处理】命令

当用户需要对大量图像选择相同命令时，可以通过使用【批处理】命令来实现，在批处理文件时，可以打开所有的文件，同时自动存储并关闭原始文件，或将播放动作后的文件存储到一个新的位置。例如，对文件夹内的文件进行批处理，则在批处理之前将所有要处理的文件复制到同一文件夹中。

下面介绍案例——使用【批处理】命令裁剪并修齐照片（身份证大头照），目的是学习【动作】和【批处理】命令的使用。

1）制作需要的动作命令。单击【动作】面板上的【创建新动作】按钮，打开如图 12.10 所示的【新建动作】对话框。

2）限制图片大小。选择【文件】|【自动】|【限制图像】命令，打开如图 12.11 所示的对话框，根据需要设置【宽度】为 390 像素，【高度】为 260 像素，单击【确定】按钮。

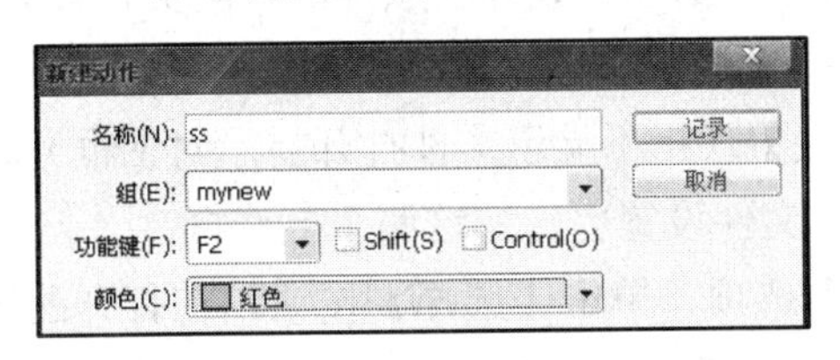

图 12.10　【新建动作】对话框

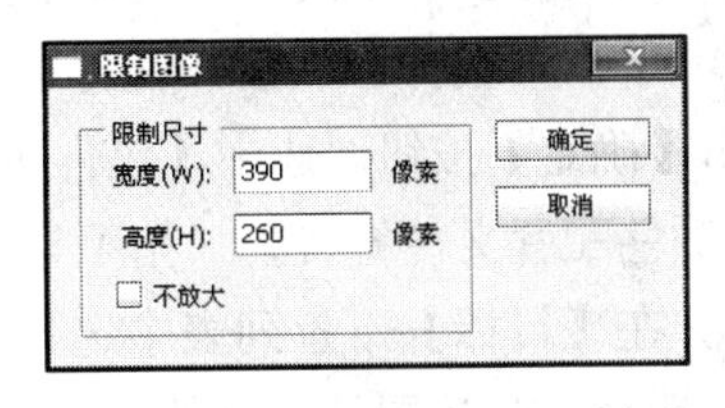

图 12.11　【限制图像】对话框

3）转换颜色类型。选择【图像】|【模式】|【CMYK 颜色】命令打开警告信息提示框。

4）将照片存储为 JPEG 格式。选择【文件】|【存储为】命令，打开【存储为】对话框，在【格式】下拉列表中选择 JPEG 格式，单击【保存】按钮，打开【JPEG 选项】对话框，在【品质】下拉列表中选择【高】选项，单击【确定】按钮，如图 12.12 所示。

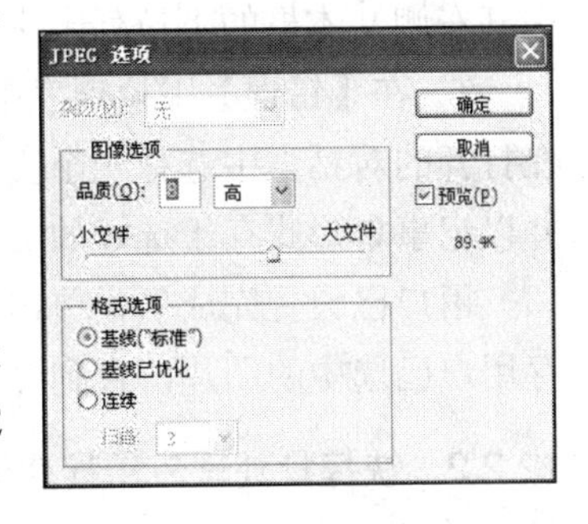

图 12.12　【JPEG 选项】对话框

5）单击【动作】面板下方的【停止播放/记录】按钮停止录制。

6）把所有待处理的图片放到一个文件夹中，新建一个文件夹用来放置处理过的图片。选择【文件】|【自动】|【批处理】命令，打开【批处理】对话框，按需要设置各个参数和选项，如图 12.13 所示。

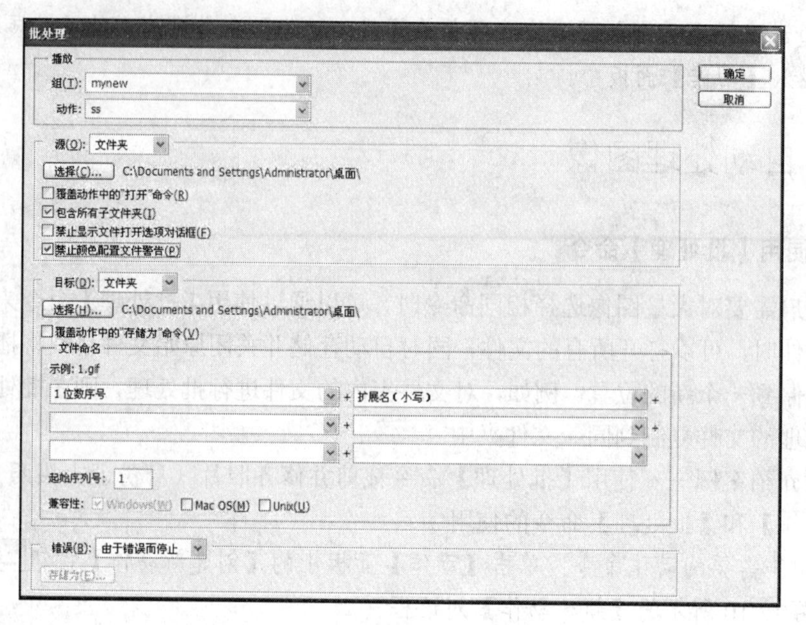

图 12.13 【批处理】对话框

① 在【动作】下拉列表中选择刚才新建的动作。

② 在【源】下拉列表中选择【文件夹】选项（指需要处理的照片所在的文件夹）。

③ 单击【选择】按钮，在打开的对话框中选择待处理的图片所在的文件夹路径，并单击【确定】按钮。选中【包含所有子文件夹】（指不显示文件打开显示对话框）和【禁止颜色配置文件警告】（指不显示颜色配置文件设置警告）这两个复选框。

④ 在【目标】下拉列表中选择【文件夹】选项，单击【选择】按钮，在打开的对话框中选择准备放置处理好的图片的文件夹，单击【确定】按钮。

⑤ 在【文件命名】选项组的第一个文本框的下拉列表中选择【1 位数序号】选项，在其右侧文本框的下拉列表中选择【扩展名（小写）】选项。

⑥ 在【错误】下拉列表中选择【将错误记录到文件】选项，单击【存储为】按钮，在打开的对话框中选择一个文件夹。若批处理中途出现问题，计算机会记录错误的细节，并以记事本形式存于选好的文件夹中。

用户已设置完成后，单击【确定】按钮，Photoshop 会开始一张张地打开处理和保存用户已选中的图片，直到任务结束。

12.2.2 快捷批处理应用程序的使用方法

运用快捷批处理，可以生成一个独立的快捷批处理应用程序，将要处理的文件或文件夹拖动到应用程序图标上，即可触发 Photoshop 执行动作，并把结果存储到指定的文件夹中。选择【文件】|【自动】|【创建快捷批处理】命令，打开【创建快捷批处理】对话框，如图 12.14 所示。对话框中的选项功能可参考【批处理】对话框。

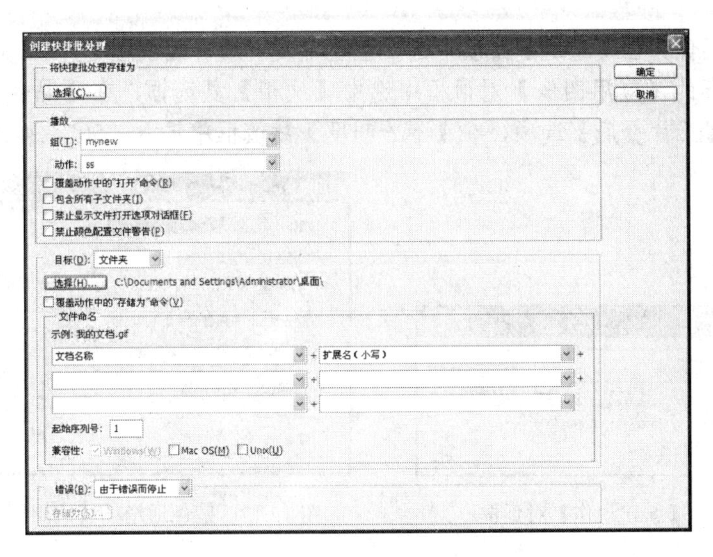

图 12.14 【创建快捷处理】对话框

案例实施

案例一 实施步骤

前面介绍了【动作】面板的使用，下面来完成案例一中的任务——建立正片负冲效果动作。

【步骤一】准备工作。

打开素材 12.15，如图 12.15 所示。

图 12.15 打开素材

【步骤二】创建动作。

1）在【动作】面板下方单击【创建新组】按钮，打开【新建组】对话框，输入名称“zpfc”。然后单击【创建新动作】按钮，打开【新建动作】对话框，输入名称“zpfc”，如图 12.16 所示开始录制。

2）打开图像，在【通道】面板中选择蓝色通道，选择【图像】|【应用图像】命令，在打开的【应用图像】对话框中选中【反相】复选框，在【混合】下拉列表中选择【正片叠底】选项，在【不透明度】数值框中输入“50”，如图 12.17 所示。

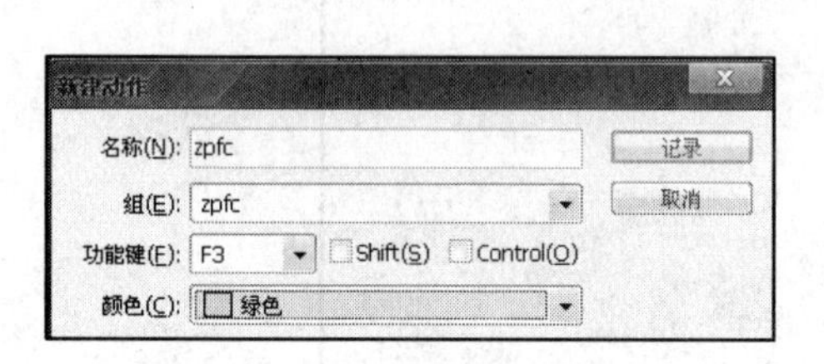

图 12.16 【新建动作】对话框

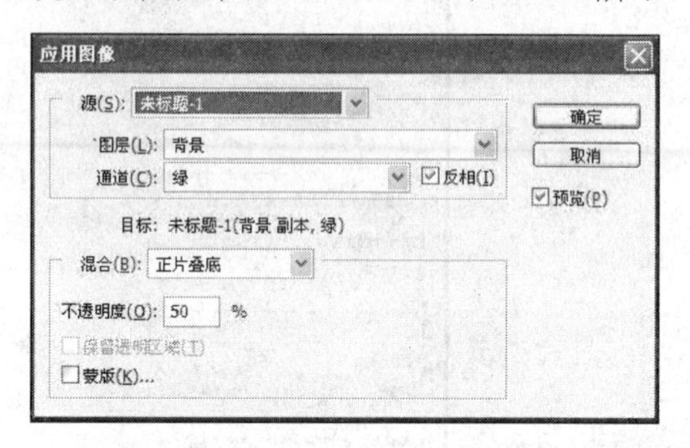

图 12.17 蓝色通道的【应用图像】对话框

3）在【通道】面板中选择绿色通道，选择【图像】|【应用图像】命令，在打开的【应用图像】对话框中选中【反相】复选框，在【混合】下拉列表中选择【正片叠底】选项，【不透明度】数值框中输入“20”，如图 12.18 所示。

4）在【通道】面板中选择红色通道，选择【图像】|【应用图像】命令，在打开的【应用图像】对话框中，在【混合】下拉列表中选择【颜色加深】选项，如图 12.19 所示。

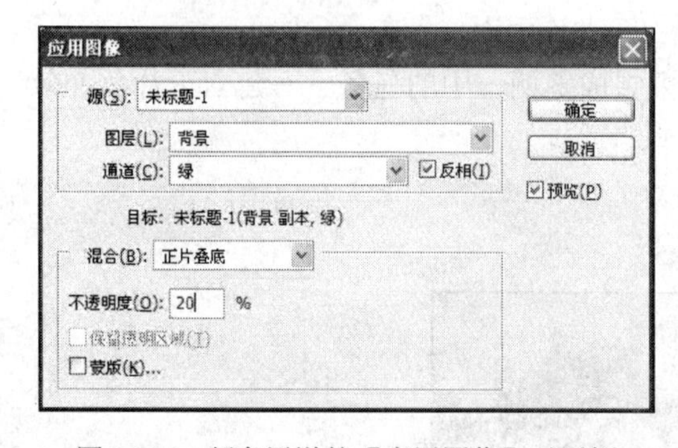

图 12.18 绿色通道的【应用图像】对话框

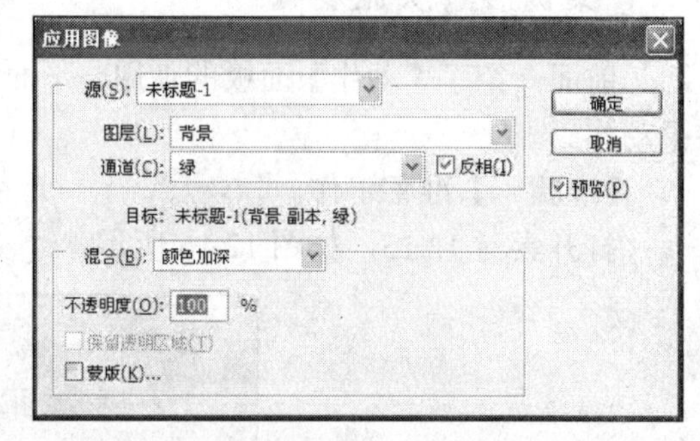

图 12.19 红色通道的【应用图像】对话框

5）在【通道】面板中选择蓝色通道，选择【图像】|【调整】|【色阶】命令，打开【色阶】对话框，在【输入色阶】3 个数值框中分别输入“25”、“0.75”、“150”，单击【确认】按钮。

6）同样选择绿色通道，选择【图像】|【调整】|【色阶】命令，打开【色阶】对话框，在【输入色阶】3 个数值框中分别输入“40”、“1.20”、“220”，单击【确认】按钮。

7）选择红色通道，选择【图像】|【调整】|【色阶】命令，打开【色阶】对话框，在【输入色阶】3 个数值框中分别输入“50”、“1.30”、“255”，单击【确认】按钮。

8）在【通道】面板中选择【RGB】通道，选择【图像】|【调整】|【亮度/对比度】命令，在打开的对话框中设置亮度值为-5，对比度值为 + 20，单击【确认】按钮。

9）在【通道】面板中选择【RGB】通道，选择【图像】|【调整】|【色相/饱和度】命令，设置饱和度值为 + 15，单击【确认】按钮。

完成效果后结束动作的录制即可。效果如图 12.1 所示。

案例二　实施步骤

案例一练习了动作的操作，下面来完成案例二中的任务——“六一”宣传海报制作。

【步骤一】创建背景与处理文字效果。

1）新建文件，在打开的【新建】对话框中，将【背景】图层解锁，参数设置如图 12.20 所示。

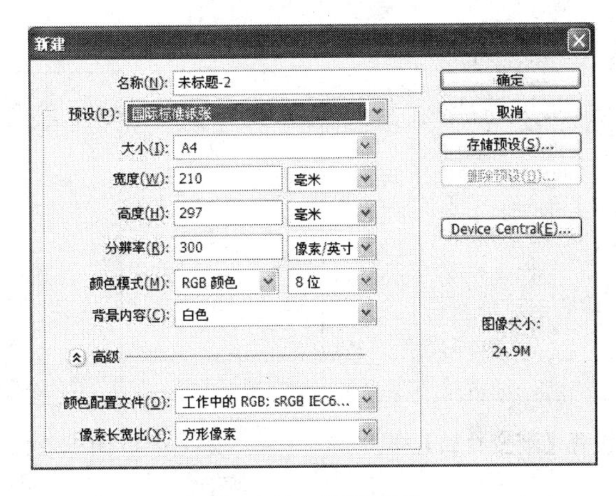

图 12.20　新建文件

2）双击【背景】图层，打开【图层】样式对话框，选择【渐变叠加】选项，添加从白色#000000 到淡绿色（#88f593）的径向渐变，并选中【反向】复选框，单击【确定】按钮，如图 12.21 所示。

3）使用网上下载的“华康娃娃”字体输入文字“六一快乐”，对文字进行栅格化操作，如图 12.22 所示。

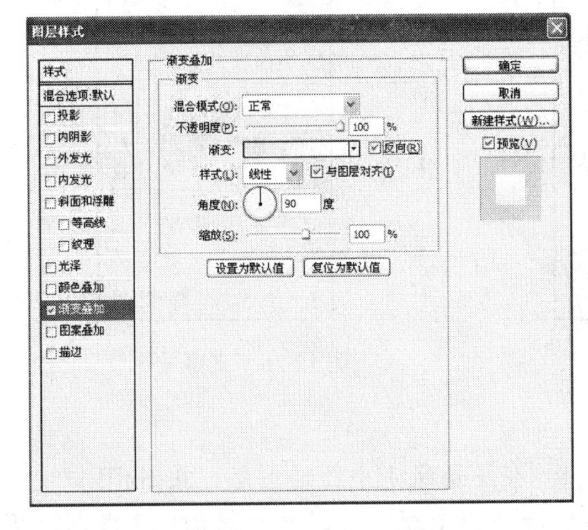

图 12.21　为【背景】图层设置渐变效果

图 12.22　输入文字

【步骤二】创建动作，生成文字。

1）新建动作组“六一”，在“六一”组下新建“六一”动作，开始录制。

2）用【矩形选框工具】选择文字“六”，按 Ctrl+J 快捷键将文字“六”复制到新图层。给文字设置图层样式为【渐变叠加】，参数设置如图 12.23 所示。结束动作的录制。

3）其他 3 个字的效果通过播放刚才录制的动作来生成，合并文字图层。文字效果如图 12.24 所示。

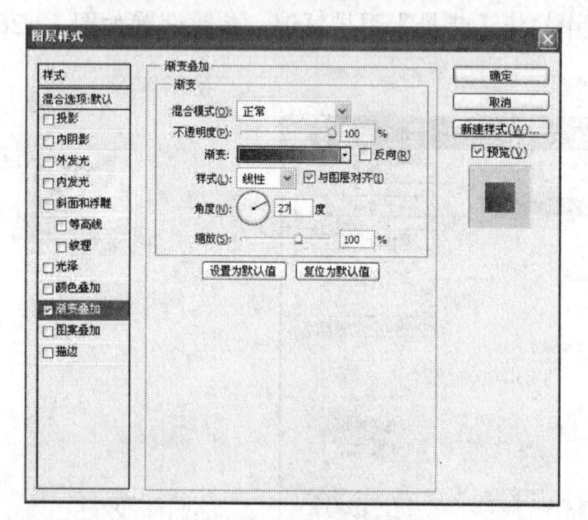

图 12.23　为文字设置【渐变叠加】样式

图 12.24　文字效果

4）载入文字选区，在文字图层下方新建一个图层命名为“图层 5”，选择【渐变工具】，对选区添加深蓝色至蓝色的线性渐变，如图 12.25 所示。

5）取消选区后使用【移动工具】稍微把文字移开一点，做出重影效果，文字最终效果如图 12.26 所示。

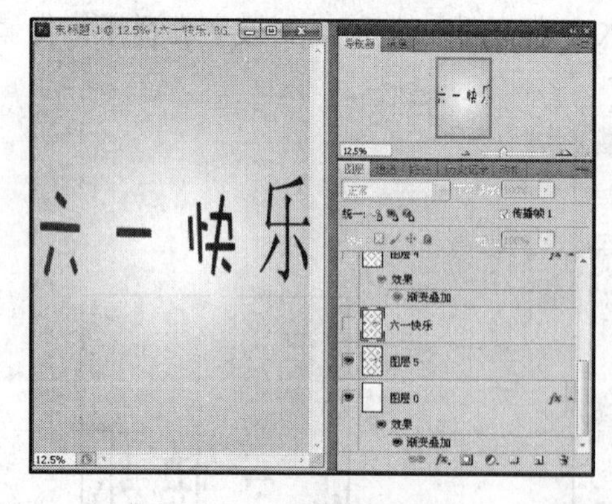

图 12.25　添加渐变效果

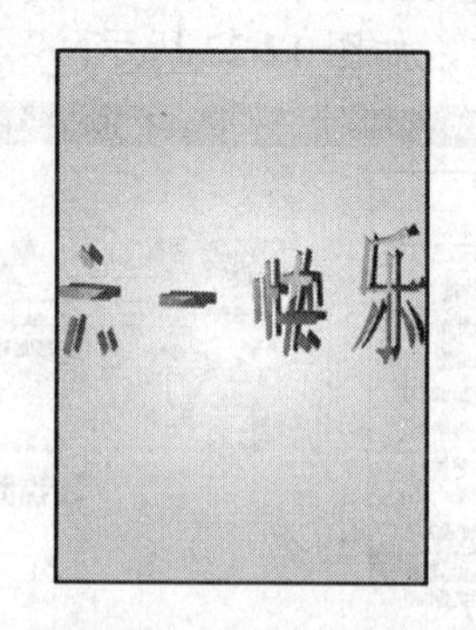

图 12.26　文字最终效果

【步骤三】绘制装饰图案。

1）在【背景】图层上新建图层组 1。在图层组 1 中新建图层，按 Shift 键使用【椭圆工具】绘制一个正圆，单一的颜色不美观，可以为其添加一个蒙版，用较软的笔刷擦去圆心的一部分，图层混合模式改为强光。将该图层复制，进行自由变换，得到如图 12.27 所示的效果。

2）添加其他颜色的气球，效果如图 12.28 所示。

【步骤四】处理其他素材。

将“花朵”、“小朋友”、“蝴蝶”等素材拖动到文件中，进行自由变换，得到最终效果，如图 12.2 所示。

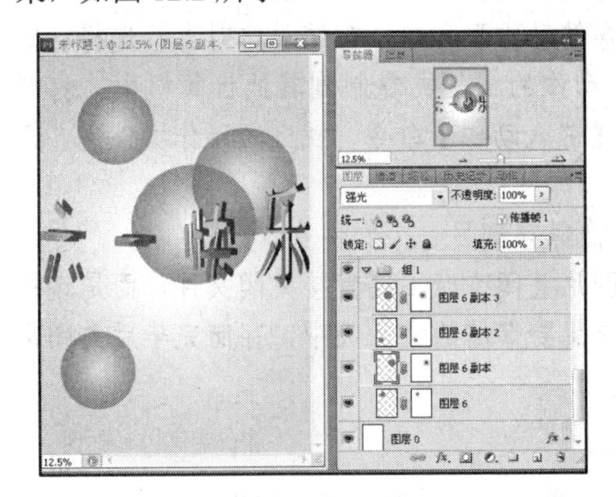

图 12.27　绘制气球

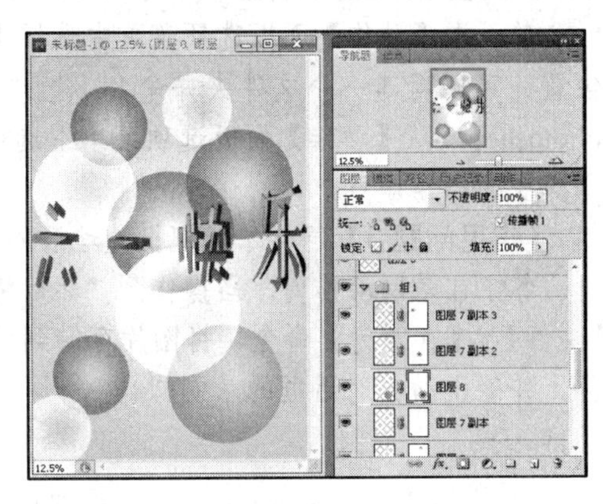

图 12.28　气球效果

工作实训营

1. 训练内容

1）制作水晶字效果，如图 12.29 所示，并将其录制成动作。

2）使用【批处理】命令将一批照片处理成古铜色调，最终效果如图 12.30 所示。

图 12.29　水晶字效果

图 12.30　【批处理】后效果

2. 训练要求

在深入学习的基础上，分别实现上述要求。

工作实践中常见问题解析

【常见问题 1】如何使用下载的动作？

答：在【动作】面板选项菜单中，选择【载入动作】命令，载入下载的动作文件。载入后，在【动作】面板中，会出现刚载入的动作。选择动作命令并执行动作。

【常见问题 2】录制的动作可以在其他计算机中使用吗？

答：在【动作】面板选项菜单中选择【存储动作】命令，存储动作时自己选择存储位置，可以新建一个文件夹并命名，把这个动作的文件夹复制到其他计算机中，打开Photoshop，从【动作】面板选项菜单中选择【载入动作】命令，找到该动作文件夹，选择想要的动作即可。

【常见问题 3】怎样才能把批处理后的图像保存到另一个文件夹？

答：在录制动作时，当操作到“然后将图片关闭”时不要直接关闭文件，而是选择【文件】|【存储为】命令，将图片存储到用户想要存储的文件夹中，存储完毕后关闭文件，并停止动作对话框的录制。

习　题

生成一个独立的快捷批处理应用程序，该应用程序可以将个人照片处理为2寸照片。

第13章

图像的打印与输出

本章要点 ☞

了解文件的存储格式和分辨率。

掌握图像的打印前处理方法。

掌握图像的打印和输出方法。

技能目标 ☞

掌握如何将图片输出为自己需要的格式和分辨率。

学会如何运用打印机打印出满意的图像效果。

案例导入

【案例一】广告排版。

选择 Photoshop CS5 作为排版软件，对广告进行精美排版，如图 13.1 所示。

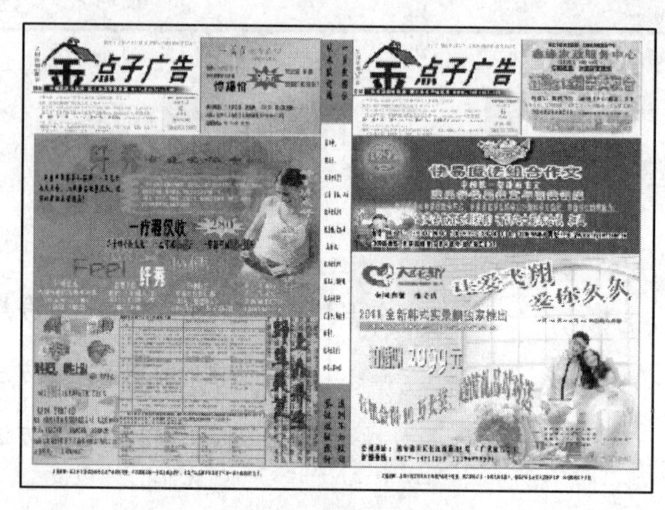

图 13.1　广告排版

【案例二】广告喷绘排版。

选择 Photoshop CS5 作为排版软件，设置广告喷绘，如图 13.2 所示。

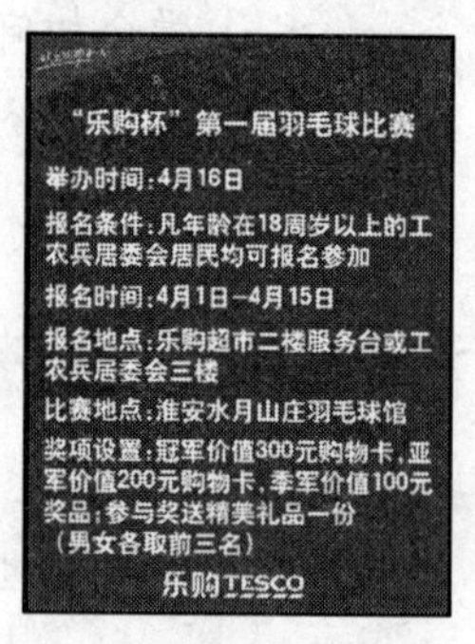

图 13.2　广告喷绘

引导问题

1）如何进行色彩校准？

2）如何根据不同的打印方式设置图片的分辨率及图片大小？

3）如何进行打印设置？

4）如何进行分色？

基础知识

13.1　图像的打印输出

13.1.1　色彩校准

由于印刷品的色彩和阶调范围与原稿的色彩和阶调范围存在较大差别，所以需要对图片进行色彩的校正。

1. 运用【可选颜色】命令校准色彩

在 Photoshop CS5 中打开任一素材图片。选择【图像】|【调整】|【可选颜色】命令，打开【可选颜色】对话框，在【颜色】下拉列表中选择颜色，如图 13.3 所示。单击【相对】单选按钮，表示现用油墨值的百分比；单击【绝对】单选按钮，表示按绝对值调整颜色。例如，如果从 50%的洋红像素开始，然后再添加 10%，洋红油墨会设置为 60%。

2. 运用【通道混合器】命令校准色彩

【通道混合器】命令可以将当前颜色通道中的像素与其他颜色通道中的像素按一定程度混合，利用通道混合器命令可以进行如下操作。

1）进行颜色调整。

2）创建高品质的灰度图像。

3）创建高品质的深棕色调或其他色调的图案。

4）将图像转换到一些色彩空间，或从色彩空间中转移图像，交换或复制通道。

在 Photoshop CS5 中打开任意素材图片。选择【图像】|【调整】|【通道混合器】命令。打开【通道混合器】对话框，如图 13.4 所示。在这里可以根据实际的需要调整参数，得到需要的效果。

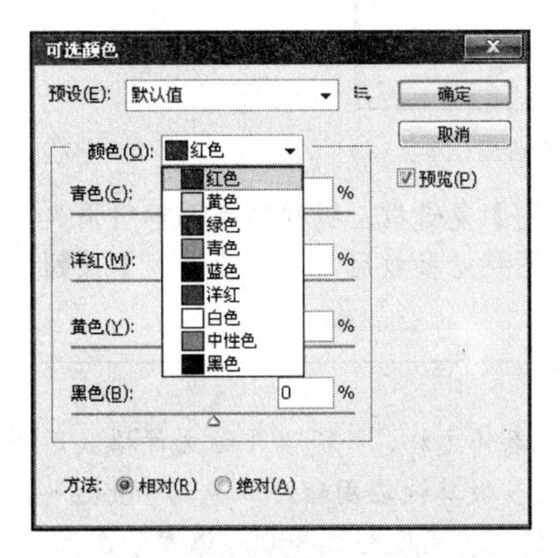

图 13.3　【可选颜色】对话框

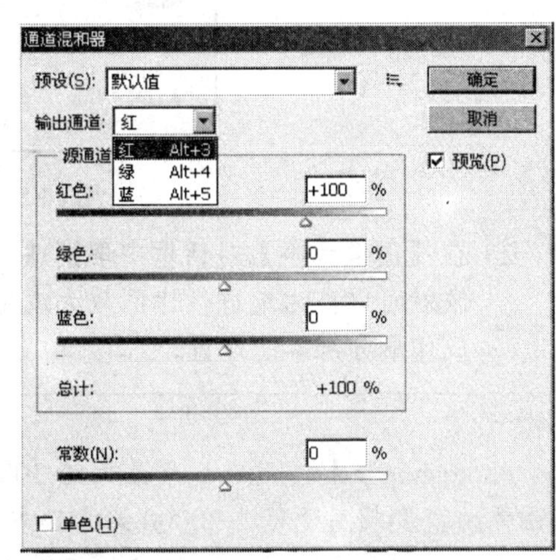

图 13.4　【通道混合器】对话框

13.1.2 图像分辨率

分辨率是图像处理中一个非常重要的概念，分辨率就是每英寸所包含的像素数量。分辨率不仅与图像本身有关，还与显示器、打印机、扫描仪等设备有关。

图像的分辨率与图像的精细度和图像文件的大小有关，一般分辨率越大，文件也就越大。在实际应用中，用户应合理地确定图像分辨率，如用于打印的图像的分辨率可以设置得高一些，因为打印机的分辨率较高；用于网络图像的分辨率可以设置得较低一点，以免图片传输速度太慢。

矢量图形的大小与分辨率无关，因为它并不是由像素组成的。下面是各种输出图像一般使用的分辨率。

1）喷绘：20 ~ 45dpi。

2）写真：60 ~ 150dpi。

3）屏幕、网络：72 ~ 96dpi。

4）报纸、打印：150 ~ 250dpi。

5）商业印刷：250 ~ 300dpi。

6）高档彩色印刷：350dpi。

下面将介绍如何设置图像的分辨率，具体操作步骤如下。

1）选择【图像】|【图像大小】命令，在打开的【图像大小】对话框中可以调整图像的分辨率，如图 13.5 所示。

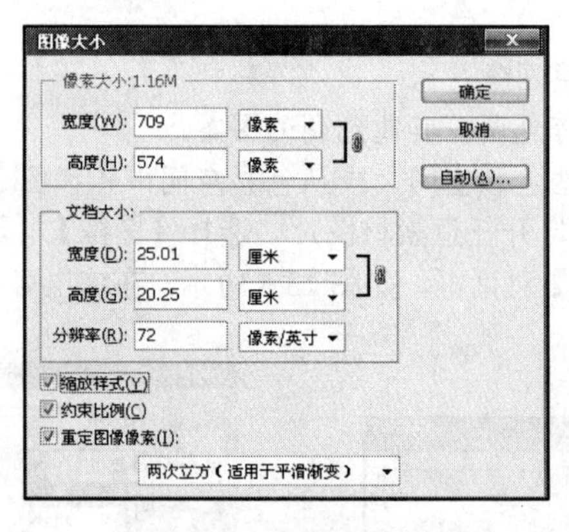

图 13.5 设置分辨率

2）在【图像大小】对话框中取消【约束比例】复选框，链接锁定图标将消失，图像就可以自由地进行比例放大或缩小。调整好参数后，单击【确定】按钮，完成印刷分辨率的设置。

小提示：

Photoshop 支持宽度或高度最大为 300000 像素的文档，并提供 3 种文件格式用于存储图像的宽度或高度超过 30000 像素的文档。大多数其他应用程序（包括 Photoshop 的较旧版本）都无法处理大于 2GB 的文件，或者宽度或高度超过 30000 像素的图像。

13.1.3　打印设置

打印参数设置得正确与否，也会对打印的效果产生一定影响。下面就来学习如何设置打印参数。

选择【文件】|【打印】命令，打开【打印】对话框，如图 13.6 所示。通过打印机选项可以对打印机进行设置。

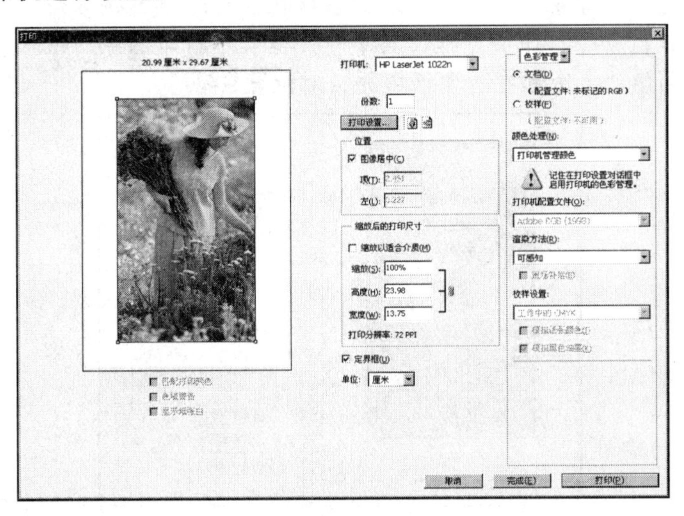

图 13.6　【打印】对话框

1）在【打印设置】按钮旁有【纵向】和【横向】两个按钮，单击【纵向】按钮将图片纵向输出。

2）【打印】对话框中的【位置】选项组用于定位图像的打印位置，如图 13.7 所示。选中【图像居中】复选框，则图像在水平和垂直方向上都位于纸张的中央。如果取消该复选框，则可以在【顶】数值框中输入图像的上边距纸张上边的距离，在【左】数值框中输入图像的左边距纸张左边的距离。在改变打印位置时，位于【打印】对话框左上角的预览图中会及时反映设置的变化。

3）Photoshop CS5 可以实现缩放打印，即将图像作一定比例的缩放后再打印出来。用户可以在【缩放后的打印尺寸】选项组的【缩放】、【高度】和【宽度】数值框中输入图像的缩放打印比例或是打印尺寸的高度和宽度，这些值是相互关联的，改变一个值时，其余两个值将自动作相应的变化，如图 13.8 所示。

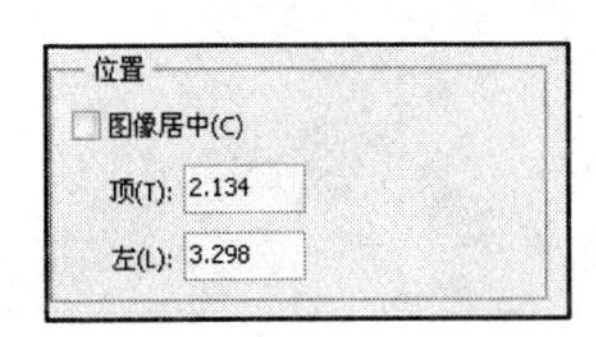

图 13.7　【位置】选项组

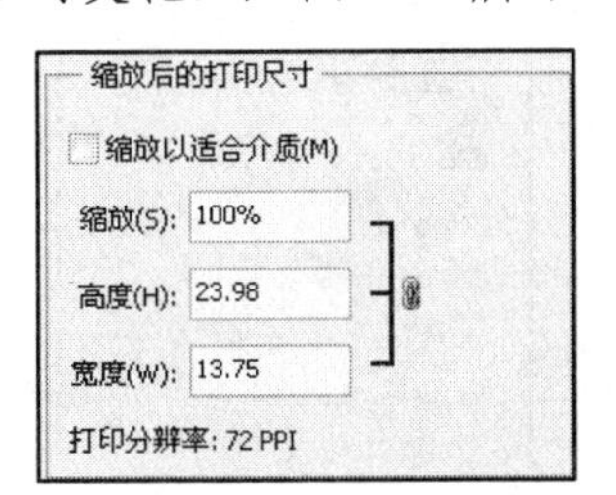

图 13.8 【缩放后的打印尺寸】选项组

小提示：

如果想使打印出来的图像尺寸正好符合纸张的尺寸，可以选中【缩放以适合介质】复选框，系统将缩放图像，并使得图像刚好可以完整地打印在纸张上。

4）此外，选中【定界框】复选框后，可以在预览图中拖动图像外框上的控制点来缩放图像，如图 13.9 所示。设置了图像在纸张上的位置和打印的缩放比例后，可以通过一个非常简单的方法来查看这些设置：单击状态栏中的文件信息框，系统将弹出一个打印预览框，其中的外框表示打印图像的纸张，带交叉线的方框表示图像的大小和在打印纸中的相对位置。

图 13.9 选中【定界框】复选框

5）在页面的最右边，【输出】选项组中可以进行【背景】、【边界】和【出血】等参数的设置，如图 13.10 所示。

在 Photoshop CS5 中可以选择在纸张上的空白区域打印某种颜色的背景，单击【背景】按钮，可以打开【选择背景色】对话框，在该对话框中可以选择某种颜色作为背景打印到图像以外的区域。例如，将背景设置为灰色，打印效果如图 13.11 所示。

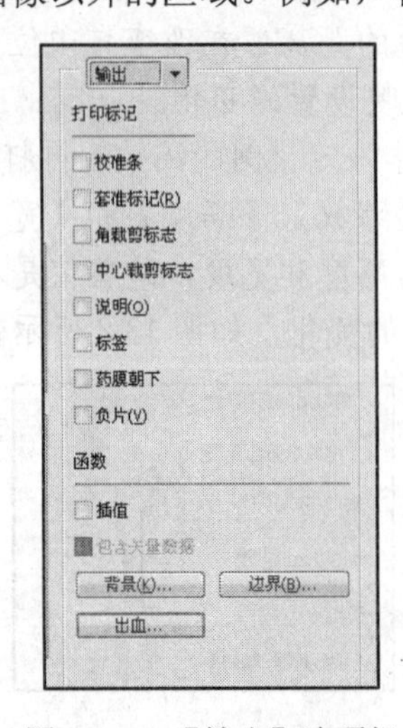

图 13.10 【输出】选项组

图 13.11 设置背景色

当原图像已经留有出血尺寸，但在打印后因为没有参考，就不好进行裁切工作，那么就可以通过【出血】选项给图像内的4个角各添加黑色出血线，以方便裁切。单击【出血】按钮，打开【出血】对话框，指定出血的宽度，如图13.12所示。

单击【边界】按钮，可以设置图像的边框，在图像的周围打印一个黑色的边框。这个选项比较适用于边缘是白色的图像，可以看到边缘框，否则打印在白色纸上，将无法判断实际打印图像的大小。在【边界】对话框中，可以指定打印边框宽度和单位，如图13.13所示。

图13.12 【出血】对话框

图13.13 【边界】对话框

6）在【打印标记】选项组中，可以选择是否打印校准条、套准标记、裁剪标志、标签和负片等内容。

① 校准条是用于校准颜色的颜色条，选中【校准条】复选框可以在图像的旁边打印校准条，效果如图13.14所示。

② 套准标记用于对齐各个分色版，选中【套准标记】复选框可以打印套准标记，如图13.15所示。

③ 裁剪标志用于指示裁切位置，包括角裁剪标志和中心裁剪标志两种，选中【角裁剪标志】和【中心裁剪标志】复选框可以分别打印这两种裁切标记，如图13.6所示是显示了裁剪标志的预览图。

图13.14 校准条

图13.15 套准标记

图13.16 裁剪标志

④ 选中【标签】复选框可以在图像上方打印文件名。

⑤ 选中【负片】复选框，打印的图像显示反转效果。

⑥ 【药膜朝下】选项可以决定打印时图像在胶片的哪一面，选中该复选框之后，可以把图像打印在胶片的下面。如果使用胶片打印通常选中该复选框。

如果要将彩色图像用于印刷，用户需要将图像中的C、M、Y、K4 种颜色或其他专色分别打印到不同的版上，这个过程称为分色。在【打印】对话框中右上方的下拉列表中选择【色彩管理】选项，如果要对当前图像进行分色打印，可以在对话框中的【颜色处理】下拉列表中选择【分色】选项，如图 13.17 所示。

小提示：

分色打印之前，一定要先将图像转化为 CMYK 颜色模式的图像。

单击【打印设置】按钮，打开打印机属性对话框，可以快速设置打印选项，如图 13.18 所示。

图 13.17　设置分色

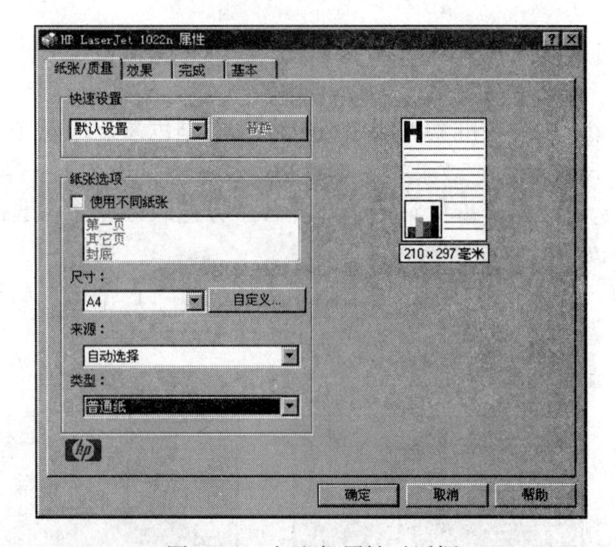

图 13.18　打印机属性对话框

在【纸张/质量】选项卡中的【类型】下拉列表中有【普通纸】等更多选项，用户可以根据需要选择相应的纸张类型，如图 13.19 所示。

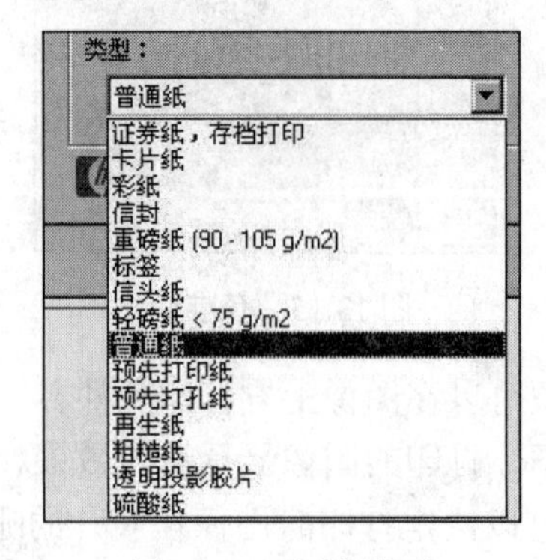

图 13.19　纸张类型

在【效果】选项卡中，如图 13.20 所示，可以对打印类型、打印纸张与打印方式进行快捷设置。

在【完成】选项卡中，如图 13.21 所示，可以对海报打印与页面顺序进行设置。

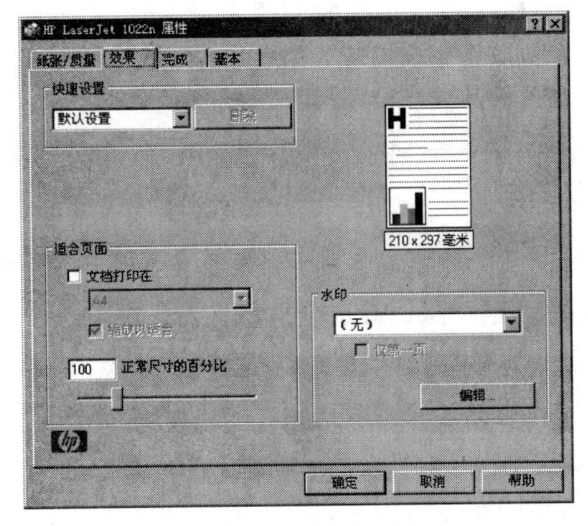

图 13.20　效果的设置

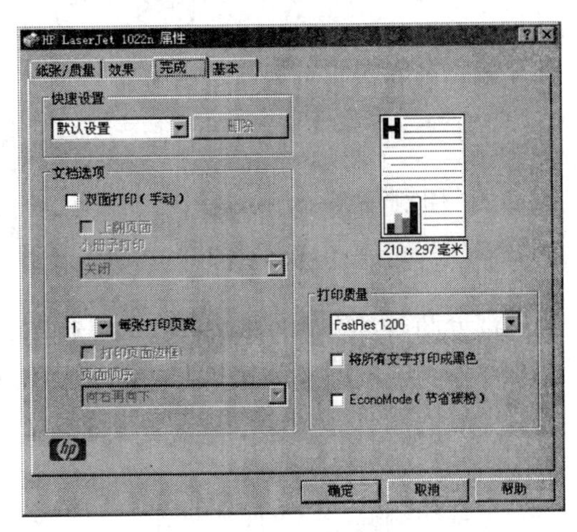

图 13.21　完成设置

13.2　图像的印刷输出

13.2.1　印刷基本概念

1. 与纸张有关的概念

1）P：指 1 面 16 开的纸张。
2）色：要印刷的产品是几种颜色。
3）印：印刷成品的数量。
4）开：1 张标准纸裁切而成的最后成品的张数，1 张标准的纸为 1 开。
5）印张：正背 16 个 P 为 1 个印张（1 个对开纸）。
6）令：1000 张对开纸为 1 令纸（500 张全开纸）。
7）版：每个颜色 1 张 PS（印刷专用的铝板）版。
8）克：$1m^2$ 纸的质量单位，可以衡量纸的厚薄。

2. 其他概念

1）打样：制作印刷样稿的过程。
2）出片：用电子文件输出菲林片的过程。
3）菲林片：通过照排机转移印刷品电子文件的透明胶片，用于印刷晒版。
4）色样：所要印刷颜色的标准。
5）颜色：一般印刷品是由黄、品红、青、黑等四色顺序压印，另外还有印刷专色。

6）撞网：又称龟纹，指四色加网套印时出现两种或两种以上颜色的重叠。

7）叼口：印刷机上纸时的叼纸处。

8）出血：为裁切印刷品而保留的位置。

9）实地：指满版印刷。

10）光边：指涂布层印刷成品的裁齐。

11）专色：指四色（黄、品红、青、黑）之外的特别色。

13.2.2 印刷种类

印刷种类一般可以分为凸版、凹版、平版、孔版印刷 4 大类。凸版印刷所用印版的图文部分凸起，其中又包括雕版、活字版、铅版、铜锌版、感光树脂版及柔性版印刷等。凹版印刷印版的图文部分凹下，又分为雕刻凹印、照相凹印和电子刻版凹印 3 类。平版印刷印版的图文部分与非图文部分基本处于同一平面，通常即指胶印。孔版印刷主要是丝网印刷，即用丝网制成图文部分能透过油墨而非图文部分不透过油墨的印版进行印刷。

根据印刷程序，上面 4 种印刷方式又有直接印刷与间接印刷的不同。版面油墨先转移到橡皮布滚筒，再由橡皮布滚筒将图文转印到纸张上的胶印是间接印刷，其余各种印刷方式都是直接印刷。直接印刷版的图文为反像，间接印刷版的图文为正像。上述各种印刷方式虽版材与印刷工艺不同，但印刷时，都是承印物与印版相接触，并施加一定的压力，属接触压印式印刷。随着计算机技术与设备的发展，出现了激光印刷及喷墨印刷等印刷技术，此类新方法在印刷时并无压印动作，被称为非接触式或无压印刷。

应用领域也有不同的分类习惯。以美国为例，印刷分为商业印刷、期刊印刷、图书印刷、新闻印刷、表格印刷及杂项印刷等。商业印刷又可归纳为商业性杂志与期刊印刷、商标纸与包装纸印刷、产品样本与购货单印刷、商业广告印刷、零件印刷、财经法律印件印刷 6 大类。中国一般分为新闻印刷、出版印刷(包括书籍及杂志)、包装装潢印刷、证券印刷、文化用品印刷及零件印刷。

13.2.3 颜色设置与分色

1. 颜色设置

在处理印刷图像之前要先对处理图像的软件进行颜色设置。选择【编辑】|【颜色设置】命令，打开【颜色设置】对话框，如图 13.22 所示。

设置选项的选择决定其他选项的选择，【设置】的默认选项是【日本常规用途 2】，其色彩空间是 SRGB，一般的打印、激光输出等选择该选项即可；比较专业的选择【北美印前 2】选项，其色彩空间是 Adobe RGB，一般 RGB 颜色模式的照片在此模式下可以得到很好的效果；如果选择【自定】选项，则可以进行个性设置。

【工作空间】选项组包括【RGB】、【CMYK】、【灰色】、【专色】4 个选项，是 Photoshop 色彩的工作核心，如图 13.23 所示。

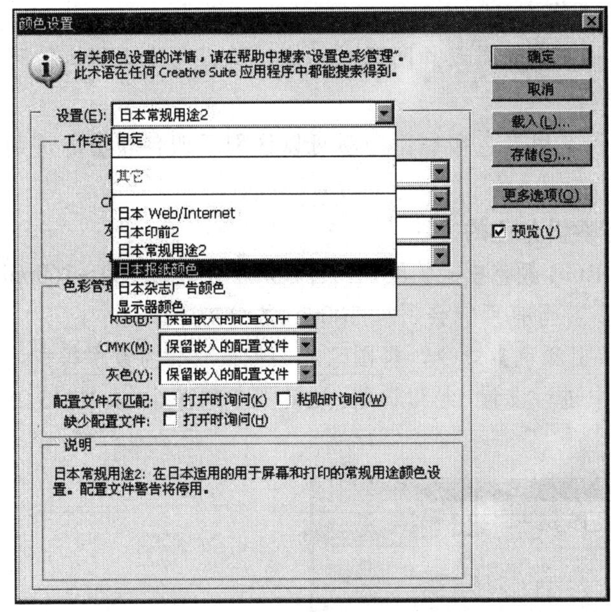

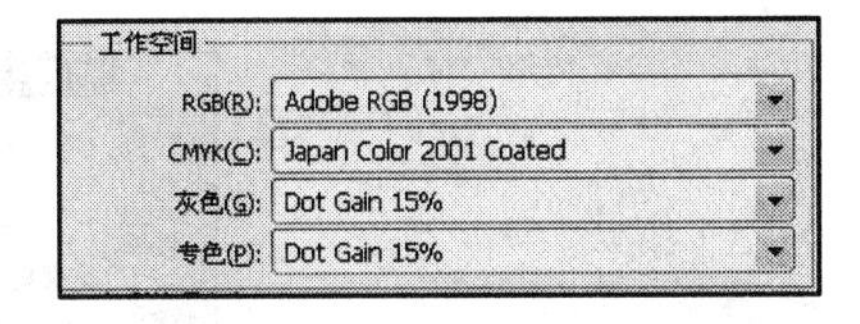

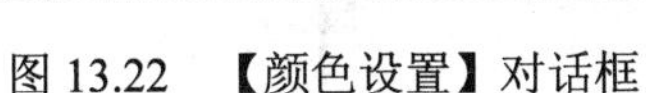
图 13.22　【颜色设置】对话框

图 13.23　【工作空间】选项组

【RGB】选项一般选择 RGB 或 Adobe RGB 以配合最终出版，否则会出现偏色；【CMYK】选项用于印刷设置，最好得到厂家的色彩配置文件 ICC；【灰色】选项是一个影响灰度图像的设置；【专色】选项用于专色印刷，

【色彩管理方案】选项组作用是设定色彩空间自动转换、提示和警告等，如图 13.24 所示。

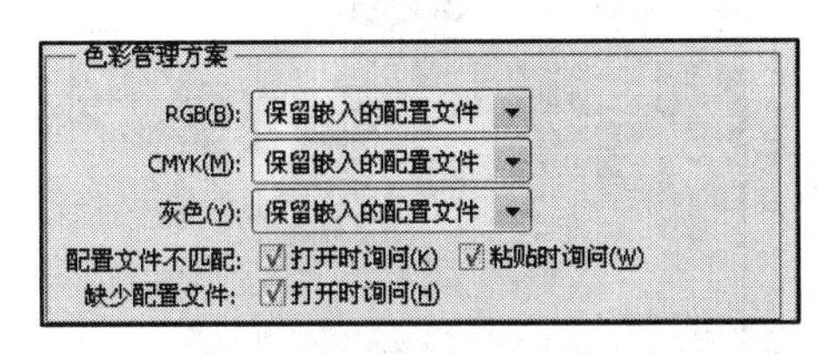

图 13.24　【色彩管理方案】选项组

设置完成后，就可以打开图像进行分色了。

2. 分色

分色是一个印刷专业名词，指将图稿上的各种颜色分解为青、品红、黄、黑 4 种原色颜色。在 Photoshop CS5 中，分色操作只需把图像颜色模式从 RGB 颜色模式或 Lab 模式转换为 CMYK 颜色模式即可。具体操作是选择【图像】|【模式】|【CMYK 颜色】命令，这样图像的色彩就由色料（油墨）来表示了，具有 4 个颜色通道。图像在输出菲林时就会按颜色的通道数据生成网点，并分成青、品红、黄、黑 4 张分色菲林片。

一幅 RGB 颜色模式的图像包含成百上千个颜色值，索引分色的原理是将这成百上千的颜色按相近合并的办法缩减到 256 个颜色，再人为地将 256 个颜色通过手动控制缩减到几个或十几个颜色后用以分色制版。

用索引颜色模式进行分色具有以下优点。

1）最大的好处是索引分色的加网方式同调频加网模式相似，随机而无规律，故可以最大限度的避免龟纹的产生。

2）比四色撞印简单稳定，同时因其用专色印制，印墨可以区别于四色印墨的透明性，故不易受背景色的影响。

下面通过实例来介绍为素材进行索引分色的方法。

1）在 Photoshop CS5 中打开一幅 RGB 颜色模式的图像，将分辨率设置为 120～160ppi 之间，根据机器的优良情况，甚至有可能会用到 300ppi 的分辨率。

2）选择【图像】|【模式】|【索引颜色】命令，将图像的颜色模式转为索引模式，在打开的【索引颜色】对话框中进行设置，经过选取，决定颜色的多少，如图 13.25 所示。

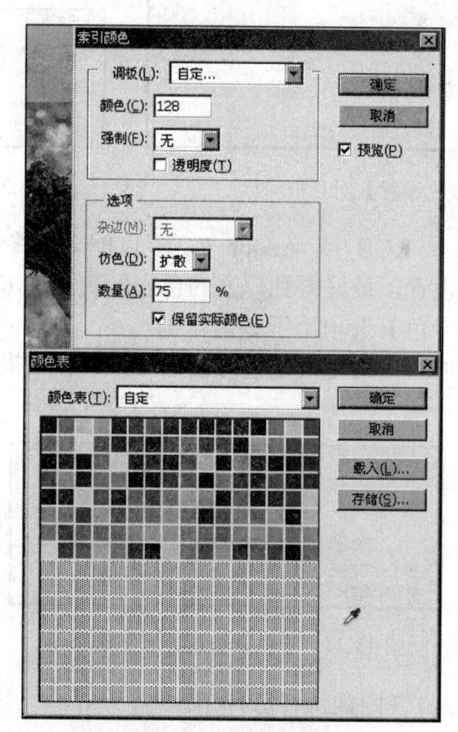

图 13.25　设置索引颜色模式

3）将光标定位于【颜色表】对话框中的空格中，再将光标指向图中所需要的颜色，定义出分出的颜色。以此类推，直至选出图中的主要区域颜色。完成后单击【确定】按钮，图像变成所分颜色图的索引图像。反复按 Ctrl+Z 快捷键查看原图同转为索引图像之间的差异，根据差异情况作出调整。

小提示：

白色也必须加入颜色表中作为图像的高光区域对待，不可将白色当成背景色而忽略，否则所分图稿将无法用于其他布色的印刷。

13.2.4　输出前应注意的问题

1）确定图片模式为 CMYK 颜色模式；确定实底（如纯黄色、纯黑色等）无其他杂色；文件最好为未合并图层的 PSD 文件格式；图片内的文字说明最好不要在 Photoshop 内完成，因为一旦转为图片格式以后，字会变毛。

2）Photoshop 文件一般只包含图像范畴。如果做一个印刷页面，最好将图像、图形、文字分别使用不同的软件进行处理。

3）对于交付印刷的图像，最主要的是要注意图像的分辨率和图像尺寸的问题，一般计算公式为分辨率=加网线数×（1.5～2）。其次是色彩模式的问题，彩色图像的色彩模式，要使用 CMYK 颜色模式。

4）黑白图像，如无特殊要求，一般为灰度模式。对于像条形码这种一定要表现成点阵图像形式的线条稿图像，一般分辨率不低于 300dpi，色彩模式为二值（Bitmap）。网点搭配也是影响图像质量的重要因素。

5）对于反差、网点大小及灰色的平衡数据的 CMYK 网点搭配情况，一定要与后序印刷工艺相匹配。例如，如果使用胶版纸印刷，一般网点反差为 5%～85%，如果是使用铜版纸印刷，网点反差在 2%～98%。

案例实施

案例一　实施步骤

下面来完成案例一中“广告排版”的任务。

【步骤一】准备工作。

1）打开 Photoshop CS5，新建一个文件，设置大小为 39 厘米×54 厘米，分辨率为 300ppi，颜色模式为 CMYK，详细设置如图 13.26 所示。

2）新建文件后，调出参考线，并设置版心尺寸为 37 厘米×52 厘米，上下左右各留空白，然后根据实际的广告量和大小分割报纸。分割报纸的方法有很多种，可以用【矩形选框工具】配合参考线和标尺综合起来画，用参考线的横竖围一个宽度为 1 毫米，高度为 370 毫米的矩形，然后用【矩形选框工具】按照这个大小画一个矩形，再新建一个图层描边，复制图层，根据需要排列，如图 13.27 所示。

【步骤二】设置报纸模板。

接下来就是设置报头的位置，报头是报纸的标志，每份报纸都有自己的报头，将设计好的报头放到第一版的左上方，如图 13.28 所示，这样报纸的模板就完成了。

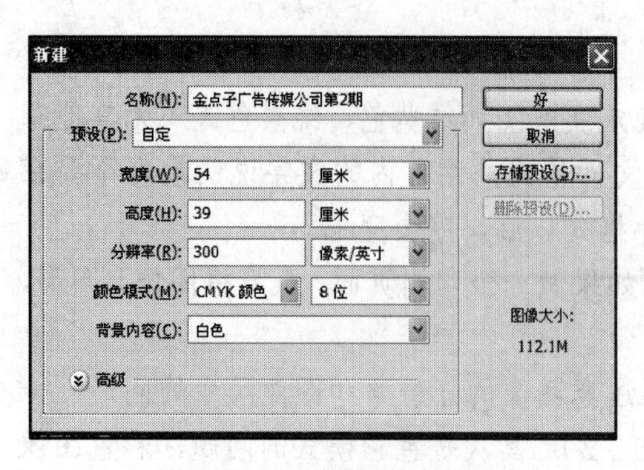

图 13.26 【新建】对话框

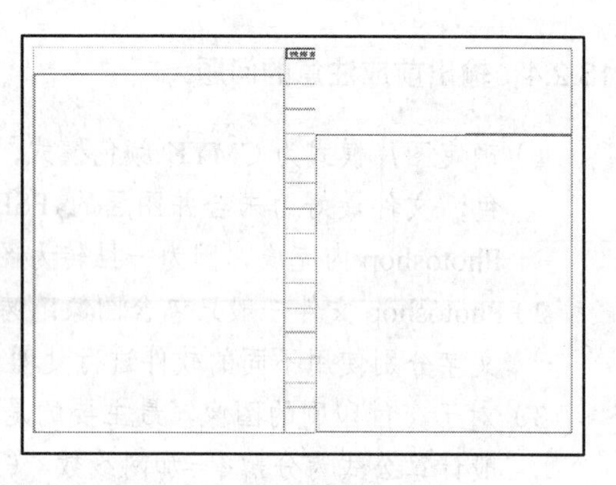

图 13.27 分割报纸

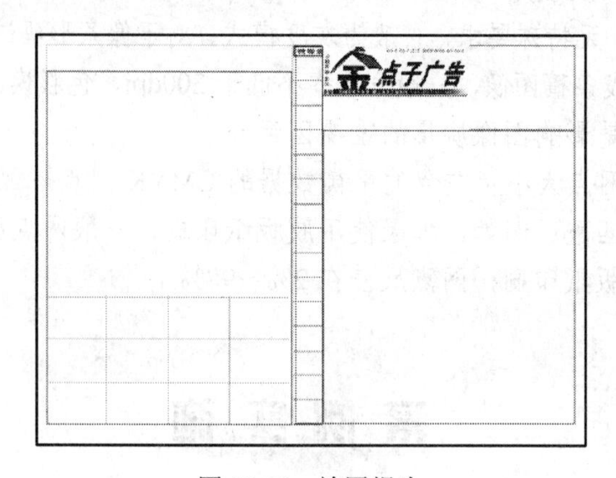

图 13.28 放置报头

【步骤三】报纸设计与排版。

1）根据广告的内容对广告进行设计和排版，如对报眼的设计和排版，报眼的大小不是固定的，可以根据本报的实际情况进行调整，这里是按照 10 厘米×9 厘米的大小设计的，首先是新建一个文件，按照报眼大小设置，并设置其分辨率为 300ppi，颜色模式为 CMYK/8 位，然后根据客户的设计要求配以素材，最后生成.jpg 格式的图片，再将图片放到模板中，具体内容如图 13.29 所示。

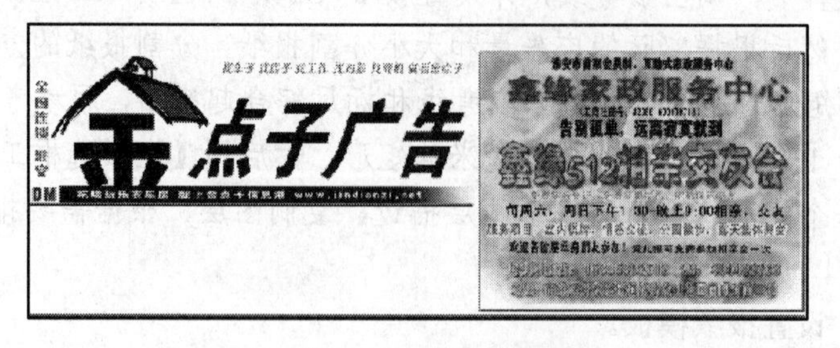

图 13.29 放置报眼

2）做出其他版位的广告，广告的大小和样式根据客户的要求和本报的实际情况进行设计和排版，如图 13.30 所示是一个完整的两版精美版广告报纸的排版内容。

【步骤四】报纸校版。

报纸排版后要进行校版，在出版前的一天还要进行预排，目的就是看报纸广告量是不是达到满版，最后将其存储为.tif 格式的文件，发到印刷厂，精美版广告报纸采用的纸质是 80 克的铜版纸。

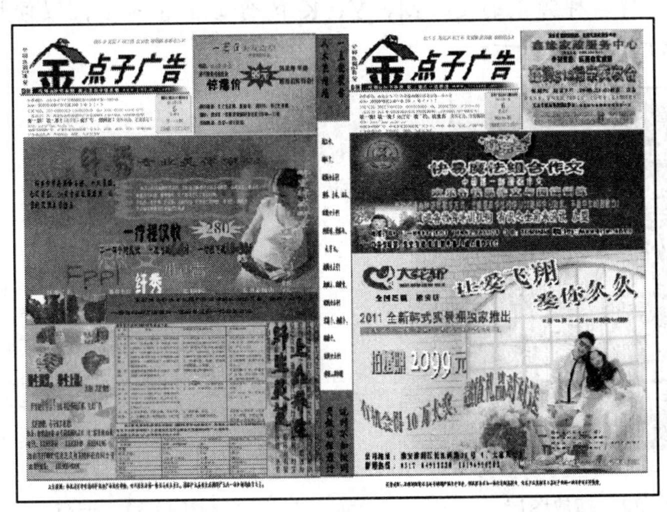
金点子广告
金点子广告
2011 全新韩式实景棚独家推出

图 13.30　广告报纸整体效果

案例二　实施步骤

下面来完成案例二中“广告喷绘排版”的任务。

【步骤一】准备工作。

按顾客的要求新建一个文件（CMYK 颜色模式），如图 13.31 所示。像素按顾客要求的尺寸（精细还是粗糙的）设置，尺寸大的要求粗糙的像素设置要小一点（像超过 10 米×10 米的图像用 20 像素即可），这样的喷绘适合中远距离观看；尺寸小的要求精细的像素设置的要大一点（如 1 米×1 米的图像用 150 像素即可），这样的喷绘适合近距离观看。（当然一般喷绘不用于近距离观看的广告，近距离广告一般是室内用写真，室外用户外写真）。

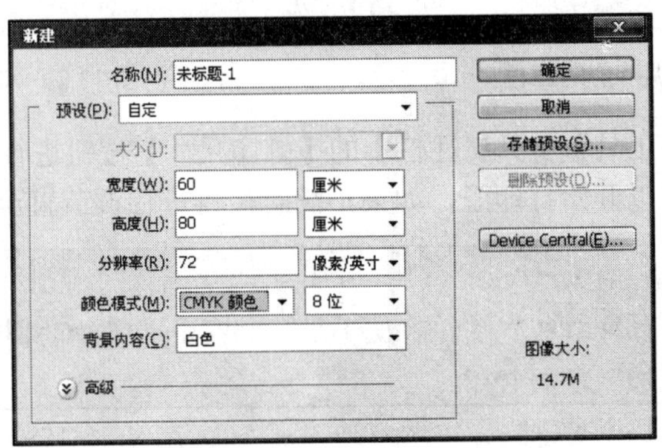

图 13.31　【新建】对话框

【步骤二】处理图片。

1）将本章素材 13.32 拖进新建的文件里，再将图片进行等比例自由变换（即自由变换时按住 Shift 键）将图片布满全图层，如图 13.32 所示。

2）调节图片的亮度和对比度，调节的过程中不断用拾色器对文件的颜色进行拾色，看看文件的各种颜色的 C、M、Y、K 的含量是各多少，以便将失真的颜色调节好。如图 13.33 所示。

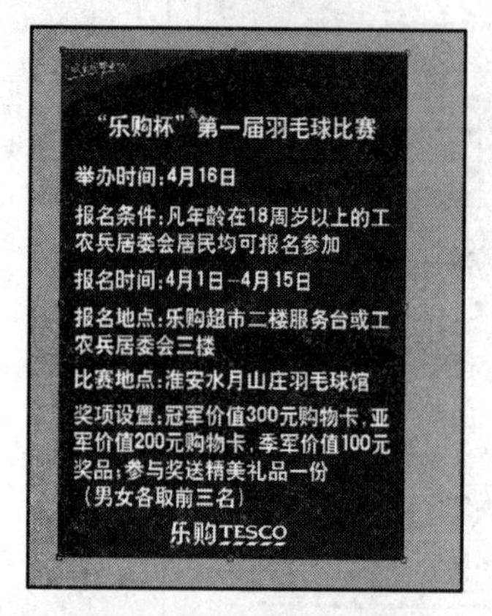

图 13.32　拖放图层

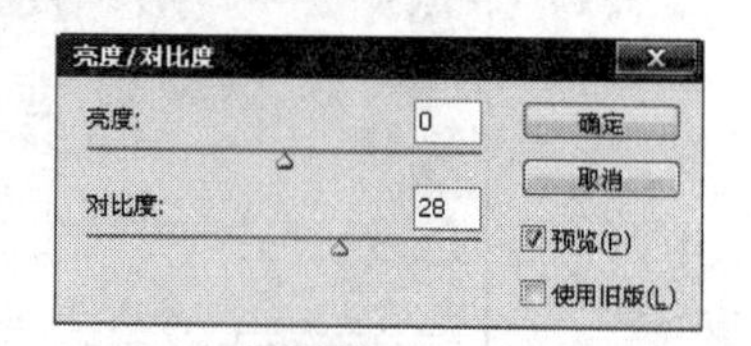

图 13.33　调节亮度对比度

调节前的蓝色如图 13.34 所示。

调节后的蓝色如图 13.35 所示。

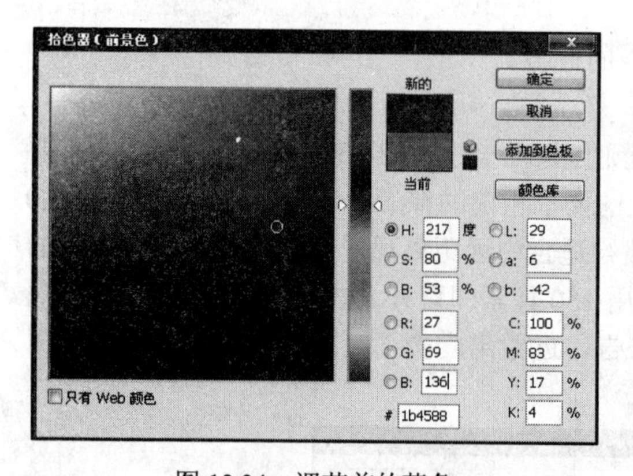

图 13.34　调节前的蓝色

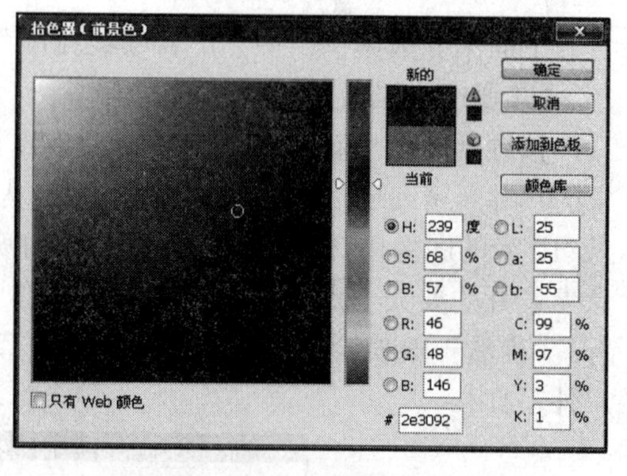

图 13.35　调节后蓝色

最后单击【缩放工具】工具属性栏中的【打印尺寸】按钮进行预览，观察效果，若对设置效果满意就可以开始打印了，如果不满意需再进行调节直至满意。

小提示：

喷绘机有固定的最大打印宽度，长度不限，所以当有喷绘的图片超过最大打印宽度时就要将图片进行裁切，分别打印。

工作实训营

1. 训练内容

1）对彩色报纸进行排版，自行设计报眼，主题为宣传购物节。
2）创建食品节广告。

2. 训练要求

在深入学习相关内容的基础上，实现训练内容。

工作实践中常见问题解析

【常见问题 1】如何设置打印照片？

答：现在很多打印机都支持无边距打印，打印照片，选择无边距打印更好。无边距打印从 100 毫米 × 150 毫米到 A4 幅面的照片纸，都可打印满幅影像。使用时，只需将打印机驱动程序中的【打印纸】设置中的【纸张来源】选择为【卷纸（零边距）】选项即可。

【常见问题 2】用 Photoshop 打印出来的照片区域小，部分边沿打印不出来，怎么处理？

答：设置出血，一般为 3 毫米。

【常见问题 3】如何将几个图片打印到一张上？

答：建一个比较大文件；用【移动工具】把一张张需要打印的照片排好。使用对齐工具进行精确排列，确保空白位置匀称，以方便剪裁，最后合并所有的图层。

【常见问题 4】5 寸照片的尺寸是多少？

答：一般 8.9 毫米 × 12.7 毫米。

习　　题

对自己设计的作品设置并打印输出。

参 考 文 献

博艺智联．2007．Photoshop CS3 中文版典型案例完全攻略[M]．北京：清华大学出版社．

陈慧艳，朱晓楠，祁连山．2006．Photoshop CS 印象炫彩特效制作技术精粹[M]．北京：人民邮电出版社．

创锐设计．2010．Photoshop CS5 影像圣经[M]．北京：科学出版社．

赖亚非，陈雷，赵军．2011．Photoshop CS5 图像处理实训教程[M]．北京：清华大学出版社．

李金明，李金荣．2007．Photoshop CS2 印象：选择与抠像专业技法[M]．北京：人民邮电出版社．

刘银冬．2009．Photoshop 职业应用项目教程[M]．北京：机械工业出版社．

胖鸟工作室．2010．Photoshop CS5 完全自学手册[M]．北京：石油工业出版社．

孙德基，张吉，张永元．2007．Photoshop CS3 图像处理与特效案例精解[M]．北京：兵器工业出版社．

新视角文化行．2010．Photoshop CS5 图像处理实战从入门到精通[M]．北京：人民邮电出版社．